电力系统继电保护“六统一”技术问答

国家电网有限公司国家电力调度控制中心
国网浙江电力调度控制中心
编

中国电力出版社
CHINA ELECTRIC POWER PRESS

内 容 提 要

"六统一"继电保护装置在功能配置、回路设计、端子布置、接口标准、屏柜压板、定值报告、模型标准、信息规范等方面进行了优化完善。为了夯实继电保护人员专业基础，提高继电保护运维检修和设备管理能力，保障新型电力系统安全运行，国家电网有限公司国家电力调度控制中心和国网浙江电力调度控制中心组织编写了本书。

本书包括名词解释、公共规定、线路保护、母线保护、变压器保护和安全自动装置六章内容。本书可作为继电保护专业相关从业人员日常学习和培训用书，也可供电力专业大专院校、电力培训机构学员阅读学习。

图书在版编目（CIP）数据

电力系统继电保护"六统一"技术问答/国家电网有限公司国家电力调度控制中心，国网浙江电力调度控制中心编. —北京：中国电力出版社，2023.1

ISBN 978-7-5198-7214-4

Ⅰ. ①电… Ⅱ. ①国… ②国… Ⅲ. ①电力系统－继电保护－问题解答 Ⅳ. ①TM77-44

中国版本图书馆 CIP 数据核字（2022）第 207738 号

出版发行：中国电力出版社
地　　址：北京市东城区北京站西街 19 号（邮政编码 100005）
网　　址：http://www.cepp.sgcc.com.cn
责任编辑：刘　薇（010-63412357）
责任校对：黄　蓓　常燕昆
装帧设计：张俊霞
责任印制：石　雷

印　　刷：三河市百盛印装有限公司
版　　次：2023 年 1 月第一版
印　　次：2023 年 1 月北京第一次印刷
开　　本：787 毫米×1092 毫米　16 开本
印　　张：25.5
字　　数：633 千字
印　　数：0001—2000 册
定　　价：108.00 元

编写工作组

主　编　吕鹏飞　裘愉涛

副主编　刘　宇　陈水耀　阮思烨　方愉冬　王　涛

参　编　沈　浩　张　志　徐　凯　金　盛　陈　琦

韦　尊　郑小江　苗文斌　董新涛　苏黎明

龚　啸　俞伟国　薛明军　吴佳毅　潘武略

蒋科若　钱　凯　肖立飞　吴　靖　万尧峰

黄志华　吴雪峰　吴俊飞　虞　伟　方天宇

徐灵江　杨剑友　杨　硕　蒋嗣凡　严　昊

彭昊杰　陈骏杰　陈继拓　胡幸集　王嘉琦

刘　伟　陈伟华　曹　煜　金行龙　陈　昊

张博涵　陈俊尧　金　楷　周威铮　王家琪

前 言

自碳达峰、碳中和战略目标提出以来，我国能源体系和电网结构正在发生广泛而深刻的系统性变革。“十四五”是碳达峰的关键窗口期，构建清洁低碳安全高效的能源体系势在必行。电力行业作为能源转型的中心环节、碳减排的关键领域，肩负着逐步提升可再生能源消纳和调控能力、构建以新能源为主体的新型电力系统的重要使命。新型电力系统的建设在推动传统电网高质量转型发展的同时，也对电网安全、可靠、稳定运行带来了新的挑战。

长期以来，继电保护作为第一道防线，在保障电力系统安全稳定运行中发挥了不可替代的重要作用。2007 年，国家电力调度控制中心提出继电保护“六统一”规范，并针对在全国落地实践过程中的问题进行补充迭代。经过 2012、2015 年的修订，对“六统一”继电保护装置在功能配置、回路设计、端子布置、接口标准、屏柜压板、定值报告、模型标准、信息规范等方面进行了优化完善。为了进一步夯实继电保护人员专业基础，提高继电保护运维检修和设备管理能力，保障新型电力系统安全运行，国家电网有限公司国家电力调度控制中心和国网浙江电力调度控制中心编写了本书。

本书采用问答形式，精炼文字表达、巧用图表，以满足不同层次读者的阅读需求，充分激发读者的自主探索积极性和阅读主动性。在内容编排上，从配置要求、保护原理、模型及信息规范、装置及回路设计、运行检修、整定计算等各个维度，自下而上构建知识脉络，兼顾专业知识的实用实效和技术发展的前瞻前沿，在一定程度上解决了继电保护技术快速发展更迭与基层工作者技能短板之间的矛盾，满足了从业人员技能提升的迫切需求。本书的出版，将有助于继电保护专业相关从业人员全面了解继电保护装置可靠运行的基本要求，充分掌握继电保护运行管理规范，为打造适应新型电力系统发展的继电保护专业人才队伍提供技术保障。

本书编写过程中得到了国家电网有限公司国家电力调度控制中心、国网浙江省电力有限公司相关领导的关心支持，国网浙江省电力有限公司各地市供电公司、国网技术学院、南京南瑞继保电气有限公司、北京四方继保自动化股份有限公司、国电南瑞科技股份有限公司、许继电气有限公司、国电南京自动化股份有限公司、长园深瑞继保自动化有限公司、上海思源弘瑞自动化有限公司等单位对本书的编写提供了很大的帮助，在此致以衷心的感谢！

由于编者水平有限，书中难免有疏漏和不足之处，恳请读者批评指正。

编　者

2022 年 10 月

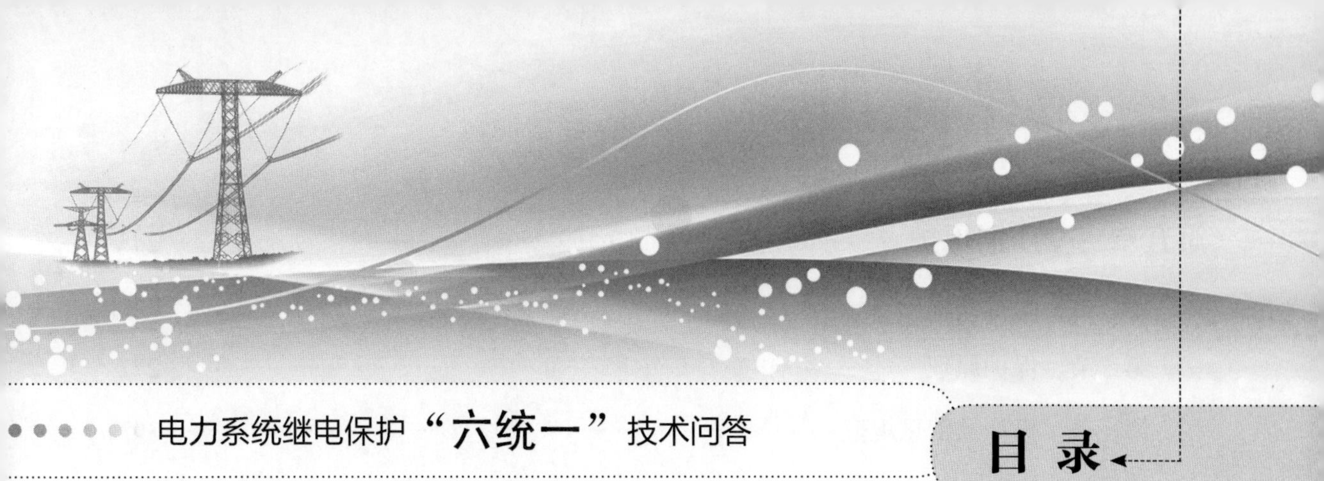

目 录

第一章　名　词　解　释

1. TA 饱和

答：即电流互感器饱和。是指如果电流互感器的选型不当或二次回路接入负载过大，在系统故障时，电流幅值很大且含有非周期分量的故障电流，可能导致电流互感器励磁电流很大甚至饱和的现象。主要呈现以下特点：

（1）其内阻大大减小，极限情况下近似等于零。

（2）二次电流减小，且波形发生畸变，高次谐波分量很大。

（3）在一次故障电流波形过零点附近，饱和电流互感器又能线性传递一次电流。

（4）一次系统故障瞬间，电流互感器不会马上饱和，通常滞后 3～4ms。

2. TA 断线

答：即电流互感器二次回路断线。主保护不考虑 TA 断线、TV 断线同时出现，不考虑无流元件 TA 断线，不考虑三相电流对称情况下中性线断线，不考虑两相、三相断线，不考虑多个元件同时发生 TA 断线，不考虑 TA 断线和一次故障同时出现。

3. TA 拖尾

答：电力系统发生故障时，继保装置动作并跳相应断路器，故障被隔离，故障电流消失，保护返回。但由于 TA 二次侧电流回路存在电感元件，跳闸瞬间部分电能储存于电感元件，在断路器断开后，TA 的励磁绕组、二次绕组和 TA 二次保护、测量回路构成回路，并释放储存在电感中的能量，此时保护仍可能测量到衰减的非周期直流分量，该现象即为 TA 拖尾。

4. TV 断线

答：即电压互感器二次回路断线。一般不考虑 TA 断线、TV 断线同时出现。

5. P 级电流互感器

答：即普通保护级电流互感器。该互感器是按稳态条件设计的，暂态性能较弱，但一般能够满足 220kV 以下系统的暂态性能要求。

6. T 型接线

答： T 型接线是指从甲方向乙方供电的线路中间接出一条线路，向第三方供电。

7. TPY 电流互感器

答： 即 TPY 级的暂态性电流互感器。该互感器在铁芯中设置一定的非磁性间隙，其相对非磁性间隙长度（实际非磁性间隙长度与铁芯磁路长度之比值）大于 0.1%，剩磁通不超过饱和磁通的 10%。由于限制了剩磁，TPY 级适用于双循环和重合闸情况，适用于带重合闸的线路保护。但由于磁阻、储能及磁通变化量的不同，因而二次回路的电流值较高且持续时间较长，不宜用于断路器失灵保护。

8. 备用电源自动投入装置

答： 备用电源自动投入装置是指当工作电源因故障被断开以后，能将备用电源快速自动投入，保证用户连续供电的自动化装置。

9. 闭锁重合闸

答： 闭锁重合闸是指在正常运行或者短路故障状态下出现不希望重合闸动作的特殊情况时（如手动分闸、重合闸可能导致二次故障等），通过闭锁重合闸回路，使重合闸放电。

10. 操作过电压

答： 操作过电压是在电力系统中由于操作所引起的一类过电压。产生操作过电压的原因是电力系统中存在储能元件的电感与电容，当正常操作或故障时，电路状态发生了改变，由此引起了振荡的过渡过程，这样就有可能在系统中出现超过正常工作电压的过电压。

11. 低气压（弹簧未储能）闭重

答： 低气压（弹簧未储能）闭重指的是开关机构压力低时闭锁重合闸的逻辑，避免低压力下合闸带来的灭弧能力弱、绝缘击穿、跳闸失灵等一系列问题。

12. 低功率因数判据

答： 当电流高于精确工作电流时，计算功率因数角，计算功率因数角时先计算相电压和相电流之间的角度，再归算到 0～90°。当电流低于精确工作电流时，功率因数自动满足。当三相中任一相功率因数角高于整定值时，经 40ms 置低功率因数动作标志。当三相电压均低于 $0.3U_N$ 且无 TV 断线时，开放三相的低功率因数条件。

13. 不一致保护

答： 断路器三相不一致将导致保护误动或者拒动，断路器本体一般配置三相不一致保护，当三相不一致时间超过整定时间时，将断路器三相跳开。

14. 短引线保护

答：短引线保护是一种继电保护类型。指 3/2 断路器接线或桥式接线或扩大单元接线中，当两个断路器之间所接线路或变压器停用时，由于该线路或变压器的主保护退出，两个断路器之间的一小段连接线成为保护死区。为此，通过新增电流差动保护（该保护引入这两个断路器的 TA 信号作为差动信号），来识别并切除这一段连接线上的故障，该保护即短引线保护。

15. 多合一装置

答：多合一装置是指集成保护、测量、监视、控制等功能于一体的装置，适用于智能变电站常规采样、常规跳闸，同时要求 SV 输出或过程层 GOOSE 输入输出的应用场合。

16. 断路器偷跳

答：断路器偷跳是指断路器在没有操作、没有继电保护及安全自动装置动作情况下的跳闸。

17. 电流保护

答：电流保护指利用电流分量的故障特征构成的保护，如过电流保护。

18. 电压保护

答：电压保护指利用电压分量的故障特征构成的保护，如过电压保护、低电压保护。

19. 电流差动保护

答：输电线路纵联保护采用光纤通道后由于通信容量很大，可以实时输送两端的电流值。电流差动保护就是基于基尔霍夫电流定律，利用两端的电流量构成的保护，如果两端电流差值大于整定值则判为区内故障，否则为区外故障。

20. 故障选相

答：选相元件是随着单相重合闸和综合重合闸方式的出现才出现的，在这两种重合闸方式下要求在单相故障时仅跳开故障相，必须把故障相别选择出来。常用的方法有两相电流差突变量选相元件、工作电压突变量选相元件、序分量选相元件等。

21. 故障测距

答：故障测距指当故障发生时，保护跳开，将利用阻抗元件计算保护安装处至故障发生点的距离。

22. 过渡电阻

答：过渡电阻是一种瞬间状态的电阻。当电气设备发生相间短路或相对地短路时，短路电流从一相流到另一相或从一相流入接地部位的途径中所通过的电阻。相间短路时，过渡电阻主要是电弧电阻。接地短路时，过渡电阻主要是杆塔及其接地电阻。一旦故障消失，过渡

电阻也随之消失。

23. 沟通三跳

答：由重合闸输出沟通线路保护三相跳闸回路，当线路有电流且装置收到任一保护跳闸信号（单跳、三跳）时，同时满足以下任一条件发沟通三跳：①重合闸因故检修或退出；②重合闸为三重方式。

24. 汲出

答：如果保护安装处的相邻线路是平行线路或者是环网，则在相邻线路上短路时，在短路点和保护安装处之间就会有额外的电流流出，使得流过故障线路上的电流小于流过保护的电流，该额外的电流产生的效果即为汲出。

25. 极化电压

答：在距离保护阻抗继电器的相位比较动作方程中，如果相位比较动作方程的两个边界角是 90°和 270°，与工作电压比较相位的另一个电压，并用其作为相位比较的基准相量，这个电压就称作极化电压。

26. 距离保护

答：距离保护是使用一端的电压和电流量计算出保护安装处到故障点距离（阻抗）的保护，分为接地距离保护和相间距离保护。距离保护受运行方式影响较小。

27. 控制回路断线闭重

答：在控制回路断线后，重合闸放电的逻辑，通过躲过接点转换延时，避免开关操作过程中的误重合现象。

28. 频率保护

答：电力系统运行要求频率偏差不超过 0.2Hz，当频率发生改变时，不仅影响供电质量，还将对系统的安全运行带来严重的后果，因此当频率超过一定范围时，需要配置利用频率故障特征构成的保护，即频率保护。

29. 启动元件

答：在各种类型的故障中均能快速、可靠动作，具有足够的灵敏度，启动元件动作后保护装置才能进入故障处理程序。在故障消失时，启动元件能够快速返回。

30. 启动失灵

答：其他保护在动作跳闸后发送给具有失灵保护的断路器保护或者母线保护用于启动失灵保护的行为。在保护动作发出跳闸命令而断路器拒动时，利用故障设备的保护动作信息与拒动断路器的电气信息构成对断路器失灵的判别，能够以较短的时限切除同一厂站内其他有关的断路器，使停电范围限制在最小，从而保证整个电网的稳定运行，避免造成发电机、变压器等故障元件的严重烧损和电网的崩溃瓦解事故。

31. 潜供电流

答：当一定数值的电流通过线路，线路上发生单相接地故障时，继电保护通过选相元件只将故障相两侧断路器断开，非故障相仍然继续运行，这时非故障相与断开的故障相之间存在静电（通过相间电容）和电磁（通过相间互感）联系而产生电流，该电流为潜供电流。

32. 前加速重合闸方式

答：在低压电网单侧电源线路上，如果只装有简单的电流速断和过电流二段式的电流保护，当故障在电流速断保护范围外，断路器切除故障的时间将会很长，对供电可靠性十分不利。因此需要通过在保护处加装一套重合闸装置，其他保护处不配置重合闸装置，将加速方式设置为过电流保护在重合闸前是瞬时动作的，重合于故障线路后它的动作时限才是按阶梯时限配合的时限，用于快速切除瞬时性故障。这种带延时保护在重合闸前瞬时动作的加速方式称作重合闸前加速。

33. 弱馈

答：线路两侧一侧为大电源端，一侧为弱电源端（或者无电源端、终端）的情况，在线路上发生故障时弱电源一侧可被称为弱馈侧。

34. 死区电压

答：死区电压也叫开启电压。指的是即使加正向电压，也必须达到一定大小才使电路导通的电压，这个阈值叫死区电压。

35. 顺序重合闸

答：为防止重合闸时对主设备和电力系统造成不必要的冲击，线路两侧断路器需按事先规定的先后顺序进行重合的一种重合方式称为顺序重合闸。

36. 网络风暴

答：由于网络拓扑的设计和连接问题，或其他原因导致报文在网络内大量复制传输，导致网络性能下降，甚至网络瘫痪。

37. 虚端子

答：虚端子是指用来描述 IED 设备的通用面向对象变电站事件（generic object oriented substation event，GOOSE）、采样值（sampled value，SV）输入、输出信号连接点的总称，用以标识过程层、间隔层及其之间联系的二次回路信号，等同于传统变电站的屏端子。

38. 小电流接地系统

答：中性点不接地或经过消弧线圈或高阻抗接地的三相系统，又称中性点间接接地系统。当某一相发生接地故障时，由于不能构成短路回路，接地故障电流往往比负荷电流小得多，

所以这种系统被称为小电流接地系统。

39. 线路对地电容充电功率

答：由线路的对地电容电流所产生的无功功率，称为线路的充电功率。

40. 永跳

答：跳闸信号启动 TJR 继电器对断路器三跳，闭锁重合闸，同时启动失灵保护。

41. 远传

答：远传是保护装置将本侧开关量等信息通过数字通道发送至对侧的一种方式。以该方式传输的信号并不作用于本装置的跳闸出口，而只是如实地将对侧装置的开入接点状态反映到对应的开出接点上。

42. 远方跳闸

答：对于 220kV 及以上的线路，当发生某些故障时，仅跳开本侧的断路器并不能真正切除故障，需要将对侧断路器也跳开的一种跳闸方式，称为远方跳闸。

43. 越级跳闸

答：电力系统故障时，应由保护整定优先跳闸的断路器来切除故障，但因故由其他断路器跳闸来切除故障，这样的跳闸行为称为越级跳闸。

44. 抓包

答：将网络传输发送与接收的数据包进行截获、重发、编辑、转存等操作，也用来检查网络安全。抓包也经常被用来进行数据截取等。

45. 展宽

答：展宽指将逻辑结果保持一段时间，相当于延时返回。

46. 助增

答：当线路发生故障时，若在短路点和继电器安装处之间的变电站母线上存在其他电源，并且该电源能为短路点提供故障电流，使得流过故障线路上的电流大于流过保护的电流，该电源产生的效果即为助增。

47. 纵续动作

答：在故障发生后，线路一侧的保护满足动作并跳闸后，另一侧的保护随后动作的情形。

48. 自动重合闸

答：将因故跳开的断路器按需要重新合闸称作自动重合闸。

49. 智能化装置

答：适用于智能变电站 SV 采样、GOOSE 开入、GOOSE 开出应用场合的保护装置或保护测控集成装置。

50. 纵联距离保护

答：线路纵联距离保护是当线路发生故障时，使两侧开关同时快速跳闸的一种保护装置，它以线路两侧判别量（阻抗继电器动作行为）的特定关系作为判据，即两侧均将判别量借助通道传送到对侧，然后，两侧分别按照对侧与本侧判别量之间的关系来判别区内故障或区外故障。

51. 纵联零序方向保护

答：纵联零序方向保护作为线路接地故障时的主保护，用零序方向元件作为区内、区外故障的判别元件，并将判别结果借助通道传送给对侧，然后，两侧分别按照对侧与本侧的判别量之间的关系判别区内或区外故障。

52. 中性点直接接地系统

答：也称大接地电流系统。这种系统中一相接地时，出现除中性点以外的另一个接地点，构成了短路回路，接地故障相电流很大，为了防止设备损坏，必须迅速切断电源，因而供电可靠性低，易发生停电事故。但这种系统上发生单相接地故障时，由于系统中性点的钳位作用，使非故障相的对地电压不会有明显的上升，因而对系统绝缘是有利的。

53. 3/2 断路器接线

答：3/2 断路器接线的形式如下：两条母线分别称为Ⅰ母线和Ⅱ母线，将Ⅰ母线到Ⅱ母线断路器的符号依次编为 01、02、03，两台断路器之间的引出线连接的线路或变压器，统称为元件；有两个元件用三台断路器连接在Ⅰ、Ⅱ母线之间的，称为是一个完整串；如果一个元件用两台断路器连接在Ⅰ、Ⅱ母线之间的，称为不完整串；在一个完整串中两个元件都是线路的，称为线路串；在一个完整串中一个元件是线路，另一个元件是变压器的，称为线路变压器串。

第二章　公　共　规　定

1. 简述继电保护装置“六统一”的目的和内容。

答：目的是实现智能变电站和常规变电站中继电保护装置的“六统一”，提高继电保护标准化应用水平。统一内容包括：

（1）功能配置统一的原则：主要解决各地区保护功能配置、组屏方式的差异而造成保护装置的不统一；

（2）回路设计统一的原则：解决由于各地区运行和设计单位习惯不同造成二次回路上存在的差异；

（3）端子排布置统一的原则：通过按照“功能分区，端子分段”的原则统一端子排的设置，解决交直流回路、输入输出回路在端子排上排列位置不同的问题；

（4）接口标准统一的原则：对继电保护装置的开关量输入（简称开入）、开关量输出（简称开出）接口进行统一，避免出现不同时期、不同厂家装置开入、开出接口杂乱无序的问题；

（5）保护定值统一的原则：要求设备制造商按照统一格式规范保护定值清单格式及定值项名称，以便简化定值整定工作；

（6）报告格式统一的原则：要求设备制造商按照统一格式形成保护动作报告，并要求动作报告有中文简述，为调控中心和现场处理事故赢得时间，也为现场运行维护创造有利条件。

2. 画出常规变电站典型保护装置硬件架构图。

答：常规变电站典型保护装置硬件架构如图 2-1 所示。

3. 画出智能变电站典型保护装置硬件架构图。

答：智能变电站典型保护装置硬件架构如图 2-2 所示。

4. 保护及辅助装置的编号原则是什么？

答：保护及辅助装置的编号原则如表 2-1 所示。

表 2-1　　保护及辅助装置的编号原则

装　置　类　型	装置编号	屏（柜）端子编号
变压器保护、高抗保护、母线保护、线路保护	1n	1D

续表

装 置 类 型	装置编号	屏（柜）端子编号
线路独立后备保护（可选）	2n	2D
断路器保护（带重合闸）	3n	3D
操作箱、断路器智能终端、母线智能终端	4n	4D
变压器非电量保护、高抗非电量保护、变压器本体智能终端	5n	5D
交流电压切换箱	7n	7D
母联（分段）保护	8n	8D
过电压及远方跳闸保护	9n	9D
短引线保护	10n	10D
远方信号传输装置、收发信机	11n	11D
合并单元	13n	13D
继电保护通信接口装置	24n	24D

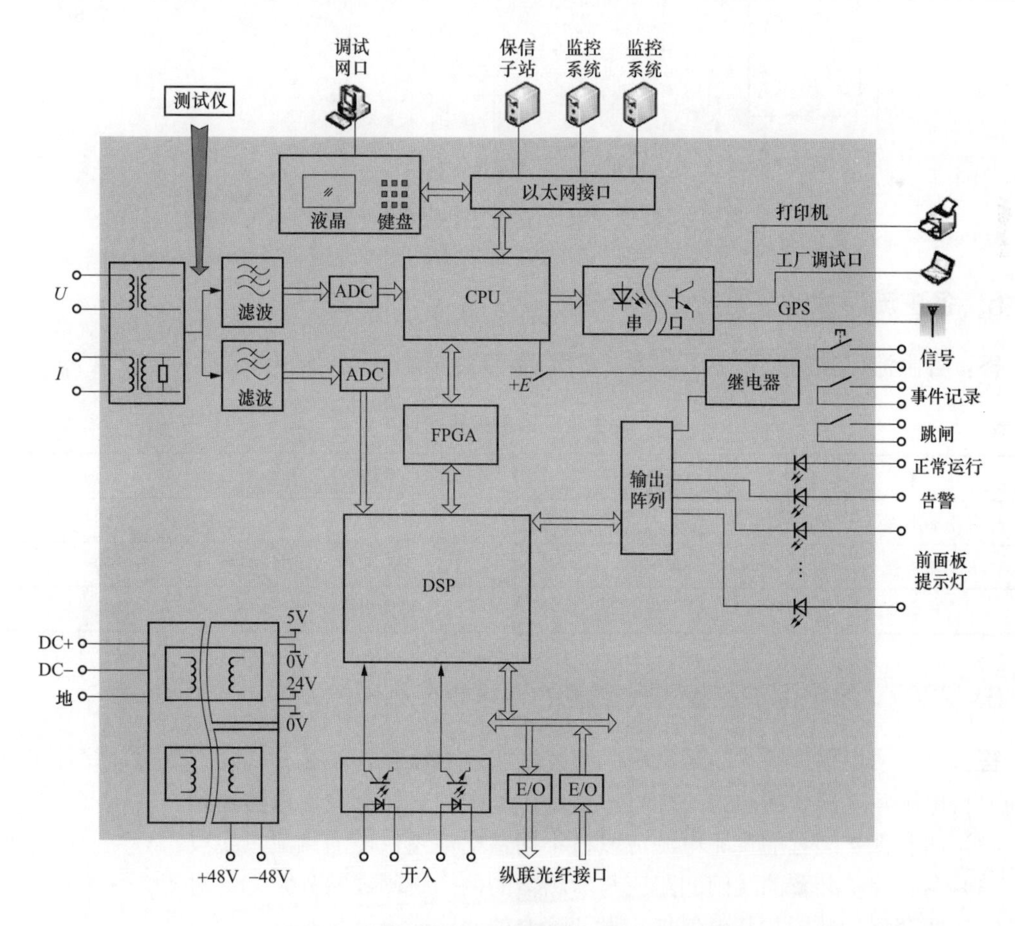

图 2-1 常规变电站典型保护装置硬件架构图

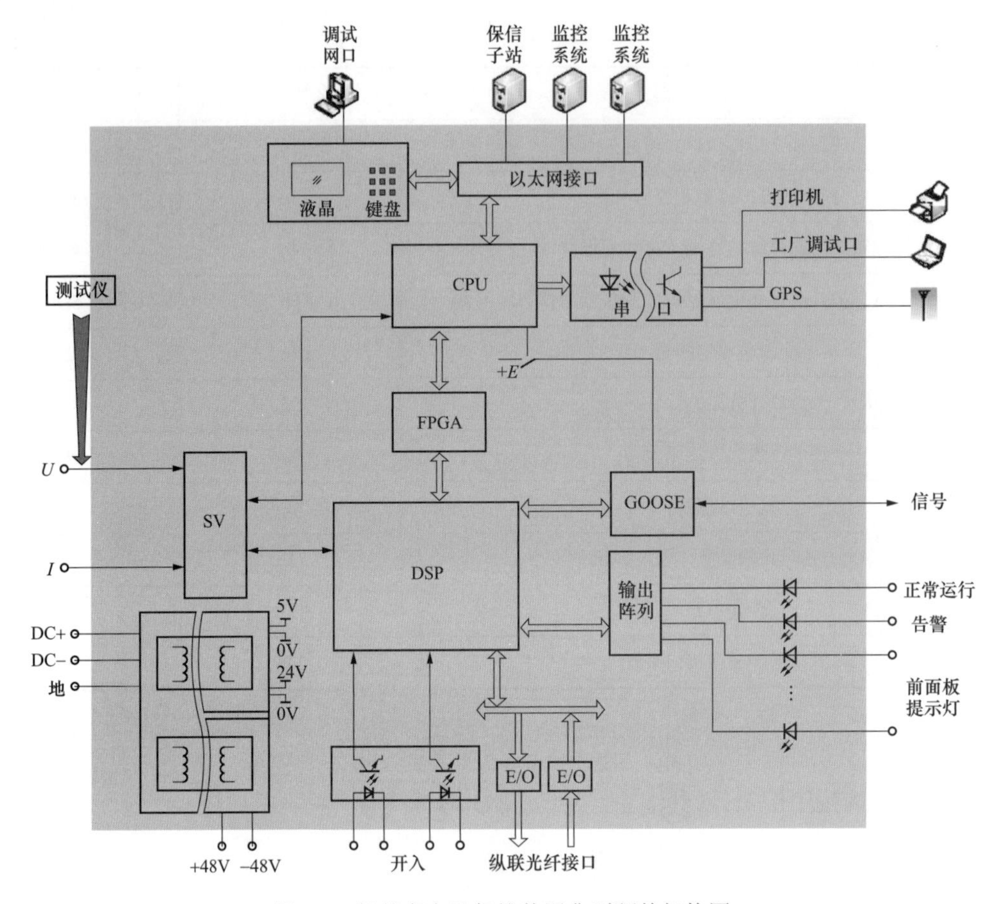

图 2-2　智能变电站保护装置典型硬件架构图

5. 各主流厂家的装置密码是什么?

答：各主流厂家的装置密码如表 2-2 所示。

表 2-2　　各主流厂家的装置密码

厂家	密码	厂家	密码
南瑞继保	+<^-	北京四方	8888
南瑞科技	01	国电南自	99
许昌电气	（空）	思源电气	02

6. 220kV 继电保护的双重化配置的要求是什么?

答：（1）两套保护装置的交流电流应分别取自电流互感器互相独立的绕组；交流电压宜分别取自电压互感器互相独立的绕组。其保护范围应交叉重叠，避免死区。

（2）两套保护装置的直流电源应取自不同蓄电池组供电的直流母线段。

（3）两套保护装置的跳闸回路应与断路器的两个跳闸线圈分别一一对应。

（4）两套保护装置与其他保护、设备配合的回路应遵循相互独立的原则。

（5）每套完整、独立的保护装置应能处理可能发生的所有类型的故障。两套保护之间不应有任何电气联系，当一套保护退出时不应影响另一套保护的运行。

（6）线路纵联保护的通道（含光纤、微波、载波等通道及加工设备和供电电源等）、远方跳闸及就地判别装置应遵循相互独立的原则按双重化配置。

7. 220kV 双重化保护为什么不设置两组操作电源的切换回路？

答：不设置两组直流操作电源的切换回路，是为防止操作箱压力公共回路故障或操作回路其他故障时，由于切换回路的存在导致两组直流电源同时失去。

8. 电压切换直流电源为什么要采用对应保护装置的直流电源？

答：（1）电压切换箱应与保护共用一组电源和空气开关，可防止 TV 失压导致距离保护误动作；

（2）电压切换箱不能采用控制回路电源，若采用控制回路电源，当控制电源消失后，距离保护可能误动作，此时由于操作箱的控制电源失电，不能跳开断路器，将误启动失灵保护，可能造成严重后果。

9. 电压切换箱的配置要求是什么？

答：（1）电压切换箱双重化配置时，宜由隔离开关的一副动合辅助触点控制切换继电器的启动和返回，接通和断开本母线电压，此种方式简称单位置启动方式。电压切换采用单位置启动方式的优点是回路简单、便于实现，不会造成交流二次电压“非等电位连接”；缺点是当隔离开关辅助触点接触不良或失去直流电源时，保护装置失去交流电压，可能误动作。

（2）电压切换箱单套配置时，宜由隔离开关的一副动合辅助触点控制切换继电器的启动，接通本母线电压，一副动断辅助触点控制切换继电器的返回，断开本母线电压，此种方式简称双位置启动方式。电压切换采用双位置启动方式的优点是当隔离开关辅助触点接触不良时，保护不失去交流电压；缺点是倒闸操作时，如隔离开关动合触点闭合，而动断触点未打开时，Ⅰ、Ⅱ母线的二次交流电压会同时接通。在母联断路器断开时，Ⅰ、Ⅱ母线的二次交流电压差可能造成继电器触点烧毁。此种现象，称为交流二次电压“非等电位连接”。

10. 双母线接线若在各间隔设置三相 TV 存在什么问题？

答：（1）配置单相电压切换箱：单相电压切换箱用于切换母线单相电压，仅作为三相重合闸检同期和手合检同期用。

（2）非全相运行时，电压取自线路 TV 的零序方向元件可能判为反方向，方向零序电流保护可能会受到影响；早期线路保护装置在非全相运行中，仅保留不带方向的零序电流最末一段，可不考虑此影响。

（3）对于专用三相 TV，保护用电压回路接线简单，不需电压并列和电压切换装置，彻底扭转了电压二次回路复杂的局面。TV 负荷恒定不变，能满足测量精度要求。

（4）母线配置小容量三相 TV、各间隔配置小容量三相 TV。母差保护、故障录波、重合闸同期电压等取自母线 TV，线路和变压器的保护、测量电压取自线路三相 TV。

11. 220kV及以上保护电流互感器二次回路断线的处理原则是什么?

答：总体原则：保护判别TA二次回路断线只考虑单一性故障，不考虑以下情况：主保护不考虑TA、TV断线同时出现，不考虑无流元件TA断线，不考虑三相电流对称情况下中性线断线，不考虑两相、三相断线，不考虑多个元件同时发生TA断线，不考虑TA断线和一次故障同时出现。

12. 简述TA断线闭锁原则。

答：母差保护安装完成投运以后，TA断线的概率很小，且一次设备构造较为简单，而母线保护误动对系统危害很大，所以TA断线母线保护倾向于报警并闭锁，确有故障时可通过双重化的另一套母差保护切除。

对于变压器保护，故障时保护装置动作慢的话较大的故障电流容易损害变压器设备，所以在变压器差动保护TA断线后，优先确保动作的快速性，采用有条件闭锁或不闭锁方式。

对于线路保护，TA断线且TA断线闭锁主保护控制字退出时，线路主保护带150ms延时动作，仍快于后备保护不会扩大故障影响范围，对线路造成的损害也不大，而且150ms延时可以躲过区外故障快速保护动作，避免本保护误动。如发生线路区内故障，可靠双重化的另一套线路保护动作跳闸，故线路保护对于TA断线的处理介于两者之间。

13. 保护装置单点开关量输入定义为什么采用正逻辑?

答：保护装置的单点开关量输入采用正逻辑，是考虑大多数用户的使用习惯，要做到规范统一，避免运行和管理混乱。如无特殊情况，一般采用“功能投入”或“收到开入”为“1”，表示开入触点闭合。

14. 智能化保护如何处理双点开关量输入的“无效”位置?

答：智能化保护装置双点开关量输入定义：“01”为分位，“10”为合位，“00”和“11”为无效。对智能化保护如何处理双点开关量输入的“无效”位置，不做统一规定，但应以防止保护误动作为基本原则。例如，对于双点开关量输入，按照保持无效之前状态处理，如断路器位置和隔离开关位置；对于单点开关量输入号，按照“0”状态处理。

15. 简述保护装置功能控制字“1”和“0”的定义。

答：规定“1”肯定所表述的功能，“0”否定所表述的功能，是考虑大多数用户的使用习惯，要做到规范统一，避免运行、管理混乱。当控制字置“0”时，不应改变定值清单和装置液晶屏显示的“功能表述”，以便于调度运行管理的定值核对工作。

16. 保护屏（柜）端子排的设置原则是什么?

答：（1）按照“功能分区，端子分段”的原则，根据保护屏（柜）端子排功能不同，分段设置端子排；

（2）端子排按段独立编号，每段应预留备用端，每段端子排分别预留2～3个备用端子，左右两侧端子排再分别集中设置20个备用端子；

（3）公共端、同名出口端采用端子连线；

（4）交流电流和交流电压采用试验端子，便于试验时可靠断开外部电缆，避免采用普通端子时，需要反复断开、复位外部电缆导致的安措处理困难、端子连接可靠性降低问题；

（5）跳闸出口采用红色试验端子，并与直流正电源端子适当隔开；

（6）一个端子只能接一根导线。

17. 保护功能的软硬压板为什么采用“与门”逻辑？

答：主要考虑保护装置操作的方便性，软压板可以远方投退，硬压板可以就地投退，退出其相应的保护功能。

18. “远方操作”只设硬压板。“远方投退压板”“远方切换定值区”和“远方修改定值”只设软压板，只能在装置本地操作，三者功能相互独立，分别与“远方操作”硬压板采用“与门”逻辑。当“远方操作”硬压板投入后，上述三个软压板远方功能才有效，为什么？

答：（1）为满足变电站无人值班的要求，常规保护装置应具备远方投退压板、远方切换定值区和远方修改定值的功能，分别受“远方投退压板”“远方切换定值区”和“远方修改定值”软压板的控制，这三个软压板分别与公共的“远方操作”硬压板为“与”逻辑，未经调度运行管理部门允许，现场不能投退这三个软压板。

（2）“远方操作”只设硬压板，只能在装置本体操作，从而实现保护的所有远方操作必须经就地安全措施把关。根据远方操作的安全水平，视具体情况可分别实现“远方投退压板”“远方切换定值区”和“远方修改定值”功能的开放。

（3）“远方操作”硬压板投入后，装置只能在远方进行操作，此时无论“远方投退压板”“远方切换定值区”和“远方修改定值”软压板投退与否，在装置本地无法操作，建议本地操作时在装置上有明确提示信息；“远方操作”硬压板退出后，才能在装置本地进行操作。

19. 保护屏硬压板及按钮的设置原则是什么？

答：（1）压板设置遵循“保留必需，适当精简”的原则。

（2）对于220kV及以上的保护屏，每面屏（柜）压板不宜超过5排，每排设置9个压板；对于10～110kV的保护屏，压板不宜超过6排，每排设置9个压板，不足一排时用备用压板补齐。分区布置出口压板和功能压板。压板在屏（柜）体正面自上而下、从左至右依次排列。

（3）保护跳闸出口、重合闸出口压板应采用红色，功能压板应采用黄色，压板底座及其他压板宜采用浅驼色。

（4）标签应设置在压板、转换开关及按钮下方或其本体上。

（5）转换开关、按钮安装位置应便于巡视、操作，方便检修。

20. 保护装置的功能投退有哪些实现方式？

答：（1）保护总体功能投/退，如线路保护的“纵联距离保护”，可由运行人员就地投/退硬压板或远方操作投/退软压板实现。常规保护采用“硬压板”和“软压板”与门逻辑，便于在不同操作地点对压板进行控制。智能化保护可不设置保护功能投退硬压板，只设保护功能软压板即可。

（2）运行中基本不变的保护分项功能，采用“控制字”投/退，而不采用软压板投退，可显著减少运行操作人员的负担。并且当电网运行方式改变后、需要调整部分定值时，可通过切换定值区或临时修改定值实现，而不通过投退压板实现，可以大大简化保护压板。如“距离Ⅰ段”采用“控制字”投/退。

21. 保护装置对定值的要求有哪些？

答：（1）保护装置的定值清单按以下顺序排列：①设备参数定值部分；②保护装置数值型定值部分；③保护装置控制字定值部分。

（2）对于定值的要求有：

1）保护装置软压板与保护定值相对独立，软压板的投退不应影响定值；

2）线路保护装置至少设 16 个定值区，其余保护装置至少设 5 个定值区，定值区应从 1 区开始；

3）保护装置应显示当前运行的定值区号，切换为其他定值区号时，各定值项切换为相应区定值，但“设备参数定值”“软压板”为各定值区公用，不随“定值区号”切换；

4）保护装置的定值清单不含软压板；

5）保护装置具有实时上送定值区号的功能。

22. 保护应记录哪些类型的信息？

答：（1）故障信息，包括跳闸、电气量启动而未跳闸等，各种情况下均应有符合要求的动作报告。

（2）导致开关量输入发生变化的操作信息（如跳闸位置开入、压板投退），也应有事件记录。

（3）异常告警信息，应有相应记录。

23. 保护装置对保存的动作报告有哪些要求？

答：（1）为防止保护装置频繁启动导致事故报告丢失，不便于事故分析，保护装置应保留 8 次以上完整的最新动作报告。

（2）考虑到保护的启动判别时间，记录的数据能够包含系统故障前一个完整周波的数据，每个动作报告至少应包含故障前 2 个周波。

（3）考虑了保护的整组动作时间，录波数据可以满足现场故障分析的需要，应记录故障后至少 6 个周波的数据。

24. 简述保护装置信号触点的配置要求。

答：（1）常规变电站保护装置的跳闸信号：2 组不保持触点，1 组保持触点（可选）；

（2）常规变电站保护装置的过负荷、运行异常和装置故障等告警信号：至少 1 组不保持触点；

（3）智能变电站保护装置的运行异常和装置故障信号：至少 1 组不保持触点。

25. 保护装置检修状态处理机制是什么?

答：（1）装置检修状态。检修状态通过装置压板开入实现，检修压板应只能就地操作，当压板投入时，表示装置处于检修状态。装置应通过 LED 状态灯、液晶显示或报警接点提醒运行、检修人员装置处于检修状态。

（2）MMS 报文检修处理机制。

1）装置应将检修压板状态上送客户端。

2）当装置检修压板投入时，本装置上送的所有报文中信号的品质 q 的 Test 位应置 True。

3）当装置检修压板退出时，经本装置转发的信号应能反映 GOOSE 信号的原始检修状态。

4）客户端根据上送报文中的品质 q 的 Test 位判断报文是否为检修报文并做出相应处理。当报文为检修报文，报文内容应不显示在简报窗中，不发出音响告警，但应该刷新画面，保证画面的状态与实际相符。检修报文应存储，并可通过单独的窗口进行查询。

（3）装置采用 DL/T 860 标准时，上送报文带品质位的信息，但是“保护检修状态”压板的状态不应带检修品质位信息上送，以确保该压板状态在简报窗中正常显示。

26. 简述保护装置软件版本的描述方法。

答：保护装置软件版本描述方法见图 2-3。

（1）基础软件由“基础型号功能”和“选配功能”组成；

（2）基础软件版本含有所有选配功能，但不随“选配功能”不同而改变；

（3）基础软件版本描述由基础软件版本号、基础软件生成日期、程序校验码（位数由厂家自定义）组成；

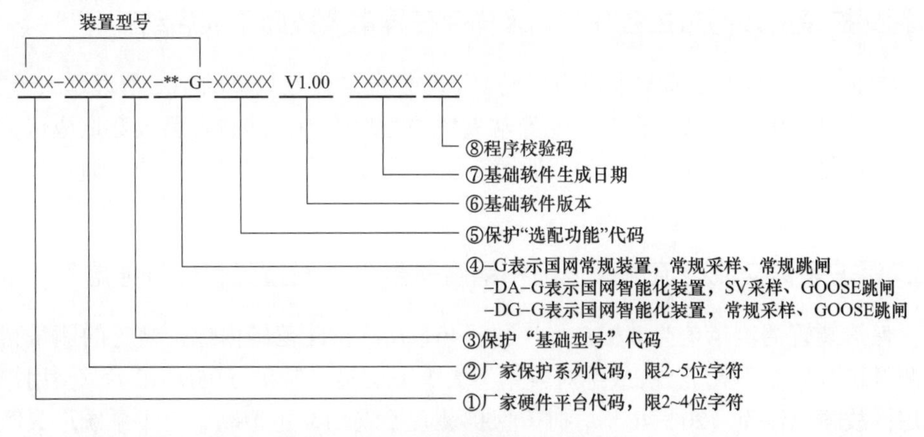

图 2-3 保护装置软件版本描述方法

注 1：“基础型号”代码不组合，代码详见各保护功能配置表。其中，断路器保护、过电压及远方跳闸保护、短引线保护基础型号默认为 A。

注 2：“选配功能”代码可无，也可由多个代码组合，功能代码详见各保护功能配置表，组合时按从上到下的顺序依次排列。

注 3：装置面板（非液晶）应能显示①～⑤部分的信息。

27. 保护装置版本控制的原则是什么?

答：保护装置功能由“基础型号功能”和“选配功能”组成；功能配置由设备制造厂出厂前完成。功能配置完成后定值清单及软压板、装置虚端子等应与所选功能一一对应。保护装置基础软件=基础功能（必配）+选配功能，实际工程应用可由选配功能实现，保护装置基础软件版本不随“选配功能”不同而改变。

28. 简述装置液晶显示中电压与电流相角的显示基准。

答：装置液晶显示需显示电流及电压的相对相位，相位基准存在以下两种主流的选取方法：①各相电压、电流均以 A 相电压为唯一基准；②各相电压均以 A 相电压为基准，各相电流则以对应的相电压为基准。

29. 对智能变电站保护屏光纤的要求是什么?

答：（1）线径及芯数要求如下：

1）光纤线径宜采用 62.5/125μm；

2）多模光缆芯数不宜超过 24 芯，每根光缆至少备用 20%，最少不低于 2 芯。

（2）敷设要求如下：

1）双重化配置的两套保护不共用同一根光缆，不共用 ODF 配线架；

2）保护屏（柜）内光缆与电缆应布置于不同侧或有明显分隔。

30. 智能变电站保护装置是否需要支持 SV 单光纤接收?

答：保护装置的采样为光纤点对点传输，并支持 SV 单光纤接收方式。

31. 保护装置如何防止合并单元采样存在异常大数而不误启动?

答：合并单元异常大数通常表现为“飞点”，即某个采样点数值的绝对值远远大于实际值，保护装置软件算法中应具备对合并单元异常大数的处理能力，防止异常大数造成保护装置误动。合并单元发出的采样数据一般为双通道，使用 A/D 冗余结构是有效防单通道异常大数的措施之一。

32. 保护装置交流电流测量范围和精度是多少，设置时有何种考虑?

答：保护装置的测量值为 $0.05I_N$～（20～40）I_N，在此范围内保护装置的测量精度均需满足：测量相对误差不大于 5%或绝对误差不大于 $0.02I_N$，但在 $0.05I/_N$ 以下范围用户应能整定并使用；故障电流为（20～40）I_N 时，保护装置不误动、不拒动。对于系统最灵敏段保护的定值可能在 $0.05I_N$ 以下的特殊情况，要求装置定值“在 $0.05I_N$ 以下范围，用户应能整定并使用”。当整定值低于 $0.05I_N$ 时，动作准确度精度不满足相对误差不大于 5%或绝对误差不大于 $0.02I_N$ 的要求，一次 TA 选型应避免类似情况。

33. 继电保护装置设置“跳闸”“信号”“停用”三种状态，其具体含义是什么?

答：（1）跳闸：跳闸状态一般指装置电源开启、功能压板和出口压板均投入；

（2）信号：信号状态一般指出口压板退出，功能压板投入，装置电源仍开启；
（3）停用：停用状态一般指出口压板和功能压板均退出，装置电源关闭。

34. 如何将智能变电站线路保护“跳闸”改“信号”状态，“信号”改“停用”状态？

答：（1）线路保护“跳闸”改“信号”：
1）确认变电站设备状态与操作任务起始状态一致；
2）退出线路保护通道一差动投入软压板，并检查；
3）退出线路保护通道二差动投入软压板，并检查；
4）退出线路保护跳闸出口软压板，并检查；
5）退出线路保护启动失灵发送软压板，并检查；
6）退出线路保护闭锁重合闸发送软压板，并检查；
7）退出线路保护重合闸出口软压板，并检查；
8）投入线路保护停用重合闸软压板，并检查。
（2）线路保护“信号”改“停用”：
1）确认变电站设备状态与操作任务起始状态一致；
2）退出线路保护距离保护软压板，并检查；
3）退出线路保护零序过流保护软压板，并检查；
4）投入线路保护检修硬压板；
5）拉开线路保护装置电源空气开关。

35. 如何将智能变电站线路保护“停用”改“信号”状态，“信号”改“跳闸”状态？

答：（1）线路保护“停用”改“信号”状态：
1）确认变电站设备状态与操作任务起始状态一致；
2）合上线路保护装置电源空气开关；
3）退出线路保护检修压板；
4）检查线路保护运行是否正常；
5）投入线路保护距离保护软压板，并检查；
6）投入线路保护零序过流保护软压板，并检查。
（2）线路保护“信号”改“跳闸”：
1）确认变电站设备状态与操作任务起始状态一致；
2）“信号”改“跳闸”；
3）检查线路保护运行是否正常；
4）退出线路保护停用重合闸投入软压板，并检查；
5）检查线路保护“充电完成”指示灯是否亮；
6）投入线路保护跳闸出口软压板，并检查；
7）投入线路保护启动失灵发送软压板，并检查；
8）投入线路保护闭锁重合闸发送软压板，并检查；
9）投入线路保护重合闸出口软压板，并检查。

36. 如何将常规变电站线路保护“跳闸”改“信号”状态，“信号”改“停用”状态？

答：（1）线路保护“跳闸”改“信号”：

1）确认变电站设备状态与操作任务起始状态一致；

2）退出线路保护差动保护压板；

3）退出线路保护 A 相跳闸出口压板；

4）退出线路保护 B 相跳闸出口压板；

5）退出线路保护 C 相跳闸出口压板；

6）退出线路保护重合闸出口压板；

7）退出线路保护 A 相启动母差失灵压板；

8）退出线路保护 B 相启动母差失灵压板；

9）退出线路保护 C 相启动母差失灵压板。

（2）线路保护“信号”改“停用”：

1）确认变电站设备状态与操作任务起始状态一致；

2）拉开线路保护直流电源空气开关。

37. 如何将常规变电站线路保护“停用”改“信号”状态，“信号”改“跳闸”状态？

答：（1）线路保护“停用”改“信号”：

1）确认变电站设备状态与操作任务起始状态一致；

2）合上线路保护直流电源空气开关 1DK；

3）检查线路保护是否运行正常。

（2）线路保护“信号”改“跳闸”：

1）确认变电站设备状态与操作任务起始状态一致；

2）检查线路保护是否运行正常；

3）测量线路保护重合闸出口压板两端确无电压，并投入；

4）测量线路保护 A 相跳闸出口压板两端确无电压，并投入；

5）测量线路保护 B 相跳闸出口压板两端确无电压，并投入；

6）测量线路保护 C 相跳闸出口压板两端确无电压，并投入；

7）测量线路保护 A 相启动失灵压板两端确无电压，并投入；

8）测量线路保护 B 相启动失灵压板两端确无电压，并投入；

9）测量线路保护 C 相启动失灵压板两端确无电压，并投入。

38. 母线合并单元的配置要求是什么？

答：母线电压合并单元可接收 3 组电压互感器数据，并支持向其他合并单元提供母线电压数据，根据需要提供电压并列功能。各间隔合并单元所需母线电压量通过母线电压合并单元转发。

（1）3/2 断路器接线：每段母线按双重化配置两台母线电压合并单元；

（2）双母线接线，两段母线按双重化配置两台母线电压合并单元。每台合并单元应具备 GOOSE 接口，接收智能终端传递的母线电压互感器隔离开关位置、母联隔离开关位置和断路器位置，用于电压并列；

（3）双母单分段接线，按双重化配置两台母线电压合并单元，含电压并列功能（不考虑横向并列）；

（4）双母双分段接线，按双重化配置四台母线电压合并单元，含电压并列功能（不考虑横向并列）；

（5）用于检同期的母线电压由母线合并单元点对点通过间隔合并单元转接给各间隔保护装置。

39. 合并单元需要支持哪些规约？

答：合并单元支持 DL/T 860.92 或通道可配置的扩展 GB/T 20840.8 等规约，通过 FT3 或 DL/T 860.92 接口实现合并单元之间的级联功能。

（1）现阶段优先采用 DL/T 860.92 方式。今后逐步推广 DL/T 860.92 方式级联，逐步取消 GB/T 20840.8 级联方式。

（2）母线合并单元和间隔合并单元级联采用 DL/T 860.92 是趋势。GB/T 20840.8 规约是基于串口的，和 DL/T 860.92 相比，具有带宽低、数据传输精度低、扩展不便等弱点。

（3）母线合并单元和间隔合并单元级联采用 GB/T 20840.8 规约，不同设备制造商之间的母线合并和间隔合并单元级联，将增加调试难度。

（4）DL/T 860.92 级联的母线合并单元和 GB/T 20840.8 级联的母线合并单元是完全不同的两种硬件，统一采用 DL/T 860.92 级联可以简化装置类型和调试工作。

40. 合并单元与电子互感器之间可以采用哪些同步方案？

答：（1）脉冲同步法：由合并单元向电子式互感器发出采样脉冲，数据采样的脉冲必须由合并单元的秒脉冲信号锁定，每秒第一次测量的采样时刻应和秒脉冲的上升沿同步，且对应的时标在每秒内应均匀分布。

（2）插值同步法：每相电子式互感器各自独立采样，并将采样的一次电流和电压数据以固定延时发送至合并单元，合并单元以同步时钟为基准插值，插值时刻必须由 MU 的秒脉冲信号锁定，每秒第一次插值时刻应和秒脉冲的上升沿同步，且对应的时标在每秒内应均匀分布。

为便于工程实施、简化接线、降低成本，同时为满足保护装置不依赖于外部同步时钟的基本原则，实际工程应用中以插值同步法居多。

41. 为什么仅 TA 至 MU 之间发生断线时要求报 TA 断线告警？

答：MU 至保护 SV 板件这段回路上发生的问题有相应的告警报文，如 SV 检修不一致、SV 通信中断、SV 报文配置异常、SV 品质位异常、光纤链路中断等，问题性质与 TA 断线的含义有所区别，若报 TA 断线容易混淆故障点位，增加消缺难度，而 TA 至 MU 之间发生断线时符合常规 TA 断线情况，应报 TA 断线告警。

42. 智能终端的技术原则是什么？

答：（1）接收保护跳合闸 GOOSE 命令，测控的遥合/遥分断路器、隔离开关等 GOOSE 命令。

（2）发出收到跳令的报文。

（3）GOOSE 直传双点位置：断路器分相位置、隔离开关位置。

（4）GOOSE 直传单点位置：遥合（手合）、低气压闭锁重合等其他遥信信息。

（5）断路器智能终端应具备三跳硬触点输入接口。

（6）断路器智能终端至少提供一组分相跳闸触点和一组合闸触点。

（7）断路器智能终端具有跳合闸自保持功能。

（8）断路器智能终端不宜设置防跳功能，防跳功能由断路器本体实现。

（9）除装置失电告警外，智能终端的其他告警信息通过 GOOSE 上送。

（10）智能终端配置单工作电源。

（11）智能终端应直传原始采集信息和“六统一”规范规定的组合逻辑信息，由应用端根据需要进行逻辑处理。

（12）智能终端发布的保护信息应在一个数据集。

43. 为什么推荐取消操作箱防跳功能?

答：（1）操作箱的防跳功能，大部分采用串联于跳闸回路的电流继电器启动方式，称为“串联防跳”；断路器操动机构的防跳功能大部分采用并联于跳闸回路的电压继电器启动的方式，称为“并联防跳”。

（2）远方操作时，既可采用“串联防跳”，也可采用“并联防跳”；就地操作时只能采用“并联防跳”。

（3）由于操作箱的防跳回路在断路器置于就地控制方式时，防跳功能不起作用，为保证断路器在远方操作和就地操作均有防跳功能，更好地保护断路器，推荐优先采用断路器本体防跳。由于部分早期断路器无本体防跳功能，操作箱内应具备防跳功能，根据实际情况方便取消。无论是否采用操作箱的防跳功能，均应采用操作箱跳合闸保持功能。

44. 为什么操作箱的跳闸监视回路与合闸回路应便于断开?

答：“串联防跳”和“并联防跳”若同时使用，将产生寄生回路：

（1）采用断路器本体防跳，断路器处于合闸位置时，因断路器本体防跳继电器与操作箱 TWJ 形成串联分压，一方面可能会造成 TWJ 误启动，导致红绿灯同时点亮的异常情况；另一方面，断路器跳闸后由于本体防跳继电器线圈仍带电，再手合断路器时会发生拒合现象。

（2）断开跳闸位置监视与合闸回路的连线后，将 TWJ 线圈串接断路器机构本体的动断辅助接点再与合闸回路并接，可有效解决采用机构防跳引起的上述问题，同时又能满足监视分、合闸回路完好性的要求。

（3）正常运行时，断路器处于合闸位置，为确保线路故障时能可靠跳闸，HWJ（断路器合闸位置）必须监视跳闸回路的完好性。

（4）当采用断路器本体防跳时，应断开 TWJ 与合闸回路的连接。

45. 保护装置为什么要尽可能减少外部输入量，以降低对相关回路和设备的依赖?

答：微机保护要完成自身的保护功能就必须获取必要的交流电流电压量及必要的开关量，但开关量要尽量减少。开入存在的主要问题是：信息源本身的错误、二次回路的接线错误、回路的异常（如接线松动、断线或短路等），以及通过二次回路引入的干扰等可能造成保护装置的不正确动作。除此之外，回路接线复杂加大了设备检修期间的安措复杂度，增加了人为责任造成保护装置不正确动作的风险。通过对保护装置的功能进行深化和集中，充分利用微机保护装置强大的运算处理能力，实现保护功能标准化，尽可能减少外部开入量，从而达到简化二次回路、提高保护可靠性的目的。

46. 简述直跳开入的软件防误措施。

答：软件防误措施是：在有直跳开入时，需经 50ms 的固定延时确认，同时，还必须伴随灵敏的、不需整定的、展宽的电流故障分量启动元件动作。

47. 直跳回路加装的大功率抗干扰继电器有什么性能要求？为什么？

答：大功率抗干扰继电器的启动功率应大于 5W，动作电压在额定直流电源电压的 55%～70%，额定直流电源电压下动作时间为 10～35ms，应具有抗 220V 工频电压干扰的能力。

（1）造成直跳回路误动的原因主要有以下两种：

1）交流与直流混接（所谓“交流窜入直流”）。交流与直流混接后，交流电压（半波）可能会叠加在直流继电器线圈两端，当该电压瞬时值大于继电器动作电压的时间超过继电器自身的动作时间时，继电器可能会动作，在这种情况下，有极性要求的继电器每个周波动作一次；无极性要求的继电器每个周波可能动作两次。

2）外部电磁干扰。电磁干扰的特点是干扰电压高、每个峰值持续时间短，并且电磁干扰信号的能量不具有持续性。

对于上述原因造成的干扰，不会导致固有动作时间超过 10ms 的继电器误动作。

（2）启动功率大于 5W，有效提高抗干扰能力，在《国家电网公司十八项电网重大反事故措施》中 5.7、6.7 已有相应要求。启动功率是指继电器在最低动作电压下测得的功率。

（3）在正常运行条件下，直流系统正极、负极对地均为 50%额定电压，直流正接地时，继电器两端瞬间感受到的最高电压是 50%额定电压的暂态电压，并按时间常数衰减，动作电压下限设为 55%，是为了躲过直流系统接地时继电器承受的暂态电压。动作电压上限设置为 70%是为了保证直流母线电压下降至 80%时继电器也能可靠跳闸。

（4）将非电量保护的动作时间规定为 10～35ms 的主要原因是 50Hz 交流系统半个周波的时间是 10ms，而直流继电器一般仅单向动作（即交流正半周波动作，负半周波不动作），在 1 个周波内承受的正向有效启动电压小于 10ms，继电器的启动时间大于 10ms，具备抗 220V 工频电压干扰的能力。为了提高抗干扰继电器的可靠性，同时兼顾快速切除故障，规定最长动作时间不超过 35ms。

48. 对于直跳开入，需装设大功率抗干扰继电器或采取软件防误措施。常见的直跳开入有哪些？

答：（1）3/2 接线的边断路器失灵后通过母线保护出口回路跳闸的开入；

（2）双母线接线的母线故障变压器断路器失灵，通过变压器保护跳其他电源侧的开入；

（3）变压器非电量保护的直跳开入；

（4）3/2 接线的边断路器失灵后通过变压器保护出口回路跳其他电源侧的开入。

49. 直接启动跳闸时电流电压有明确变化的场合宜采用什么防误措施？

答：凡是直接启动跳闸时电流、电压有明确变化的场合，均应采用软件防误措施。

50. 三相不一致保护通过保护实现存在哪些问题？

答：（1）经电流判别：轻负荷运行发生三相不一致时，保护易拒动（由于负荷轻，拒动后果不严重；同时经零负序电流判别，解决长电缆开入时保护易误动问题）；

（2）不经电流判别：长电缆开入，保护易误动。

51. 三相不一致保护通过机构实现存在哪些问题？

答：（1）时间继电器离散性较大；

（2）高污染和风沙大地区，可靠性较差。

52. 请描述虚端子引用路径格式。

答：GOOSE 虚端子引用路径的格式为“LD/ LN.DO.DA”，SV 虚端子引用路径的格式为“LD/ LN.DO”。虚端子引用路径格式见图 2-4。

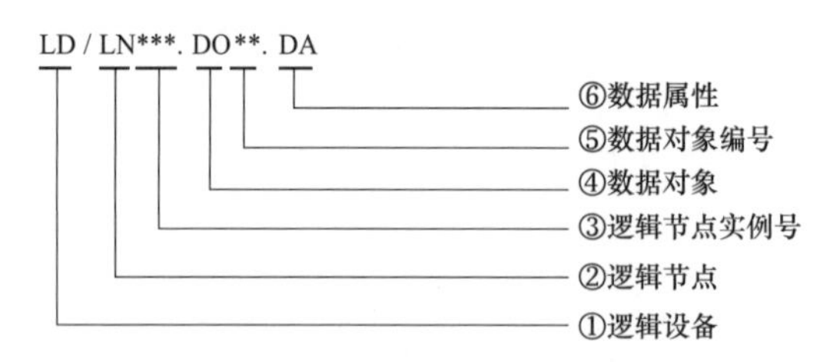

图 2-4　虚端子引用路径格式

53. 智能化保护装置订阅同一台 IED 设备为什么应只接收一个 GOOSE 发送数据集？

答：智能化保护装置 GOOSE 发送数据集有多个，调试时难以快速识别，也不便于问题查询，“六统一”规范要求智能化保护装置对应一台 IED 设备应只接收一个 GOOSE 发送数据集，该数据集应包含保护所需的所有信息。

54. 智能变电站中，哪些情况下需要通过虚端子对电流极性进行调整？

答：MU 输出数据极性应与互感器一次极性一致。间隔层装置如需要反极性输入采样值时，应建立负极性 SV 输入虚端子模型。

（1）3/2 断路器接线方式下，如果两边的线路保护和短引线保护共用中断路器互感器的二次绕组（支柱式电流互感器，单侧布置 TA，二次绕组数量少），中断路器电流合并单元只能按一种极性接入 TA 二次绕组，两边的线路保护和短引线保护接入的电流互感器极性正好相反。

（2）双母线接线方式下，若母差保护规定母联 TA 极性需向Ⅱ母，实际 TA 极性向Ⅰ母，母联电流极性需要通过虚端子调整。

（3）110kV 内桥接线，两台主变压器共用 110kV 母联 TA，其中一台主变压器保护的母联电流需要通过虚端子调整。

55. 智能变电站软压板的建模原则是什么?

答:(1)宜简化保护装置之间、保护装置和智能终端之间的 GOOSE 软压板。

(2)保护装置应在发送端设置 GOOSE 输出软压板。

(3)线路保护及辅助装置不设 GOOSE 接收软压板。

56. 智能变电站中软压板采用什么方式建模?

答:(1)保护功能软压板在 LLN0 中统一加 Ena 后缀扩充。保护功能软压板与硬压板采用逻辑与的关系。

(2)SV 按照 MU 设置接收软压板,采用 GGIO.SPCSO 建模。

(3)GOOSE 出口软压板与传统出口硬压板设置点一致,按跳闸、合闸、启动重合、闭锁重合、沟通三跳、启动失灵、远跳等重要信号在 PTRC、RREC、PSCH 中统一加 Strp 后缀扩充出口软压板,从逻辑上隔离这些信号的输出。

(4)GOOSE 接收软压板采用 GGIO.SPCSO 建模。

57. 智能变电站中哪些信号需要设置 GOOSE 接收软压板,为什么要简化 GOOSE 接收软压板的数量?

答:线路保护及辅助装置不设 GOOSE 接收软压板,原因如下:

(1)停运设备检修时,需到接收侧的运行设备操作接收软压板,操作不便且存在漏投风险;

(2)增加了保护装置软压板数量,现场操作复杂;

(3)智能终端不支持 MMS 服务,无法实现软压板功能。

为了解决故障设备频繁发送报文的隔离问题,当一个开入可能导致多个断路器同时跳闸时,按开入设置 GOOSE 接收软压板,具体要求如下:

(1)母线保护:双母线和单母线接线的母线保护启动失灵开入、3/2 断路器接线母线保护失灵联跳开入均设置 GOOSE 接收软压板;

(2)变压器保护:失灵联跳开入设置 GOOSE 接收软压板。

58. 简述 GOOSE 报文检修处理机制。

答:(1)当装置检修压板投入时,装置发送的 GOOSE 报文中的 test 应置位;

(2)GOOSE 接收端装置应将接收的 GOOSE 报文中的 test 位与装置自身的检修压板状态进行比较,只有两者一致时才将信号作为有效信号进行处理或动作,不一致时宜保持一致前状态;

(3)当发送方 GOOSE 报文中 test 置位时发生 GOOSE 中断,接收装置应报具体的 GOOSE 中断告警,但不应报“装置告警(异常)”信号,不应点亮“装置告警(异常)”灯。

59. 简述 SV 报文检修处理机制。

答:(1)当合并单元装置检修压板投入时,发送采样值报文中采样值数据的品质 q 的 Test 位应置位;

（2）SV 接收端装置应将接收的 SV 报文中的 test 位与装置自身的检修压板状态进行比较，只有两者一致时才将该信号用于保护逻辑，否则应按相关通道采样异常进行处理；

（3）对于多路 SV 输入的保护装置，一个 SV 接收软压板退出时应退出该路采样值，该 SV 中断或检修均不影响本装置运行。

60. 电力系统有哪几种对时方式？

答：（1）SNTP 网络对时，精度为 10ms。

（2）串口+脉冲对时，精度为 1ms。

（3）IRIG-B 码对时，精度为 1μs。

（4）IEEE 1588 对时，精度为 1μs。

61. 什么是闰秒，其对保护装置有什么影响？

答：闰秒的概念来自 UTC，设在巴黎的国际地球自转局通过比较原子时与天文时的监测数据，当发现两者之差达到 0.9s 时，就会向全世界发布公告，会在下一个 6 月或者 12 月最后一天的最后一分钟，将协调世界时拨快或拨慢 1s，闰秒就这样产生了。当要增加正闰秒时，这一秒是增加在第二天的 00:00:00 之前，效果是延缓 UTC 第二天的开始。当天 23:59:59 的下一秒被记为 23:59:60，然后才是第二天的 00:00:00。如果是负闰秒的话，23:59:58 的下一秒就是第二天的 00:00:00 了，部分设备制造商缺少闰秒调整办法将导致装置异常告警，严重的情况下可能闭锁保护。

62. 交流电源的设置原则是什么？

答：（1）户内保护屏（柜）内一般不设交流照明、加热回路。保护屏（柜）设置的照明回路一般是受屏（柜）后门开合自动控制的照明灯。当屏（柜）后门开启不稳定时，容易造成照明回路接触不良，反复拉弧造成的高频干扰容易导致保护误动作。继电保护小室内光照度端子排设置要求都很高，完全能满足现场工作要求，因此屏（柜）内可不设照明回路。同时，继电保护小室一般安装有空调等温湿度调节设备，保护屏（柜）内的元器件和端子排不易凝露，因此一般不设加热回路。

（2）对于户外柜，照明、温湿度控制等依然需要使用交流电源。

63. 打印机的设置原则是什么？

答：（1）110kV 及以上保护装置宜采用移动式打印机，每个继电器小室配置 1～2 台打印机。为便于调试，保护装置应设置打印机接口，打印波特率默认为 19200；

（2）10（35）kV 装置宜采用以太网打印；

（3）定值（包含设备参数、数值型定值、控制字定值）和软压板应分别打印；

（4）定值清单中的“类别”列和“定值范围”列可不打印。

64. 简述 ICD 文件的基本要求。

答：（1）ICD 文件应包含模型自描述信息。如 LD 和 LN 实例应包含中文“desc”属性，实例化的 DOI 应包含中文“desc”和 dU 赋值；

（2）ICD 文件应按照工程远景规模配置实例化的 DOI 元素。ICD 文件中数据对象实例 DOI 应包含中文的“desc”描述和 dU 属性赋值，两者应一致并能完整表达该数据对象具体意义；

（3）ICD 文件应明确包含制造商（manufacturer）、型号（type）、配置版本（config Version）等信息，增加“铭牌”等信息并支持在线读取；

（4）ICD 文件中可包含定值相关数据属性，如“units”“stepSize”“minVal”和“maxVal”等配置实例，客户端应支持在线读取这些定值相关数据属性。

65. 简述物理设备建模（IED）原则。

答：一个物理设备应建模为一个 IED 对象。该对象是一个容器，包含 server 对象，server 对象中至少包含一个 LD 对象，每个 LD 对象中至少包含 3 个 LN 对象：LLN0、LPHD、其他应用逻辑接点。

装置模型 ICD 文件中的 IED 名应为“TEMPLATE”。实际工程系统应用中的 IED 名由系统配置工具统一配置。

66. 简述服务器（server）建模原则。

答：服务器描述了一个设备外部可见（可访问）的行为，每个服务器至少应有一个访问点（AccessPoint）。访问点体现通信服务，与具体物理网络无关。一个访问点可以支持多个物理网口。无论物理网口是否合一，过程层 GOOSE 服务与 SV 服务应分访问点建模。站控层 MMS 服务与 GOOSE 服务（联闭锁）应统一访问点建模。

支持过程层的间隔层设备，对上与站控层设备通信，对下与过程层设备通信，应采用 3 个不同访问点分别与站控层、过程层 GOOSE、过程层 SV 进行通信。所有访问点应在同一个 ICD 文件中体现。

67. 简述逻辑设备（LD）建模原则。

答：逻辑设备建模原则：应把某些具有公用特性的逻辑节点组合成一个逻辑设备；LD 不宜划分过多，保护功能宜使用一个 LD 来表示；SGCB 控制的数据对象不应跨 LD，数据集包含的数据对象不应跨 LD。

逻辑设备宜依据功能进行划分，划分为以下几种类型：

（1）公用 LD，inst 名为“LD0”；

（2）测量 LD，inst 名为“MEAS”；

（3）保护 LD，inst 名为“PROT”；

（4）控制 LD，inst 名为“CTRL”；

（5）GOOSE 过程层访问点 LD，inst 名为“PIGO”；

（6）SV 过程层访问点 LD，inst 名为“PISV”；

（7）智能终端 LD，inst 名为“RPIT”（Remote Process Interface Terminal）；

（8）录波 LD，inst 名为“RCD”；

（9）合并单元 GOOSE 访问点 LD，inst 名为“MUGO”；

（10）合并单元 SV 访问点 LD，inst 名为“MUSV”。

若装置中同一类型的 LD 超过一个，可通过添加两位数字尾缀进行区分，如 PIGO01、PIGO02。

第三章 线路保护

第一节 配置要求

1. 220kV 及以上系统线路保护适用于什么主接线方式?

答:（1）3/2 断路器接线主要用于 330kV 及以上电网，双母线接线主要用于 220kV 电网。当 330kV 及以上系统采用双母线接线，220kV 系统采用 3/2 断路器接线时，可参照执行。

（2）当用于 3/2 断路器接线为非完整串时，中断路器相关信息适用于第二组边断路器。

2. 10～110（66）kV 系统线路保护适用的主接线方式?

答:（1）110（66）kV 电压等级线路保护适用于双母线、单母线分段、单母线、内桥等接线方式。

（2）10（35）kV 电压等级线路保护适用于单母分段等接线方式。

（3）110kV 电压等级线路保护适用于中性点直接接地系统；66、10（35）kV 电压等级线路保护适用于小电流接地系统，当 66、10（35）kV 电压等级为低电阻接地方式时，应配置零序过流保护。

3. 简述 220kV 及以上线路纵联距离保护功能配置要求。

答: 220kV 及以上线路纵联距离保护功能配置要求如表 3-1 所示。

表 3-1　220kV 及以上线路纵联距离保护功能配置要求

<table>
<tr><th colspan="2">类别</th><th>序号</th><th>基础型号功能</th><th>代码</th><th>备注</th></tr>
<tr><td rowspan="8">基础型号</td><td rowspan="3">基础型号代码</td><td>1</td><td>2Mbit/s 双光纤通道</td><td>A</td><td>不考虑 64kbit/s 通道</td></tr>
<tr><td>2</td><td>光纤通道和载波通道</td><td>F</td><td>载波通道为接点允许方式</td></tr>
<tr><td>3</td><td>接点方式</td><td>Z</td><td></td></tr>
<tr><td rowspan="5">必配功能</td><td>4</td><td>纵联距离保护</td><td></td><td rowspan="2">适用于同杆双回线路</td></tr>
<tr><td>5</td><td>纵联零序保护</td><td></td></tr>
<tr><td>6</td><td>接地和相间距离保护</td><td></td><td>3 段</td></tr>
<tr><td>7</td><td>零序过流保护</td><td></td><td>2 段</td></tr>
<tr><td>8</td><td>重合闸</td><td></td><td></td></tr>
</table>

续表

类别	序号	选配功能	代码	备注
选配功能	1	零序反时限过流保护	R	
	2	三相不一致保护	P	
	3	过流过负荷功能	L	适用于电缆线路
	4	电铁、钢厂等冲击性负荷	D	
	5	过电压及远方跳闸保护	Y	
	6	3/2 断路器接线	K	不选时，为双母线接线，表示单TA 接入保护；选择时，为 3/2 断路器接线，取消重合闸功能和三相不一致选配功能，表示双 TA 接入保护

注 1．智能化保护装置应集成过电压及远方跳闸保护。

2．常规变电站基础型号功能代码为 A（即 2Mbit/s 双光纤通道）的保护装置宜集成过电压及远方跳闸保护，基础型号功能代码为 F（即光纤通道和载波通道）和 Z（即接点方式）的保护装置不集成过电压及远方跳闸保护。

3．3/2 断路器接线方式含桥接线、角形接线。

4．简述 220kV 及以上线路纵联电流差动保护功能配置要求。

答：220kV 及以上线路纵联电流差动保护功能配置要求如表 3-2 所示。

表 3-2　　220kV 及以上线路纵联电流差动保护功能配置要求

类别		序号	基础型号功能	代码	备注
基础型号	基础型号代码	1	2Mbit/s 双光纤通道	A	不考虑 64kbit/s 通道
		2	2Mbit/s 双光纤串补线路	C	
	必配功能	3	纵联电流差动保护		适用于同杆双回线路
		4	接地和相间距离保护		3 段
		5	零序过流保护		2 段
		6	重合闸		
类别		序号	选配功能	代码	
选配功能		1	零序反时限过流保护	R	
		2	三相不一致保护	P	
		3	过流过负荷功能	L	适用于电缆线路
		4	电铁、钢厂等冲击性负荷	D	
		5	过电压及远方跳闸保护	Y	
		6	3/2 断路器接线	K	不选时，为双母线接线，表示单TA 接入保护；选择时，为 3/2 断路器接线，取消重合闸功能和三相不一致选配功能，表示双 TA 接入保护

注 1．智能化保护装置应集成过电压及远方跳闸保护。

2．常规 A 型（2M 双光纤通道）和 C 型（2M 双光纤串补线路）保护装置宜集成过电压及远方跳闸保护。

3．3/2 断路器接线方式含桥接线、角形接线。

5. 简述 3/2 断路器保护功能配置要求。

答：3/2 断路器保护功能配置要求如表 3-3 所示。

表 3-3　3/2 断路器保护功能配置要求

类别	序号	基础型号功能	段数	备注
基础型号功能	1	失灵保护		
	2	充电过流保护	2 段过流、1 段零序电流	
	3	死区保护		
	4	重合闸		
	5	三相不一致保护		
类别	序号	基础型号	代码	备注
基础型号	1	断路器保护	A	

6. 简述适用于常规变电站的过电压及远方跳闸保护功能配置要求。

答：适用于常规变电站的过电压及远方跳闸保护功能配置要求如表 3-4 所示。

表 3-4　适用于常规变电站的过电压及远方跳闸保护功能配置要求

类别	序号	基础型号功能	段数	备注
基础型号功能	1	收信直跳就地判据及跳闸逻辑		
	2	过电压跳闸及发信		启动远方跳闸
类别	序号	基础型号	代码	备注
基础型号	1	过电压及远方跳闸保护	A	

7. 简述短引线保护功能配置要求。

答：短引线保护功能配置要求如表 3-5 所示。

表 3-5　短引线保护功能配置要求

类别	序号	基础型号功能	段数	备注
基础型号功能	1	比率差动保护		
	2	过流保护	2 段	
类别	序号	基础型号	代码	备注
基础型号	1	短引线保护	A	

8. 简述 220kV 及以上纵联距离保护技术原则。

答：（1）保护装置中的零序功率方向元件应采用自产零序电压。纵联零序方向保护不应受零序电压大小的影响，在零序电压较低的情况下应保证方向元件的正确性。

（2）在平行双回或多回有零序互感关联的线路发生接地故障时，应防止非故障线路零序方向保护误动。

（3）纵联距离保护应具备弱馈功能，在正、负序阻抗过大或两侧零序阻抗差别过大的情况下，允许纵续动作。

9. 简述220kV及以上纵联电流差动保护技术原则。

答：（1）纵联电流差动保护两侧启动元件和本侧差动元件同时动作才允许差动保护出口。线路两侧的纵联电流差动保护装置均应设置本侧独立的电流启动元件，必要时可用交流电压量和跳闸位置触点等作为辅助启动元件，但应考虑TV断线时对辅助启动元件的影响，差动电流不能作为装置的启动元件。

（2）纵联电流差动保护在任何弱馈情况下应正确动作。

（3）零序差动保护允许一侧电流元件、电压元件均启动时勾对侧启动（任何情况下差流大于800A时纵差保护应动作）。

（4）光纤差动保护重合于故障后固定联跳对侧；零序后加速固定不带方向。

（5）线路两侧纵联电流差动保护装置应互相传输可供用户整定的通道识别码，并对通道识别码进行校验，校验出错时告警并闭锁差动保护。

（6）双通道线路保护应按装置设置通道识别码，保护装置自动区分不同通道，不区分主、备通道。

（7）纵联电流差动保护装置应具有通道监视功能，如实时记录并累计丢帧、错误帧等通道状态数据，具备通道故障告警功能；在本套装置双通道交叉、通道断链等通道异常状况时，两侧均应发相应告警报文并闭锁纵联差动保护。

（8）纵联电流差动保护装置宜具有监视光纤接口接收信号强度功能。

（9）纵联电流差动保护两侧差动保护压板不一致时发告警信号。

（10）“TA断线闭锁差动”控制字投入后，纵联电流差动保护只闭锁断线相。

（11）集成过电压远跳功能的线路保护，保留远跳功能。

10. 简述220kV及以上相间及接地距离保护技术原则。

答：（1）除常规距离保护Ⅰ段外，为快速切除中长线路出口短路故障，应有反应近端故障的保护功能；

（2）用于串补线路及其相邻线路的距离保护应有防止距离保护Ⅰ段拒动和误动的措施；

（3）为解决中长线路躲负荷阻抗和灵敏度要求之间的矛盾，距离保护应采取防止线路过负荷导致保护误动的措施。

11. 简述220kV及以上零序电流保护的技术原则。

答：（1）零序电流保护应设置二段定时限（零序电流Ⅱ段和Ⅲ段），零序电流Ⅱ段固定带方向，零序电流Ⅲ段方向可投退。TV断线后，零序电流Ⅱ段退出，零序电流Ⅲ段退出方向。

（2）零序电流保护可选配一段零序反时限过流保护，方向可投退，TV断线后自动改为不带方向的零序反时限过流保护。

（3）应设置不大于100ms短延时的后加速零序电流保护，在手动合闸或自动重合时投入使用。

（4）线路非全相运行时的零序电流保护不考虑健全相再发生高阻接地故障的情况，当线路非全相运行时自动将零序电流保护最末一段动作时间缩短 0.5s 并取消方向元件，作为线路非全相运行时不对称故障的总后备保护，取消线路非全相时投入运行的零序电流保护的其他段。

（5）零序电流保护反时限特性采用 IEC 标准反时限特性限曲线，$t(3I_0)=\frac{0.14}{\left(\frac{3I_0}{I_P}\right)^{0.02}-1}\times T_P$

式中：I_P 为电流基准值，对应"零序反时限电流"定值；T_P 为时间常数，对应"零序反时限时间"定值）。

（6）零序反时限计算时间 $t(3I_0)$、零序反时限最小动作时间 T_0 和零序反时限配合时间关系见图 3-1。

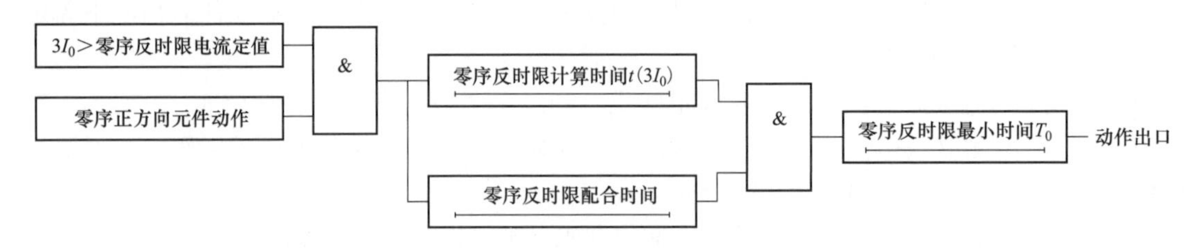

图 3-1　零序电流反时限逻辑图

（7）零序反时限电流保护启动时间超过 90s 应发告警信号，并重新启动开始计时。零序反时限电流保护启动元件返回时，告警复归。

12. 简述 220kV 及以上电压等级自动重合闸的技术原则。

答：（1）当重合闸不使用同期电压时，同期电压 TV 断线不应报警。

（2）检同期重合闸采用的线路电压应是自适应的，用户可选择任意相间电压或相电压。

（3）不设置"重合闸方式转换开关"，自动重合闸仅设置"停用重合闸"功能压板，重合闸方式通过控制字实现，其定义见表 3-6。

表 3-6　　重合闸控制字

序号	重合闸方式	整定方式	备注
1	单相重合闸	0，1	单相跳闸单相重合闸方式
2	三相重合闸	0，1	含有条件的特殊重合方式
3	禁止重合闸	0，1	禁止本装置重合，不沟通三跳
4	停用重合闸	0，1	闭锁重合闸并沟通三跳

（4）单相重合闸、三相重合闸、禁止重合闸和停用重合闸有且只能有一项置"1"，如不满足此要求，保护装置应报警并按停用重合闸处理。

13. 简述 3/2 断路器接线的断路器失灵保护的技术原则。

答：（1）在安全可靠的前提下，简化失灵保护的动作逻辑和整定计算：

1）设置线路保护三个分相跳闸开入，变压器、发变组、线路高抗等共用一个三相跳闸开入。

2）设置可整定的相电流元件，零、负序电流元件，三相跳闸开入设置低功率因数元件。正常运行时，三相电压均低于门槛值时开放低功率因数元件。TV 断线后，退出与电压有关的判据。保护装置内部设置跳开相“有无电流”的电流判别元件，其电流门槛值为保护装置的最小精确工作电流［（0.04～0.06）I_N］，作为判别分相操作的断路器单相失灵的基本条件。

3）失灵保护不设功能投/退压板。

4）断路器保护屏（柜）上不设失灵开入投/退压板，需投/退线路保护的失灵启动回路时，通过投/退线路保护屏（柜）上各自的启动失灵压板实现。

5）三相不一致保护如需增加零、负序电流闭锁，其定值可和失灵保护的零、负序电流定值相同，均按躲过最大不平衡电流整定。

（2）由于失灵保护误动作后果较严重，且 3/2 断路器接线的失灵保护无电压闭锁，根据具体情况，对于线路保护分相跳闸开入和变压器、发电机-变压器组、线路高抗三相跳闸开入，应采取措施，防止由于开关量输入异常导致失灵保护误启动，失灵保护应采用不同的启动方式：

1）任一分相跳闸触点开入后，经电流突变量或零序电流启动并展宽后启动失灵。

2）三相跳闸触点开入后，不经电流突变量或零序电流启动失灵。

3）失灵保护动作经母线保护出口时，应在母线保护装置中设置灵敏的、不需整定的电流元件并带 50ms 的固定延时。

14. 简述远方跳闸保护的技术原则。

答：（1）远方跳闸保护的就地判据应反应一次系统故障、异常运行状态，应简单可靠、便于整定，宜采用如下判据：①零、负序电流；②零、负序电压；③电流变化量；④低电流；⑤分相低功率因数（当电流小于精确工作电流或电压小于门槛值时，开放该相低功率因数元件）；⑥分相低有功功率。

（2）远跳就地判据补充要求如下：

1）电流突变量展宽延时应大于远跳经故障判据时间的整定值，远跳开入收回后能快速返回；

2）远跳不经故障判别时间控制字投入时，开入闭锁远跳时间应大于远跳不经故障判据时间的整定值；

3）远跳不经故障判别时间控制字退出时，开入闭锁远跳时间应大于远跳经故障判据时间的整定值。

15. 简述短引线保护的技术原则。

答：3/2 断路器接线当线路或元件退出运行时，应有选择地切除该间隔两组断路器之间的故障。

16. 简述过电压保护技术原则。

答：（1）本保护不针对操作过电压、暂态过电压，主要针对长线路本侧断路器三相跳闸后，线路对地电容充电功率造成的工频稳态过电压。

（2）TV 二次回路问题：如中性点因故偏移，可能造成一相过电压，采用三个单相过电压“或门”判据容易误动作，应采取防止 TV 二次回路故障的措施。

（3）要求过电压保护装置设置“过电压三取一”控制字，根据一次系统的要求选择“三取一”或“三取三”方式。

（4）过电压保护动作后，为避免单侧跳闸造成过电压，宜同时跳线路本对侧断路器。

17. 简述 3/2 断路器接线方式下线路保护配置的主要原则。

答：（1）配置双重化的线路纵联保护，每套纵联保护应包含完整的主保护和后备保护。

（2）当选配过电压及远方跳闸保护功能时，远方跳闸保护应采用“一取一”经就地判别方式。

18. 简述 3/2 断路器接线方式下断路器保护及操作箱（智能终端）配置原则。

答：（1）断路器保护按断路器配置，常规变电站单套配置，智能变电站双套配置。断路器保护具有失灵保护、重合闸、充电过流（2 段过流+1 段零序电流）、三相不一致和死区保护等功能。

（2）常规变电站配置单套双跳闸线圈分相操作箱，智能变电站配置双套单跳闸线圈分相智能终端。

（3）对于智能变电站断路器保护来说，由于站内其他保护都是双套配置，信号分别走双 GOOSE 网络，为了防止可能发生的单一的网络风暴影响另外一个健全的网络，要求两个网络间严禁数据交叉共享，所以断路器保护也必须双套配置。

（4）对于常规保护来说，3/2 断路器接线断路器保护按断路器单套配置。由于与线路或变压器间隔相关的断路器有两个，一次设备具备供电的冗余性，弥补了断路器保护单配置的不足，当其中一台断路器保护装置因故退出运行时，被保护的断路器同步退出运行后，仍能保证线路或变压器的正常运行。

19. 简述 220kV 及以上双母线接线线路保护配置的主要原则。

答：（1）配置两套主后一体的保护装置，每套保护包含完整的主保护、后备保护及重合闸功能。

（2）两套装置之间，包括交流电流电压、直流电源、跳闸回路、通道和就地判据等应相互独立。

（3）每套线路保护及操作箱或智能终端的跳闸回路与断路器跳闸线圈一一对应，只作用于其中一个线圈。

（4）220kV 架空输电线路由于电容电流小、输电距离相对较短，一般不存在过电压，不配置过电压保护。当实际工程需要过电压保护时，其配置原则和设计要求与 3/2 断路器接线相同。

20. 500kV 3/2 接线方式下线路保护与 220kV 双母线接线方式下线路保护的保护功能配置上有哪些区别？

答：500kV 3/2 接线方式下线路保护相较于 220kV 双母线接线方式下线路保护，取消了重合闸功能和三相不一致选配功能。

21. 简述 110（66）kV 线路保护的配置原则。

答：（1）每回 110（66）kV 线路的电源侧应配置一套线路保护，负荷侧可以不配置保护。

（2）根据系统要求需要快速切除故障及采用全线速动保护后，能够改善整个电网保护的性能时，应配置一套纵联保护，优先选用纵联电流差动保护。

（3）需考虑互感影响时，宜配置一套纵联电流差动保护。

（4）对电缆线路以及电缆与架空混合线路，宜配置一套纵联电流差动保护。

（5）110（66）kV 环网线（含平行双回线）、电厂并网线应配置一套纵联电流差动保护。

（6）长度小于 10km 的短线路宜配置纵联电流差动保护。

（7）线路保护应能反应被保护线路的各种故障及异常状态。

（8）110（66）kV 进线配置常规线路保护时，采用保护、电压切换（可选配）、操作一体化的微机型继电保护装置。

（9）110（66）kV 电压等级作为地区主网的线路配置智能化线路保护时，应配置独立的智能化保护装置和智能化测控装置，其他 110（66）kV 线路应按间隔采用智能化保护测控集成装置。

22. 简述 110（66）kV 线路纵联电流差动保护的技术原则。

答：（1）线路两侧的纵联电流差动保护装置均设置本侧独立的电流启动元件，必要时可用交流电压量等作为辅助启动元件，但应考虑在 TV 断线及 TA 断线时对辅助启动元件的影响，差动电流不能单独作为装置的启动元件；

（2）线路两侧纵联电流差动保护装置互相传输可供用户整定的通道识别码，并对通道识别码进行校验，校验出错时告警并闭锁差动保护；

（3）纵联电流差动保护装置具有通道监视功能，如实时记录并累计丢帧、错误帧等通道状态数据，通道严重故障时告警。在通道断链等通道异常状况时两侧均发相应告警报文并闭锁纵联差动保护；

（4）其他保护动作命令接收端线路保护设置远方跳闸是否经启动元件闭锁的控制字；

（5）纵联电流差动保护装置宜具有监视光纤接口接收信号强度功能；

（6）纵联电流差动保护在任何弱馈情况下应正确动作；

（7）纵联电流差动保护两侧差动保护压板状态不一致时发告警信号，线路差动保护控制字及软压板投入状态下，差动保护因其他原因退出后，两侧均有相关告警；

（8）线路两侧采用电流互感器额定一次值不超过 4 倍；

（9）高阻故障，零序差流满足条件且至少一侧电气量特征满足时，纵差动作。

23. 简述 110（66）kV 线路相间及接地距离保护技术原则。

答：（1）重合闸后加速距离保护固定加速方向距离Ⅱ段，是否加速Ⅲ段可通过控制字投退；

（2）距离保护Ⅰ、Ⅱ段固定带方向；

（3）距离保护Ⅰ、Ⅱ段是否经振荡闭锁受“振荡闭锁元件”控制字控制。

24. 简述 110（66）kV 线路零序过流保护技术原则。

答：（1）零序Ⅰ、Ⅱ、Ⅲ段是否带方向可通过控制字选择。当零序Ⅰ、Ⅱ、Ⅲ段带方向时，零序方向元件判别死区电压门槛为 1V，当零序电压不大于 1V 时判为反方向；当零序Ⅰ、Ⅱ、Ⅲ段不带方向时，无电压闭锁条件，为纯零序过流保护。零序Ⅳ段不带方向，为纯零序过流保护。

（2）设置不大于 100ms 短延时的加速零序过流保护，加速零序过流定值可整定，固定不带方向。手动合闸或自动重合时投入，该功能受"零序过流保护"压板控制。

25. 简述 110（66）kV 线路过流保护（经低电压闭锁）技术原则。

答：（1）过流保护设置三段定时限，每段是否带方向可通过控制字选择。

（2）设置不大于 100ms 短延时的加速过流保护，加速过流定值可整定，在手动合闸或自动重合时投入；该功能受"过流保护"压板控制。

26. 简述 110（66）kV 线路 TV 断线后投入的保护的技术原则。

答：（1）TV 断线自动退出与电压相关的保护，如使用电压的距离保护、带方向的零序过流保护、带方向的过流保护，并自动投入 TV 断线相过流和 TV 断线零序过流保护，不带方向的零序过流保护和过流保护不退出。

（2）TV 断线相过流保护受距离保护、带方向的过流保护功能投入"或门"控制。当上述保护功能全部退出后，该保护不起作用。

（3）TV 断线零序过流保护受距离保护、零序方向过流保护功能投入"或门"控制。当上述保护全部功能退出后，该保护不起作用。

（4）TV 断线闭锁逻辑返回延时不大于 2s。

27. 简述 110（66）kV 线路自动重合闸技术原则。

答：（1）"停用重合闸"采用控制字、软压板和硬压板，三者为"或门"逻辑。

（2）重合闸具有检线路无压母线有压、检线路有压母线无压、检线路无压母线无压和检同期方式四种方式，可组合使用，检无压方式不含检同期功能；重合闸方式可通过控制字实现，其定义见表 3-7。

（3）当不使用用于重合闸检线路侧电压和检同期的电压元件时，线路 TV 断线不报警。

（4）TV 断线是否闭锁重合闸受重合闸方式控制，如重合闸与此电压有关则闭锁，否则开放。

（5）检同期重合闸所采用的线路电压自适应，用户可自行选择任意相间或相电压。

（6）具有保护启动重合闸功能，可通过控制字选择 TWJ 是否启动重合闸。

（7）具有外部开入闭锁重合闸功能，任何时候收到该信号，重合闸立即放电。

（8）重合闸启动前，收到低气压（弹簧未储能）闭重信号，经延时放电。重合闸启动后，收到该闭锁信号，不放电。

（9）重合闸启动后，最长等待时间为 10min。

表 3-7 重合闸控制字

序号	重合闸方式	整定方式	备注
1	检线路无压母线有压	0，1	—
2	检线路有压母线无压	0，1	—
3	检线路无压母线无压	0，1	—
4	检同期	0，1	—
5	停用重合闸	0，1	既放电，又闭锁重合闸

注 1．第 1～4 项多项置“1”，为投入对应的多种重合闸方式：仅当第 1、3 项同时置“1”时，为“检线路无压”方式；仅当第 2、3 项同时置“1”时，为“检母线无压”方式。

2．当第 1～4 项同时置“0”时，为“非同期重合闸”方式。

28. 简述 110（66）kV 线路纵联电流差动保护功能的配置要求。

答：110（66）kV 线路纵联电流差动保护功能的配置要求如表 3-8 所示。

表 3-8 110（66）kV 线路纵联电流差动保护功能的配置要求

序号	功能描述	段数及时限	备注
1	纵联电流差动保护	—	—
2	相间距离保护	Ⅰ段 1 时限，固定带方向 Ⅱ段 1 时限，固定带方向 Ⅲ段 1 时限	—
3	接地距离保护	Ⅰ段 1 时限，固定带方向 Ⅱ段 1 时限，固定带方向 Ⅲ段 1 时限	66kV 小电流接地系统线路保护无此项
4	零序过流保护	Ⅰ段 1 时限，方向可投退 Ⅱ段 1 时限，方向可投退 Ⅲ段 1 时限，方向可投退 Ⅳ段 1 时限	66kV 小电流接地系统线路保护无此项
5	零序过流加速保护	Ⅰ段 1 时限	66kV 小电流接地系统线路保护无此项
6	过流保护	Ⅰ段 1 时限，方向、电压可投退 Ⅱ段 1 时限，方向、电压可投退 Ⅲ段 1 时限，方向、电压可投退	仅适用于 66kV 小电流接地系统线路
7	过流加速保护	Ⅰ段 1 时限	仅适用于 66kV 小电流接地系统线路
8	TV 断线相过流保护	Ⅰ段 1 时限	
9	TV 断线零序过流保护	Ⅰ段 1 时限	66kV 小电流接地系统线路无此项
10	过负荷告警	Ⅰ段 1 时限	—
11	三相一次重合闸	—	—
12	不对称相继速动	—	—
13	故障测距	—	—
14	冲击性负荷	—	—

29. 110（66）kV线路纵联电流差动保护基础型号代码有哪些？

答：110（66）kV线路纵联电流差动保护基础型号代码如表3-9所示。

表3-9　　110（66）kV线路纵联电流差动保护基础型号代码

序号	基础型号	功能代码	备注
1	纵联电流差动保护装置	A	适用于线路两侧运行方式
2	T型接线纵联电流差动保护装置	T	适用于线路两侧和三侧运行方式

注　66kV小电流接地系统线路保护采用不同型号区分。

30. 110（66）kV线路纵联电流差动保护选配功能代码有哪些？

答：110（66）kV线路纵联电流差动保护选配功能代码如表3-10所示。

表3-10　　110（66）kV线路纵联电流差动保护选配功能代码

序号	选配功能	功能代码	备注
1	测控功能	C	仅适用于基础型号为A和T的智能化装置

注　常规装置无测控功能。

31. 110（66）kV线路距离保护功能配置要求是什么？

答：110（66）kV线路距离保护功能配置要求如表3-11所示。

表3-11　　110（66）kV线路距离保护功能配置要求

序号	功能描述	段数及时限	备注
1	相间距离保护	Ⅰ段1时限，固定带方向 Ⅱ段1时限，固定带方向 Ⅲ段1时限	—
2	接地距离保护	Ⅰ段1时限，固定带方向 Ⅱ段1时限，固定带方向 Ⅲ段1时限	66kV小电流接地系统线路无此项
3	零序过流保护	Ⅰ段1时限，方向可投退 Ⅱ段1时限，方向可投退 Ⅲ段1时限，方向可投退 Ⅳ段1时限	66kV小电流接地系统线路无此项
4	零序过流加速保护	Ⅰ段1时限	66kV小电流接地系统线路无此项
5	过流保护	Ⅰ段1时限，方向、电压可投退 Ⅱ段1时限，方向、电压可投退 Ⅲ段1时限，方向、电压可投退	仅适用于66kV小电流接地系统线路
6	过流加速保护	Ⅰ段1时限	仅适用于66kV小电流接地系统线路
7	TV断线相过流保护	Ⅰ段1时限	
8	TV断线零序过流保护	Ⅰ段1时限	66kV小电流接地系统线路无此项

续表

序号	功能描述	段数及时限	备注
9	过负荷告警	I段1时限	—
10	三相一次重合闸	—	—
11	不对称相继速动	—	—
12	故障测距	—	—
13	冲击性负荷	—	—

32. 110（66）kV线路距离保护基础型号代码有哪些?

答：110（66）kV线路距离保护基础型号代码如表3-12所示。

表3-12　　110（66）kV线路距离保护基础型号代码

序号	基础型号	代码	—	—
1	线路保护装置	A	—	—

注　66kV小电流接地系统线路保护采用不同型号区分。

33. 110（66）kV线路距离保护选配功能代码有哪些?

答：110（66）kV线路距离保护选配功能代码如表3-13所示。

表3-13　　110（66）kV线路距离保护选配功能代码

序号	选配功能	段数及时限	功能代码	备注
1	测控功能	—	C	仅适用于基础型号为A的智能化装置

注　常规装置无测控功能。

34. 简述10（35）kV线路保护配置原则。

答：（1）10（35）kV线路保护宜采用保护、测控一体化的微机型保护装置，装置能满足就地开关柜分散安装的要求，也能组屏（柜）安装。

（2）10（35）kV线路保护，一般配置过流保护装置。

（3）接带大容量变压器的35kV出线，宜采用距离保护装置。

（4）长度小于3km的短线路，宜采用纵联电流差动保护作为主保护。10（35）kV电厂并网线、双线并列运行、保证供电质量需要或有系统稳定要求时，应配置全线速动的快速主保护及后备保护，采用纵联电流差动保护作为主保护。

（5）10（35）kV线路距离保护应配置三段式相间距离保护和过流保护。

（6）10（35）kV线路纵联电流差动保护应配置三段式过流保护。

（7）一般线路可装设三段式定时限过流保护，每段均可通过控制字投退，可选择是否经方向、复合电压闭锁，各段电流及时间定值可独立整定。方向元件具有记忆功能，以消除近区三相短路时方向元件的死区。

（8）低电阻接地系统的10（35）kV线路保护还应配置两段零序电流保护。

（9）线路保护应含三相一次重合闸功能。

（10）线路保护应含低频减载、低压减载功能。

（11）线路保护应含过负荷告警功能。

35. 简述10（35）kV线路纵联电流差动保护的技术原则。

答：（1）线路两侧的纵联电流差动保护装置均设置本侧独立的电流启动元件，必要时可用交流电压量等作为辅助启动元件，但应考虑在TV断线时对辅助启动元件的影响，差动电流不能单独作为装置的启动元件；

（2）纵联电流差动保护装置具有通道监视功能，如实时记录并累计丢帧、错误帧等通道状态数据，通道严重故障时告警；

（3）远方跳闸经启动元件闭锁。

36. 简述10（35）kV线路相间距离保护的技术原则。

答：（1）重合闸后加速距离保护固定加速方向距离Ⅱ段，是否加速Ⅲ段可通过控制字投退；

（2）距离保护Ⅰ、Ⅱ段固定带方向；

（3）距离保护Ⅰ、Ⅱ段是否经振荡闭锁受“振荡闭锁元件”控制字控制。

37. 简述10（35）kV线路零序过流保护的技术原则。

答：（1）设两段零序过流保护，不带方向。第一段动作于跳闸，第二段通过控制字选择动作于跳闸或告警。

（2）零序电流可取自由三相电流互感器构成的自产零序电流，也可取自独立的零序电流互感器。

38. 简述10（35）kV线路过流保护的技术原则。

答：10（35）kV线路过流保护设三段定时限过流保护（可经方向、复压闭锁）。

39. 简述10（35）kV线路TV断线后投入的保护的技术原则。

答：（1）TV断线自动退出与电压相关的保护，如距离保护、方向过流保护、复压闭锁过流，并投入TV断线相过流保护，不带方向的过流保护不退出。

（2）TV断线相过流保护受距离保护、方向过流保护、复压闭锁过流“或门”控制。当上述保护全部退出后，该保护不起作用。

（3）TV断线闭锁逻辑返回延时不大于2s。

40. 简述10（35）kV线路自动重合闸的技术原则。

答：（1）“停用重合闸”采用的控制字、软压板和硬压板三者为“或门”逻辑。

（2）重合闸具有检线路无压母线有压、检线路有压母线无压、检线路无压母线无压和检同期四种方式，可组合使用，检无压方式不含检同期功能；重合闸方式可通过控制字实现，其定义见表3-14。

表 3-14 重合闸控制字

序号	重合闸方式	整定方式	备注
1	检线路无压母线有压	0，1	—
2	检线路有压母线无压	0，1	—
3	检线路无压母线无压	0，1	—
4	检同期	0，1	—
5	停用重合闸	0，1	既放电，又闭锁重合闸

注 1. 第 1～4 项多项置“1”，为投入对应的多种重合闸方式：仅当 1、3 项同时置“1”时，为“检线路无压”方式；仅当 2、3 项同时置“1”时，为“检母线无压”方式。

2. 当 1～4 项同时置“0”时，为“非同期重合闸”方式。

（3）当不使用用于重合闸检线路侧电压和检同期的电压元件时，线路 TV 断线不报警。

（4）TV 断线是否闭锁重合闸受重合闸方式控制，如重合闸与此电压有关则闭锁，否则不闭锁。

（5）检同期重合闸所采用的线路电压自适应，装置可接入任意相间或相电压。

（6）具有保护启动重合闸功能，具备控制字选择断路器位置不对应启动重合闸。

（7）具有外部开入闭锁重合闸功能，任何时候收到该信号，重合闸立即放电。

（8）重合闸启动前，收到弹簧未储能闭重信号，经延时放电。重合闸启动后，收到该闭锁信号，不放电。

（9）设置一段重合闸后加速电流保护（可经复压闭锁）和一段重合闸后加速零序过流保护，电流及时间定值可独立整定。复压闭锁为低电压、负序电压闭锁。

（10）大电流闭锁重合闸功能，可通过控制字选择是否投入。

（11）重合闸启动后，最长等待时间为 10min。

41. 简述 10（35）kV 线路保护低频低压减载的技术原则。

答：（1）低频减载经低电压和频率滑差等条件闭锁，低频减载保护闭锁重合闸功能。

（2）低压减载经电压变化率等条件闭锁，低压减载保护闭锁重合闸功能。

42. 简述 10（35）kV 闭锁简易母线保护的技术原则。

答：（1）任一段过流保护启动后，瞬时发 GOOSE 闭锁信号，用于闭锁简易母线保护；

（2）保护动作故障切除后，GOOSE 闭锁信号瞬时返回；

（3）保护动作后 200ms 故障未消失，GOOSE 闭锁信号快速返回。

43. 简述 10（35）kV 线路保护功能的配置要求。

答：10（35）kV 线路保护功能的配置要求如表 3-15 所示。

表 3-15 10（35）kV 线路保护功能的配置要求

序号	功能描述	段数及时限	备注
1	纵联电流差动保护	—	仅适用于纵联电流差动线路保护测控集成装置

续表

序号	功能描述	段数及时限	备注
2	相间距离保护	Ⅰ段1时限，固定带方向 Ⅱ段1时限，固定带方向 Ⅲ段1时限	仅适用于距离保护测控集成装置
3	复压闭锁过流保护	Ⅰ段1时限，方向、电压闭锁可投退 Ⅱ段1时限，方向、电压闭锁可投退 Ⅲ段1时限，方向、电压闭锁可投退	—
4	过流加速保护	Ⅰ段1时限，电压闭锁可投退	—
5	TV断线相过流保护	Ⅰ段1时限	—
6	零序过流保护	Ⅰ段1时限 Ⅱ段1时限	—
7	零序过流加速保护	Ⅰ段1时限	—
8	重合闸	—	—
9	大电流闭锁重合闸	—	—
10	低频减载	—	—
11	低压减载	—	—
12	过负荷告警	—	—
13	小电流接地选线	—	—
14	闭锁简易母线保护	—	仅适用于智能化装置和多合一装置
15	测控功能	—	—

44. 10（35）kV线路保护基础型号代码有哪些?

答：10（35）kV线路保护基础型号代码如表3-16所示。

表3-16　　10（35）kV线路保护基础型号代码

序号	基础型号	功能代码	备注
1	保护测控集成装置	A	—

45. 220kV智能变电站线路间隔保护与过程层设备的设计原则是什么?

答：（1）双重化的两套保护应与两个合并单元、智能终端分别一一对应。两个智能终端应与断路器的两个跳闸线圈分别一一对应。

（2）双重化的两套保护及其相关设备（电子式互感器、MU、智能终端、网络设备、跳闸线圈等）的直流电源应一一对应。

（3）保护装置与本间隔智能终端、合并单元之间应采用点对点方式通信。

（4）装置过程层GOOSE信号应直接链接，不应由其他装置转发。当装置之间无网络连接但又需要配合时，宜通过智能终端输出触点建立配合关系。如三重方式下两套保护间的闭锁重合闸信号。

（5）保护装置跳闸触发录波信号应采用保护 GOOSE 跳闸信号。

（6）保护装置、智能终端等智能电子设备间的相互启动、相互闭锁、位置状态等交换信息可通过 GOOSE 网络传输，双重化配置的保护之间不直接交换信息。

（7）双 A/D 采样数据需同时连接虚端子，不能只连接其中一个。

46. 简述 500kV 智能变电站线路保护配置原则。

答：每回线路配置两套包含有完整的主、后备保护功能的线路保护装置，线路保护中宜包含过电压保护和远跳就地判别功能。

线路间隔 MU、智能终端均按双重化配置，如图 3-2 所示，具体的配置方式如下：

（1）按照断路器配置的电流 MU 采用点对点方式接入各自对应的保护装置。

（2）出线配置的电压传感器对应两套双重化的线路电压 MU，线路电压 MU 单独接入线路保护装置。

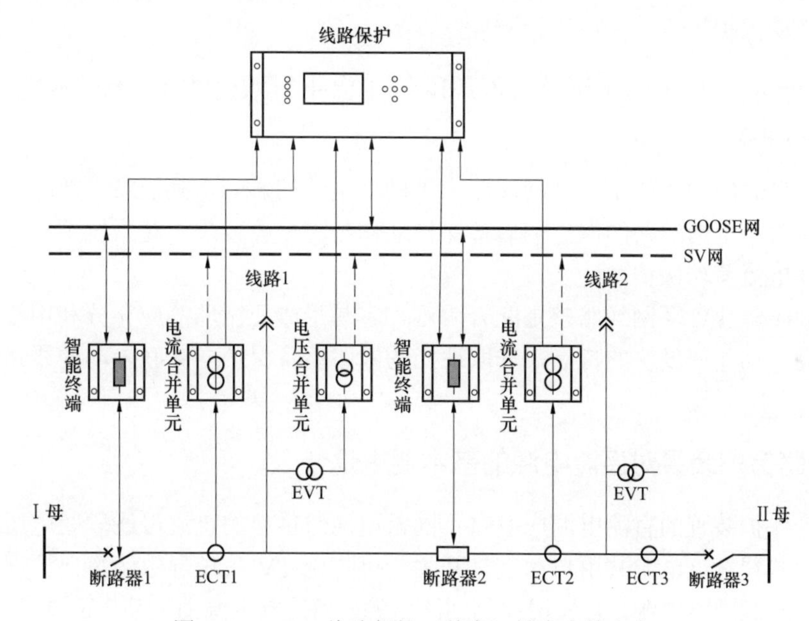

图 3-2　500kV 线路保护（单套）技术实施方案

（3）线路间隔内线路保护装置与合并单元之间采用点对点采样值传输方式，每套线路保护装置应能同时接入线路保护电压 MU、边断路器电流 MU、中断路器电流 MU 的输出，即至少三路 MU 接口。

（4）智能终端双重化配置，分别对应于两个跳闸线圈，具有分相跳闸功能；其合闸命令输出则并接至合闸线圈。

（5）线路间隔内，线路保护装置与智能终端之间采用点对点直接跳闸方式，由于 3/2 接线的每个线路保护对应两个断路器，因此每套保护装置应至少提供两路接口，分别接至两个断路器的智能终端。

（6）线路保护启动断路器失灵与重合闸采用 GOOSE 网络传输方式。合并单元提供给测控、录波器等设备的采样数据采用 SV 网络传输方式，SV 采样值网络与 GOOSE 网络应完全独立。

47. 110（66）kV线路在考虑互感影响时，为什么要求宜配置纵联电流差动保护?

答：互感在线路故障时影响着以零序分量为判断依据的所有接地保护，尤其是接地距离保护的超范围与欠范围动作，以及纵联零序方向元件的动作行为。另外，属于不同电压等级电网的线路在互感的影响下还可能出现零序功率方向误动，造成事故范围扩大。因此宜配置具备全线速动的纵联电流差动保护。

48. 为什么要求长度小于10km的110（66）kV短线路宜配置纵联电流差动保护?

答：当线路较短时因其阻抗很小，在本线路末端故障和区外故障两种情况下，故障特征区别不明显，对整个采样回路（包括现场电压、电流及其二次回路和保护装置A/D采样回路）要求非常高，该误差可能不满足距离Ⅰ段5%的误差要求，会导致距离Ⅰ段超越或缩短范围。弱馈侧在正方向区外故障受此影响尤为明显。为改善继电保护整定和配合关系，短线路宜配置纵联电流差动保护。

49. 为什么要求110（66）kV环网线（含平行双回线）、电厂并网线应配置纵联电流差动保护?

答：（1）110（66）kV电厂并网线路由于助增电流的影响，其短路点故障电流一般较单端电源的线路大，上网线路的电厂侧后备保护动作延时一般较长，对系统不利，故应配置全线速动的纵联电流差动保护。

（2）110（66）kV环网线路整定配合困难，容易形成死循环，应充分利用线路纵联差动保护灵敏度高、动作速度快的特点，选取适当的线路后备保护与纵联差动的线路配合，优化系统整定。

50. 线路保护装置对直流电源的基本要求是什么?

答：两套保护装置的直流电源应取自不同蓄电池组供电的直流母线段。电压切换直流电源与对应保护装置直流电源共用自动空气开关，可防止TV失压导致距离保护误动；电压切换箱不能采用控制回路电源，若采用控制回路电源，当控制电源消失后，距离保护可能误动，此时由于操作箱的控制电源失电，不能跳开断路器，将误启动失灵保护，可能造成严重后果。

51. 220kV线路采用三相电压互感器有何优、缺点?

答：优点：每条220kV线路均配置三相电压互感器，无需进行电压切换，减少了回路复杂性，线路电压互感器故障时仅影响本间隔线路保护，可将故障影响的范围缩减至最小。

缺点：每条220kV线路均配置三相电压互感器，成本较高。

第二节 保护原理

1. 简述线路保护启动元件类型及其应用场景。

答：（1）电流突变量启动元件，可反应不对称和对称故障，但当线路一侧无电源且该侧变压器中性点不接地时，可能无法启动。

（2）零序过电流启动元件，保证高阻接地时能够启动。

（3）弱馈启动元件，收到对侧启动信号，同时本侧低电压（相电压或线电压）条件满足就启动，保证弱馈侧能启动。

（4）TWJ 启动元件，作为手合于故障或空充线路时，一侧启动另一侧不启动时未合侧保护装置的启动元件。

（5）静稳失稳启动元件，为了检测系统正常运行状态下发生静态稳定破坏而引起的系统振荡而设置。

（6）零序差动保护，允许一侧电流元件、电压元件均启动时勾对侧启动。

2. 简述电流突变量启动元件原理。

答：通过实时检测各相电流采样的瞬时值的变化情况，来判断被保护线路是否发生故障，该元件在大多数故障的情况下均能灵敏启动，为保护的主要启动元件。其判据为 $\Delta I_{\varphi\max}>1.25\Delta I_{T}+\Delta I_{dz}$。式中：$\Delta I_{dz}$ 为突变量启动电流定值；ΔI_{T} 为浮动门槛，随着变化量输出增大而逐步自动提高，取 1.25 倍可保证门槛电流始终略高于不平衡输出。

一般 ΔI_{dz} 取值为保证线路末端金属性故障时有足够灵敏度，可以按照最低一次值取 300A 考虑，典型二次值可设置为（0.1～0.2）I_{n}。在采集回路零漂较大时，电流突变量启动定值不宜整定过低，以防止装置频繁启动。

3. 简述零序电流启动元件作用及判据。

答：主要用于在高阻接地故障情况下保护可靠启动，作为辅助启动元件，元件本身带 30ms 延时。其判据为 $3I_{0}>I_{0dz}$，式中：I_{0dz} 为零序启动电流定值。

4. 简述静稳破坏启动元件的作用及判据。

答：当振荡闭锁元件控制字投入且距离保护软压板投入时增设静稳破坏启动元件，元件本身带 30ms 延时。判据为：正序电流大于振荡闭锁过流定值且突变量启动元件未启动。

5. 简述三相不一致启动元件的作用及判据。

答：当三相不一致保护控制字投入时增设三相不一致启动元件，判据为三相跳位开入不一致且跳位相均无流。

6. 简述过负荷启动元件的作用及判据。

答：当过负荷跳闸控制字投入时增设过负荷启动元件，判据为最大相电流大于过负荷跳闸电流定值，且固定经过负荷跳闸时间的延时后启动。

7. 简述远跳收信启动元件的应用。

答：在远跳保护软压板投入时，设置收信启动元件，本侧装置收到对侧失灵启动远跳信号（对侧远传 1 开入时或者对侧过压发信动作时）时，开放保护启动。

8．简述过压启动元件的应用。

答：过电压保护软压板投入时，设置过压启动元件，当相电压大于过电压定值时（“三取一”方式投入时判别任意一相电压满足条件，“三取一”方式退出时，判别三相电压均满足条件），开放保护启动。过电压启动元件本身带 30ms 延时。

9．如何保证纵联电流差动保护在弱馈情况下正确启动？

答：发生区内三相故障，弱电源侧电流启动元件可能不动作，此时若收到对侧的差动保护允许信号，则判别差动继电器动作相关相或相间电压，若小于 65%额定电压，则辅助电压启动元件动作。

此外，另有厂家规定在同时满足以下两个条件时，能保证弱馈侧正常启动：

（1）对侧保护装置启动。

（2）以下条件满足任何一个：①任一侧相电压或相间电压小于 65%额定电压；②任一侧零序电压或零序电压突变量大于 1V。

10．如何保证纵联电流差动保护在线路空充情况下正确启动？

答：纵联电流差动保护手合于故障或空充线路时，一侧启动另一侧不启动时，未合侧保护装置的启动元件同时满足以下两个条件时动作：①有三相 TWJ；②对侧保护装置启动。

11．差动电流为什么不能单独作为装置的启动元件？

答：纵联电流差动保护采用光纤通道，而光纤通道要求通道的收发传输时间一致才能同步，通道的收发传输时间不一致会形成差动电流。如果差动电流作为启动元件，只要差动电流满足动作条件就跳闸容易造成保护装置误动。TA 单侧（本侧或对侧）断线会形成差动电流，断线侧启动元件可能动作，因此必须两侧启动元件同时动作才允许差动保护跳闸。

12．简述单相接地故障特征。

答：线路发生单相接地时有以下基本特点：

（1）故障点各序电流大小相等、方向相同，非故障相电流为 0，故障点故障相电压为 0。

（2）在故障电流远大于负荷电流时，保护安装处的各序电流大小基本相等、方向相同，故障相电流远大于非故障相电流。

（3）保护安装处故障相电压下降最为显著，非故障相电压变化不明显。

（4）保护安装处零序电流和负序电流的相位差与系统参数有关。理想模型中，若零序和负序电流分配系数相等，当线路发生 A 相接地故障时，则零序电流和 A 相负序电流同相位。同样的方法可以分析得到，当线路发生 B 相接地故障时，零序电流超前于 A 相负序电流 120°；当线路发生 C 相接地故障时，零序电流滞后于 A 相负序电流 120°。

（5）对比故障前和故障后母线电压，在两侧系统功角较小的情况下发生故障后，母线上的正序电压与故障前此相电压同相位；即使在两侧系统功角较大的情况下发生故障，母线上的正序电压与故障前此相电压相角差在 10°以内。

（6）负荷电流的方向将影响保护安装处的序电流的关系。以 A 相故障为例，当 M 侧为送电侧时，受负荷电流影响，正序电流将超前于负序和零序电流，且负荷电流越大，超前的角度也越大。当 M 侧为受电侧时，正序电流滞后于负序和零序电流，负荷电流越大，滞后的角度也越大。A 相单相接地短路故障序网图如图 3-3 所示。

（7）经过渡电阻故障，则相应的故障分量电流将会减小，保护安装处测得的故障电流将减小。由于故障后的电流为故障分量电流与负荷电流之和，因此负荷电流的占比将会增加，因此电流特性受负荷电流影响更大。过渡电阻对零序与负序电流的相位关系没有影响。

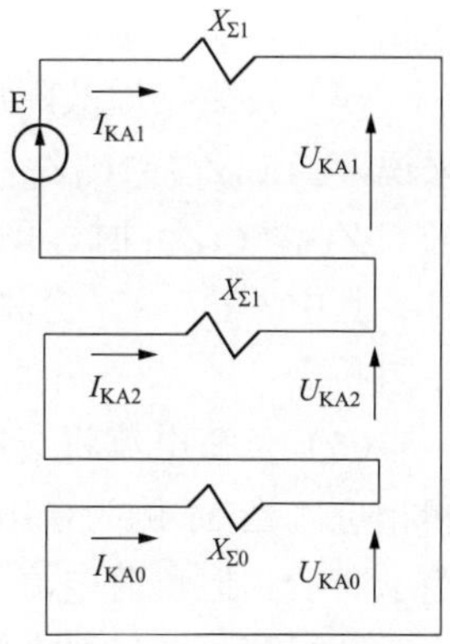

图 3-3 A 相单相接地短路故障序网图

13. 简述两相短路故障特征。

答：线路发生两相短路故障时有以下基本特点：

（1）故障点和保护安装处都不存在零序电流或零序电压。故障点处正序电流与负序电流大小相等、方向相反，正序电压与负序电压相等。

（2）故障点两相短路电流大小相等、方向相反，数值上为正序电流的 $\sqrt{3}$ 倍。故障点处故障相电压大小相等，数值上为非故障相电压的一半；故障相电压相位相同，与非故障相电压反相。

（3）保护安装处故障相电压下降显著，非故障相电压变化不明显。

（4）对比故障前和故障后母线电压，在两侧系统功角较小的情况下发生故障后，母线上的正序电压与故障前此相电压同相位；即使在两侧系统功角较大的情况下发生故障，母线上的正序电压与故障前此相电压相角差在 10°以内。

（5）在故障电流远大于负荷电流时，保护安装处的两故障相电流的大小基本相等、方向相反，故障相电流远大于非故障相电流。

（6）经过渡电阻故障时，相应的故障分量电流将会减小，保护安装处测得的故障电流将减小。一般两相短路故障的过渡电阻较小，对故障电流和电压的影响不大。

14. 简述两相接地故障特征。

答：线路发生两相接地故障时有以下基本特点：

（1）故障点处各序分量电流之和为 0，故障点处各序电压相等。

（2）保护安装处故障相电流增加，远大于非故障相。保护安装处故障相电压下降明显。

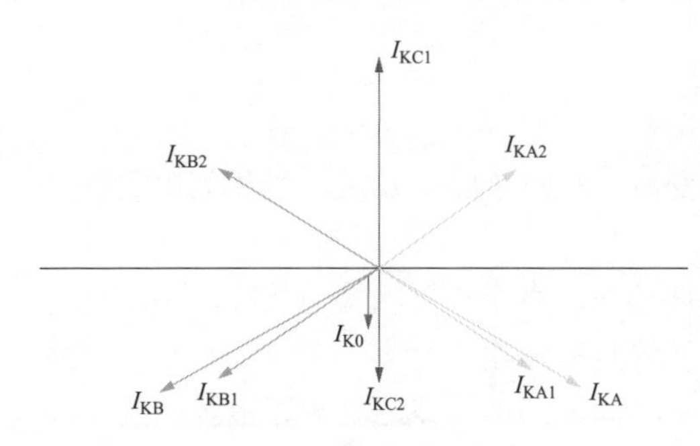

图 3-4 AB 两相接地短路保护安装处相量图

（3）保护安装处零序电流和负序电流的相位差只与系统参数有关。对于一般的系统，其阻抗近似呈感性，当线路发生 BC 相接地故障时，零序电流和负序电流同相位。同样的方法可以分析得到，当线路发生 CA 相接地故障时，零序电流超前于负序电流 120°；当线路发生 AB 相接地故障时，零序电流滞后于负序电流 120°（AB 两相接地短路保护安装处相量图如图 3-4 所示）。其中 I_{KA}、I_{KB}、I_{KC} 分别是三相故障电流，用下标 1，2，0 表示对应相的正、负、零序分量。

（4）发生接地故障后，非故障相电压可能会升高也可能会降低，与系统参数相关。具体来说，当 $C_0Z_{M0}<C_1Z_{M1}$ 时，单相接地时非故障相电压升高，两相接地时非故障相电压降低；当 $C_0Z_{M0}>C_1Z_{M1}$ 时，单相接地时非故障相电压降低，两相接地时非故障相电压升高。

其中，C_0、C_1 分别是零序分配系数及正序分配系数，Z_{M0}、Z_{M1} 分别是零序阻抗和正序阻抗。

（5）负荷电流将会影响保护安装处正序电流的大小和相角，进而会影响三相电流的幅值和相位。当 M 侧为送电侧时，正序电流相角将趋于超前；当 M 侧为受电侧时，正序电流将趋于滞后。但负荷电流不会影响负序电流和零序电流的幅值和相角关系。

（6）若为经过渡电阻故障，则故障分量电流将会减小，保护安装处测得的故障电流也将减小。相较于金属性故障，过渡电阻使得负荷电流的占比增加，使得电流特性受负荷电流影响更大。

15. 简述三相故障的故障特征。

答：三相短路故障序网图如图 3-5 所示。三相故障时有以下基本特点：

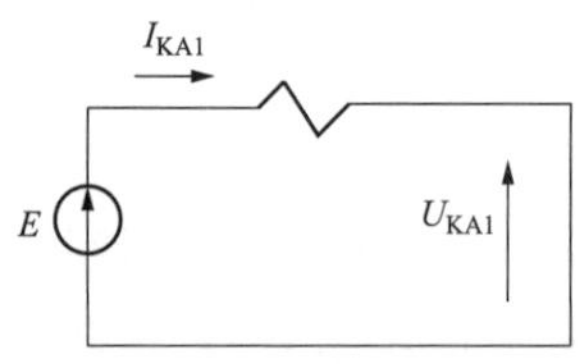

图 3-5　三相短路故障序网图

（1）故障点和保护安装处都不存在零序电流或零序电压，也不存在负序电流或负序电压。

（2）故障点处和保护安装处只有正序电流和正序电压，即三相电流电压呈正序特性，大小相等，相位依次滞后 120°。

（3）发生故障后，保护安装处测得的电压下降，电流上升。

（4）三相故障时，过渡电阻和负荷电流不会影响保护安装处三相故障电流的相位关系。三相金属性故障时，负荷电流对于故障电流没有影响。经过渡电阻故障时，若保护安装侧为送电侧，则负荷电流对故障电流有助增效应，若保护安装侧为受电侧，则负荷电流对故障电流有抑制作用。

16. 线路保护选相元件有哪些?

答：（1）电流突变量选相元件。

（2）电流序分量选相元件。

（3）工作电压突变量选相元件。

（4）低电压选相元件。

（5）阻抗选相元件。

17. 简述电流差突变量选相元件的原理。

答：在实现选相时，先构成三个相间电流差突变量 ΔI_{AB}、ΔI_{BC}、ΔI_{CA}，当相间电流差突变量的幅值大于某一个门槛值时对应的元件动作。

如果三个相间电流差突变量元件中仅有两个元件动作，表明是单相接地故障。不动作元件的电流差突变量下标对应的两相是非故障相，剩下的是故障相。

如果三个相间电流差突变量元件均动作，表明是相间短路故障或三相短路故障，其中相间电流差突变量最大的下标对应的两相是故障相。当然，三相短路时可能会随机选出两个故障相，但考虑到保护此时三相跳闸，仅选出两个故障相并不会产生不良后果。

18. 简述工作电压突变量选相原理。

答：基于工作电压突变量的选相元件不仅灵敏度高，且可以较好地解决跨线故障、短时转换故障、弱馈故障、振荡中故障等特殊情况的选相问题。

具体方案为：求取各相电压突变量 ΔU_{opA}、ΔU_{opB}、ΔU_{opC}，相间电压突变量 ΔU_{opAB}、ΔU_{opBC}、ΔU_{opCA}。

$$\Delta U_{op\Phi} = \Delta U_{\Phi} - \Delta(I_{\Phi} + 3K_z I_0)Z_{set}$$

$$\Delta U_{op\Phi\Phi} = \Delta U_{\Phi\Phi} - \Delta I_{\Phi\Phi} Z_{set}$$

式中：K_z 为零序补偿系数；I_0 为零序电流；Z_{set} 为动作阻抗整定值；下脚 Φ 分别为 A、B、C，ΦΦ 分别为 AB、BC、CA。

利用突变量值的关系，先在三个相变化量中选出最大者，再比较其与另外两相相间变化量的关系识别为单相故障还是多相故障。以 ΔU_{opA} 最大为例，如果 $\Delta U_{opA} > k_1 \Delta U_{opBC}$，则为 A 相单相接地故障，系数 k_1 取内部值；否则 $\Delta U_{opA} < k_2 \Delta U_{opBC}$，则为三相对称故障，系数 k_2 取内部值。如果为两相故障或者复合故障，则根据变化量较大的两个单相之间的关系进一步识别从而选出并确定区内故障相。

19. 简述序电流复合选相原理。

答：基于序电流相位关系的序分量选区元件（原理如图 3-6 所示），是根据单相接地故障及两相接地故障等类型下零序、负序电流的相位关系进行判别，该元件选相灵敏度高、允许接地故障时过渡电阻较大、选相不受非全相运行的影响。

当发生接地故障时，先利用零序电流 I_0 与负序电流 I_{2A} 进行选相分区，根据 $\varphi = \arg(\dot{I}_0 / \dot{I}_{2A})$ 的角度关系划分三个区。

a）$-60° < \varphi < 60°$ 对应 AN 或 BCN；

b）$60° < \varphi < 180°$ 对应 BN 或 CAN；

c）$180° < \varphi < 300°$ 对应 CN 或 ABN。

落入选相区后，对相间阻抗进行判别，如相间阻抗大于整定阻抗，排除相间接地故障的可能性，判为相应选相区的单相接地故障。

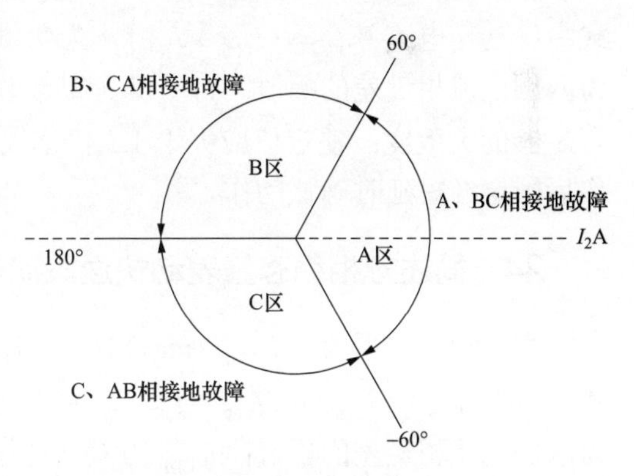

图 3-6 序分量选区原理图

20. 简述阻抗选相元件的原理。

答：微机保护计算全部 6 个回路的测量阻抗，其中最小值和不大于最小值 1.5 倍的相别为故障相。阻抗选相的优点是在距离保护中就用距离Ⅱ段接地阻抗继电器作为选相元件，使得装置在总体上得到简化，缺点是在单相经高阻接地时灵敏度不足。

21. 线路纵联差动保护包含哪几种差动元件?

答：差动元件针对线路保护区内各种故障类型配置了采样值差动、分相稳态量差动、分相故障分量差动及零序电流差动。其中稳态量差动元件设置快速区元件及灵敏区元件，快速区元件采用 2 倍差流定值，灵敏区经延时动作作为快速区的补充。

故障分量差动不受负荷影响，对于区内高阻故障及振荡中故障性能优越，元件本身采用全周波傅里叶算法并略带延时，保证其可靠性。

零序电流差动作为稳态量差动及故障分量的后备经延时动作，主要针对缓慢爬升高阻故障，零序电流差动继电器主要为单相经过渡电阻接地故障而设。

22. 简述采样值差动元件的作用与特征。

答：采样值差动元件充分利用光纤通道传送信息，采用瞬时值，以提高差动保护动作速度及可靠性；取两侧电流采样值相加的绝对值作为差动电流 $i_{\mathrm{d}\phi(\mathrm{k})}$，两侧电流采样值相减的绝对值作为制动电流 $i_{\mathrm{r}\phi(\mathrm{k})}$。

动作方程为：$i_{\mathrm{d}\phi(\mathrm{k})}>i_{\mathrm{dset}}$ 且 $i_{\mathrm{d}\phi(\mathrm{k})}>ki_{\mathrm{r}\phi(\mathrm{k})}$，其中 i_{dset} 为差动动作电流整定值，i_{dset} 取 max{2 倍差动动作电流定值，1 倍 I_{n}}。

采样值差动保护对每一时刻的采样值进行判别，在连续 R 次判别中如 S 次满足判据，则采样值差动元件动作。采样值差动继电器的优点在于动作速度快，且在通道质量不高的情况下小于 S 个误码数据不会导致差动保护误动作。

23. 简述分相稳态量差动延时段动作判据。

答：动作方程为：$I_{\mathrm{CD\Phi}}>I_{\mathrm{SET\Phi}}$ 且 $I_{\mathrm{CD\Phi}}>0.75I_{\mathrm{r}}$。

式中：动作电流 $I_{\mathrm{CD\Phi}}=|\dot{I}_{\mathrm{M\Phi}}+\dot{I}_{\mathrm{N\Phi}}|$，为两侧电流相量和的幅值；制动电流 $I_{\mathrm{r}}=|\dot{I}_{\mathrm{M\Phi}}-\dot{I}_{\mathrm{N\Phi}}|$，为两侧电流相量差的幅值；$I_{\mathrm{SET\Phi}}$ 为差动动作电流定值，由用户整定；整定时应保证末端短路有足够的灵敏度；整定值应大于 1.5 倍本线路稳态电容电流值。稳态量差动延时段继电器动作后固定经短延时确认动作。

24. 简述分相稳态量差动快速段动作判据。

答：动作方程为：$I_{\mathrm{CD\Phi}}>\max\{2I_{\mathrm{SET\Phi}},4倍实测电容电流值\}$ 且 $I_{\mathrm{CD\Phi}}>0.8I_{\mathrm{r}}$。

式中：动作电流 $I_{\mathrm{CD\Phi}}=|\dot{I}_{\mathrm{M\Phi}}+\dot{I}_{\mathrm{N\Phi}}|$，为两侧电流相量和的幅值；制动电流 $I_{\mathrm{r}}=|\dot{I}_{\mathrm{M\Phi}}-\dot{I}_{\mathrm{N\Phi}}|$，为两侧电流相量差的幅值；$I_{\mathrm{SET\Phi}}$ 为差动动作电流定值，由用户整定。实测电容电流值为线路正常运行时未经电容电流补偿的测量差流值。

25. 简述分相增量差动元件动作判据。

答：动作方程为：$\Delta I_{\mathrm{CD\Phi}}>I_{\mathrm{SET\Phi}}$ 且 $\Delta I_{\mathrm{CD\Phi}}>0.75\Delta I_{\mathrm{r}}$。

式中：动作电流 $\Delta I_{\mathrm{CD\Phi}}=|\Delta\dot{I}_{\mathrm{M\Phi}}+\Delta\dot{I}_{\mathrm{N\Phi}}|$，为两侧电流变化量相量和的幅值；制动电流 $\Delta I_{\mathrm{r}}=|\Delta\dot{I}_{\mathrm{M\Phi}}-\Delta\dot{I}_{\mathrm{N\Phi}}|$，为两侧电流相量差的幅值；$I_{\mathrm{SET\Phi}}$ 为差动动作电流定值。

26. 简述零序电流差动元件动作判据。

答：动作方程为：$I_{\mathrm{CD0}}>I_{\mathrm{SET\Phi}}$ 且 $I_{\mathrm{CD0}}>0.75I_{\mathrm{r0}}$。

式中：动作电流 $I_{CD0}=|3\dot{I}_{M0}+3\dot{I}_{N0}|$，为两侧零序电流相量和的幅值；制动电流 $I_{r0}=|3\dot{I}_{M0}-3\dot{I}_{N0}|$，为两侧零序电流相量差的幅值；$I_{SET\Phi}$ 为差动动作电流定值。零序差动元件配合差流选相元件选择差流最大相出口，满足条件后经短延时动作。

27. 简述线路纵联差动中变化量相差动元件的特征。

答：变化量相差动元件利用变化量相差流作为动作量，变化量只在故障发生后存在一段时间随后变化量消失，所以在变化量消失前变化量相差元件能够动作，变化量消失后将不能动作。

28. 线路纵联差动中稳态Ⅱ段相差动元件一般延时多久动作？

答：南瑞继保、南瑞科技线路保护中稳态Ⅱ段延时 25ms，国电南自、四方、许继、长园深瑞线路保护中稳态Ⅱ段延时 40ms。

29. 线路纵联差动中零序差动元件一般延时多久动作？

答：南瑞继保、南瑞科技线路保护中零序差动延时 40ms，国电南自、四方、许继、长园深瑞线路保护中零序差动延时 100ms。

30. 线路保护中差动联跳的作用是什么？

答：长距离输电线路出口经高过渡电阻接地时，近故障侧保护能立即启动，但由于助增的影响，远故障侧可能故障量不明显而不能启动，导致差动保护不能快速动作。针对这种情况，设置差动联跳继电器：本侧任何保护动作元件动作（如距离保护、零序保护等）后立即发对应相联跳信号给对侧，对侧收到联跳信号后启动保护装置，并结合差动允许信号联跳对应相。

31. 简述纵联电流差动保护采样同步的原理。

答：采用采样时刻调整法需设定一端的采样时刻为参考基准（主端），另一端参照基准调整自己的采样时刻（从端），保护从端首先采用“梯形算法”，计算出两侧保护装置的采样偏差；再通过采样时刻调整，对齐两端采样时刻；从端完成同步调整后，通知主端进入同步状态，至此两侧完成同步调整过程。

32. 简述线路差动保护两侧装置采样同步对光纤通道的要求。

答：（1）通道单向最大传输时延不大于 2ms。

（2）通道的收发路由一致（即两个方向的传输延时相等）。

33. 简述当光纤双通道中一条通道异常时纵联保护的处理方案。

答：当双通道均投入时，某一通道异常，仅闭锁该通道差动保护，另一通道不受影响，差动保护功能正常。

34. 什么叫作电容电流补偿后差流？

答：对于较长的输电线路，电容电流较大，如果纵联电流差动保护没有考虑到电容电流的影响，在某些情况下会造成保护误动。为提高差动保护的可靠性，从相电流中减去相电容电流再进行差流计算即可得到电容电流补偿后差流。

35. 线路保护如何进行电容电流补偿?

答：对于较长的输电线路，电容电流较大，为提高差动保护的可靠性，需进行电容电流补偿。传统的电容电流补偿法只能补偿稳态电容电流，在空载合闸、区外故障切除等暂态过程中，线路暂态电容电流很大，此时稳态补偿就不能将电容电流完全补偿，而采用暂态电容电流补偿方法对电容电流的暂态分量进行补偿。

36. 纵联电流差动保护两侧差动保护压板不一致时，如何处理?

答：差动保护只有在两侧压板都处于投入状态时才能动作，两侧差动保护压板不一致时发告警信号，并闭锁差动保护。

37. TA 断线对纵联差动保护有什么影响?

答：TA 断线瞬间，断线侧的启动元件和差动继电器可能动作，但对侧的启动元件不动作，不会向本侧发差动保护动作信号，从而保证纵联差动不会误动。

TA 断线时发生故障或系统扰动导致启动元件动作，若控制字“TA 断线闭锁差动”整定为“1”，则闭锁对应 TA 断线相的电流差动保护，非断线相的电流差动保护仍然投入；若控制字“TA 断线闭锁差动”整定为“0”，且 TA 断线相差流大于“TA 断线差流定值”(整定值)，仍开放该相的电流差动保护，非断线相的电流差动保护仍然投入。

TA 断线后，闭锁零序电流差动保护，同时不论发生区内断线相故障还是非断线相故障，两侧分相差动保护都将延时 150ms 永跳闭重。

38. 如何确保差动保护在区外 TA 饱和情况下不会误动?

答：通过采用 TA 饱和判别逻辑，可靠识别区外故障引起的饱和，可以保证在较严重的区外 TA 饱和情况下不会误动。

（1）同步识别法：当区内发生故障时，差动电流和制动电流有很大的变化，这两个电流的变化是同时出现的。当发生区外故障时，制动电流马上有较大变化，但是由于 TA 即使饱和也是在短路过了一段时间以后才饱和的，所以差电流也是过了一段时间后才出现。所以可以利用这个原理来鉴别 TA 饱和。当制动电流变化量和差电流变化量同时出现，认为是区内故障，开放差动保护。当制动电流变化量比差电流变化量早出现一定时间以上时，判定为 TA 饱和，闭锁差动保护。

（2）基于采样值的重复多次判别法：若对差流一个周期的连续 R 次采样值判别中，有 S 次及以上不满足差动元件动作条件，认为是区外故障引起 TA 饱和，继续闭锁差动保护；若在连续 R 次采样值判别中有 M 次以上满足差动元件的动作条件时，判为区内故障或发生区外故障转区内故障，立即开放差动保护（S、M 为各厂家保护自己定义，不做规定）。

（3）谐波制动原理：TA 饱和时差电流的波形发生畸变，其中会有大量的谐波分量，用谐波制动可以防止区外故障 TA 饱和误动。

39. 纵联距离保护弱馈逻辑主要有哪些方法?

答: 如果是由于弱电侧启动元件没有动作，对于闭锁式的纵联距离保护，当收到对侧信号后，对于弱电侧，判断任一相电压或相间电压低于 30V 时，延时 100ms 发信，这可以保证在线路轻负荷、启动元件不动作的情况下，由对侧保护快速切除故障。对于允许式的纵联距离保护，当用于弱电侧，判断任一相电压或相间电压低于 30V 时，当收到对侧信号后给对侧发 100ms 允许信号，这可以保证在线路轻负荷、启动元件不动作的情况下，可由对侧保护快速切除故障。

如果是重载情况下线路发生短路，弱电侧电流在短路后为零，所以两相电流差的变化量可能启动，启动时保护发信，但由于故障时电流为零，保护正反方向元件都判断不出来，保护会连续发信 7s。

40. 纵联零序保护如何在零序电压较低的情况下保证方向元件的正确性?

答: 线路故障时，线路保护装置接收到的综合零序电压是故障零序电压和不平衡零序电压的相量和。如果零序方向元件动作电压门槛很低，故障零序电压也很小，则综合零序电压和故障零序电压的相位差别会较大，容易造成零序方向元件不正确动作。所以，不宜过分降低零序方向元件的零序电压门槛，可采取以下几种方法:

(1) 补偿电压比相式。

将母线的零序电压补偿到线路的某一点，如线路中点，称为零序补偿电压 $3U_{0BC}$，通过比较零序补偿电压 $3U_{0BC}$ 与零序电流 $3I_0$ 相位来确定线路故障的方向。补偿电压计算式为

$$3U_{0BC}=3U_{0M}-3I_0\times0.5\times(3K+1)Z_{1L}$$

正方向判别公式为:

$$170°<\arg(3U_{0BC}/3I_0)<330°$$

式中: $3U_{0BC}$ 为零序补偿电压; $3U_{0M}$ 为母线零序电压; Z_{1L} 为线路全长的正序阻抗; K 为零序补偿系数。$K=(Z_0-Z_{1L})/3Z_{1L}$，由此可推出零序阻抗 $Z_0=(3K+1)Z_{1L}$，并假设正方向的角度范围为±80°。

(2) 零序电压比幅式。

由于故障点的零序电压最高，所以线路正方向故障时，零序补偿电压 $3U_{0BC}$ 要大于母线零序电压 $3U_{0M}$。反方向故障时，补偿电压要小于母线零序电压。所以，可以用比较零序补偿电压和母线零序电压幅值的方式来确定线路故障的方向。

假设零序补偿电压 $3U_{0BC}$ 补偿到线路全长的 $M\%$，则正方向判据为: $3U_{0M}-3I_0[M\%(3K+1)Z_{1L}]>3U_{0M}$。其中，$0\leqslant M\leqslant100$，对有互感的线路，$M$ 值要适当取小一些，同时还要增加抗互感的其他措施，如利用不受互感影响的负序分量判据等。

(3) 故障相比相式。

比较故障相的相电压和零序电流相位来确定线路故障的正方向，采用此法应注意:

1) 故障相不能选错，一旦选错会造成线路保护不正确动作。而采用零序方向元件，选相元件不能正确选相时，即单相故障错选为相间故障时，会导致单相故障三相跳闸。

2) 故障相电压与零序电流之间的相位关系随接地电阻的大小发生变化，不如零序电压和零序电流之间的相位稳定，其动作范围要充分考虑。

41. 为什么纵联电流差动保护要求两侧严格同步，而方向比较式纵联距离保护无此要求?

答：线路纵联电流差动保护既比较线路两侧电流的大小，又比较电流的相位，从原理上要求比较“同一时刻”的电流，故要求两侧测量和计算严格同步。方向比较式纵联保护反应的是被保护线路两端的故障方向。由于每一端的测量元件通过比较本侧电压、电流之间的相位就能确定故障方向，因此只要求每一侧的电压、电流同步，就能够保证正确的方向判断，不需要两侧的同步。

42. 光纤差动保护重合于故障后为什么要固定联跳对侧?

答：光纤差动保护重合于故障后固定联跳对侧是为了保证后合侧不再重合，减少一次冲击。

43. 装置通信时钟如何设置?

答：光纤保护装置发送和接收数据采用各自的时钟，分别为发送时钟和接收时钟。保护装置的接收时钟固定从接收码流中提取，保证接收过程中没有误码和滑码。发送时钟有两种方式：

（1）采用内部晶振时钟作为发送时钟，常称为内时钟（主时钟）方式；

（2）采用接收时钟作为发送时钟，常称为外时钟（从时钟）方式。

一般推荐两侧装置均采用从时钟方式。

44. 简述纵联通道识别码及其作用。

答：为提高数字式通道线路保护装置的可靠性，防止光纤通道连接错误，保护装置设置了可整定的纵联通道识别码，用于识别光纤通道是否正确连接。

在定值项中分别有“本侧识别码”和“对侧识别码”，值均为0～65535，识别码的整定应保证全网运行的保护设备具有唯一性，即正常运行时，本侧识别码和对侧识别码应不同，且与本线的另一套保护的识别码不同，也应该和其他线路保护装置的识别码不同；保护校验自环试验时，本侧识别码和对侧识别码应相同，否则都会告警，报“通道自环状态与整定不一致”。

“本侧识别码”和“对侧识别码”需在定值项中整定，且通过通道传送给对侧，当保护接收到的装置识别码与定值整定的“对侧识别码”不一致时，退出纵联保护，延时1000ms报“纵联通道*装置混联”告警。

45. 线路两侧的保护相继动作会对系统有什么影响?

答：线路故障时，由线路两端保护先后动作切除故障，称为相继动作。相继动作是由于发生故障一端的动作元件不能满足动作条件而引起的。相继动作会导致保护动作切除故障时间延长，影响系统稳定。

46. 什么是距离保护，距离保护的特点是什么?

答：距离保护和电流保护一样是反应输电线路一侧电气量变化的保护。将输电线路一侧的电压$\dot{U}_{m}$、电流$\dot{I}_{m}$加到阻抗继电器中，阻抗继电器反应的是它们的比值，称之为阻抗继电器的测量阻抗$\dot{Z}_{m}=\dot{U}_{m}/\dot{I}_{m}$。

由于阻抗继电器的测量阻抗反映了短路点的远近，也就反映了短路点到保护安装处的距离，所以把以阻抗继电器为核心构成的反应输电线路一侧电气量变化的保护称作距离保护。

距离保护相对于电流保护来说，其突出的优点是受运行方式变化的影响小。距离保护第Ⅰ段只保护本线路的一部分，在保护范围内金属性短路时，一般在短路点到保护安装处之间没有其他分支电流，所以它的测量阻抗完全不受运行方式变化的影响。距离保护第Ⅱ、Ⅲ段保护范围延伸到相邻线路上，在相邻线路上发生短路时，由于在短路点和保护安装处之间可能存在分支电流，所以它们在一定程度上将受运行方式变化的影响。

47. 简述接地故障时距离保护安装处故障相电压的构成。

答：保护安装处故障相的相电压是该相短路点的电压与输电线路的压降之和。输电线路的压降是该相正序、负序、零序压降之和。计算公式为：$U_{\Phi}=U_{k\Phi}+I_{1\Phi}Z_{1}+I_{2\Phi}Z_{2}+I_{0}Z_{0}$。

48. 简述距离保护零序补偿系数的推导过程。

答：保护安装处故障相的相电压计算公式为：$U_{\Phi}=U_{k\Phi}+I_{1\Phi}Z_{1}+I_{2\Phi}Z_{2}+I_{0}Z_{0}$。

考虑输电线路的正序阻抗等于负序阻抗，则

$$
\begin{aligned}
U_{\Phi}&=U_{k\Phi}+I_{1\Phi}Z_{1}+I_{2\Phi}Z_{2}+I_{0}Z_{0}+I_{0}Z_{1}-I_{0}Z_{1}\\
&=U_{k\Phi}+(I_{1\Phi}+I_{2\Phi}+I_{0})Z_{1}+3I_{0}\frac{Z_{0}-Z_{1}}{3Z_{1}}Z_{1}\\
&=U_{k\Phi}+(I_{\Phi}+K3I_{0})Z_{1}
\end{aligned}
$$

式中：K为零序补偿系数，$K=\dfrac{Z_{0}-Z_{1}}{3Z_{1}}$。

零序补偿系数的作用是将电压公式由正序、负序、零序电流与阻抗的计算转化为正序阻抗、相电流、零序电流的计算。

49. 距离继电器分为哪几类?

答：距离继电器主要分为接地距离继电器、相间距离继电器、工频变化量/快速距离继电器等。

50. 简述阻抗圆距离保护元件动作特性。

答：阻抗圆距离保护元件由正方向的偏移圆和反方向的上抛圆组成。正方向动作特性包含原点的偏移圆。由于坐标原点位于动作特性之内，所以正方向出口短路没有死区，同时对过渡电阻具有一定的自适应能力。反方向动作特性是上抛圆，远离原点，在反方向短路时具有良好的方向性。

51. 简述圆特性接地距离继电器圆阻抗动作特性。

答：（1）接地距离Ⅰ、Ⅱ段。

工作电压为：

$$U_{\mathrm{OP\Phi}}=U_{\Phi}-(I_{\Phi}+K3I_{0})Z_{\mathrm{set}}$$

极化电压为：

$$U_{\mathrm{P\Phi}}=-U_{1\Phi}\mathrm{e}^{\mathrm{j}\theta_{1}}$$

接地距离Ⅰ、Ⅱ段采用非记忆的正序电压作为极化电压，故障期间，正序电压主要由健全相电压形成，正序电压与故障前保持一致，继电器具有很好的方向性。

假若故障前系统空载，系统各元件阻抗角相同，距离保护继电器正方向故障动作特性如图 3-7 所示。

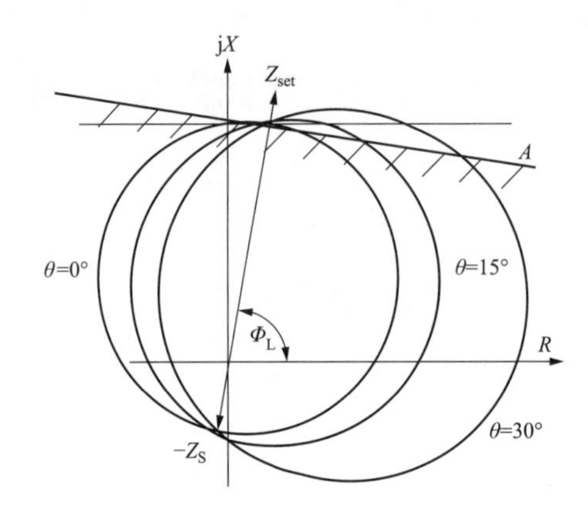

图 3-7　距离保护Ⅰ、Ⅱ段正方向故障动作特性

应用于较短输电线路时，为了提高抗过渡电阻能力，极化电压中使用了接地距离偏移角，如图 3-7 中所示 θ，该定值可以由用户整定为 0°、15°或 30°。接地距离偏移角会使动作特性圆向第一象限移动。

虽然这可提高测量过渡电阻的能力，在高阻接地故障条件下保证很好的动作性能，但是如果线路对侧存在助增电源，对于经过渡电阻接地的故障，可能会出现超越现象。为了防止超越，通常距离保护Ⅰ、Ⅱ段和零序电抗元件配合使用。

（2）零序电抗。

工作电压为：

$$U_{\mathrm{OP\Phi}}=U_{\Phi}-(I_{\Phi}+K3I_{0})Z_{\mathrm{set}}$$

极化电压为：

$$U_{\mathrm{P\Phi}}=-I_{0}Z_{\mathrm{D}}$$

式中：Z_{D} 为模拟阻抗，幅值为 1，角度为 78°。

比相方程为：

$$-90°<\mathrm{Arg}\frac{U_{\Phi}-(I_{\Phi}+K3I_{0})Z_{\mathrm{set}}}{-I_{0}Z_{\mathrm{D}}}<90°$$

典型的零序电抗特性如图 3-7 中直线 A 所示。直线 A 下方与动作特性圆交集部分为动作区，动作特性圆结合零序电抗特性对过渡电阻是自适应的。

（3）接地距离Ⅲ段。

工作电压为：

$$U_{OP\Phi} = U_{\Phi} - (I_{\Phi} + K3I_0)Z_{set}$$

极化电压为：

$$U_{P\Phi} = -U_{1\Phi}$$

接地距离保护Ⅲ段也采用非记忆的正序电压作为极化电压，故障期间，正序电压主要由健全相电压形成，正序电压与故障前保持一致，继电器具有很好的方向性。正、反方向动作特性在阻抗平面上如图 3-8 所示。

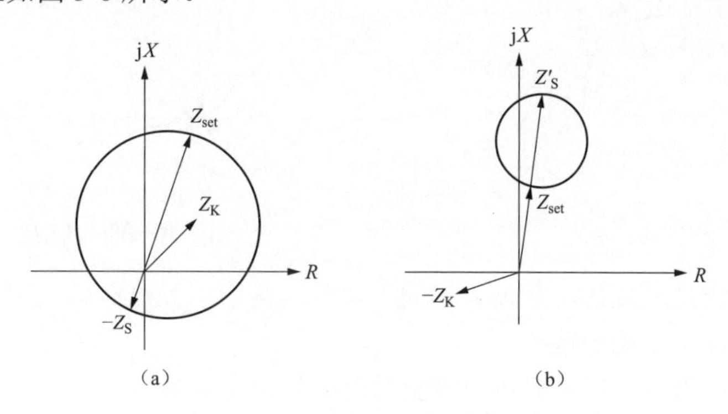

图 3-8 正、反方向故障动作特性

（a）正方向故障动作特性；（b）反方向故障动作特性

52. 简述圆阻抗相间距离继电器动作特性。

答：（1）相间距离Ⅰ、Ⅱ段。

工作电压为：

$$U_{OP\Phi\Phi} = U_{\Phi\Phi} - I_{\Phi\Phi}Z_{set}$$

极化电压为：

$$U_{P\Phi\Phi} = -U_{1\Phi\Phi}e^{j\theta_2}$$

相间距离保护Ⅰ、Ⅱ段采用非记忆的正序极化电压，极化电压中使用了相间距离偏移角 θ_2，与前面提到的接地距离偏移角 θ_1 同理，该定值可以由用户整定为 0°、15°或 30°。可以改善较短输电线路抗过渡电阻能力。

动作特性在阻抗平面上如图 3-7 所示。

（2）相间距离Ⅲ段。

工作电压为：

$$U_{OP\Phi\Phi} = U_{\Phi\Phi} - I_{\Phi\Phi}Z_{set}$$

极化电压为：

$$U_{P\Phi\Phi} = -U_{1\Phi\Phi}$$

相间距离保护Ⅲ段采用非记忆的正序电压作为极化电压，相间故障时正序电压基本保留了故障前电压的相位。所以，距离保护Ⅲ段的动作特性有很好的方向性，正、反方向动作特性在阻抗平面上如图 3-8 所示。

对于三相短路故障，由于极化电压没有记忆作用，其动作特性是一过原点的圆，如图 3-9 所示。正序电压较低时，采用以记忆正序电压极化的距离继电器，因此，既不存在死区问题，也不存在母线故障失去方向性问题。

53. 简述四边形距离保护元件动作特性。

答：四边形距离保护元件动作特性如图 3-10 所示，由四条直线动作特性组合而成。

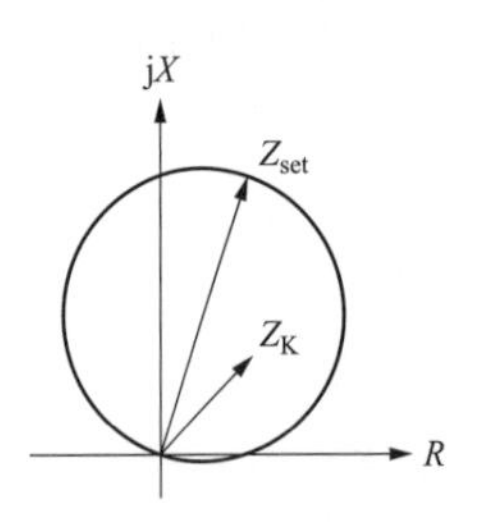

图 3-9　三相短路的稳态动作特性

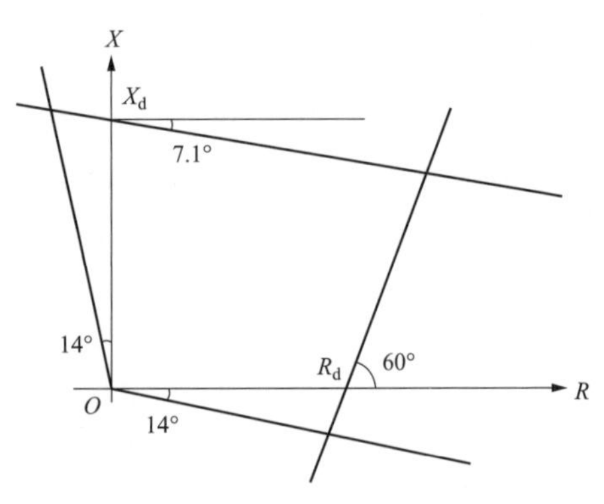

图 3-10　四边形距离元件动作特性

上面的一条直线是电抗线，沿 R 方向向下倾斜，是为了经过渡电阻短路时如果过渡电阻的附加阻抗是阻容性时避免超越。

右面的一条是电阻线，用来躲事故过负荷时的最小负荷阻抗。

下面的一条线一般叫方向线，防止反方向短路误动，该直线同时保证在正方向出口短路即使过渡电阻的附加阻抗是阻容性时也没有死区。

左面的一条直线一般与 X 轴有一定的角度，保证测量阻抗在灵敏角上时可靠动作。

54. 简述四边形特性相间距离继电器动作特性。

答：相间阻抗为：

$$Z_{\Phi\Phi} = \dot{U}_{\Phi\Phi} / \dot{I}_{\Phi\Phi}$$

式中：$\dot{U}_{\Phi\Phi}$ 为相间电压，$\dot{I}_{\Phi\Phi}$ 为相间回路电流。

三段式的相间距离由偏移阻抗元件 $Z_{PY\Phi\Phi}$ 和正序方向元件 $F_{1\Phi\Phi}$ 组成（ΦΦ=bc，ca，ab），相间全阻抗辅助元件只是用于相间距离选相等功能。

相间距离Ⅰ、Ⅱ段动作特性如图 3-11 的粗实线所示，相间偏移阻抗Ⅰ、Ⅱ段，与正序方向元件 F_1（图中 F_1 虚线以上区域）共同组成相间距离Ⅰ、Ⅱ段动作区。相间距离Ⅲ段动作特性与接地距离Ⅲ段相似，如图 3-12 所示。阻抗定值 Z_{ZD} 按段分别整定，三段相间阻抗继电

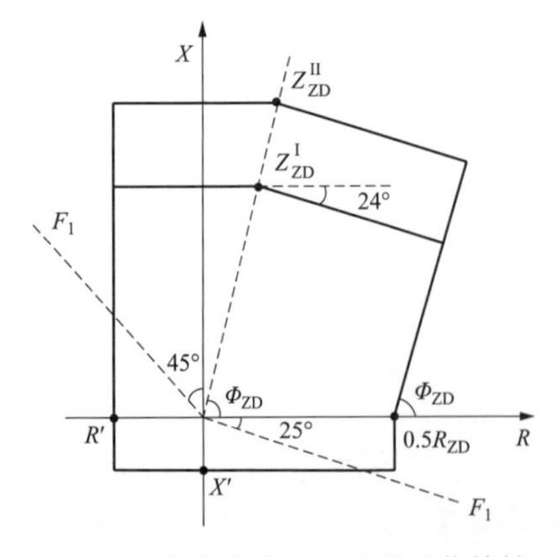

图 3-11　相间距离Ⅰ、Ⅱ段动作特性

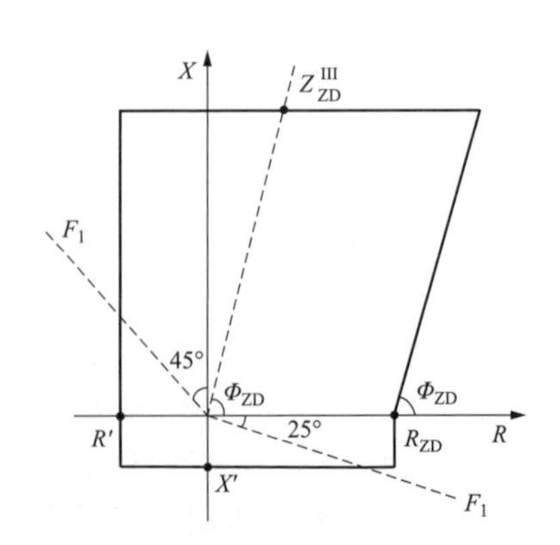

图 3-12　接地距离Ⅲ段、相间距离Ⅲ段动作特性

器的电阻分量定值均取负荷限制电阻定值 R_{ZD} 的一半，灵敏角 Φ_{ZD} 三段共用一个定值，偏移门槛根据 R_{ZD} 和 Z_{ZD} 自动调整。

55. 简述多边形特性接地距离保护构成。

答： 接地阻抗算法为

$$Z_{\Phi}=\frac{\dot{U}_{\Phi}}{\dot{I}_{\Phi}+K_{z}3\dot{I}_{0}}$$

式中：K_z 为零序补偿系数。三段式的接地距离保护动作特性由偏移阻抗元件 $Z_{PY\Phi}$、零序电抗元件 $X_{0\Phi}$和正序方向元件 $F_{1\Phi}$组成（Φ=a，b，c），接地全阻抗辅助元件只是用于接地距离选相等功能。

接地距离Ⅰ、Ⅱ段动作特性如图 3-13 所示，接地距离偏移阻抗Ⅰ、Ⅱ段，与正序方向元件 F_1（图 3-13 中 F_1 虚线以上区域）和零序电抗继电器 X_0（图 3-13 中 X_0 虚线以下区域）共同组成接地距离Ⅰ、Ⅱ段动作区。接地距离Ⅲ段动作特性如图 3-14 的黑实线所示，接地距离偏移阻抗Ⅲ段，与正序方向元件 F_1（图 3-13 中 F_1 虚线以上区域）共同组成接地距离Ⅲ段动作区。其中，阻抗定值 Z_{ZD} 按段分别整定，电阻分量定值 R_{ZD} 三段均取负荷限制电阻定值，灵敏角 Φ_{ZD} 三段共用一个定值。偏移门槛根据 R_{ZD} 和 Z_{ZD} 自动调整。

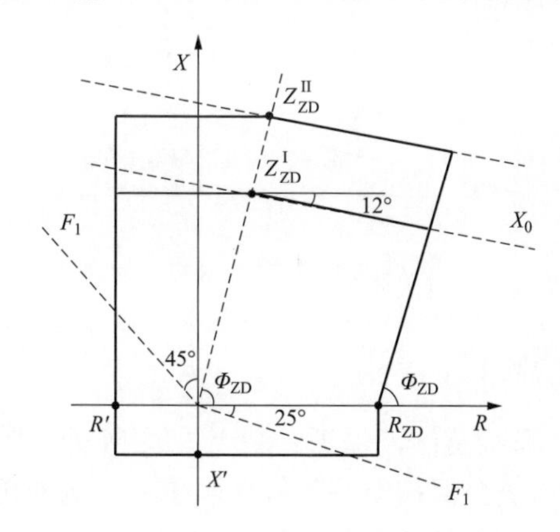

图 3-13 接地距离Ⅰ、Ⅱ段动作特性

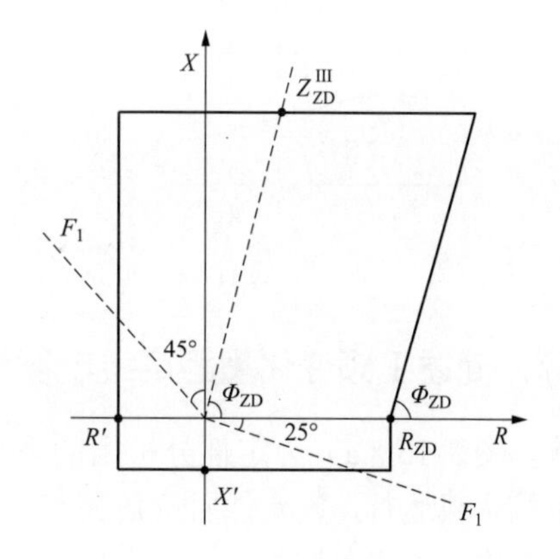

图 3-14 接地距离Ⅲ段动作特性

56. 简述快速距离保护构成。

答： 快速距离保护应用于较长输电线路，采用工作电压突变量大于固定门槛作为动作方程，作为故障分量保护，不受负荷状态的影响，具有较强的耐过渡电阻能力。

动作方程为：

$$|\Delta U_{op\Phi}|>k|U_{z}|$$
$$|\Delta U_{op\Phi\Phi}|>k|U_{z}|$$

其中：

$$\Delta U_{op\Phi}=\Delta U_{\Phi}-\Delta(I_{\Phi}+3K_{z}I_{0})Z_{SET}$$
$$\Delta U_{op\Phi\Phi}=\Delta U_{\Phi\Phi}-\Delta I_{\Phi\Phi}Z_{SET}$$

本保护受距离保护压板控制。

图 3-15 表示出保护区内外各点金属性短路时的电压分布，设故障前各点电压一致，即各故障点故障前电压为 U_z。对工频变化量阻抗元件，系统电动势不起作用，因而仅需考虑故障附加电压ΔU_F。

区内 F_1 故障时，如图 3-15（b）所示，ΔU_{OP} 在本侧系统零电位至故障点的ΔU_{F1}连线的延长线上，可见$\Delta U_{OP}>\Delta U_{F1}$，继电器动作。

反方向 F_2 故障时，如图 3-15（c）所示，ΔU_{OP} 在ΔU_{F2}与对侧系统的连线上，显然，$\Delta U_{OP}<\Delta U_{F2}$，继电器不动作。

区外 F_3 故障时，如图 3-15（d）所示，ΔU_{OP} 在ΔU_{F3}与本侧系统的连线上，$\Delta U_{OP}<\Delta U_{F3}$，继电器不动作。

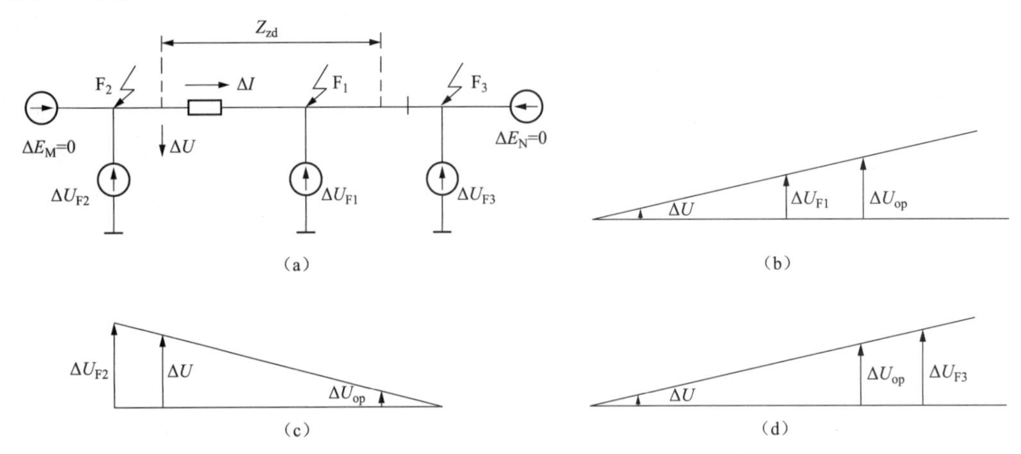

图 3-15　保护区内外各点金属性短路时电压分布图

57. 简述工频变化量距离继电器的电压相量特性。

答：图 3-16（a）为定性分析用的系统金属性故障示意图，保护安装于母线 M 处。图中假定系统空载运行，各元件阻抗角相等，Z_s 为本侧系统至保护安装处等值阻抗，Z_s' 为对侧系统至保护安装处等值阻抗，Z_{set} 为保护整定阻抗，Z_k 为保护安装处至短路点的等值阻抗。故障前继电器工作电压和系统各点电压均为 U_z。图 3-16（b）、（c）为系统正、反向故障分量网络图。

各点故障时各故障相的电压相量图如图 3-17（a）～（d）所示。图中若接地故障是 A（B、C）相，则认为它是 A（B、C）相的各量，其电流为 $I_{\varphi A}+3kI_0$；若是相间故障 AB（BC、CA），则认为图中的各量均为故障相间的各量。

图中，ΔU 为在各点故障时保护安装处故障相母线电压的变化量；ΔI 为在各点故障时，流入保护的故障相电流的变化量；φ_{set} 为按线路阻抗角整定的继电器灵敏角。

由图 3-17 的相量分析可知，当正方向故障时，工作电压的变化量$\Delta\dot{U}_{OP}=\Delta\dot{U}-\Delta\dot{I}Z_{set}$，为电压变化量$\Delta U$ 与$-\Delta IZ_{set}$ 的幅值之和，这两部分在故障时均为动作量：当正向区外故障时，两者幅值之和小于$|U_z|$，因而不会动作出口；在整定点故障时，两者幅值之和等于$|U_z|$，处在边界状态；在区内近区故障时，两者幅值之和快速大于固定门槛$|U_z|$，因此，动作速度极快。

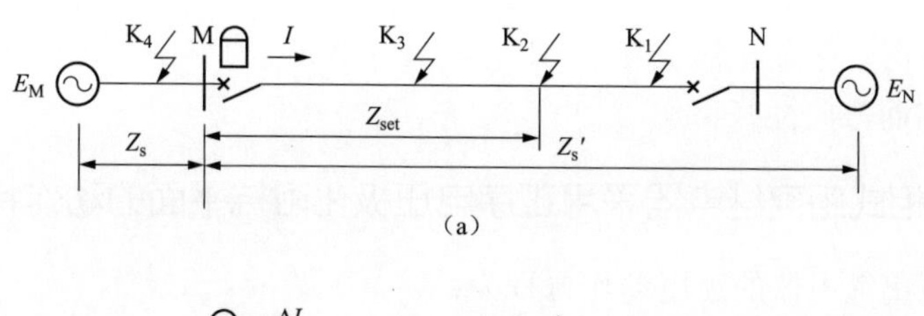

（a）

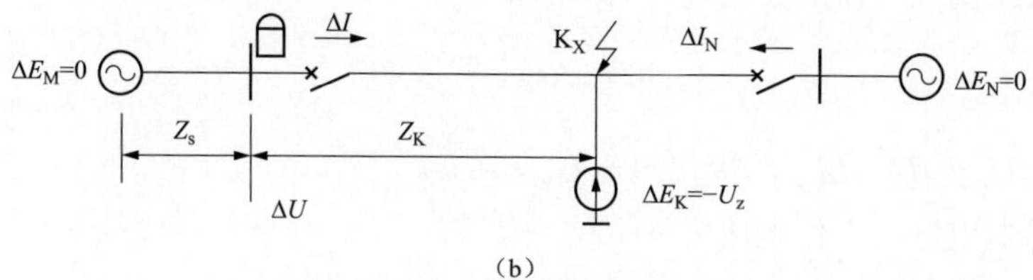

（b）

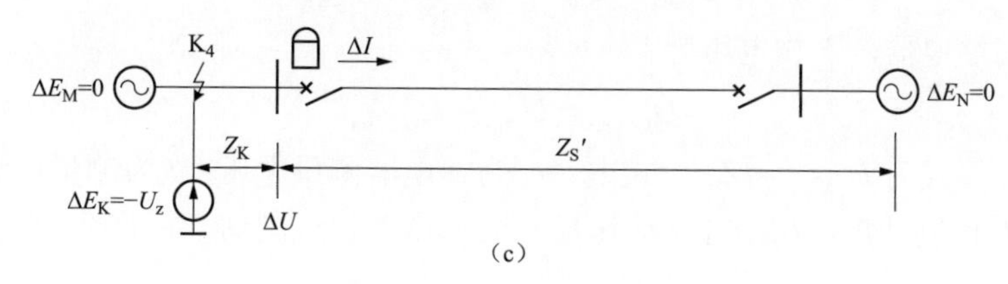

（c）

图 3-16 系统故障示意图

（a）系统故障示意图；（b）正向故障附加网络图；（c）反向故障附加网络图

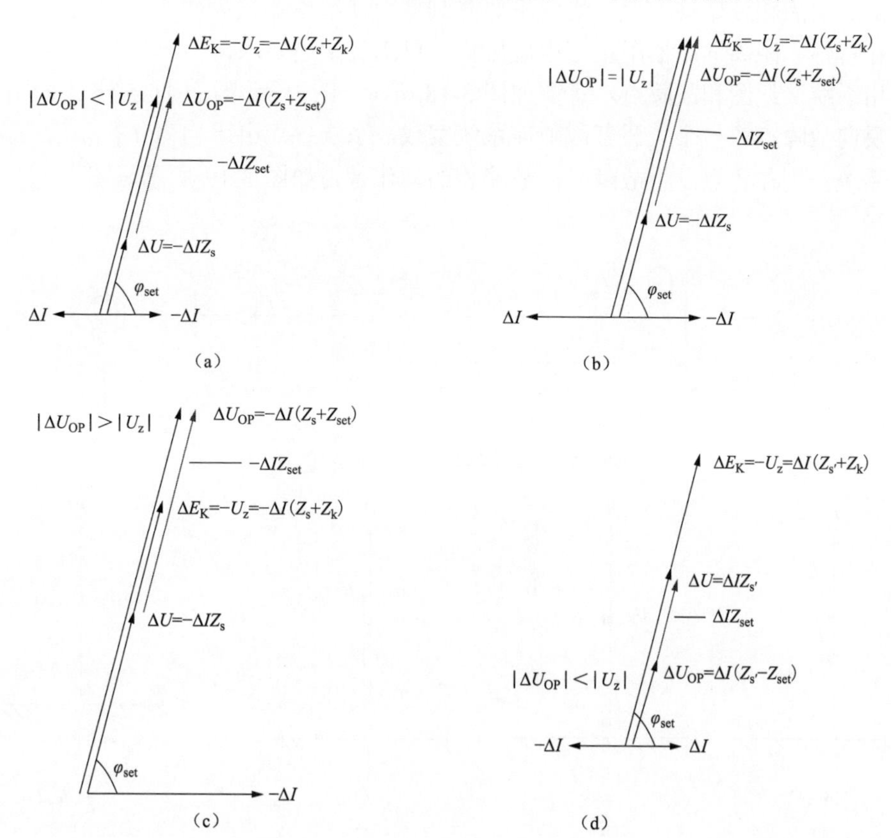

图 3-17 工频变化量距离继电器工作原理分析

（a）正向区外 K_1 点故障；（b）整定点 K_2 点故障；（c）区内 K_3 点故障；（d）整定点 K_4 点故障

在反方向故障时，工作电压变化量 $\Delta\dot{U}_{OP}=\Delta\dot{U}-\Delta\dot{I}Z_{set}$ 为电压变化量 ΔU 与 ΔIZ_{set} 幅值之差，小于 $|U_z|$，因而方向性好。

58. 简述比相式距离继电器采用正序电压极化阻抗平面的动作特性。

答：比相式距离继电器的通用动作方程为：

$$-90°<\mathrm{Arg}\frac{U_{OP}}{U_P}<90°$$

式中：工作电压 $U_{OP}=U-IZ_{set}$，极化电压 $U_P=-U_1$。

对接地距离继电器，工作电压为：

$$U_{OP\Phi}=U_{\Phi}-(I_{\Phi}+K3I_0)Z_{set}$$

对相间距离继电器，工作电压为：

$$U_{OP\Phi\Phi}=U_{\Phi\Phi}-I_{\Phi\Phi}Z_{set}$$

工作电压计算式为 U_{op}=U–IZ_{set}，式中，U 为继电器测量电压；I 为测量电流；Z_{set} 为整定阻抗。U 可以看作制动量，IZ_{set} 看作动作量，当动作量超过制动量，将会把 U_{op} 的方向扭转为与 U 反向。

判断工作电压的相位需要一个基准量，即极化电压。极化电压作为比相的基准相量，要求在各种故障前后相位始终不变，幅值不要降到零而使继电器失去动作可靠性，并要能构成优良的动作特性。距离继电器用正序电压极化，可满足上述要求。

分析用系统接线图和故障点示意图如图 3-18 所示，图中示出了正向区外、正向区内、整定点处及反向故障点各一个。假若故障前系统空载，系统各点电压均为 E，系统各元件阻抗角相同，系统分别在各点发生故障时，故障相的动作行为如图 3-19 所示，图中 I_{KX}、U_{KX} 为故障相参量。

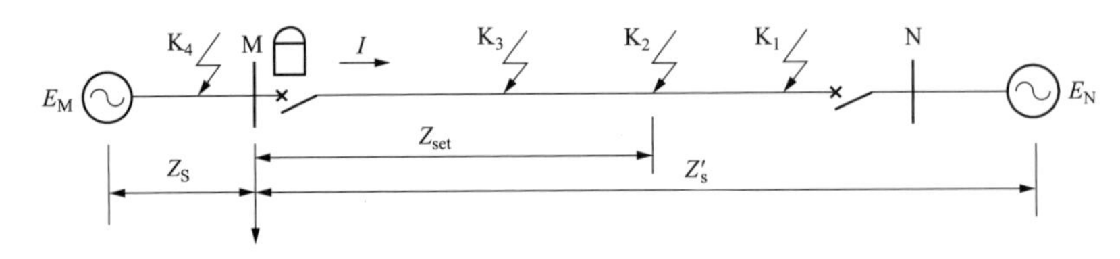

图 3-18 系统接线与故障点示意图

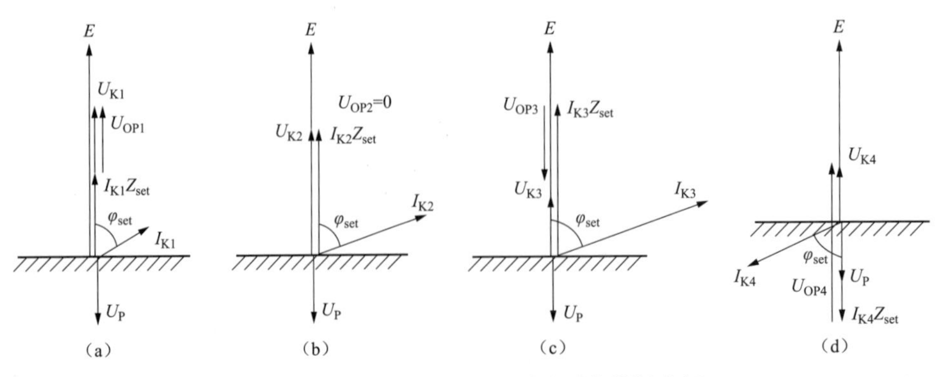

图 3-19 比相式距离继电器稳态动作特性分析

(a) K_1 点故障，不动；(b) K_2 点故障，临界；(c) K_3 点区内故障，动作；(d) K_4 点故障，不动作

由图 3-19 可见，正向区外故障时，U_{op} 与 U 同相，随故障点由区外向整定点移动，U_{op} 减小，当恰在整定点故障时，U_{op}=0，继电器处于动作边界；随着故障点移向整定点内部，U_{op} 要反向增大，U_{op} 与 U 间的相对相位会发生 180°的变化，于是继电器动作。

三段式接地与相间距离继电器，在正序极化电压较高时（大于 10%U_n）由正序电压极化；当正序电压下降至 10%以下时，进入三相低压程序，此时采用记忆正序电压作为极化电压。

59. 影响阻抗继电器动作特性的因素有哪些？

答：（1）故障点的过渡电阻。

（2）保护安装处与故障点之间的助增电流和汲出电流。

（3）测量互感器的误差。

（4）电力系统振荡。

（5）电压二次回路断线。

（6）被保护线路的串补电容。

60. 简述过渡电阻对圆特性距离保护的影响并做图分析。

答：过渡电阻附加阻抗呈阻容性，使得送端正向末端故障可能误动，如图 3-20 所示。

过渡电阻附加阻抗呈阻容性，使得受端反向出口故障时可能误动，如图 3-21 所示。

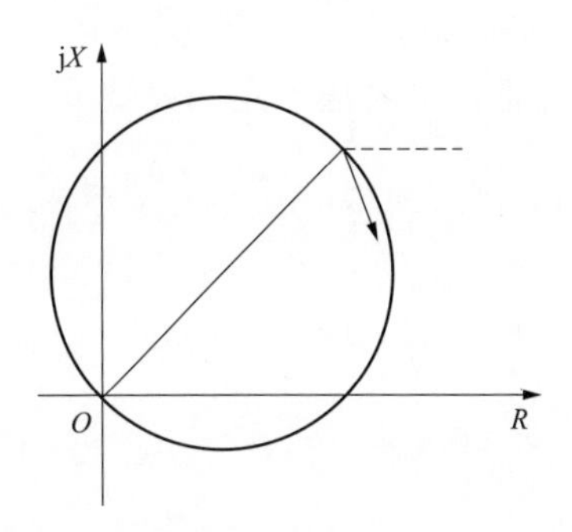

图 3-20 送端正向末端故障可能误动

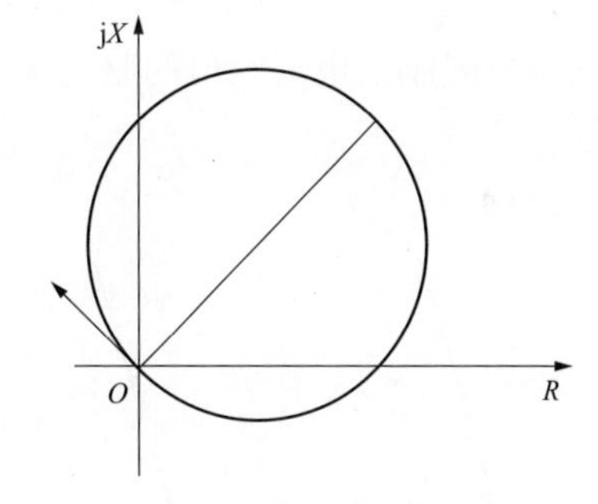

图 3-21 受端反向出口故障误动

过渡电阻附加阻抗呈阻感性，使得受端正向末端故障可能拒动，如图 3-22 所示。

过渡电阻附加阻抗呈阻感性，送端反向故障时不会误动，如图 3-23 所示。

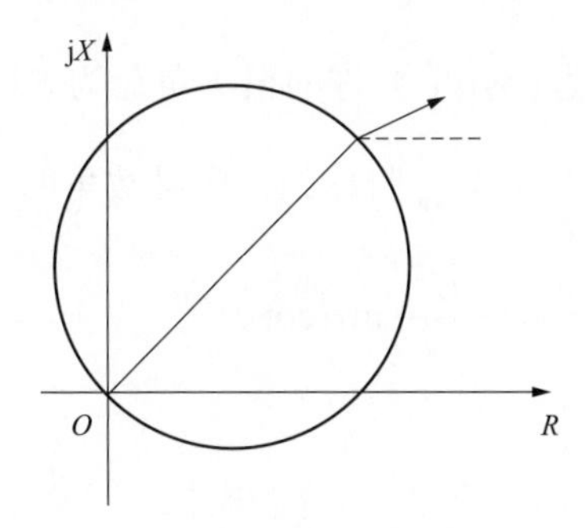

图 3-22 受端正向末端故障拒动

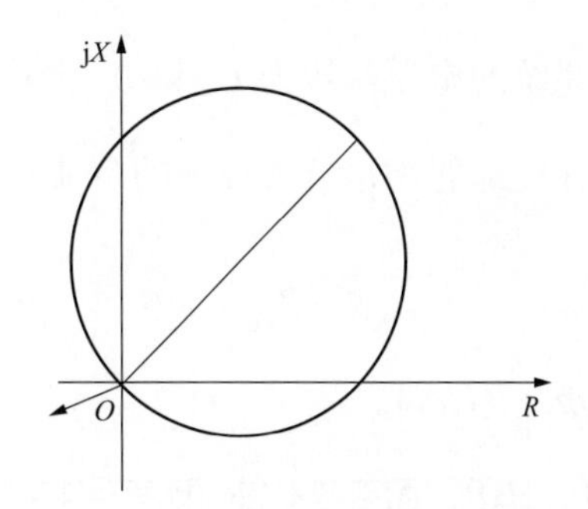

图 3-23 送端反向故障时不会误动

61. 造成距离保护暂态超越的因素有哪些?

答：在线路发生短路时，由于多方面原因，会使得保护感受到的阻抗值比实际路线的短路阻抗小，使得下一线路出口短路（即区外故障）时，保护出现非选择性动作，即所谓超越。造成暂态超越的因素有故障暂态过程中的非周期分量和电压电流互感器传变过程中的暂态误差等。

62. 简述负荷限制元件对距离保护的影响。

答：当用于长距离重负荷线路，常规距离继电器整定困难时，可引入负荷限制元件，负荷限制元件和距离元件的交集为动作区，这有效地防止了重负荷时测量阻抗进入距离保护范围内而引起的距离保护误动。

63. 简述负荷限制元件的工作原理。

答：采用相间和接地负荷限制元件可以避免距离保护受负荷阻抗的影响。如图 3-24 所示，负荷限制元件的斜率等于正序灵敏角 Φ，R_{set}是［负荷限制电阻定值］，由用户整定。负荷限制元件可以通过整定控制字［投负荷限制距离］选择投入或退出。

R_{set}的整定需要躲开系统在最大负荷电流、最小功率因素情况下的负荷阻抗折算到线路正序灵敏角的 R_{Φ} 值。如图 3-25 所示，Z_{load}为上述情况下的负荷阻抗，Φ为灵敏角，θ为负荷阻抗角，负荷限制继电器定值的整定需要躲开图中的 R_{Φ} 值，并考虑一定的灵敏度。

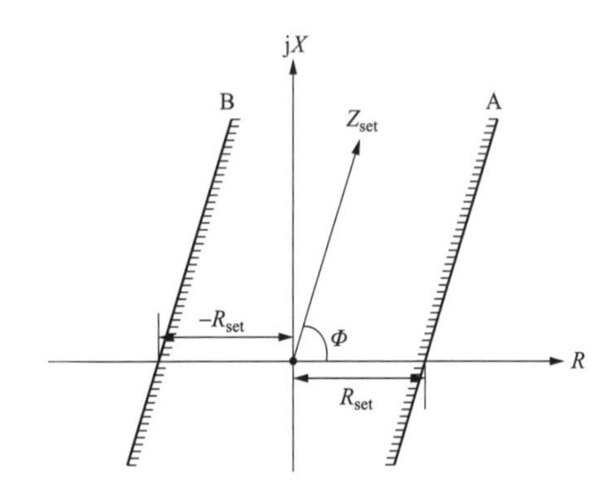

图 3-24　负荷限制元件的动作特性

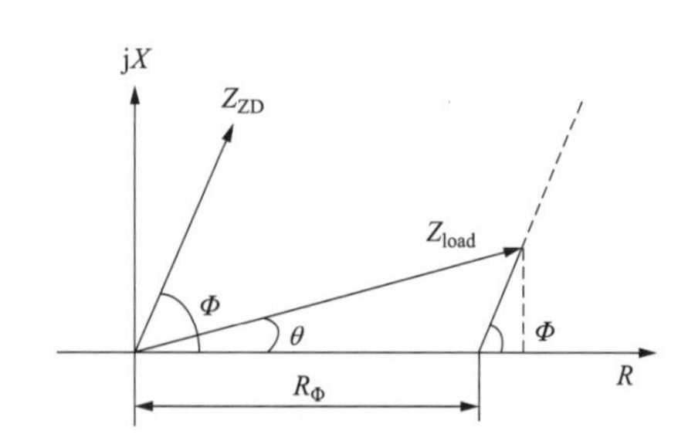

图 3-25　负荷限制元件的动作特性

设系统的电压等级为 U（kV），允许最小功率因数为 $\cos\theta$，允许的最大负荷为 S（MVA），则系统在此最恶劣运行情况下的负荷阻抗为 $Z_{load}=\dfrac{U^2}{S}$，将 Z_{load} 归算到正序灵敏角的 R 值为：

$$R=Z_{load}\cos\theta-Z_{load}\sin\theta\cot\Phi=\frac{U^2}{S}\cos\theta-\frac{U^2}{S}\sin\theta\cot\Phi$$

式中：Φ为灵敏角。

64. 电网频率变化对距离保护有何影响?

答：电网频率变化对距离保护的影响主要表现在以下两个方面：

（1）电网频率变化时，作为保护或振荡闭锁启动元件的对称分量滤过器，因不平衡输出电压增大，有可能动作，从而使距离保护工作不正常。

（2）对方向阻抗继电器产生影响。因方向阻抗继电器中的 R_k、L_k、C_k 记忆回路对频率很敏感，所以频率变化对方向阻抗继电器的动作特性有较大的影响，可能导致保护区的变化，以及在某些情况下正、反向出口短路故障失去方向性。

65. 距离保护应如何防止线路过负荷导致保护误动?

答：可引入负荷限制元件，负荷限制元件的定值按线路重负荷时的最小测量阻抗整定。负荷限制元件和距离元件的交集为动作区，这有效地防止了线路过负荷可能导致的距离保护误动。

66. 简述电力系统的振荡特征。

答：当电力系统稳定破坏后，系统内的发电机组将失去同步，转入异步运行状态，系统将发生振荡。系统振荡时，电气量的变化是平滑的。系统振荡时，电网任意点的电压与电流的相角有不同的数值。系统振荡时，系统的对称性未被破坏，所以电气量中无负序和零序分量。同时，发电机和电源联络线上的功率、电流及某些节点的电压将会产生不同程度的变化。连接失去同步的发电厂的线路或某些节点的电压将会产生不同程度的变化。电压振荡最激烈的地方是系统振荡中心，其每一周期约降低至零值一次。随着偏离振荡中心距离的增加，电压的波动逐渐减少。

67. 简述振荡闭锁对距离保护的影响。

答：（1）电力系统振荡时，系统中的电流和电压在振荡过程中做周期性变化，阻抗继电器的测量阻抗也做周期性变化，可能引起阻抗继电器误动作，因此距离保护要经振荡闭锁开放。

（2）振荡闭锁应保证距离保护在系统振荡时发生区外故障能可靠闭锁，而在系统振荡时发生区内故障能可靠动作切除故障。

68. 振荡闭锁的开放元件有哪些?

答：（1）瞬时开放元件。在启动元件动作后的160ms以内无条件开放保护，保证正常运行情况下突然发生事故能快速开放。如果在160ms延时段内的距离元件已经动作，则说明确有故障，则允许该测量元件一直动作下去，直到故障被切除。

（2）不对称故障开放元件。不对称故障时，振荡闭锁回路可由对称分量元件开放，该元件的动作判据为 $I_2+I_0 \geqslant mI_1$。

（3）对称故障开放元件。在启动元件开放160ms以后或系统振荡过程中，如发生三相故障，通过测量振荡中心电压 $U\cos\varphi$ 判别是否开放。

（4）非全相运行期间运行相上发生短路的开放元件。非全相再单相故障时，距离继电器动作的同时选相区进入故障相，可以以选相区不在跳开相作为开放条件。

69. 简述对称故障开放元件的原理。

答：在启动元件开放150ms以后或系统振荡过程中，如发生三相故障（系统电压相量如

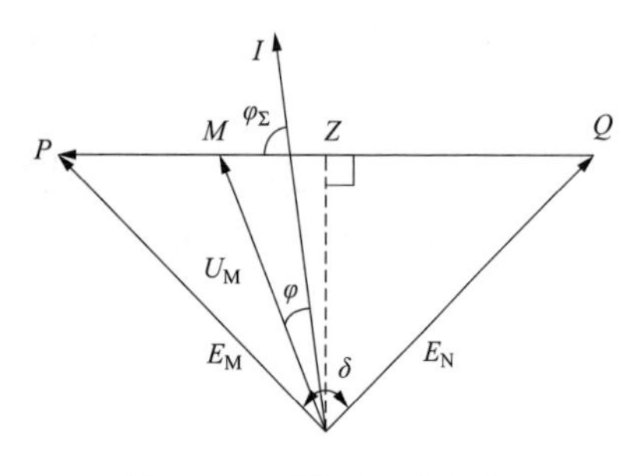

图 3-26 系统电压相量图

图 3-26 所示)，需设置专门的振荡判别元件，即判别测量振荡中心的电压

$$U_z = U_{1M}\cos(\varphi + 90 - \varphi_\Sigma)$$

式中：φ_Σ 为线路阻抗角，$\varphi = \arg(\dot{U}_M / \dot{I})$；$U_{1M}$ 为正序电压。

在系统正常运行或系统振荡时，U_z 恰好反映振荡中心的电压。

本装置采用的动作判据分两部分：① $-0.03U_N < U_z < 0.08U_N$，延时 150ms 开放；② $-0.1U_N < U_z < 0.20U_N$，延时 500ms 开放。

70. 简述不对称故障开放元件的原理。

答：在系统先发生振荡或装置开放 160ms 后，即使系统在振荡中又发生区内不对称故障时，振荡闭锁回路还可由不对称故障开放元件开放，该元件的动作判据为：

$$|I_0| + |I_2| > m|I_1|$$

式中，$m<1$。

71. 简述非全相运行时的故障开放判据。

答：非全相运行系统振荡时，距离继电器可能动作，但选相区为跳开相。非全相再单相故障时，距离继电器动作的同时，选相区进入故障相，因此，可以以选相区不在跳开相作为开放条件。

另外，非全相运行系统未振荡时，测量非故障两相电流之差的工频变化量，当该电流突然增大达一定幅值时开放非全相运行振荡闭锁。因而非全相运行发生故障时能快速开放。

以上两种情况均不能开放时，测量两健全相相间电压，$U_{\mathrm{COS}} = U_{\Phi\Phi}\cos\varphi_1$，判据同全相时的对称开放元件。

72. 非全相运行期间健全相故障时距离保护会启动加速吗?

答：非全相运行期间健全相再故障的可能性小，所以重点要强调距离保护的安全性，不过分强调距离保护的速动性，非全相运行期间的距离保护定值宜装置内部固定、不经用户选择，健全相的距离保护按原时限投入运行，不加速，重合闸动作后再加速：

(1) 投入健全相经振荡闭锁的相间、接地距离超范围段与通道构成纵联保护。

(2) 投入健全相经振荡闭锁的相间与接地距离Ⅰ、Ⅱ段。

73. 简述非全相运行状态下相关保护的投退。

答：非全相运行状态下，退出与断开相相关的相、相间变化量距离继电器，将零序过流保护Ⅱ段退出，零序过流保护Ⅲ段和零序反时限过流不经方向元件控制。

74. 简述冲击性负荷功能应用场景。

答：当用于钢厂、电铁等负荷频繁波动的线路时，为了防止因负荷波动出现频繁产生启动报文的情况，可通过投入“冲击性负荷”控制字来实现选配电铁、钢厂等冲击性负荷功能。

该控制字置 1 后，此时仅相电流突变量启动元件动作，必须同时满足有零序电流或测量阻抗落入阻抗III段范围等故障特征后保护才能启动。

75. TA 断线时，220kV 及以上线路保护功能有哪些变化？

答： TA 断线时，纵联差动保护根据“TA 断线闭锁差动”控制字闭锁相差动或者抬高差动定值，并闭锁零序差动；闭锁零序保护、不闭锁距离保护、闭锁纵联零序保护和纵联距离保护、闭锁电流相关的就地判据。具体处理原则见表 3-17。

表 3-17　　线路保护 TA 断线处理原则

保护元件		处理方式
零序保护	零序反时限	闭锁零序反时限
	零序II段	闭锁零序II段
	零序III段	闭锁零序III段
后备距离	距离II段	不闭锁距离II段
	距离III段	不闭锁距离III段
快速距离及距离 I 段保护		闭锁快速距离/工频变化量距离、距离 I 段
三相不一致零、负序电流元件		闭锁零、负序电流元件
就地判据	零、负序电流门槛	闭锁
	低功率因数	不做统一处理
	低电流	不处理
	低有功	不做统一处理
纵联差动保护	控制字投入	闭锁分相差、零差
	控制字退出	闭锁零差，分相差抬高断线相定值且延时 150ms 动作
	跳闸	两侧延时 150ms 三跳，闭重
非断线侧告警		长期有差流、对侧 TA 断线
纵联距离保护	纵联零序	闭锁纵联零序保护、纵联距离（即断线侧强制判为反方向），由另一套保护完成选相跳闸
	纵联距离	
	跳闸	
差流越限告警后		TA 断线导致的差流越限，处理同 TA 断线。其他情况不做要求
TA 断线逻辑		自动复归
TA 断线后分相差定值		固定定值（非自定义定值）

76. TA 断线时，110（66）kV 线路保护功能有哪些变化？

答： 110（66）kV 线路保护电流互感器二次回路断线的处理原则见表 3-18。

表 3-18　　110（66）kV 线路保护电流互感器二次回路断线的处理原则

序号	保护元件		处理方式
1	零序保护	零序Ⅰ段	不闭锁零序Ⅰ段
		零序Ⅱ段	不闭锁零序Ⅱ段
		零序Ⅲ段	闭锁零序Ⅲ段
		零序Ⅳ段	闭锁零序Ⅳ段
2	后备距离	距离Ⅰ段	不闭锁距离Ⅰ段
		距离Ⅱ段	不闭锁距离Ⅱ段
		距离Ⅲ段	不闭锁距离Ⅲ段
3	纵联差动保护	控制字投入	闭锁分相差、零差
		控制字退出	闭锁零差，分相差抬高断线相定值
4	非断线侧告警		长期有差流、对侧 TA 断线
5	差流越限告警后		TA 断线导致的差流越限，处理同 TA 断线
6	TA 断线逻辑		自动复归
7	TA 断线后分相差定值		固定定值（非自定义定值）

77. 为什么 110（66）kV 线路 TA 断线不闭锁零序Ⅰ、Ⅱ段?

答：TA 断线不闭锁零序Ⅰ、Ⅱ段，是因为可以靠方向元件、零序电压门槛闭锁。

78. 为什么 110（66）kV 线路 TA 断线闭锁零序Ⅲ、Ⅳ段?

答：TA 断线闭锁零序Ⅲ、Ⅳ段，是因为无方向元件闭锁，容易引起越级跳闸。

79. 为什么 110（66）kV 线路 TA 断线不闭锁距离保护?

答：TA 断线不闭锁距离保护，是因为可以靠方向元件闭锁。

80. TV 断线时，线路保护元件及功能有哪些变化?

答：TV 断线后，闭锁电压相关启动元件（相低电压、相间低电压、零序电压），距离保护退出，零序电流Ⅱ段退出，零序电流Ⅲ段退出方向，远方跳闸保护闭锁与电压有关的判据。

81. TV 断线闭锁逻辑返回延时不大于 2s 的目的是什么?

答：TV 断线返回后统一动作时间，可以防止闭锁时间过短或过长而导致保护的不正确动作。另外振荡中保护不应误判 TV 断线。

82. 220kV 及以上线路保护同期电压断线的判别条件是什么?

答：当重合闸投入且处于三重方式时，如果装置整定为重合闸检同期或检无压，则要用到同期电压，开关在合闸位置时检查输入的线路电压小于定值经延时报同期 TV 断线。如重合闸不投、不检定同期或无压时，同期电压可以不接入本装置，装置也不进行同期电压断线判别。

83. 串补电容对线路保护有什么影响?

答:(1)装有串补电容线路的串补电容侧(如串补电容装在线路的一侧),在串补电容线路侧故障时防止拒动:利用常规距离保护、突变量距离保护Ⅰ段的暂态动作特性,正方向故障时,暂态动作特性包括原点以下部分区域,不会拒动;特殊情况下,在线路背侧感性阻抗很小时,暂态特性圆也小,距离Ⅰ段可能拒动。

(2)本线路背侧的相邻线路装有串补电容,在串补电容线路侧故障,本线路距离保护Ⅰ段防止误动:利用常规距离保护Ⅰ段的正、反方向暂态动作特性,电抗线与反方向暂态特性动作范围无公共区,与正方向暂态特性动作范围重叠的特点来判别,为了在转换性故障中更准确地判别区内外故障,设置暂态记忆时间不同的2个距离Ⅰ段阻抗继电器,电抗线动作,2个记忆时间不同的距离Ⅰ段阻抗继电器同时动作判为区内故障。其他情况,如电抗线动作,2个暂态距离Ⅰ段不同时动作,或电抗线不动作,2个暂态距离Ⅰ段动作等均为反方向故障。

(3)装有串补电容线路的无串补电容侧(如串补电容装在线路的一侧),如距离Ⅰ段按线路80%的电抗值整定,在线路对侧串补电容母线侧故障,或在线路对侧相邻线路的串补电容线路侧故障,本侧距离Ⅰ段防误动:一般动作方程为 $Z_{DZ} \leqslant Z_{SET} - \Sigma U_{CBH}/\sqrt{2}I_K$。其中,$Z_{DZ}$、$Z_{DZ}$、$U_{CBH}$、$I_K$ 分别为动作阻抗、整定阻抗、本线路和相邻线路串补电容击穿的保护电压之和、故障时的短路电流。

84. 简述零序方向保护原理并做图分析。

答:零序电流、零序电压按传统方式规定它的正方向,零序电流以母线流向被保护线路方向为正方向,零序电压的正方向是母线为正、接地中性点为负。

根据正方向接地故障的零序序网图(如图3-27所示),可得 $\dot{U}_0 = -\dot{I}_0 Z_{M0}$,若阻抗角为70°,则零序电压滞后零序电流110°。

根据反方向接地故障的零序序网如图3-28所示),可得 $\dot{U}_0 = \dot{I}_0(Z_{MN0} + Z_{N0})$,若阻抗角为70°,则零序电压领先零序电流70°。

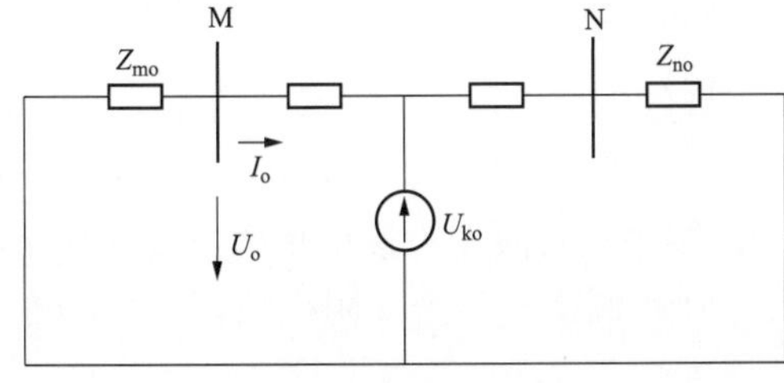

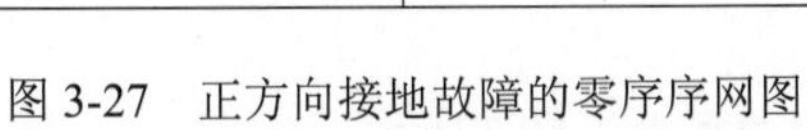
图3-27 正方向接地故障的零序序网图

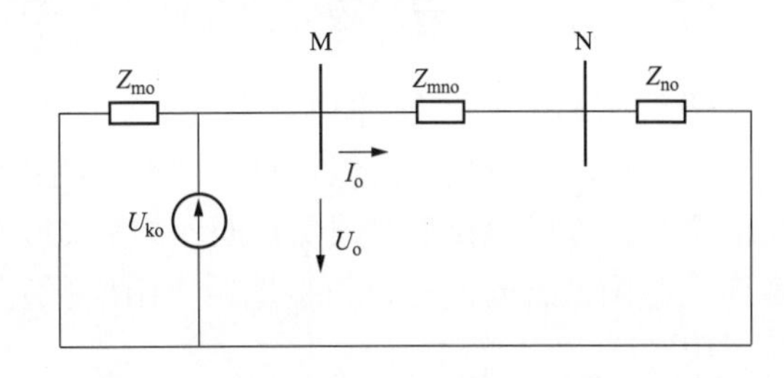

图3-28 反方向接地故障的零序序网图

由此可见,正、反方向接地故障时,零序电压与零序电流间的角度关系完全相反,因此可以区分正、反方向接地故障。

85. 平行双回线中,一回线接地故障为什么可能引起非故障线路零序方向保护误动?

答:如图3-29所示,在平行双回线间存在线间互感,当某一线路发生故障时,故障线路的电流通过线间互感在非故障线路上将产生感应电动势 E_{m0}，该感应电动势在某些参数条件下可能使非故障线路保护安装处的零序电压相位发生翻转，使非故障线路两端零序方向继电器都判为正方向短路，进而造成非故障线路零序方向保护误动。

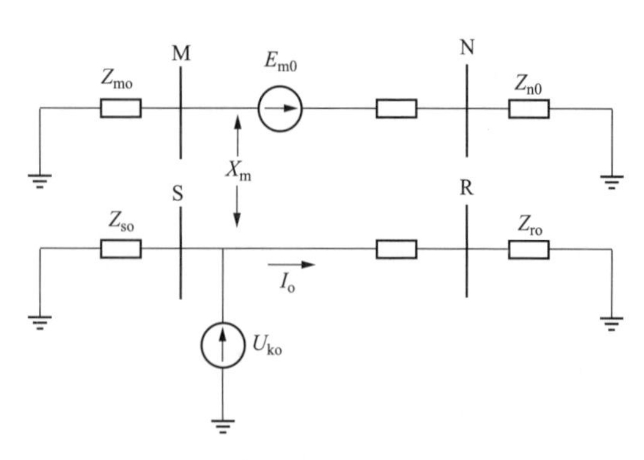

图 3-29　平行双回线零序互感示意图

86. 在平行双回或多回有零序互感关联的线路发生接地故障时，应如何防止非故障线路纵联零序方向保护误动？

答：（1）两条没有任何电气联系的平行线路，只要存在零序互感，当一条线路有零序电流时，另一条线路的纵联零序方向保护将误动。

（2）在同杆并架双回线路上，只要两回线有一端是直接相连的，一回线接地故障时，另一回线的纵联零序方向保护不会误动。

（3）在弱电强磁联系的两条线路上，当一条线路上流有零序电流时，将可能造成另一条线路的纵联零序方向保护误动。

防误动措施：

（1）通过定值躲过相邻线故障时可能出现的最大零序电流。

（2）增加负序方向元件辅助判别。

87. 零序后加速为什么固定不带方向？

答：为防止重合闸后加速或手动后加速过程中，零序方向不确定，例如，新投线路电流电压极性接反，重合闸期间附近线路有接地故障或非全相状况，故零序后加速固定不带方向。

88. 零序电流反时限保护有什么作用？

答：零序电流反时限保护的作用是：在系统中出现的零序电流越大，保护动作时间越短。换言之，零序电流反时限保护对于越严重的接地故障，切除时间越短，能尽可能减小对于系统的影响；零序电流反时限保护应作为后备保护用，零序反时限作为接地距离III段的补充，零序反时限配合时间应该为接地距离III段+级差，接地距离III段外为高阻接地，才启动零序反时限。

89. 为何在 220kV 线路保护中往往取消零序电流 I 段保护？

答：在系统发生连续故障导致系统零序阻抗变化较大时，零序电流 I 段保护容易误动，所以取消零序电流 I 段保护，由相间、接地距离 I 段保护替代。

90. 线路保护零序反时限长时间过流告警信号的判定条件是什么？

答：零序反时限电流保护启动时间超过 90s 应发告警信号，并重新启动计时。零序反时限电流保护启动元件返回时，告警复归。

91. 零序反时限保护中的最小时间 T_0 有什么作用?

答： 零序反时限最小时间 T_0 是为了跟下级保护相配合，保证下一级故障时，能够优先下一级的速断保护出口，有可能起到防止保护误动作的作用。比如，当反时限即将到达“计算时间 t（$3I_0$）”时，下级发生区内故障，由于有了最小时间 T_0（一般可以取 0.15s），保证下级能够先切除故障，如果系统扰动引起零序反时限启动后，当计时达到出口时间附近，下一级线路发生故障时，如果没有此最小时间的话，零序反时限电流保护可能误动。

92. 为什么 220kV 及以上线路保护零序电流第二段保护不宜带方向?

答： 考虑由零序电流最末一段保护动作时，有可能是远端故障，此时，保护安装处的零序电压可能很小，如果零序方向元件不是无电压死区的方向元件，方向元件可能拒动，所以，零序电流第二段保护不宜带方向。

93. 为什么不宜过分降低零序方向元件的零序电压门槛?

答： 线路故障时，线路保护装置感受到的综合零序电压是故障零序电压和不平衡零序电压的相量和。如果零序方向元件动作电压门槛很低，故障零序电压也很小，则综合零序电压和故障零序电压的相位差别会较大，容易造成零序方向元件不正确动作。所以，不宜过分降低零序方向元件的零序电压门槛。

94. 220kV 及以上线路保护零序过流方向元件如何判别?

答： 零序过流保护的方向元件依靠在故障状态下的自产零序电压和自产零序电流之间的角度判断方向。

95. 非全相运行时，线路保护零序过流保护时间会有何变化?

答： 线路非全相运行时的零序电流保护不考虑健全相再发生高阻接地故障的情况，当线路非全相运行时自动将零序电流保护最末一段动作时间缩短 0.5s 并取消方向元件，作为线路非全相运行时不对称故障的总后备保护，取消线路非全相时投入运行的零序电流保护的其他段。

96. 线路保护零序反时限特性方程是什么?

答： 零序电流保护反时限特性采用 IEC 标准反时限特性限曲线

$$t(3I_0)=\frac{0.14}{\left(\dfrac{3I_0}{I_P}\right)^{0.02}-1}\times T_P$$

式中：I_P 为电流基准值，对应“零序反时限电流”定值；T_P 为时间常数，对应“零序反时限时间”定值。

97. 线路保护中的过电压保护针对的是哪种类型的过电压?

答： 过电压保护不针对操作过电压、暂态过电压，主要针对长线路本侧断路器三相跳闸后，线路对地电容充电功率造成的工频稳态过电压。对有些线路而言，即使本侧断路器不跳闸，背侧断路器跳闸也会造成本侧过电压。

98. 过电压保护的动作逻辑是怎么样的？

答：（1）“过电压保护”功能压板退出时，过电压保护不出口跳闸，不远跳对侧。

（2）“过电压保护跳本侧”控制字为 1：当过电压元件满足时，“过电压保护动作时间”开始计时，延时满足后，过压保护出口跳本侧，同时不经跳位闭锁直接向对侧发过电压远跳信号。

（3）“过电压保护跳本侧”控制字为 0：当“过电压元件”和“三相跳闸位置”均满足要求时，“过电压保护动作时间”开始计时，延时满足后，过压保护不跳本侧仅向对侧发过电压远跳信号。但是，是否经本侧跳位闭锁发信由“过电压远跳经跳位闭锁”控制字整定。

过电压保护动作逻辑如图 3-30 所示。

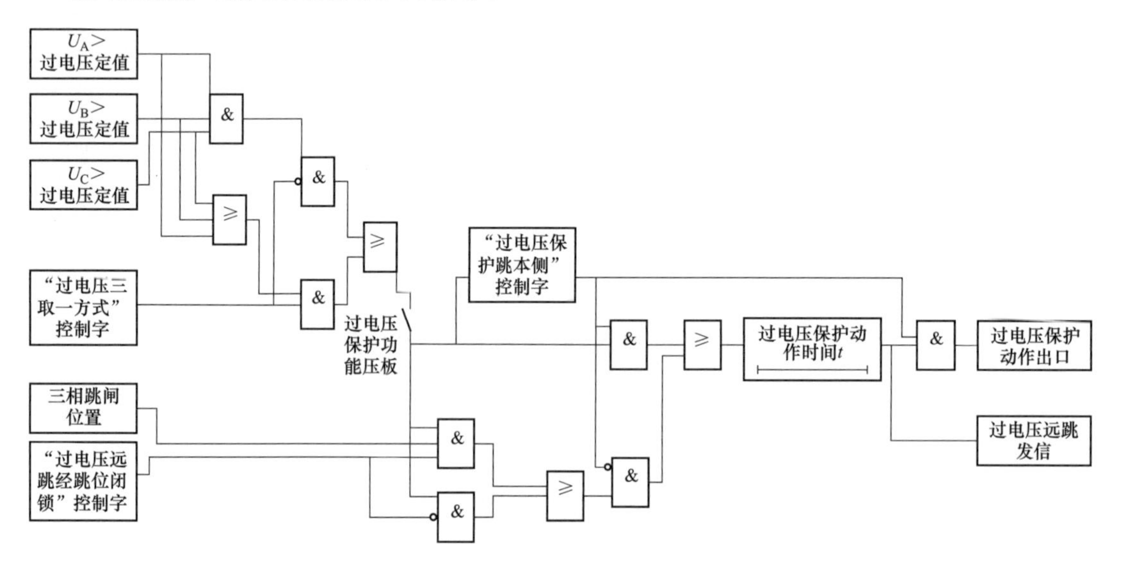

图 3-30　过电压保护动作逻辑图

99. “一取一经就地判别”指的是什么？

答：“一取一经就地判别”是指采用单一通道传输远方跳闸命令，在执行跳闸的一端采用就地判别装置进行把关，以防止远方跳闸保护因发端开入干扰、通道干扰及收端开入干扰而误动的形式。运行经验表明，模拟通道和有开入开出电气回路的数字通道，受各种电磁干扰和人为误操作的可能性不能完全排除。同时，就地判据能够在系统近区故障、异常和对侧断开时可靠动作。对于只经一级通道传输而言，在各种需要就地判据动作时均不会拒动。

100. 简述远传、远跳功能的作用与区别。

答：保护装置设计了可代替远跳装置的远跳命令功能，可实现远方跳闸功能；装置设其他保护动作开入信号，可传输远跳信号到对侧，对侧收到经正反码校验的远跳后，固定经本地装置的启动元件判别作用于跳闸。

本侧永跳后无流则闭锁远跳功能。

远跳用途如图 3-31 所示。

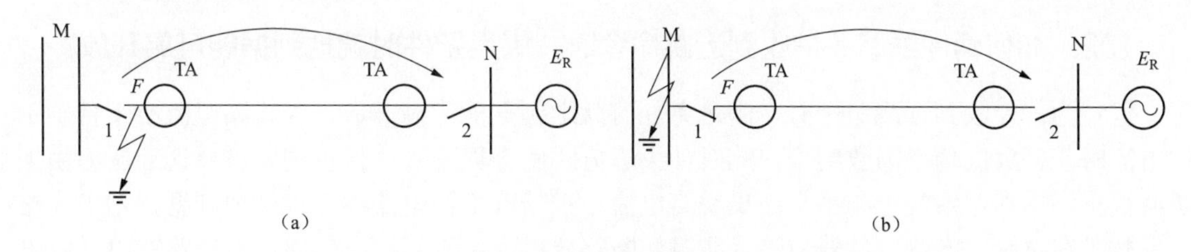

图 3-31 远跳用途

（a）死区故障；（b）断路器 1 失灵

发生死区故障时，母差保护动作跳本侧开关，或者母线故障时，1 号断路器失灵，需要切除对侧开关，将 M 侧母线保护动作跳开关 1 的 GOOSE 信号接至 M 侧装置的其他保护动作开入，传输至对侧装置去跳 N 开关。

远传用途如图 3-32 所示。

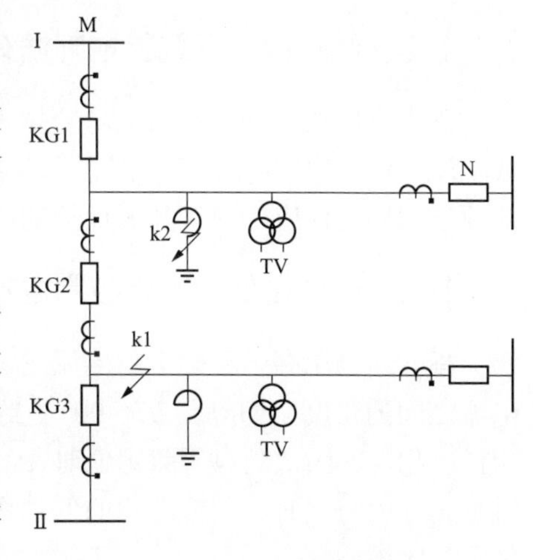

图 3-32 远传用途

在 500kV 系统中需要单独配置过压远跳保护代替 220kV 系统中的直跳保护。发生下述情况时，需要通过远传信号发送至对端光差保护，对端光差再将远传信号开出至对端单独的远方跳闸装置。

（1）当 k1 点发生故障时，KG2 或 KG3 断路器失灵保护动作；

（2）当 k2 点发生故障时，即线路电抗器故障；

（3）当线路 TV 测量过电压。

在 220kV 系统中，远传可以用来作为远跳信号的录波信号，即将双母线的母差保护动作跳本线路开关的 GOOSE 信号同时接至远传和其他保护动作开入，传输给 N 侧保护装置，其他保护动作用于跳闸，远传用于开出给录波器，记录为远跳跳闸。

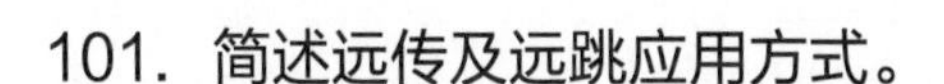

101. 简述远传及远跳应用方式。

答：（1）方式一：两侧均使用远方其他保护动作功能，不使用选配的过电压及远方跳闸保护功能（两侧保护不选配）。

外部远跳信号均接到装置其他保护动作开入上，远传开入 1、2 可以不接入，也可以作为外部开入传输到对侧的录波信号使用，比如远传 1 同时也接入外部母线保护动作，传输到对侧装置，对侧装置发出远传 GOOSE 信号给录波器。

对侧保护收到本侧传输的其他保护动作信号，经对侧保护装置启动开放跳闸出口。

（2）方式二：两侧均使用选配的过电压及远方跳闸保护功能，不使用远方其他保护动作功能（两侧保护均选配）。

外部远跳信号均接到装置远传 1 即可，本侧过电压发信信号也固定通过远传 1 传到对侧。远传 2 和其他保护动作开入可不接线。

对侧保护收到本侧传输的远传 1 信号，根据对侧远方跳闸保护控制字的选择情况来经就地判据的开放跳闸出口。

102. 如何确保线路保护收到远跳命令时，满足条件时就地判据能可靠开放？

答：为确保收到远跳命令时，满足条件时就地判据能可靠开放，当线路电流小于精确工作电流时，开放低功率因数判据。此时如果远方跳闸令误开入，保护装置将会误动，但由于负荷很小，误动对系统影响小。如果线路电流小于精确工作电流不开放就地判据，则当线路上安装了高抗时，本侧电抗器故障远跳对侧断路器时，由于高抗电感电流对线路充电电容电流的补偿度通常为 50%～80%，两者抵消后对侧远方跳闸保护感受到的容性电流很小，可能导致就地判别逻辑拒动。

103. 线路保护远跳就地判据有哪些？

答：反应故障和异常的故障分量，如零负序电流、零序电压，反应对侧断开的低有功、低电流、低功率因数（在不满足低功率计算的电流电压幅值门槛时，就地判据开放）等。就地故障判别元件应保证对其所保护的相邻线路或电力设备故障有足够灵敏度。

104. 什么是低功率因数判据？

答：当电流高于精确工作电流时，计算功率因数角，计算功率因数时先计算相电压和相电流之间的角度，归算到 0°～90°。当电流低于精确工作电流时，功率因数自动满足。当三相任一相功率因数角高于整定值时，经 40ms 置低功率因数动作标志。当三相电压均低于 $0.3U_N$ 时且无 TV 断线时，开放三相的低功率因数条件。在 TV 断线的情况下将三相低功率因数元件全都闭锁。

105. 当线路区内某点发生单相永久性接地故障时，保护装置动作行为是什么？

答：（1）重合闸方式为“单相重合闸”时，本套保护装置单相跳闸（故障相），然后单相重合闸，最后加速三相跳闸。

（2）重合闸方式为“三相重合闸”时，本套保护装置三相跳闸，然后三相重合闸，最后加速三相跳闸。

（3）重合闸方式为“禁止重合闸”时，本套保护装置单相跳闸（故障相）。若另一套保护装置重合闸动作，则本套保护三相跳闸；若另一套保护装置重合闸未动作，则由三相不一致动作跳开三相开关。

（4）重合闸方式为“停用重合闸”时，本套保护装置直接三相跳闸。

106. 简述三相不一致保护动作条件。

答：三相不一致保护设置了经控制字“不一致经零负序电流”投退的零序电流元件和负序电流元件。当三相不一致保护启动后，零序电流元件或负序电流元件动作，三相不一致保护将延时出口跳开处于不一致状态的断路器，并闭锁重合闸。

三相不一致保护动作后驱动单独的出口接点，可根据实际工程决定是否要启动失灵。

107. 简述过流过负荷保护。

答：220kV 及以上线路保护设置可选配的过流过负荷保护，功能代码为 L。过流过负荷保护可以经不同的保护控制字来选择告警或跳闸。

当投入“过负荷告警”保护控制字时选择告警功能：任一相电流大于过负荷告警电流定值时，经过负荷告警时间报“过负荷告警”报文，驱动告警。

当投入“过负荷跳闸”保护控制字时选择跳闸功能：任一相电流大于过负荷跳闸电流定值时，经延时报“过负荷启动”，经过负荷跳闸时间驱动保护启动及过负荷跳闸。

108. 简述采样双 AD 不一致判别条件。

答：装置采样具有双 AD 不一致判别功能，双 AD 不一致基于全周傅氏算法。全周傅氏算法计算出双 AD 通道的幅值，通过比较通道幅值判别双 AD 是否一致，其判据如下：

$$|AD_1 - AD_2| > 0.1I_{\text{n}}$$

$$AD_1 > 1.1AD_2 \text{或} \ AD_1 < 0.9AD_2$$

以上两公式构成与门关系。

109. 自动重合闸有启动方式包括哪些?

答：自动重合闸启动方式分为保护启动方式和位置不对应启动方式。

110. 自动重合闸无压的条件是什么?

答：线路或母线电压的相电压小于 30V，且无相应的 TV 断线。

111. 自动重合闸有压的条件是什么?

答：相电压大于 40V。

112. 自动重合闸同期合闸角的条件是什么?

答：110（66）kV 及以上的线路，输送有功较大，两侧功角偏差较大，理论上同期合闸角设置为 0～90°；10（35）kV 线路，输送有功较小，理论上同期合闸角设置为 10～50°。由于两侧电压相差较大时合闸易产生较大的冲击电流，影响设备寿命，还可能引起系统振荡，且一般情况下线路两侧功角不会超过 30°，故同期合闸角应小于 30°，同时规范要求角度误差为 3°以内，所以同期合闸角不宜设置得太小，常用推荐定值为 15°。

113. 重合闸沟通三跳的判别条件是什么?

答：（1）重合闸功能控制字投入，且重合闸为三重或停用方式。

（2）重合闸功能控制字投入，且重合闸为单重或综重方式，重合闸充电未满。

（3）重合闸功能控制字投入，由“闭重沟三”压板开入。

114. 线路保护重合闸的放电条件有哪些?

答：重合闸满足下列条件之一即放电：

（1）重合闸方式为禁止重合闸或停用重合闸。

（2）有外部闭锁重合闸开入动作或保护内部闭锁重合闸。

（3）有 TWJ 开入长期动作持续 20s 以上。

（4）重合闸启动前，低气压闭锁重合开入动作持续 400ms 以上。

（5）差动投入并且通道正常，当采用单重或三重不检方式，TV 断线不放电；差动退出或通道异常时，不管哪一种重合方式，TV 断线都要放电。

（6）重合闸出口脉冲开出。

115. 为什么压力低闭锁重合闸宜带延时？

答：正常运行时可能出现压力瞬时降低的情况，所以压力低闭锁重合闸宜带延时，一般大于断路器操作时压力瞬时降低的时间（约 250ms）。

116. 压力低闭锁重合闸宜带延时，这个延时由什么组成，并有什么要求？

答：该延时由操作箱内压力低转换继电器 2YJJ 的动作时间、保护装置内压力低闭锁重合闸逻辑的确认时间共同组成。

对于双母接线形式，如断路器操动机构可以提供两副压力低触点，可取消操作箱内压力闭锁回路，直接将该触点接入双重化的两套保护装置，此时，保护装置压力低闭锁重合闸宜有较长的延时。

117. 为什么保护装置在启动以后收到压力低信号时不闭锁重合闸？

答：保护装置跳闸后，可能出现压力瞬时降低又很快恢复的情况，线路保护装置启动后收到压力低闭锁重合闸信号，由于重合闸已经启动，故不闭锁重合闸。

118. 保护功能压板的软、硬压板一一对应，采用“与门”逻辑，但为什么线路保护的“停用重合闸”控制字、软压板和硬压板三者采用“或门”逻辑？

答：保护功能的软、硬压板采用“与门”逻辑主要考虑保护装置操作的方便性，软压板可以远方投退，硬压板可以就地投退，退出其中一个相应的保护功能退出。

为符合现场重合闸投退运行维护的使用习惯，停用重合闸采用或逻辑。“停用重合闸”控制字、软压板、硬压板任一投入即退出重合闸功能，便于远方和就地退出重合闸功能。

119. 110kV 及以下线路保护中重合闸启动后，要求最长等待时间为 10min 的目的是什么？

答：重合闸的最长等待时间为 10min，用于带小水电和小火电的上网线路，检无压条件满足时间较长的情况。

120. 为什么 110（66）kV 线路零序过流后加速固定不带方向？

答：零序过流后加速固定不带方向，是因为重合闸后加速或手动后加速过程中，零序方向不确定。例如，新投线路电流或电压极性接反，合闸于有接地故障的线路时，方向元件会闭锁零序过流后加速保护。

121. 110（66）kV 线路零序过流后加速设置不大于 100ms 短延时的目的是什么？为什么手合加速零序电流保护一般带小于 100ms 的延时？

答：零序过流后加速保护设定不大于 100ms 的短延时，来躲三相合闸不同步而产生的不平衡零序电流。手合加速零序电流保护一般带小于 100ms 的延时是为了躲开三相合闸不同步而产生的不平衡零序电流。

122. 110（66）kV 线路加速过流保护设置不大于 100ms 短延时的目的是什么？

答：过流后加速保护设定不大于 100ms 的短延时，是为了躲开由于合闸产生的励磁涌流。

123. 为什么 10（35）kV 线路保护装置的远方跳闸逻辑固定经启动元件闭锁，而 110kV 线路保护装置的远方跳闸逻辑可通过控制字选择是否经启动元件闭锁？

答：远跳经就地判据的目的是防止远跳误开入，10（35）kV 线路保护固定投入远跳经启动元件闭锁，增加了正常运行时的可靠性，且该电压等级线路一般为单电源，远跳就地判据仅在受电侧，此时只要送电侧跳开即可确保切除故障，受电侧远跳闭锁不跳开开关的影响不大，且不跳开的情况下还有利于恢复供电，所以 10（35）kV 线路保护远跳固定经启动元件闭锁；而 110kV 线路存在联络线情况，应考虑双电源运行时故障快速隔离两侧电源，需要保证远跳不被闭锁正确跳开开关，同时还应考虑 110kV 电压等级存在长线路，单电源运行会出现弱馈侧，弱馈侧启动元件灵敏度不足，若增加闭锁会因故障时弱馈侧启动元件不动作导致本侧开关无法正确跳开的情况，故需要增加该控制字使远跳在某些情况下不经就地判据。

124. 任一段过流保护启动后瞬时发 GOOSE 闭锁信号，用于闭锁简易母线保护，为什么对零序过流保护启动后是否发 GOOSE 闭锁信号不做要求？

答：简易母线保护功能用于未安装母线差动保护装置的母线，实现母线故障时快速跳闸。对于低压侧多为不接地系统，当零序过流保护启动，如果为出线故障，各出线间隔过流保护同时启动，保护装置发出 GOOSE 信号闭锁简易母线保护；当母线故障时，各出线间隔不会发出 GOOSE 闭锁信号，简易母线可以快速动作。

125. 10（35）kV 线路保护装置的零序电流分别在什么情况下采用外接或自产零序电流？

答：在小电流接地系统中，单相接地故障电流很小且三相电流互感器变比相对较大，采用自产零序电流难以满足精度要求，此时零序电流应取自独立的零序电流互感器。当系统经低电阻接地时，零序电流可采用自产，也可采用外接。

126. 智能变电站 110kV 线路保护电压采用母线合并单元级联模式时，有何办法可减轻母线合并单元故障对线路保护的影响？

答：母线合并单元故障时，仅影响级联电压值，线路保护将报 TV 断线，退出距离保护，将零序过流保护Ⅱ段退出，Ⅲ段不经方向元件控制；或采用具有光纤差动保护功能的线路保护，当母线合并单元故障时，不闭锁光纤差动保护功能。

127. 智能变电站中如果母线合并单元异常，对线路保护的影响有哪些?

答：母线合并单元异常，多条线路保护将同时按照 TV 断线来处理，退出与电压有关的保护，如距离保护、零序过流保护Ⅱ段、零序过流保护Ⅲ段不经方向元件控制。

128. 220kV 及以上电压等级线路保护为何取消了 TV 断线后过流保护，而 110kV 还保留?

答：220kV 保护为双重化配置，当其中一套发生 TV 断线时，还可以通过另外一套正常判别，因此为简化后备保护配合关系，取消线路保护中的 TV 断线后相过流和零序过流保护；而 110kV 为单套配置，因此保留了该功能。

129. 采用自产零序电压可避免外接零序电压导致的哪些问题?

答：（1）电压回路断线或短接时无法监视回路的完整性，导致故障情况下保护不正确动作。

（2）$3U_0$ 极性正确与否，受施工、调试人员的技术水平影响很大，一旦接错，正常运行时缺乏有效的校核手段，往往只能通过事故暴露。

130. 简述 SV 采样 GOOSE 跳闸线路保护装置分相差动无效判别条件和闭锁主保护判别条件。

答：（1）分相差动无效判别条件，以下任意条件满足判为无效：

1）任一侧纵联通道压板或控制字退出；

2）任一侧电流采样无效；

3）任一侧电流检修不一致；

4）任一侧的电流 SV 接收压板均退出；

5）通道故障；

6）TA 断线闭锁差动控制字投入时，任一侧对应相 TA 断线；

7）任一侧装置故障。

（2）闭锁主保护判别条件：在分相差动无效时，且本侧纵联差动保护控制字和光纤通道压板投入时，报“闭锁主保护”。

131. 简述常规采样 GOOSE 跳闸线路保护装置分相差动无效判别条件和闭锁主保护判别条件。

答：（1）分相差动无效判别条件，以下任意条件满足判为无效：

1）任一侧纵联通道压板或控制字退出；

2）通道故障；

3）TA 断线闭锁差动控制字投入时，任一侧对应相 TA 断线；

4）任一侧装置故障。

（2）闭锁主保护判别条件：在分相差动无效时，且本侧纵联差动保护控制字和光纤通道压板投入时，报“闭锁主保护”。

132. 简述SV采样GOOSE跳闸线路保护装置零序差动无效判别条件和闭锁主保护判别条件。

答：（1）零序差动无效判别条件，以下任意条件满足判为无效：

1）任一侧纵联通道压板或控制字退出；

2）任一侧电流采样无效；

3）任一侧电流检修不一致；

4）任一侧的电流SV接收压板均退出；

5）通道故障；

6）任一侧TA断线；

7）任一侧装置故障。

（2）闭锁主保护判别条件：在零序差动无效时，且本侧纵联差动保护控制字和光纤通道压板投入时，报“闭锁主保护”。

133. 简述常规采样GOOSE跳闸线路保护装置零序差动无效判别条件和闭锁主保护判别条件。

答：（1）零序差动无效判别条件，以下任意条件满足判为无效：

1）任一侧纵联通道压板或控制字退出；

2）通道故障；

3）任一侧TA断线；

4）任一侧装置故障。

（2）闭锁主保护判别条件：在零序差动无效时，且本侧纵联差动保护控制字和光纤通道压板投入时，报“闭锁主保护”。

134. 简述SV采样GOOSE跳闸线路保护装置纵联距离保护无效判别条件和闭锁主保护判别条件。

答：（1）纵联距离保护无效判别条件，以下任意条件满足判为无效：

1）纵联通道压板或控制字退出；

2）通道故障；

3）本侧任意电压SV采样无效；

4）本侧任意电压SV检修不一致；

5）本侧任意电流SV采样无效；

6）本侧任意电流SV检修不一致；

7）本侧电压SV接收压板退出；

8）本侧所有电流SV接收压板退出；

9）TA 断线；

10）TV 断线；

11）装置故障。

（2）闭锁主保护判别条件：在纵联距离保护无效时，且本侧纵联距离控制字和光纤通道压板投入，以上任意条件满足判为“闭锁主保护”。

135. 简述常规采样 GOOSE 跳闸线路保护装置纵联距离保护无效判别条件和闭锁主保护判别条件。

答：（1）纵联距离保护无效判别条件，以下任意条件满足判为无效：

1）纵联通道压板或控制字退出；

2）通道故障；

3）TA 断线；

4）TV 断线；

5）装置故障。

（2）闭锁主保护判别条件：在纵联距离保护无效时，且本侧纵联距离控制字和光纤通道压板投入，以上任意条件满足判为“闭锁主保护”。

136. 简述 SV 采样 GOOSE 跳闸线路保护装置纵联零序保护无效判别条件和闭锁主保护判别条件。

答：（1）纵联零序保护无效判别条件，以下任意条件满足判为无效：

1）纵联通道压板或控制字退出；

2）通道故障；

3）本侧任意电压 SV 采样无效；

4）本侧任意电压 SV 检修不一致；

5）本侧任意电流 SV 采样无效；

6）本侧任意电流 SV 检修不一致；

7）本侧电压 SV 接收压板退出；

8）本侧所有电流 SV 接收压板退出；

9）TA 断线；

10）TV 断线；

11）装置故障。

（2）闭锁主保护判别条件：在纵联零序保护无效时，且本侧纵联零序控制字和光纤通道压板投入，以上任意条件满足判为“闭锁主保护”。

137. 简述常规采样 GOOSE 跳闸线路保护装置纵联零序保护无效判别条件和闭锁主保护判别条件。

答：（1）纵联零序保护无效判别条件，以下任意条件满足判为无效：

1）纵联通道压板或控制字退出；

2）通道故障；

3）TA 断线；

4）TV 断线；

5）装置故障。

（2）闭锁主保护判别条件：在纵联零序保护无效时，且本侧纵联零序控制字和光纤通道压板投入，以上任意条件满足判为“闭锁主保护”。

138. 简述 SV 采样 GOOSE 跳闸线路保护装置远方其他保护无效判别条件和闭锁远方其他保护判别条件。

答：（1）远方其他保护无效判别条件，以下任意条件满足判为无效：

1）任一侧纵联通道压板或控制字退出；

2）通道故障；

3）其他保护开入异常（订阅的任一 GOOSE 开入来源）；

4）其他保护动作开入订阅的任一 GOOSE 链路中断；

5）其他保护动作开入订阅的任一 GOOSE 检修不一致；

6）其他保护收信异常；

7）远跳经启动元件控制时，启动元件被闭锁；

8）装置故障。

（2）闭锁远方其他保护判别条件：在远方其他保护无效时，且纵联保护控制字和光纤通道压板投入，以上任意条件满足判为“闭锁远方其他保护”。

139. 简述常规采样 GOOSE 跳闸线路保护装置远方其他保护无效判别条件和闭锁远方其他保护判别条件。

答：（1）远方其他保护无效判别条件，以下任意条件满足判为无效：

1）任一侧纵联通道压板或控制字退出；

2）通道故障；

3）其他保护开入异常（订阅的任一 GOOSE 开入来源）；

4）其他保护动作开入订阅的任一 GOOSE 链路中断；

5）其他保护动作开入订阅的任一 GOOSE 检修不一致；

6）其他保护收信异常；

7）远跳经启动元件控制时，启动元件被闭锁；

8）装置故障。

（2）闭锁远方其他保护判别条件：在远方其他保护无效时，且纵联保护控制字和光纤通道压板投入，以上任意条件满足判为“闭锁远方其他保护”。

140. 简述 SV 采样 GOOSE 跳闸线路保护装置距离 I 段保护无效判别条件和闭锁后备保护判别条件。

答：（1）距离 I 段保护无效判别条件，以下任意条件满足判为无效：

1）距离保护功能压板退出；

2）距离保护Ⅰ段控制字退出；
3）电压SV采样异常（包含SV检修不一致、采样无效）；
4）任一电流SV采样异常（包含SV检修不一致、采样无效）；
5）电流SV接收压板均退出；
6）电压SV接收压板退出；
7）TV断线；
8）TA断线；
9）装置故障。
（2）闭锁后备保护判别条件：在距离Ⅰ段保护无效时，且距离保护功能和距离Ⅰ段控制字投入的情况下，报“闭锁后备保护”，以上任意条件满足判为“闭锁后备保护”。

141. 简述常规采样GOOSE跳闸线路保护装置距离Ⅰ段保护无效判别条件和闭锁后备保护判别条件。

答：（1）距离Ⅰ段保护无效判别条件，以下任意条件满足判为无效：
1）距离保护功能压板退出；
2）距离保护Ⅰ段控制字退出；
3）TV断线；
4）TA断线；
5）装置故障。
（2）闭锁后备保护判别条件：在距离Ⅰ段保护无效时，且距离保护功能和距离Ⅰ段控制字投入的情况下，报“闭锁后备保护”，以上任意条件满足判为“闭锁后备保护”。

142. 简述SV采样GOOSE跳闸线路保护装置距离Ⅱ段保护无效判别条件和闭锁后备保护判别条件。

答：（1）距离Ⅱ段保护无效判别条件，以下任意条件满足判为无效：
1）距离保护功能压板退出；
2）距离保护Ⅱ段控制字退出；
3）电压SV采样异常（包含SV检修不一致、采样无效）；
4）任一电流SV采样异常（包含SV检修不一致、采样无效）；
5）电流SV接收压板均退出；
6）电压SV接收压板退出；
7）TV断线；
8）装置故障。
（2）闭锁后备保护判别条件：在距离Ⅱ段保护无效时，且距离保护功能和距离Ⅱ段控制字投入的情况下，报“闭锁后备保护”，以上任意条件满足判为“闭锁后备保护”。

143. 简述常规采样GOOSE跳闸线路保护装置距离Ⅱ段保护无效判别条件和闭锁后备保护判别条件。

答：（1）距离Ⅱ段保护无效判别条件，以下任意条件满足判为无效：

1）距离保护功能压板退出；

2）距离保护Ⅱ段控制字退出；

3）TV 断线；

4）装置故障。

（2）闭锁后备保护判别条件：在距离Ⅱ段保护无效时，且距离保护功能和距离Ⅱ段控制字投入的情况下，报“闭锁后备保护”，以上任意条件满足判为“闭锁后备保护”。

144. 简述 SV 采样 GOOSE 跳闸线路保护装置距离Ⅲ段保护无效判别条件和闭锁后备保护判别条件。

答：（1）距离Ⅲ段保护无效判别条件，以下任意条件满足判为无效：

1）距离保护功能压板退出；

2）距离保护Ⅲ段控制字退出；

3）电压 SV 采样异常（包含 SV 检修不一致、采样无效）；

4）任一电流 SV 采样异常（包含 SV 检修不一致、采样无效）；

5）电流 SV 接收压板均退出；

6）电压 SV 接收压板退出；

7）TV 断线；

8）装置故障。

（2）闭锁后备保护判别条件：在距离Ⅲ段保护无效时，且距离保护功能和距离Ⅲ段控制字投入的情况下，报“闭锁后备保护”，以上任意条件满足判为“闭锁后备保护”。

145. 简述常规采样 GOOSE 跳闸线路保护装置距离Ⅲ段保护无效判别条件和闭锁后备保护判别条件。

答：（1）距离Ⅲ段保护无效判别条件，以下任意条件满足判为无效：

1）距离保护功能压板退出；

2）距离保护Ⅲ段控制字退出；

3）TV 断线；

4）装置故障。

（2）闭锁后备保护判别条件：在距离Ⅲ段保护无效时，且距离保护功能和距离Ⅲ段控制字投入的情况下，报“闭锁后备保护”，以上任意条件满足判为“闭锁后备保护”。

146. 简述 SV 采样 GOOSE 跳闸线路保护装置零序过流Ⅱ段保护无效判别条件和闭锁后备保护判别条件。

答：（1）零序过流Ⅱ段保护无效判别条件，以下任意条件满足判为无效：

1）零序过流保护压板退出；

2）零序电流保护控制字不投；

3）任一电流通道采样数据检修不一致；

4）任一电流通道采样数据无效；

5）任一电压通道采样数据检修不一致；

6）任一电压通道采样数据无效；

7）所有电流 SV 压板均退出；

8）电压 SV 压板退出；

9）TV 断线；

10）TA 断线；

11）装置故障。

（2）闭锁后备保护判别条件：在零序Ⅱ段保护无效时，且零序过流保护压板和零序电流保护控制字均投入的情况下，才报“闭锁后备保护”。

147. 简述常规采样 GOOSE 跳闸线路保护装置零序过流Ⅱ段保护无效判别条件和闭锁后备保护判别条件。

答：（1）零序过流Ⅱ段保护无效判别条件，以下任意条件满足判为无效：

1）零序过流保护压板退出；

2）零序电流保护控制字不投；

3）TV 断线；

4）TA 断线；

5）装置故障。

（2）闭锁后备保护判别条件：在零序Ⅱ段保护无效时，且零序过流保护压板和零序电流保护控制字均投入的情况下，才报“闭锁后备保护”。

148. 简述 SV 采样 GOOSE 跳闸线路保护装置零序过流Ⅲ段保护无效判别条件和闭锁后备保护判别条件。

答：（1）零序过流Ⅲ段保护无效判别条件，以下任意条件满足判为无效：

1）零序过流保护压板退出；

2）零序电流保护控制字不投；

3）任一电流通道采样数据检修不一致；

4）任一电流通道采样数据无效；

5）所有电流 SV 压板均退出；

6）TA 断线；

7）装置故障。

（2）闭锁后备保护判别条件：在零序Ⅲ段保护无效时，且零序过流保护压板和零序电流保护控制字均投入的情况下，才报“闭锁后备保护”。

149. 简述常规采样 GOOSE 跳闸线路保护装置零序过流Ⅲ段保护无效判别条件和闭锁后备保护判别条件。

答：（1）零序过流Ⅲ段保护无效判别条件，以下任意条件满足判为无效：

1）零序过流保护压板退出；

2）零序电流保护控制字不投；

3）TA 断线；

4）装置故障。

（2）闭锁后备保护判别条件：在零序Ⅲ段保护无效时，且零序过流保护压板和零序电流保护控制字均投入的情况下，才报“闭锁后备保护”。

150. 简述SV采样GOOSE跳闸线路保护装置零序反时限保护无效判别条件和闭锁后备保护判别条件。

答：（1）零序反时限保护无效判别条件，以下任意条件满足判为无效：

1）零序过流保护压板退出；

2）零序反时限控制字不投；

3）任一电流通道采样数据检修不一致；

4）任一电流通道采样数据无效；

5）所有电流SV压板均退出；

6）TA断线；

7）装置故障。

（2）闭锁后备保护判别条件：在零序反时限保护无效时，且零序过流保护压板和零序反时限保护控制字均投入的情况下，才报“闭锁后备保护”。

151. 简述常规采样GOOSE跳闸线路保护装置零序反时限保护无效判别条件和闭锁后备保护判别条件。

答：（1）零序反时限保护无效判别条件，以下任意条件满足判为无效：

1）零序过流保护压板退出；

2）零序反时限保护控制字不投；

3）TA断线；

4）装置故障。

（2）闭锁后备保护判别条件：在零序反时限保护无效时，且零序过流保护压板和零序反时限保护控制字均投入的情况下，才报“闭锁后备保护”。

152. 简述SV采样GOOSE跳闸线路保护装置重合闸无效判别条件和闭锁重合闸保护判别条件。

答：（1）重合闸无效判别条件，以下任意条件满足判为无效：

1）充电未完成；

2）装置故障。

（2）闭锁重合闸保护判别条件：在重合闸无效时，且单相重合闸、三相重合闸、禁止重合闸、停用重合闸四个控制字中仅单相重合闸或三相重合闸控制字唯一投入，才报“闭锁重合闸”。

153. 简述常规采样GOOSE跳闸线路保护装置重合闸无效判别条件和闭锁重合闸保护判别条件。

答：（1）重合闸无效判别条件，以下任意条件满足判为无效：

1）充电未完成；

2）装置故障。

（2）闭锁重合闸保护判别条件：在重合闸无效时，且单相重合闸、三相重合闸、禁止重合闸、停用重合闸四个控制字中仅单相重合闸或三相重合闸控制字投入，才报“闭锁重合闸”。

154. 简述SV采样GOOSE跳闸线路保护装置三相不一致保护无效判别条件和闭锁后备保护判别条件。

答：（1）三相不一致保护无效判别条件，以下任意条件满足判为无效：

1）三相不一致保护控制字不投；

2）不一致经零负序电流控制字投入且TA断线；

3）跳位有流；

4）分相跳闸位置GOOSE开入断链；

5）分相跳闸位置检修不一致；

6）装置故障。

（2）闭锁后备保护判别条件：在三相不一致保护无效时且三相不一致保护控制字投入的情况下，报“闭锁后备保护”。

155. 简述常规采样GOOSE跳闸线路保护装置三相不一致保护无效判别条件和闭锁后备保护判别条件。

答：（1）三相不一致保护无效判别条件，以下任意条件满足判为无效：

1）三相不一致保护控制字不投；

2）不一致经零负序电流控制字投入且TA断线；

3）跳位有流；

4）分相跳闸位置GOOSE开入断链；

5）分相跳闸位置检修不一致；

6）装置故障。

（2）闭锁后备保护判别条件：在三相不一致保护无效时且三相不一致保护控制字投入的情况下，报“闭锁后备保护”。

156. 简述SV采样GOOSE跳闸线路保护装置过电压保护无效判别条件和闭锁过电压及远跳判别条件。

答：（1）过电压保护无效判别条件，以下任意条件满足判为无效：

1）过电压保护保护压板退出；

2）电压SV检修不一致；

3）电压采样无效；

4）电压SV压板退出；

5）装置故障。

（2）闭锁过电压及远跳判别条件：在过电压保护无效时且过电压保护压板投入的情况下，才报“闭锁过电压及远跳”。

157. 简述常规采样 GOOSE 跳闸线路保护装置过电压保护无效判别条件和闭锁过电压及远跳判别条件。

答：（1）过电压保护无效判别条件，以下任意条件满足判为无效：

1）过电压保护压板退出；

2）装置故障。

（2）闭锁过电压及远跳判别条件：在过电压保护无效时且过电压保护压板投入的情况下，才报“闭锁过电压及远跳”。

158. 简述 SV 采样 GOOSE 跳闸线路保护装置远方跳闸保护无效判别条件和闭锁过电压及远跳判别条件。

答：（1）远方跳闸保护无效判别条件，以下任意条件满足判为无效：

1）远方跳闸保护压板退出；

2）任一侧纵联保护控制字退出；

3）所有就地故障判据控制字均退出（远方跳闸不经故障判据控制字退出）；

4）投入的就地故障判据任一被闭锁（远方跳闸不经故障判据控制字退出）；

5）光纤通道压板退出；

6）光纤通道故障；

7）远传 1 开入异常（订阅的任一 GOOSE 开入来源）；

8）远传 1 开入订阅的任一 GOOSE 链路中断；

9）远传 1 开入订阅的任一 GOOSE 检修不一致；

10）远传 1 收信异常；

11）装置故障。

（2）闭锁过电压及远跳判别条件：当远方跳闸无效时，远方跳闸保护功能压板投入且“故障电流电压启动”“低电流低有功启动”“低功率因数角启动”“远方跳闸不经故障判据”任一控制字投入，才报“闭锁过电压及远跳”。

159. 简述常规采样 GOOSE 跳闸线路保护装置远方跳闸保护无效判别条件和闭锁过电压及远跳判别条件。

答：（1）远方跳闸保护无效判别条件，以下任意条件满足判为无效：

1）远方跳闸保护压板退出；

2）任一侧纵联保护控制字退出；

3）所有就地故障判据控制字均退出（远方跳闸不经故障判据控制字退出）；

4）投入的就地故障判据任一被闭锁（远方跳闸不经故障判据控制字退出）；

5）光纤通道压板退出；

6）光纤通道故障；

7）远传 1 开入异常（订阅的任一 GOOSE 开入来源）；

8）远传 1 开入订阅的任一 GOOSE 链路中断；

9）远传 1 开入订阅的任一 GOOSE 检修不一致；

10）远传1收信异常；

11）装置故障。

（2）闭锁过电压及远跳判别条件：当远方跳闸无效时，远方跳闸保护功能压板投入且“故障电流电压启动”“低电流低有功启动”“低功率因数角启动”“远方跳闸不经故障判据”任一控制字投入，才报“闭锁过电压及远跳”。

160. 简述SV采样GOOSE跳闸线路保护装置过负荷保护无效判别条件和闭锁后备保护判别条件。

答：（1）过负荷保护无效判别条件，以下任意条件满足判为无效：

1）过负荷告警和过负荷跳闸控制字均退出；

2）任一电流通道采样数据检修不一致；

3）任一电流通道采样数据无效；

4）所有电流SV压板均退出；

5）装置故障。

（2）闭锁后备保护判别条件：在过负荷无效时，且过负荷告警或过负荷跳闸控制字投入的情况下，才报“闭锁后备保护”。

161. 简述常规采样GOOSE跳闸线路保护装置过负荷保护无效判别条件和闭锁后备保护判别条件。

答：（1）过负荷保护无效判别条件，以下任意条件满足判为无效：

1）过负荷告警和过负荷跳闸控制字均退出；

2）装置故障。

（2）闭锁后备保护判别条件：在过负荷无效时，且过负荷告警或过负荷跳闸控制字投入的情况下，才报“闭锁后备保护”。

第三节　模型及信息规范

1. 线路保护装置面板显示灯的类型和含义分别是什么？

答：线路保护装置面板显示灯见表3-19。

表3-19　　线路保护装置面板显示灯

序号	面板显示灯	颜色	状态	含　义
1	运行	绿	非自保持	亮：装置运行 灭：装置故障导致失去所有保护
2	异常	红	非自保持	亮：任意告警信号动作 灭：运行正常
3	检修	红	非自保持	亮：检修状态 灭：非检修状态
4	纵联保护闭锁	红	非自保持	亮：纵联保护被闭锁 灭：纵联保护正常

续表

序号	面板显示灯	颜色	状态	含 义
5	充电完成	绿	非自保持	亮：重合闸充电完成，重合闸允许 灭：不允许重合闸；重合闸停用
6	保护跳闸	红	自保持	本信号只是保护装置跳闸出口 亮：保护跳闸 灭：保护没有跳闸
7	重合闸	红	自保持	亮：重合闸动作 灭：重合闸没有动作

2. 请描述线路保护装置界面的一级菜单有哪些？

答：信息查看、运行操作、报告查询、定值整定、调试菜单、打印（可选）、装置设定。

3. 请描述线路保护装置界面的二级菜单有哪些。

答：保护状态、查看定值、压板状态、版本信息、装置设置、压板投退、切换定值区、动作报告、告警报告、变位报告、操作报告、设备参数定值、保护定值、分区复制、开出传动、通信对点、厂家调试（可选）、保护定值、软压板、保护状态、报告、装置设定、修改时钟、对时方式、通信参数、其他设置。

4. 线路保护装置动作事件生成的 comtrade 录波的文件有哪些？

答：继电保护动作应生成 5 个不同类型的文件，分别为.hdr（头文件）、.dat（数据文件）、.cfg（配置文件）、.mid（中间文件）和.des（自描述文件）。

5. 线路保护装置动作事件生成的 comtrade 录波的头文件包含什么内容？

答：头文件是可选的 ASCII 文本文件，通常由 COMTRADE 数据组织者使用文字处理程序创建。该数据可被使用者打印或阅读。头文件创建可按任意次序、包含任意信息。头文件的格式是 ASCII。

6. 线路保护装置动作事件生成的 comtrade 录波的配置文件包含什么内容？

答：配置文件是一种 ASCII 文件，拟由计算机程序读取，所以应以特定格式保存。配置文件包含使计算机程序能正确解析数据文件（.dat）所需的信息。该信息条目包括采样率、通道数、电网频率、通道信息等。

7. 线路保护装置动作事件生成的 comtrade 录波的数据文件包含什么内容？

答：数据文件含有暂态记录中每个输入通道、每个采样的数值。采样存储的数值是对波形采样输入的转换值。除了记录代表模拟输入的数据，通常还记录代表分/合信号的输入。它们常常包括数字输入、数字通道、数字子通道、事件输入、逻辑输入、二进制输入、接点输入或状态输入。

8. 线路保护装置动作事件生成的comtrade录波的中间文件包含什么内容?

答: 为了形成中间节点文件而专门命名的文件。“mid”中间文件格式内容为：相对时标、模拟量通道（按照“des”文件中的顺序排列）和开关量（按照“des”文件中的顺序排列）。

9. 线路保护装置动作事件生成的comtrade录波的描述文件包含什么内容?

答: 为了形成中间节点文件而专门命名的文件。“des”文件是以ASCII编码的文本文件，用于说明中间文件“mid”的格式，包括序号、模拟量名称、模拟量数据类型、模拟量量纲、开关量（数字量）名称和开关量（数字量）数据类型。

10. 220kV电压等级线路保护的dsRelayEna数据集包含的必选信息种类有哪些?

答: 纵联差动保护软压板、光纤通道一软压板、光纤通道二软压板、距离保护软压板、零序过流保护软压板、过流保护软压板、停用重合闸软压板、远方投退压板软压板、远方切换定值区软压板、远方修改定值软压板。

11. 220kV电压等级线路保护的dsRelayDin数据集包含的必选信息种类有哪些?

答: 纵联差动保护硬压板、光纤通道一硬压板、光纤通道二硬压板、距离保护硬压板、零序过流保护硬压板、过流保护硬压板、停用重合闸硬压板、保护远方操作硬压板、检修状态硬压板、断路器跳闸位置、HWJ1、HWJ2、TWJ、合后位置、其他保护动作、远传1、远传2、闭锁重合闸、低气压（弹簧未储能）闭重、重合闸充电完成、信号复归。

12. 220kV电压等级线路保护的dsRelayState数据集包含的必选信息种类有哪些?

答: 差动A相有效、差动B相有效、差动C相有效、零序差动有效、远方其他保护有效、距离保护Ⅰ段有效、距离保护Ⅱ段有效、距离保护Ⅲ段有效、零序过流Ⅰ段有效、零序过流Ⅱ段有效、零序过流Ⅲ段有效、零序过流Ⅳ段有效、重合闸有效、过负荷有效、TV断线过流有效、TV断线零流有效、过流Ⅰ段有效、过流Ⅱ段有效、过流Ⅲ段有效。

13. 220kV电压等级线路保护的dsDeviceState数据集包含的必选信息种类有哪些?

答: 运行、异常、检修、纵联保护闭锁、充电完成、保护跳闸、重合闸、跳位、合位、Ⅰ母、Ⅱ母。

14. 220kV电压等级线路保护的dsRelayFunEn数据集包含的必选信息种类有哪些?

答: 纵联差动保护投入、光纤通道一投入、光纤通道二投入、距离保护投入、零序过流保护投入、过流保护投入。

15. 线路保护装置的保护动作信息数据集有哪些?

答: 保护事件（dsTripInfo）、保护录波（dsRelayRec）。

16. 线路保护装置的告警信息数据集有哪些?

答: 故障信号（dsAlarm）、告警信号（dsWarning）、通信工况（dsCommState）、保护功能闭锁（dsRelayBlk）。

17. 线路保护装置的在线监测信息数据集有哪些?

答: 交流采样（dsRelayAin）、定值区号（dsSetGrpNum）、装置参数（dsParameter）、保护定值（dsSetting）、遥测（dsAin）。

18. 线路保护装置的状态变位信息数据集有哪些?

答: 保护遥信（dsRelayDin）、保护压板（dsRelayEna）、保护功能状态（dsRelayState）、装置运行状态（dsDeviceState）、远方操作保护功能投退（dsRelayFunEn）。

19. 线路保护的动作报告必须包含的内容有哪些?

答:（1）保护记录的信息分为三类：

1）故障信息，包括跳闸、电气量启动而未跳闸等，各种情况下，均应有符合要求的动作报告。

2）导致开入量发生变化的操作信息（如跳闸位置开入、压板投退），也应有事件记录。

3）各种异常告警信息，应有相应记录。

（2）为防止保护装置频繁启动导致事故报告丢失，不便于事故分析，保护装置应保留 8 次以上完整的最新动作报告。

20. 110（66）kV 线路保护的动作报告应含选相相别、故障测距结果、距离保护动作时的阻抗值（可选）；纵联电流差动保护动作时的故障相差动电流；距离保护应区分接地距离或相间距离动作信息、各段距离信息。其中距离保护动作时的阻抗值规定为可选的原因是什么?

答: 距离保护动作时的阻抗值规定为可选主要因为距离保护原理的差异，可能不需要计算阻抗值，如采用比相圆方式的距离保护。

21. 列举线路保护逻辑节点。

答: 线路保护包含逻辑节点见表 3-20，其中标注 M 的为必选、标注 O 的为根据保护实现可选。

表 3-20　线路保护逻辑节点列表

功能类	逻辑节点	逻辑节点类	M/O	备注	LD
基本逻辑节点	管理逻辑节点	LLN0	M		PROT
	物理设备逻辑节点	LPHD	M		

续表

功能类	逻辑节点	逻辑节点类	M/O	备注	LD
主保护	纵联差动	PDIF	O	为纵联差动保护时根据保护实际实现可选	PROT
	零序差动	PDIF	O		
	分相差动	PDIF	O		
	突变量差动	PDIF	O		
	纵联距离	PDIS	O	为纵联距离方向保护时必选	
	纵联方向	PDIR	O		
	纵联零序	PTOC	M		
通道	纵联通道	PSCH	M		
	远传 1	PSCH	O		
	远传 2	PSCH	O		
	远传 3	PSCH	O		
后备保护	快速距离	PDIS	O		
	接地距离Ⅰ段	PDIS	M		
	接地距离Ⅱ段	PDIS	M		
	接地距离Ⅲ段	PDIS	M		
	相间距离Ⅰ段	PDIS	M		
	相间距离Ⅱ段	PDIS	M		
	相间距离Ⅲ段	PDIS	M		
	距离加速动作	PDIS	M		
	零序过流Ⅰ段	PTOC	O		
	零序过流Ⅱ段	PTOC	M		
	零序过流Ⅲ段	PTOC	M		
	零序过流Ⅳ段	PTOC	O		
	零序过流加速定值	PTOC	M		
	TV 断线相电流	PTOC	M		
	TV 断线零序过流	PTOC	M		
	零序反时限过流	PTOC	O		
	振荡闭锁	RPSB	M		
过电压及就地判别功能	过电压保护	PTOV	O		
	过电压起动远跳	PTOV	O		
	远跳有判据	PTOC	O		
	远跳无判据	PTOC	O		
保护动作	跳闸逻辑	PTRC	M		
保护辅助功能	重合闸	RREC	O		
	故障定位	RFLO	M		
	故障录波	RDRE	M		

续表

功能类	逻辑节点	逻辑节点类	M/O	备注	LD
保护输入接口	线路或母线电压互感器	TVTR	M		PROT
	线路电流互感器	TCTR	M		
	保护开入	GGIO	M	可多个	
保护自检	保护自检告警	GGIO	M	可多个	
保护测量	保护测量	MMXU	M	可多个	
保护 GOOSE 过程层接口	管理逻辑节点	LLN0	M		PIGO
	物理设备逻辑节点	LPHD	M		
	位置输入	GGIO	O		
	其他输入	GGIO	O	可多个	
	（边断路器）出口	PTRC	O		
	（中断路器）出口	PTRC	O		
	重合闸出口	RREC	O		
	远传命令输出	PSCH	O		
保护 SV 过程层接口	管理逻辑节点	LLN0	M	通道延时配置在 LLN0 下	PISV
	物理设备逻辑节点	LPHD	M		
	保护电流、电压输入	GGIO	O		

线路保护建模说明：

（1）充电保护、TV 断线过流保护均是 PTOC 的不同实例；

（2）远跳、远传使用 PSCH 模型，远跳、远传收发信和动作信号采用标准强制的 ProTx、ProRx、Op 信号；

（3）纵联距离保护由实例 PDIS+PSCH 组成，纵联零序保护由实例 PTOC+PSCH 组成，纵联方向保护由实例 PDIR+PSCH 组成；

（4）重合闸检同期相关定值在自动重合闸 RREC 中扩充，不单独建模。

22. 220kV 及以上线路保护中保护跳闸逻辑节点（PTRC）如何定义？

答：220kV 及以上线路保护中保护跳闸逻辑节点（PTRC）建模如表 3-21 所示，其中统一扩充的数据用 E 表示，为可选项，ESG 为国网标准化中定义的定值，EO 为各厂家统一规范的自定义定值。

表 3-21　　220kV 及以上线路保护中保护跳闸逻辑节点（PTRC）建模

属性名	属性类型	全　称	M/O	中文语义
公用逻辑节点信息				
Mod	INC	Mode	M	模式
Beh	INS	Behaviour	M	行为
Health	INS	Health	M	健康状态

续表

属性名	属性类型	全　　称	M/O	中文语义
NamPlt	LPL	Name	M	逻辑节点铭牌
		控制		
TrStrp	SPC	Trip Strap	ESG	跳闸出口压板
StrBFStrp	SPC	Start Breaker Failure Strap	ESG	启动失灵出口压板
BlkRecStrp	SPC	Block Recloser Strap	ESG	闭锁重合出口压板
		状态信息		
Tr	ACT	Trip	C	跳闸
Op	ACT	Operate	C	动作
Str	ACD	Start	O	启动
StrBF	ACT	Start Breaker Failure	ESG	启动失灵
BlkRecST	SPS	Block Reclosing	ESG	闭锁重合
		定值信息		
TPTrMod	ING	Three Pole Trip Mode	ESG	三相跳闸模式
Z2BlkRec	SPG	Zone 2 Fault Blocking Recloser	ESG	Ⅱ段保护闭锁重合闸
MPFltBlkRec	SPG	Multi-Phase Fault Blocking Recloser	ESG	多相故障闭锁重合闸
Z3BlkRec	SPG	Zone 3 Fault Blocking Recloser	ESG	Ⅲ段以上保护闭锁重合闸

23. 220kV及以上线路保护中保护通道逻辑节点（PSCH）如何定义?

答：220kV及以上线路保护中差动保护逻辑节点（PDIF）建模如表3-22所示，其中统一扩充的数据用E表示，为可选项，ESG为国网标准化中定义的定值，EO为各厂家统一规范的自定义定值。

表3-22　　220kV及以上线路保护中差动保护逻辑节点（PDIF）建模

属性名	属性类型	全　　称	M/O	中文语义
		公用逻辑节点信息		
Mod	INC	Mode	M	模式
Beh	INS	Behaviour	M	行为
Health	INS	Health	M	健康状态
NamPlt	LPL	Name	M	逻辑节点铭牌
		控制		
OpStrp	SPC	Op Strap	C	远跳或远传压板
		状态信息		
ProTx	SPS	Teleprotection Signal Transmitted	M	纵联保护发信或远跳保护发信
ProRx	SPS	Teleprotection Signal Received	M	纵联保护收信或远跳保护收信
Str	ACD	Carrier Send	M	启动
Op	ACT	Operate	M	纵联保护动作或远跳保护动作

续表

属性名	属性类型	全　　称	M/O	中文语义
定值信息				
Type	ING	Channel Type	ESG	通道类型
LocChnID	ING	Local Channel ID	ESG	本侧识别码
RemChnID	ING	Remote Channel ID	ESG	对侧识别码
ChkTmh	ING	Channel Check Time	EO	通道交换时间定值
PermSchTyp	SPG	Permissive Scheme Type	ESG	允许式通道
UnBlkEna	SPG	Unblock Enable	ESG	解除闭锁功能
WeakEnd	SPG	Mode of Weak End	ESG	弱电源侧
IntClkMod	SPG	Internal Clock Mode	ESG	通信内时钟
AutChk	SPG	Auto Check Mode	EO	自动交换通道
ChnSpd	SPG	Channel Speed，0:64K，1:2M	EO	通道速率
StrEnaRT	SPG	Remote Trip Blocked by Local Startup	EO	远跳受本侧启动控制
RemTrEna	SPG	Remote Trip Function Enable	E0	远跳功能

24. 220kV及以上线路保护中差动保护逻辑节点（PDIF）如何定义？

答：220kV及以上线路保护中差动保护逻辑节点（PDIF）建模如表3-23所示，其中统一扩充的数据用E表示，为可选项，ESG为国网标准化中定义的定值，EO为各厂家统一规范的自定义定值。

表3-23　　220kV及以上线路保护中差动保护逻辑节点（PDIF）建模

属性名	属性类型	全　　称	M/O	中文语义
公用逻辑节点信息				
Mod	INC	Mode	M	模式
Beh	INS	Behaviour	M	行为
Health	INS	Health	M	健康状态
NamPlt	LPL	Name	M	逻辑节点铭牌
状态信息				
Str	ACD	Start	M	启动
Op	ACT	Operate	M	动作
测量信息				
DifAClc	WYE	Differential Current	O	差动电流
RstA	WYE	Restraint Mode	O	制动电流
定值信息				
LinCapac	ASG	Line Capacitance （for Load Currents）	O	线路正序容抗

续表

属性名	属性类型	全　　称	M/O	中文语义
线路差动保护扩充				
LinCapac0	ASG	Zero Sequence Line Capacitance	ESG	线路零序容抗
LocShRX	ASG	X Value of Local Shunt Reactor	ESG	电抗器阻抗定值
LocNRX	ASG	X Value of Local Reactor of Neutral Point	ESG	中性点电抗器阻抗定值
CTFact	ASG	CT Factor	ESG	TA 变比系数
StrValSG	ASG	PDIF Operate Value	ESG	差动动作电流定值
CTBrkVal	ASG	PDIF Operate Value when CT Broken	ESG	TA 断线差流定值
Enable	SPG	Enable	ESG	投入
CTBlkEna	SPG	CT Broken Block PDIF Enable	ESG	TA 断线闭锁差动
RemShRX	ASG	X Value of Local Shunt Reactor	EO	对侧电抗器阻抗
RemNRX	ASG	X Value of Local Reactor of Neutral Point	EO	对侧中性点电抗器阻抗
CCCEna	SPG	Capacitive Current Compensate Enable	EO	电容电流补偿
BrkDifEna	SPG	Break Value PDIF Enable	EO	突变量差动保护投入
Dif0BlkRec	SPG	Zero Sequence PDIF Blocking Recloser	EO	零序差动动作永跳

25. 220kV 及以上线路保护中距离保护逻辑节点（PDIS）如何定义?

答： 220kV 及以上线路保护中距离保护逻辑节点（PDIS）建模如表 3-24 所示，其中统一扩充的数据用 E 表示，为可选项，ESG 为国网标准化中定义的定值，EO 为各厂家统一规范的自定义定值。

表 3-24　　220kV 及以上线路保护中距离保护逻辑节点（PDIS）建模

属性名	属性类型	全　　称	M/O	中文语义
公用逻辑节点信息				
Mod	INC	Mode	M	模式
Beh	INS	Behaviour	M	行为
Health	INS	Health	M	健康状态
NamPlt	LPL	Name	M	逻辑节点铭牌
状态信息				
Str	ACD	Start	M	启动
Op	ACT	Operate	M	动作
定值信息				
PhStr	ASG	Phase Start Value	O	相间阻抗定值
GndStr	ASG	Ground Start Value	O	接地阻抗定值
RisLod	ASG	Resistive Reach for Load Area	O	负荷限制电阻

续表

属性名	属性类型	全　称	M/O	中文语义
OpDlTmms	ING	Operate Time Delay	O	时间定值
PhDlTmms	ING	Operate Time Delay	O	相间时间定值
GndDlTmms	ING	Operate Time Delay	O	接地时间定值
LinAng	ASG	Line Angle	O	线路正序灵敏角
K0Fact	ASG	Residual Compensation Factor K0	O	零序补偿系数 KZ
线路保护扩充				
StrVal	ASG		ESG	阻抗定值（在不同的实例中分别表示相间和接地阻抗）
Z1	ASG	Positive Sequence Line Impedance	ESG	线路正序阻抗定值
Z0	ASG	Zero Sequence Line Impedance	ESG	线路零序阻抗定值
LinAng0	ASG	Zero Sequence Line Angle	ESG	线路零序灵敏角
Enable	SPG	Enable	ESG	投入
K0FactX	ASG	Residual Compensation Factor KX	EO	零序电抗补偿系数 KX
K0FactR	ASG	Residual Compensation Factor KR	EO	零序电阻补偿系数 KR
SpdupEna	SPG	Speedup Enable	EO	距离加速投入
RisLodEna	SPG	Resistive Reach for Load Area Enable	EO	负荷限制投入
StrValR	ASG	Positive Sequence Line Resistance	EO	电阻定值（在不同的实例中分别表示相间和接地阻抗）
StrValX	ASG	Positive Sequence Line Reactance	EO	电抗定值（在不同的实例中分别表示相间和接地阻抗）
SedBlkRec	SPG	2nd Fault Blocking Recloser	EO	距离 II 段永跳投入
TrdBlkRec	SPG	3rd Fault Blocking Recloser	EO	距离III段永跳投入
LineAngOfsPG	ASG	Ground Offset Angle	ESG	接地距离偏移角

26. 220kV 及以上线路保护中自动重合闸逻辑节点（RREC）如何定义?

答：220kV 及以上线路保护中自动重合闸逻辑节点（RREC）建模如表 3-25 所示，其中统一扩充的数据用 E 表示，为可选项，ESG 为国网标准化中定义的定值，EO 为各厂家统一规范的自定义定值。

表 3-25　　220kV 及以上线路保护中自动重合闸逻辑节点（RREC）建模

属性名	属性类型	全　称	M/O	中文语义
公用逻辑节点信息				
Mod	INC	Mode	M	模式
Beh	INS	Behaviour	M	行为
Health	INS	Health	M	健康状态

续表

属性名	属性类型	全　　称	M/O	中文语义
NamPlt	LPL	Name	M	逻辑节点铭牌
控制				
OpStrp	SPC	Operate Strap	E	重合闸出口软压板
PhRecEna	SPC	Phase Reclosing	ESG	按相重合闸
StopRecEna	SPC	Phase Reclosing	ESG	停用重合闸
状态信息				
Op	ACT	Operate （Used Here to Provide Close to XCBR）	M	重合闸动作信号
AutoRecSt	INS	Auto Reclosing Status	M	重合闸状态
定值信息				
SPRecTmms	ING	Single Pole Reclose Time Delay in ms	ESG	单相重合闸时间
TPRecTmms	ING	Triple Pole Reclose Time Delay in ms	ESG	三相重合闸时间
RecDifAng	ASG	Reclose Angle	ESG	同期合闸角
RecChkSyn	SPG	Reclose Check Synchronousness	ESG	重合闸检同期方式
RecChkDea	SPG	Reclose Check Dead Line	ESG	重合闸检无压方式
SPRChkLiv	SPG	SP Reclose Check Live Line	ESG	单相重合闸检线路有压
OpnStrSPR	SPG	Breaker Open Start SP Recloser	ESG	TWJ 启动单相重合闸
OpnStrTPR	SPG	Breaker Open Start TP Recloser	ESG	TWJ 启动三相重合闸
ChkLivLin	SPG	Following Reclose Check Live Line	ESG	后合检线路有压
SPRecMod	SPG	Single Pole Recloser Mode	ESG	单相重合闸
TPRecMod	SPG	Triple Pole Recloser Mode	ESG	三相重合闸
InhRec	SPG	Inhibit Recloser	ESG	禁止重合闸
StopRec	SPG	Stop Recloser	ESG	停用重合闸

27. 220kV 及以上线路保护中三相不一致逻辑节点（PPDP）如何定义？

答：220kV 及以上线路保护中三相不一致逻辑节点（PPDP）建模如表 3-26 所示，其中统一扩充的数据用 E 表示，为可选项，ESG 为国网标准化中定义的定值，EO 为各厂家统一规范的自定义定值。

表 3-26　　220kV 及以上线路保护中三相不一致逻辑节点（PPDP）建模

属性名	属性类型	全　　称	M/O	中文语义
公用逻辑节点信息				
Mod	INC	Mode	M	模式
Beh	INS	Behaviour	M	行为
Health	INS	Health	M	健康状态
NamPlt	LPL	Name	M	逻辑节点铭牌

续表

属性名	属性类型	全　　称	M/O	中文语义
状态信息				
Str	ACD	Start	O	启动
Op	ACT	Operate	M	动作
定值信息				
ABlkVal	ASG	I0、I2 Block Value	EO	不一致零负序电流定值
I0BlkVal	ASG	I0 Block Value	ESG	不一致零序电流定值
I2BlkVal	ASG	I2 Block Value	ESG	不一致负序电流定值
OpDlTmms	ING	Operate Delay Time in Milliseconds	EO	三相不一致保护时间
Enable	SPG	Enable	EO	三相不一致保护
ABlkEna	SPG	I0、I2 Block Enable	EO	不一致经零负序电流

28. 以 220kV SV 采样 GOOSE 跳闸线路保护 ICD 文件举例，说明 LD-LN-DO-DA 递进关系。

答：220kV SV 采样 GOOSE 跳闸线路保护具备 3 个访问点（AccessPoint），包括“S1”“G1”“M1”，分别与站控层、过程层 GOOSE、过程层 SV 进行通信。

在 ICD 文件中表达为

```
<AccessPoint name="S1">
......
</AccessPoint>
```

以访问点“S1”为例，访问点“S1”具备“LD0”“PROT”“RCD”3 个 LD 逻辑设备，分别表示公用 LD、保护 LD、录波 LD。

在 ICD 文件中表达为

```
    <LDevice inst="LD0" desc="公用 LD">
......
    </LDevice>
```

每个 LD 逻辑设备包含众多逻辑节点（LN），以保护 LD“PROT”为例，包含“LPHD”“PDIS”“PDIF”等。

在 ICD 文件中表达为

```
    <LN desc="装置物理信息" lnType="GDNR_V3_LPHD_NSR-303A-DA-G" lnClass="LPHD"
inst="1">
......
    </LN>
```

每个 LN 逻辑节点包含众多数据对象（DO），以差动保护“PDIF”为例，包含“Mod”（模式）“Beh”（行为）“Op”（动作）等。

在 ICD 文件中表达为

```
<LN desc="纵联差动保护" lnType="GDNR_PILOT_V1_PDIF_NSR-303A-DA-G-PD" lnClass=
```

```
"PDIF" inst="1">
                <DOI name="Mod" desc="模式">
                        <DAI name="stVal">
                              <Val>on</Val>
                        </DAI>
                        <DAI name="ctlModel">
                              <Val>status-only</Val>
                        </DAI>
                </DOI>
                <DOI name="Beh" desc="行为">
                        <DAI name="stVal">
                              <Val>on</Val>
                        </DAI>
                </DOI>
        ……
                <DOI name="Op" desc="纵联差动保护动作">
                      <DAI name="general" sAddr="B02.DifMoni.op_diffp_
soe" />
                      <DAI name="dU" sAddr="B02.DifMoni.op_diffp _soe">
                              <Val>纵联差动保护动作</Val>
                      </DAI>
                </DOI>
        ……
        </LN>
```

每个DO包含数据属性（DA），上例中“general”和“dU”均是数据对象“Op”下的DA元素。

以上逻辑节点类型（LNodeType）、数据对象类型（DOType）和数据属性类型（DAType）在ICD文件中均需要被定义。

在ICD文件中表达为

```
        <LNodeType id="GDNR_PILOT_V1_PDIF_NSR-303A-DA-G-PD" desc="线路纵联差动保
护" lnClass="PDIF">
                  <DO name="Mod" type="CN_INC_Mod" desc="模式" />
                  <DO name="Beh" type="CN_INS_Beh" desc="行为" />
                  <DO name="Health" type="CN_INS_Health" desc="健康状态" />
                  <DO name="NamPlt" type="CN_LPL" desc="铭牌" />
                  <DO name="Str" type="CN_ACD" desc="启动" />
                  <DO name="Op" type="CN_ACT_3P" desc="动作" />
                  <DO name="LinCapac" type="CN_ASG_SG" desc="线路正序容抗" />
                  <DO name="LinCapac0" type="CN_ASG_SG" desc="线路零序容抗" />
    ……
        </LNodeType>
    ……
        <DOType id="CN_ACT_3P" cdc="ACT">
                  <DA name="general" bType="BOOLEAN" dchg="true" fc="ST" />
                  <DA name="phsA" bType="BOOLEAN" dchg="true" fc="ST" />
                  <DA name="phsB" bType="BOOLEAN" dchg="true" fc="ST" />
                  <DA name="phsC" bType="BOOLEAN" dchg="true" fc="ST" />
                  <DA name="neut" bType="BOOLEAN" dchg="true" fc="ST" />
```

```
        <DA name="q" bType="Quality" qchg="true" fc="ST" />
        <DA name="t" bType="Timestamp" fc="ST" />
        <DA name="dU" bType="Unicode255" fc="DC" />
</DOType>
```

第四节 通道及通信接口

1. 如何理解线路纵联保护通道双重化配置?

答: 双重化配置的线路纵联保护通道应相互独立，通道及接口设备的电源也应相互独立；线路保护装置中的双通道应相互独立。

2. 双重化配置的远方跳闸保护，其通信通道应如何配置?

答: 双重化配置的远方跳闸保护，远方跳闸保护应采用“一取一”经就地判别方式。

3. 线路纵联电流差动保护应优先采用什么通道?

答: 线路纵联保护优先采用光纤通道。

4. 线路纵联电流差动保护的通道要求有哪些?

答: 线路纵联电流差动保护通道的收发时延不相同时，两侧电流存在相位差，容易导致差动保护误动，故要求纵联电流差动保护通道的收发时延相同。

5. 线路保护光纤通道类型有哪些，连接方式是怎样的?

答: 线路保护光纤通道分为专用光纤通道和复用光纤通道。

（1）专用光纤通道，通信速率为2048kbit/s。通信接口方式如图3-33所示。

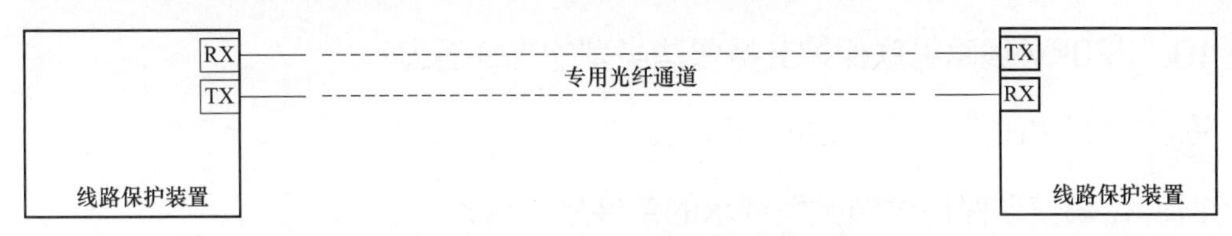

图3-33 专用光纤通道通信接口方式

（2）复用光纤通道，通信速率为2048kbit/s，通信接口方式如图3-34所示，图中仅示出单侧设备，另一侧设备与之相同，连接对称。这种接口方式每一通道需要使用光纤通信接口装置。

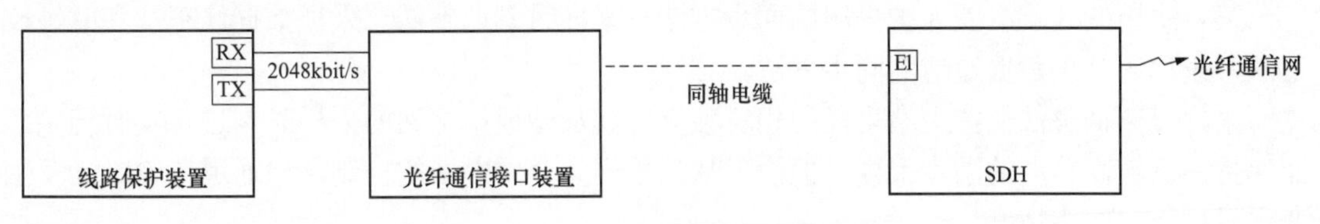

图3-34 复用光纤通道通信接口方式

6. 专用光纤与复用光纤通道相比有哪些优缺点?

答：专用光纤与复用光纤相比，无 SDH、PDH 等中间设备，其可靠性高，但是专用光纤受传输距离的限制，当传输距离较长时，专用光纤的优势不大，因此短线路应优先采用专用光纤。

7. 光纤双通道保护的通信逻辑、双通道之间的配合关系是什么?

答：双通道线路保护应按装置设置通道识别码，保护装置自动区分不同通道，不区分主、备通道。

8. 光纤双通道与纵差保护之间的工作逻辑是什么?

答：光纤差动保护压板及控制字设置光纤通道一、光纤通道二 2 个压板；纵联差动保护、双通道方式（“1”为双通道方式，“0”为单通道方式，固定为光纤通道一），共计 2 位控制字。通道压板投入时，对应通道出现异常，告警并上送报文。通道压板退出时，对应通道只上送报文，不告警。

两个通道发送和接收相互独立，差动继电器的计算也相互独立，两者为“或”的关系，相当于有两套独立的差动主保护，任意一套差动保护动作就出口跳闸。由于两个通道差动保护相互独立计算，任意一个通道发生故障时，自动闭锁本通道的差动保护，不影响另一个通道的差动计算，线路发生故障时仍能出口跳闸。

纵联电流差动保护装置应具有通道监视功能，如实时记录并累计丢帧、错误帧等通道状态数据，具备通道故障告警功能，在本套装置双通道交叉、通道断链等通道异常状况时两侧均应发相应告警报文并闭锁纵联差动保护。

9. 220kV 线路保护默认配置几路光纤通道?

答：每套线路保护宜配置双光纤通道。

10. 220kV 线路纵联保护支持哪些类型的光纤通道?

答：支持专用光纤通道和复用光纤通道。

11. 纵联差动保护通道类型要求的条件是什么?

答：线路纵联保护优先采用光纤通道。采用光纤通道时，短线、支线优先采用专用光纤。采用复用光纤时，宜采用 2Mbit/s 数字接口。

12. 目前，实用的线路纵差保护采用的同步方法有哪些?

答：实用的线路纵差保护采用的同步方法有采样时刻调整法、采样数据修正法和时钟校正法，统称为基于数据通道的同步方法。

采样时刻调整法保持主站采样的相对独立，其从站根据主站的采样时刻进行实时调整，能保持两侧较高精度的同步采样。但由于从站采样完全受主站的控制，当通道传输时延发生变化时会影响同步精度。

采样数据修正法允许两端采样独立运行，只要求具有相同的采样率，通过连续测量通道延时的方法对采样数据进行修正处理。与采样时刻调整法相比，当通信因干扰而中断或失去同步后，能很快恢复。同时，采用传送向量而不是瞬时值的方案，能在通道出现误码的情况下使保护动作时间最多延长1～2个采样间隔，该方法对晶振要求高，电网频率变化会影响修正精度。

时钟校正法采用时钟校正技术实现两端的同步采样，同样对装置晶振要求高。

以上三种同步方法虽各有特点，但有一点是相同的，都要求通道双向延时相等。

13. 线路纵差保护采用的同步方法——采样时刻调整法的通道延时的前提条件是什么?

答：通道收、发双向延时相等。

14. 线路纵差保护采用的同步方法——采样时刻调整法的原理是什么?

答：先测通道延时，再根据通道延时由从机测定两侧装置采样时刻的误差，从而调整从机的采样脉冲来实现采样同步。

15. 使用采样时刻调整法作为线路纵差保护采用的同步方法时，已知：从机装置的相对时钟为基准记录报文发送时刻 t_{ss}，主机接收该报文时主机的相对时刻为 t_{mr}，并在下一个定时发送时刻 t_{ms}，向从机回应一帧通道延时测试报文，从机在 t_{sr} 时刻收到主机该报文，求通道延时。

答：$T_d=(t_{sr}-t_{ss})/2-(t_{ms}-t_{mr})/2$。

16. 采用采样时刻调整法的线路纵差保护，当两侧装置采样时刻的误差 ΔT_s 过大满足制动曲线时，将造成什么后果?

答：当 ΔT_s 过大满足制动曲线，并且两侧装置均启动时，线路纵联差动保护可能误动。

17. 线路保护光纤接口型式有哪些?

答：线路保护光纤接口型式包含如下类型：①FC 圆形带螺纹；②ST 卡接式圆形；③SC 卡接式方形；④LC 卡接式方形。

18. 线路保护光纤通信接口时钟有哪些方式?

答：保护装置的数字通道发送数据和接收数据采用各自的时钟，分别称为发送时钟和接收时钟。其中接收时钟固定从接收码流中提取，以保证接收过程中没有误码和滑码产生。发送时钟可以有两种方式：

（1）采用内部晶振时钟作为发送时钟，称为内时钟（主时钟）方式；

（2）采用接收时钟作为发送时钟，称为外时钟（从时钟）方式。

根据发送时钟的不同设置，两侧装置通信时钟有以下三种配合方式：①主－主方式：两侧保护装置都采用内时钟；②从－从方式：两侧保护装置都采用外时钟；③主－从方式（一侧保护装置采用内时钟，另一侧保护装置采用从时钟，这种方式会使整定定值更复杂，不推荐使用）。

19. 什么是SDH?

答：SDH指同步数字系列（Synchronous Digital Hierarchy）数字信号传输系统，是一种将复接、线路传输及交换功能融为一体、并由统一网管系统操作的综合信息传送网络。

20. SDH复用传输方式的原理是什么?

答：将低速数字信号复接成高速数字信号进行大容量信息的有效传输。

21. 什么是光电转换装置？它的工作原理是什么?

答：光电转换器又称光纤收发器，是一种类似于基带MODEM（数字调制解调器）的设备，是将短距离的双绞线电信号和长距离的光信号进行互换的以太网传输媒体转换单元。

22. 2Mbit/s数字接口装置与通信设备采用什么方式连接?

答：2Mbit/s数字接口装置与通信设备采用75Ω同轴电缆不平衡方式连接。

23. 数字接口装置与数字配线架或者音频配线架如何连接?

答：数字接口装置与数字配线架或者音频配线架应采用屏蔽线连接，中间不应经端子转接，其屏蔽层应在两侧接地。

24. 通信机房的接地网与主地网有可靠连接时，电保护通信接口设备至通信设备的同轴电缆的屏蔽层应如何接地?

答：保护通信接口设备至通信设备的同轴电缆的屏蔽层应两端接地。

25. 保护室光配线柜至通信机房光配线柜应采用什么光缆?

答：继电器室光配线柜至通信机房光配线柜采用3条（2用1备）单模光缆，每条光缆纤芯数量宜按变电站远景规模配置。

26. 在保护室和通信机房均设保护专用的光配线柜如何配置?

答：在继电器室和通信机房均设保护专用的光配线柜，光配线柜的容量、数量宜按变电站远景规模配置。

27. 保护室光配线柜至保护柜的尾缆连接应采用什么型号?

答：保护室光配线柜至保护柜、通信机房光配线柜至接口柜均应使用尾缆连接。尾缆应使用ST或FC型连接器与设备连接，光缆通过光配线柜转接。

28. 同一线路的两套保护的通信接口采用满足ITU G.703标准的2Mbit/s通信接口，装置屏柜如何安装?

答：同一线路两套保护的数字接口装置宜安装在不同的保护通信接口屏（柜）上，每一面接 8 台保护数字接口装置。

29. 请简述本侧光电接口自环检查。

答：纵联电流差动保护装置本、对侧识别码相同时：①当光纤通道自环时，应不闭锁差动；②当光纤通道非自环时，应告警并闭锁差动。

30. 复用光纤通道自环检查有哪几种?

答：近端光自环、近端电自环、远方电自环、远方光自环。

31. 复用通道常见故障有哪些?

答：传输介质故障；设备硬件故障；软件设置故障；设备电源失电。

32. 复用通道的故障排查步骤有哪些?

答：在通道各连接处逐步扩大范围自环测试，这种方法通常需两侧人员配合，耗时耗力；基于通道拓扑、各环节设备状态及装置告警等信息，分析和判断故障点位置和性质，该方法需要深刻的通道认识、经验和技巧才能较快定位故障；对于偶发性故障，故障现象难以捕捉和定位，通过自环或告警分析法处理困难，耗时最长，很多时候只能通过替换的方式排除故障。

33. 装置设置“本侧识别码”“对侧识别码”的意义是什么?

答：可防止同一光通信设备传输多套保护信号时，光纤通道硬件开通错误。

34. 线路保护装置报“通道一识别码接收错”，应如何检查?

答：检查通道一，主要是本侧接收—对侧发送这一条路由，同时检查识别码定值是否整定有误。

35. 线路纵联保护采用数字通道的，“其他保护动作”命令如何传输?

答：线路纵联保护采用数字通道的，“其他保护动作”命令宜经线路纵联保护传输。

36. 通道衰耗试验是什么?

答：对于光纤通道来说，本侧发送功率和对侧接送功率的差值即通道衰耗。可使用收发功率测试来完成通道衰耗试验：在发送端将测试光纤取下，用跳接线取而代之，跳接线一端为原来的发送器，另一端为光功率测试仪，使光发送器工作，即可在光功率测试仪上测得发送端的光功率值；在接收端，用跳接线取代原来的跳线，接上光功率测试仪，在发送端的光发送器工作的情况下，即可测得接收端的光功率值。发送端与接收端的光功率值之差，就是该光纤通道所产生的损耗。

37. 如何用光功率计测量保护的发送电平和接收电平?

答：在保护装置的发送光口处拔下光纤，将光功率计插入发送光口，量程单位选择显示电平，测量发送电平；在保护装置的接收光口处拔下光纤，将光纤插入光功率计，量程单位

选择显示电平，测量接收电平。

38. 如何进行线路保护带通道试验？

答：（1）将两侧保护使用的光纤通道可靠连接，装置通道异常告警灯应不亮，无通道告警信号，通道状态中各个状态计数保持不变（完整报文数量应增加）。

（2）对侧电流及差流检查：将两侧保护装置的“TA 变比系数”设置为“1”，在对侧加入三相对称的电流，大小为“In”，在本侧保护状态中查看对侧的三相电流、三相补偿后的差动电流及未经补偿的差动电流应为 In。若两侧保护装置“TA 变比系数”不全为“1”，则查看对侧电流并进行折算。

（3）功能联调：分别完成“模拟线路空充时故障或空载时发生故障”“模拟弱馈功能”和“远方跳闸功能”等联调试验，试验结果应正确无误。

39. 如何进行线路保护装置光纤通道远跳试验？

答：使 M 侧开关在合闸位置，M 侧保护装置“远跳受启动元件控制”控制字置“0”，在 N 侧使保护装置收到远跳开入，M 侧保护能远方跳闸；使 M 侧开关在合闸位置，M 侧保护装置“远跳受启动元件控制”控制字置“1”，在 N 侧使保护装置收到远跳开入的同时在 M 侧使保护启动，M 侧保护能远方跳闸。

40. 光纤通道调试结束后，如何进行检查？

答：恢复正常运行时的状态，包括定值、连接方式等，投入差动压板，保护装置通道异常告警灯应不亮，无通道异常信号，通道状态中的各个状态计数保持不变（完整报文数量应增加）。

41. 线路纵联差动保护单侧试验时光纤通道要注意什么？

答：（1）两侧主保护压板退出。

（2）在投入本侧主保护压板之前，应先将本侧光纤通道自环。

（3）拔下的光纤应做好对光纤头的保护措施。

（4）试验结束后及时将自环控制字置“0”，恢复光纤通道并检查异常告警信息是否恢复。

42. 通信机房继电保护通信接口设备有哪些要求？

答：（1）宜使用通信–48V 直流电源，该电源的正极应连接通信机房的接地铜排。

（2）保护装置采用单通道时，同一条线路两套保护对应的数字接口装置宜分别组屏，并采用与通信终端相对应的相互独立的电源；单套保护装置采用双通道时，两个通道对应的数字接口装置也宜分别组屏，并采用与通信终端相对应的相互独立的电源。当所有数字接口装置组一面屏时，同一条线路两套保护对应的数字接口装置应分别采用与通信终端相对应的相互独立的电源。

（3）具备两套通信终端设备时，数字接口装置必须与所连接的通信终端设备采用同一电源。

（4）至数字接口装置的电源应避免串供方式，每路电源应有独立的分路开关。

43. 线路保护光纤通道尾纤有哪些要求？

答：（1）线路保护专用光纤宜采用单模光纤，进入变电站或电厂内的控制楼的光缆应采用无金属光缆。

（2）光纤进入变电站或电厂的控制楼后，应接入光纤配线架（或分线盒）。从光纤配线架到继电保护装置间应采用室内光缆，若在同一柜上可采用尾纤连接。

（3）单模尾纤推荐采用 FC 连接方式，多模尾纤推荐采用 ST、SC 连接方式。

（4）尾纤出屏须采取防护措施，以防折断和鼠咬。

（5）保护装置到光纤配线架之间的损耗应在 0.5dB 以下，光纤的活接头损耗一般在 0.5dB 以下。

（6）当继电保护装置与光纤通信终端设备连接距离大于 50m 或通过强电磁干扰区时，应采用光缆连接。连接光缆应留有足够的备用芯。光缆与设备连接处应采取抗外力破坏的保护措施。连接光缆应敷设在变电站或发电厂内的电缆沟内。

44. 线路保护通道识别码的设置原则是什么？

答：本侧识别码、对侧识别码，按线路双重命名中的编号+1/2/3/4 整定。命名中的字母 P 用 9 代替，Q 用 0 代替，R 用 8 代替。本侧识别码、对侧识别码线路两侧应互换对应。

45. 秒误码数与丢帧数较大时，现场如何检查？

答：秒误码数与丢帧数是衡量通道当前状况的重要指标。如果显示秒误码数与丢帧数较大时，可以将通道直接使用尾纤自环，然后观察这两个指标以判断引起误码的原因。如果自环后误码与丢帧依然较大，则查看通道时钟模式定值是否整定错误（应为内时钟方式）或者光纤插件的法兰盘是否有损坏；如果自环后误码与丢帧数均降低至 0，则可以确定引起通道误码或丢帧的原因在外部通道，再逐级查找。

第五节 装置及回路设计

1. 请画出 3/2 接线方式“线—变串”保护跳闸与联闭锁回路。

答：3/2 接线方式“线—变串”保护跳闸与联闭锁回路如图 3-35 所示。

2. 请画出 3/2 接线方式“线—线串”保护跳闸与联闭锁回路。

答：3/2 接线方式“线—线串”保护跳闸与联闭锁回路如图 3-36 所示。

3. 对操作箱（插件）的相关要求有哪些？

答：两组操作电源的直流空气开关应设在操作箱（插件）所在屏（柜）内，不设置两组操作电源的切换回路，操作箱（插件）应设有断路器合闸位置、跳闸位置合电源指示灯。操作箱（插件）的防跳功能应方便取消，跳闸位置监视与合闸回路的连接应便于断开，端子按跳闸位置监视与合闸回路依次排列。

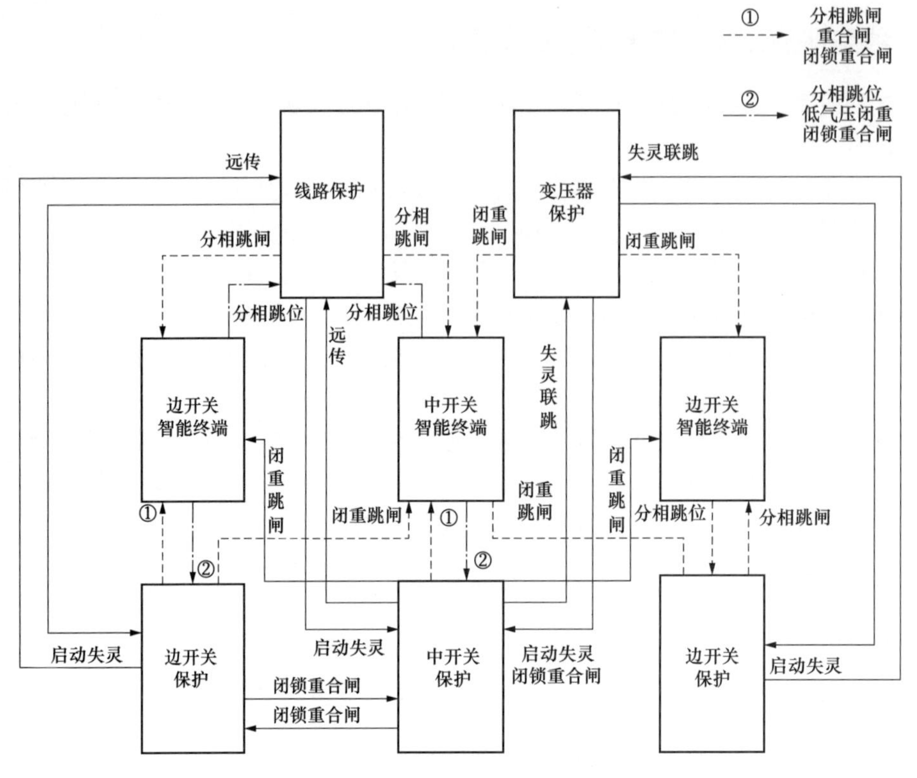

图 3-35　3/2 接线方式"线—变串"保护跳闸与联闭锁回路

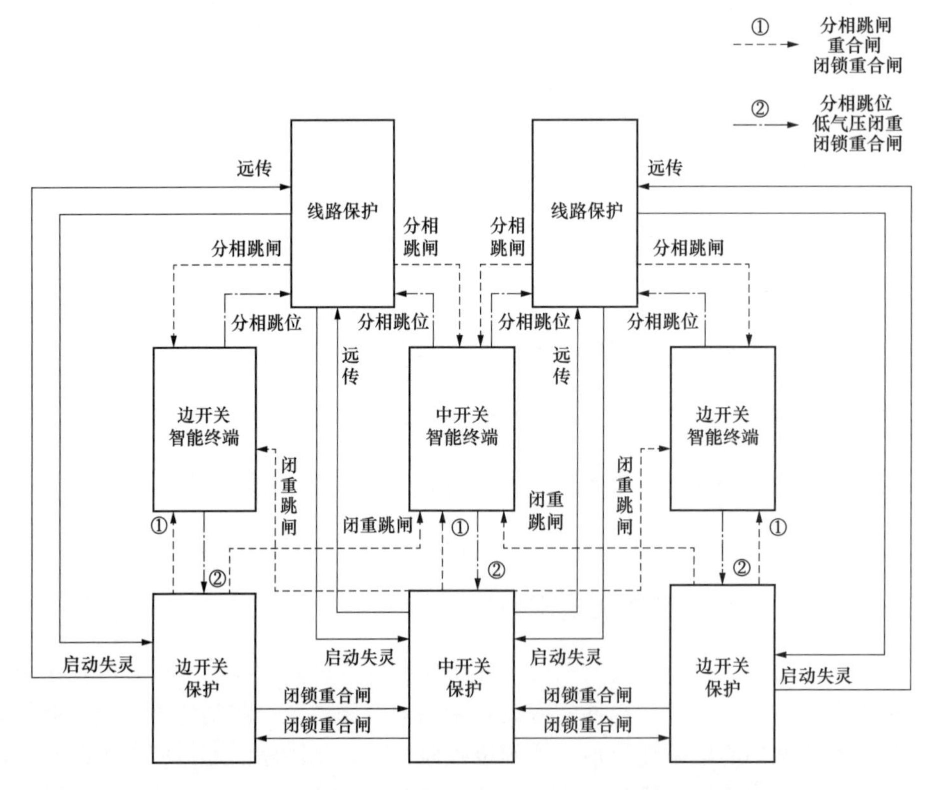

图 3-36　3/2 接线方式"线—线串"保护跳闸与联闭锁回路

为防止保护装置先上电而操作箱后上电时断路器位置不对应误启动重合闸，宜由操作箱（插件）对保护装置提供“闭锁重合闸”触点方式，不采用“断路器合后”触点的开入方式。

对于不采用操作箱（插件）而采用操作继电器接口的方案，保护出口应经继电器重动后作用于断路器跳闸线圈。操作继电器接口应提供断路器位置触点。

操作箱（插件）应具备以下功能：

（1）手（遥）合、手（遥）跳回路。

（2）保护分相跳闸回路（2 组）。

（3）保护三相跳闸回路（2 组：不启动重合闸、启动失灵）。

（4）保护三相跳闸回路（2 组：不启动重合闸、不启动失灵）。

（5）断路器压力闭锁回路。

（6）断路器防跳回路。

（7）与相关保护配合的断路器位置、三跳触点等。

（8）跳闸及合闸位置监视回路。

（9）跳合闸信号。

（10）控制回路断线信号。

（11）备用中间继电器。

（12）直流电源监视。

注 1：第（2）项仅适用于分相操作箱（插件），其他项适用于分相操作箱（插件）和三相操作箱（插件）。

注 2：对于单跳闸回路操作箱（插件），第（2）～第（4）项每项只有 1 组。

4. 双母线接线的操作箱的压板、转换开关及按钮按什么要求设置？

答：设置要求如下：

（1）操作箱的出口压板统一采用红色表明用途。

（2）转换开关、按钮均布置在屏（柜）侧板整齐美观，但不便于巡视。按钮可布置在屏（柜）侧板上，便于操作；转换开关可布置在屏（柜）横板上，便于巡视时直观识别转换开关位置。

（3）标签应设置在硬压板、转换开关及按钮下方或其本体上。

5. 每套操作及电压切换箱应具备哪些回路？

答：在满足断路器本体具备防跳功能、有两副压力闭锁触点的条件下，双重化配置的两套保护装置可配置各自独立的操作及电压切换箱（单跳闸回路、单合闸回路），每套操作及电压切换箱应具备以下回路：

（1）与测控配合。

（2）手合、手跳。

（3）至合闸线圈。

（4）至跳闸线圈。

（5）与保护配合的断路器位置、发/停信、闭锁重合闸触点等。

（6）保护分相跳闸。

（7）保护三相跳闸输入（启动失灵、启动重合闸）。

（8）保护三相跳闸输入（启动失灵、不启动重合闸）。
（9）保护三相跳闸输入（不启动失灵、不启动重合闸）。
（10）压力闭锁回路。
（11）防跳回路。
（12）分相跳闸及合闸位置监视回路。
（13）跳合闸信号回路。
（14）控制回路断线、电源消失等。
（15）交流电压切换回路。
（16）备用中间继电器。
（17）直流电源监视。

双重化配置的两套保护装置仅配置一套操作箱（双跳闸回路、单合闸回路）时，操作及电压切换箱应具备以下回路：

（1）与测控配合。
（2）手合、手跳。
（3）至合闸线圈。
（4）至第一组跳闸线圈。
（5）至第二组跳闸线圈。
（6）与两套保护配合的断路器位置、发/停信、闭锁重合闸触点等。
（7）保护分相跳闸（2 组）。
（8）保护三相跳闸输入（2 组：启动失灵、启动重合闸）。
（9）保护三相跳闸输入（2 组：启动失灵、不启动重合闸）。
（10）保护三相跳闸输入（2 组：不启动失灵、不启动重合闸）。
（11）压力闭锁回路。
（12）防跳回路。
（13）分相跳闸及合闸位置监视回路（2 组）。
（14）跳合闸信号回路。
（15）控制回路断线、电源消失等。
（16）交流电压切换回路。
（17）备用中间继电器。
（18）直流电源监视。

6. 电压切换箱（回路）的要求有哪些?

答：220kV 电压等级线路保护装置双套配置，电压切换箱（插件）也双套配置，隔离开关辅助触点采用单位置输入方式，接法简单、便于实现。电压切换直流电源与对应保护装置直流电源共用自动空气开关，可防止 TV 失压导致距离保护误动作。

7. 220kV 常规变电站双母线系统中电压切换的作用是什么?

答：对于双母线系统上所连接的电气元件，在两组母线分开运行时（如母线联络断路器断开），为了保证其一次系统和二次系统在电压上保持对应，以免发生保护或自动装置误动、拒动，要求保护及自动装置的二次电压回路随同主接线一起进行切换。用隔离开关两个辅助触点并联后去启动电压切换中间继电器，利用其触点实现电压回路的自动切换。

8. 对于双母线接线，当线路配置单相 TV 时，电压切换箱有何要求；如果线路配置三相 TV 时，电压切换箱有何要求？

答：当线路配置单相 TV 时，电压切换箱为三相电压切换；如果线路配置三相 TV 时，电压切换箱为单相电压切换。

9. 对保护二次电压切换有什么反措要求？

答：当保护采用双重化配置时，其电压切换箱（回路）隔离开关辅助触点应采用单位置输入方式。单套配置保护的电压切换箱（回路）隔离开关辅助触点应采用双位置输入方式。电压切换直流电源与对应保护装置直流电源取自同一段直流母线且共用直流空气开关。

10. 对 220kV 常规变电站线路保护电压切换二次回路有哪些要求？

答：（1）切换回路：采用单位置启动方式。

（2）信号回路：具备切换同时动作、TV 失压等信号。

11. 220kV 常规变电站线路保护操作箱二次回路有哪些要求？

答：（1）与测控配合。

（2）手合、手跳。

（3）至合闸线圈。

（4）至第一组跳闸线圈。

（5）至第二组跳闸线圈。

（6）保护分相跳闸。

（7）保护三相跳闸（启动失灵、启动重合闸）。

（8）保护三相跳闸（启动失灵、不启动重合闸）。

（9）保护三相跳闸（不启动失灵、不启动重合闸）。

（10）压力闭锁回路。

（11）防跳回路。

（12）分相跳闸及合闸位置监视回路。

（13）跳合闸信号回路。

（14）控制回路断线、电源消失等。

（15）备用中间继电器。

（16）直流电源监视。

（17）交流电压切换回路。

12. 线路保护为什么不设置两组操作电源的切换回路？

答：（1）为防止压力公共回路发生故障或操作回路的其他地方发生故障时，由于切换回路的存在而导致两组直流电源同时失去，故不设置两组直流操作电源的切换回路。

（2）标准化规范设计要求：压力闭锁回路、合闸回路与第一组操作电源共用，第二组操作电源与第一组操作电源不切换。

13. 为什么操作箱（插件）对保护装置提供“闭锁重合闸”触点方式，而不采用“断路器合后”触点的开入方式？

答：不采用断路器合后触点开入方式，保护装置减少了一个开入量，判别断路器是否在合位只能采用间接判别方式，即 3 个分相跳位 TWJ 均未开入则判为断路器合闸，在某些情况下也可能误判。

例如：保护装置先上电，操作箱后上电，即使断路器在跳开位置，由于 TWJ 继电器失电其触点不能开入保护装置，保护装置误判为断路器在合闸位置，如此时“压力低闭锁重合闸”触点没有闭合，满足重合闸充电条件，待重合闸充满电后，操作箱再上电、TWJ 触点闭合，将导致断路器位置不对应启动重合闸，导致重合误出口。

为防止此种情况下误启动重合闸，当操作箱后上电、TWJ 触点闭合时，“闭锁重合闸”触点也应同时开入到保护装置，保证保护装置不误重合闸。操作箱提供给保护装置的“闭锁重合闸”触点，与保护装置停用重合闸压板可共用一个开入。采用单操作箱方案时，此“闭锁重合闸”触点宜为 HHJ 触点；采用双操作箱方案时，由于保护 2 柜操作箱只引入手跳，不引入手合触点，为防止操作箱手跳后 HHJ 误闭锁重合闸，不宜采用 HHJ 触点，此时只能采用 2YJJ 动断触点闭锁重合闸。

14. 3/2 断路器接线断路器保护的出口回路设计要求有哪些？

答：（1）跳、合本断路器回路：分相跳闸及重合闸。

（2）跳相邻断路器回路：跳所有相邻断路器的 2 个跳闸线圈出口。

15. 3/2 断路器接线断路器保护的开关量输入回路设计要求有哪些？

答：（1）与操作箱配合的回路，由制造商组屏（柜）设计，包括断路器分相位置、闭锁重合闸、压力降低闭锁重合闸、三跳启动失灵。

（2）与线路保护配合：分相启动失灵保护及重合闸。

16. 对 3/2 断路器接线“沟通三跳”和重合闸的要求有哪些？

答：（1）3/2 断路器接线“沟通三跳”功能由断路器保护实现，断路器保护失电时，由断路器三相不一致保护三相跳闸。

（2）3/2 断路器接线的断路器重合闸，先合断路器于永久性故障，两套线路保护均加速动作，跳三相并闭锁重合闸。

17. 线路纵联距离保护装置有哪些模拟量输入？

答：（1）常规装置交流回路：

1）第一组电流 I_{a1}、I_{b1}、I_{c1}、$3I_{01}$，第二组电流 I_{a2}、I_{b2}、I_{c2}、$3I_{02}$。

2）电压 U_a、U_b、U_c、U_x。

注 1：当保护装置只有一组交流电流输入时，无第二组电流相关内容。

注 2：U_x 适用于双母线接线。

（2）智能化装置交流回路：

1）第一组电流 I_{a1}、I_{a2}、I_{b1}、I_{b2}、I_{c1}、I_{c2}，第二组电流 I_{a1}、I_{a2}、I_{b1}、I_{b2}、I_{c1}、I_{c2}。

2）电压 U_{a1}、U_{a2}、U_{b1}、U_{b2}、U_{c1}、U_{c2}、U_{x1}、U_{x2}。

注 1：智能变电站为双 AD 采样输入。

注 2：当保护装置只有一组交流电流输入时，第二组电流不接。

注 3：U_{x1}、U_{x2} 适用于双母线接线。

18. 简述线路保护装置所提供的信号种类及其用途。

答：跳闸信号；过负荷、运行异常和装置故障等告警信号。

保护装置的跳闸信号和告警信号均应接入计算机监控系统；仅保护跳闸、合闸信号启动故障录波。

19. 双母线接线的线路保护出口回路的设计要求是什么？

答：（1）跳闸回路：线路保护以分相跳闸方式跳断路器。

（2）启动失灵回路：分相启动失灵保护。

（3）启动重合闸回路。

（4）纵联保护与收发信机的配合。

20. 列出双母线接线线路保护出口压板（至少 5 块）。

答：保护分相跳闸压板、三相不一致跳闸压板、分相启动失灵出口压板、操作箱的三跳启动失灵压板、重合闸出口压板、过电压跳闸压板、过电压远跳发信压板；过电压跳闸压板、过电压远跳发信压板仅适用于过电压及远方跳闸保护装置独立配置的情况。

21. 220kV 线路保护的软压板有哪些？

答：纵联距离保护：纵联保护、光纤通道一、光纤通道二、载波通道、通道一纵联保护、通道二纵联保护、光纤纵联保护、距离保护、零序过流保护、停用重合闸、远方跳闸保护、过电压保护、远方投退压板、远方切换定值区、远方修改定值。

纵联电流差动保护：纵联差动保护、光纤通道一、光纤通道二、通道一差动保护、通道二差动保护、距离保护、零序过流保护、停用重合闸、远方跳闸保护、过电压保护、远方投退压板、远方切换定值区、远方修改定值。

22. 为什么线路保护及辅助装置不设 GOOSE 接收软压板？

答：（1）在停运设备检修时需要到运行设备进行操作，存在忘投的风险。

（2）现场可操作性复杂，大大增加了软压板数目。

23. 常规变电站线路保护的硬压板有哪些?

答：（1）出口压板：保护分相跳闸、三相不一致跳闸、分相启动失灵出口、操作箱的三跳启动失灵、重合闸出口、过电压跳闸、过电压远跳发信。

注：过电压跳闸压板、过电压远跳发信压板仅适用于过电压及远方跳闸保护装置独立配置的情况。

（2）主保护投入方式一功能压板：纵联保护投/退、光纤通道一投/退、光纤通道二投/退、载波通道投/退（适用于光纤通道和载波通道，可选）、停用重合闸投/退、距离保护投/退、零序过流保护投/退、远方操作投/退、保护检修状态投/退。

（3）主保护投入方式二功能压板：通道一纵联保护投/退、通道二纵联保护投/退、光纤通道纵联保护投/退（适用于光纤通道和载波通道，可选）、载波通道纵联保护投/退（适用于光纤通道和载波通道，可选）、停用重合闸投/退、距离保护投/退、零序过流保护投/退、远方操作投/退、保护检修状态投/退。

（4）“选配功能”功能压板：过电压保护投/退、远方跳闸保护投/退。

（5）备用压板。

24. 智能变电站线路保护的硬压板有哪些?

答：智能变电站线路保护装置只设“远方操作”和“保护检修状态”硬压板，保护功能投退不设硬压板；“远方操作”只设硬压板，“远方投退压板”“远方切换定值区”和“远方修改定值”只设软压板，三者功能相互独立，分别与“远方操作”硬压板采用“与门”逻辑；“保护检修状态”只设硬压板，该压板投入时，对于采用IEC 61850标准的系统，保护装置报文上送带品质位信息。“保护检修状态”压板遥信不置检修状态。

25. 220kV电压等级常规线路保护装置的开关量输入有哪些?

答：（1）断路器位置信号开关量输入：按断路器分相开关量输入。

（2）其他保护动作开关量输入。

（3）纵联电流差动保护的远传开关量输入。

（4）闭锁重合闸开关量输入。

（5）闭锁重合闸回路由操作箱TJR及手跳、手合继电器等实现。

（6）压力低闭锁重合闸开关量输入。

（7）操作箱内的断路器操动机构“压力低闭锁重合触点”的转换继电器应以动断型触点的方式接入重合闸装置的对应回路。

26. 220kV电压等级数字化线路保护装置的开关量输入（非GOOSE开入）有哪些?

答：（1）远方操作投/退。

（2）保护检修状态投/退。

（3）信号复归。

（4）启动打印（可选）。

27. 220kV 电压等级数字化线路保护装置的开关量输入（GOOSE 开入）有哪些?

答：（1）断路器分相跳闸位置 TWJa、TWJb、TWJc。
（2）远传 1。
（3）远传 2。
（4）其他保护动作。
（5）闭锁重合闸（适用于集成重合闸功能，可选）。
（6）低气压闭锁重合闸（断路器未储能闭锁重合闸、适用于集成重合闸功能，可选）。

28. 220kV 电压等级线路保护装置的出口触点有哪些?

答：（1）分相跳闸（6 组+1 组备用）。
（2）永跳（2 组），若闭锁重合闸（2 组）时、无此项。
（3）闭锁重合闸（2 组），若永跳（2 组）时、无此项。
（4）三相不一致跳闸（2 组，适用于集成三相不一致功能，可选）。
（5）重合闸（2 组，适用于集成重合闸功能，可选）。
（6）远传 1 开出（2 组）。
（7）远传 2 开出（2 组）。

29. 220kV 电压等级线路保护装置的信号触点有哪些?

答：（1）保护动作（3 组：1 组保持，2 组不保持）。
（2）重合闸动作（3 组：1 组保持，2 组不保持，适用于集成重合闸功能，可选）。
（3）通道一告警（适用于光纤通道，至少 1 组不保持）。
（4）通道二告警（适用于光纤通道，至少 1 组不保持）。
（5）通道故障（通道一、通道二告警触点串联，至少 1 组不保持，可选）。
（6）运行异常（含 TV、TA 断线，差流异常等，至少 1 组不保持）。
（7）装置故障告警（至少 1 组不保持）。
（8）过负荷告警（适用于集成过流过负荷功能，至少 1 组不保持）。

30. 220kV 电压等级线路保护装置的 GOOSE 出口触点有哪些?

答：（1）分相跳闸。
（2）分相启动失灵（3/2 断路器接线时，同时启动重合闸）。
（3）永跳（若有 4）项时、无此项。
（4）闭锁重合闸（若有 3）项时、无此项。
（5）三相不一致跳闸（适用于集成三相不一致功能，可选）。
（6）重合闸（适用于集成重合闸功能，可选）。

31. 220kV 电压等级线路保护装置的 GOOSE 信号触点有哪些?

答：（1）远传 1 开出。
（2）远传 2 开出。

（3）过电压远跳发信。

（4）保护动作。

（5）通道一告警。

（6）通道二告警。

（7）通道故障。

（8）过负荷告警。

32. 220kV 线路保护装置和其他保护装置的交换信息有哪些？

答：线路保护给母线保护的启动失灵，母线保护给线路保护的其他保护动作。

33. 220kV 双母线接线双套线路保护之间有何联系？

答：当采用单相重合闸方式时，不采用两套重合闸相互启动和相互闭锁方式；当采用三相重合闸方式时，双套线路保护采用两套重合闸相互闭锁方式。

34. 双母线接线重合闸、失灵启动的要求有哪些？

答：（1）对于含有重合闸功能的线路保护装置，设置"停用重合闸"压板。"停用重合闸"压板投入时，闭锁重合闸、任何故障均三相跳闸。

（2）双母线接线的断路器失灵保护，应采用母线保护中的失灵电流判别功能，不配置含失灵电流启动元件的断路辅助装置。

（3）应采用线路保护的分相跳闸触点（信号）启动断路器失灵保护。

（4）常规变电站当线路支路有高抗、过电压及远方跳闸保护等需要三相启动失灵时，采用操作箱内 TJR 触点启动失灵保护。

（5）智能变电站当线路支路有高抗等需要三相启动失灵时，宜由高抗保护直接启动失灵保护。

35. "闭锁重合闸"信号为所有闭锁本套的闭重信号"或"逻辑还是"与"逻辑？

答："或"逻辑，即任意的闭锁本套的闭重信号都要能够闭锁重合闸。

36. 开关 SF_6 压力低是否需要闭锁线路重合闸？为什么？

答：否。因为开关 SF_6 压力低会断开分、合闸回路，当断路器分、合闸回路被 SF_6 压力低闭锁后，如果线路发生故障，无论"SF_6 气压低"信号是否接入保护装置，断路器均会拒动，而重合闸均无法动作。

37. 开关 SF_6 压力低闭锁重合闸应接入哪个开入？

答：压力低闭锁重合闸开关量输入。

38. 弹簧未储能闭重应接哪个开入？

答：压力低闭锁重合闸开关量输入。

39. 液压机构压力低闭重应接哪个开入?

答：压力低闭锁重合闸开关量输入。

40. 线路保护“压力低闭重”应接入哪些信号？控制回路断线闭重能否代替弹簧未储能闭重?

答：线路保护“压力低闭重”应接入 SF_6 气压低闭重、弹簧未储能闭重、断路器油压低闭锁重合闸信号。控制回路断线闭重可以代替弹簧未储能闭重，因为弹簧机构储能期间，会报控制回路断线，在此期间用控制回路断线闭重代替弹簧未储能闭重效果一致。

41. 遥合（手合）为什么要闭锁重合闸?

答：通常认为遥合（手合）时发生的故障为永久性故障，此时不应重合闸，应可靠闭锁重合闸。

42. 220kV 线路保护如何实现手分闭重?

答：操作箱（智能终端）的闭锁重合闸信号由操作箱（智能终端）中的 TJR 及手跳、手合继电器等实现，当手分开关后，操作箱（智能终端）将合成闭锁重合闸信号发给线路保护，实现手分闭锁。

43. 220kV 线路手分开关如何闭锁重合闸?

答：手跳或远方跳闸接点起动 STJ 以及 KKJ 的第二组线圈（继电器返回），STJ 动作后其接点启动中间继电器 ZJ 实现闭锁重合闸，也可通过 KKJ 接点启动继电器 ZJ 给出 KK 分后闭合接点，从而实现闭锁重合闸。

44. 110kV 线路手分开关如何闭锁重合闸?

答：手跳或远方跳闸接点起动 STJ 以及 KKJ 的第二组线圈（继电器返回），STJ 动作后其接点启动中间继电器 ZJ 实现闭锁重合闸，也可通过 KKJ 接点启动继电器 ZJ 给出 KK 分后闭合接点，从而实现闭锁重合闸。

45. 220kV 线路如何实现母差保护跳闸闭重?

答：母差保护通过 TJR（启动失灵、不启动重合闸）跳闸，TJR 触点应接至线路保护装置的三跳开入，实现启动失灵保护和闭锁重合闸功能。

46. 110kV 线路如何实现母差保护跳闸闭重?

答：母差保护通过 TJR（启动失灵、不启动重合闸）跳闸，TJR 触点应接至线路保护装置的三跳开入，实现启动失灵保护和闭锁重合闸功能。

47. 110kV 线路保护如何实现控制回路断线闭重?

答：110kV 线路保护装置通过自身操作回路采集 TWJ 和 HWJ 位置状态判别，或通过控制回路断线闭重采集智能终端或操作箱判别的控制回路断线。当二者任一控制回路断线判别出来时，实现闭锁重合闸的功能。

48. 线路保护采用TWJ作为充电条件存在什么问题？

答：采用跳闸位置（TWJ=0）充电时，断路器在跳闸位置时，保护装置上电而操作箱未上电时，TWJ继电器不动作，保护装置误判为断路器在合闸位置，若此时无其他闭重信号，重合闸将完成充电。操作箱再上电，TWJ继电器动作，TWJ=1，导致不对应误启动重合闸。

49. 110kV线路保护是否需要接入合后位置？

答：110kV线路保护需要接入合后位置KKJ，用以实现以下功能：

（1）实现位置不对应启动重合闸功能，当断路器机构故障偷跳、起动重合闸。

（2）KKJ动作后通过中间继电器ZJ给出KK合后闭合接点，通过电阻与电容构成手动合闸脉冲展宽回路，当手动或远方合闸时，电容充电；当手合KK接点返回后，电容SHJ放电使其继续动作一段时间，以保证当手合或远方合到故障线路上时保护可加速跳闸。

50. 线路保护采集断路器开关位置有何意义？

答：线路保护主要采集断路器跳位，即TWJ辅助接点的状态，但TWJ辅助接点闭合时表示开关在分闸位置，可用于闭锁重合闸，或判断手合于故障时加速跳闸。

51. 线路保护采用母线电压的模式，如何满足十八项反措对于单一元件故障不应影响多套保护的要求？

答：110kV及以下电压等级与220kV及以上电压等级保护配置方式不一致。

110kV及以下电压等级线路保护单套配置，对应电压切换箱（回路）应单套配置。为防止单套配置的线路保护失去电压，本标准规定单套配置的电压切换箱（回路）的隔离开关辅助接点应采用双位置输入方式。

220kV及以上电压等级线路、主变压器保护双重化配置，对应电压切换箱（回路）双套配置。当保护、电压切换箱（回路）均双套配置时，允许其中一套短时失压。因此，双套配置的电压切换箱（回路）的隔离开关辅助接点采用单位置输入方式。

52. 电压切换功能适用于哪些电压回路？

答：适用于双母接线的保护装置电压回路，此类保护装置的电压有可能取自Ⅰ母的，也可能取自Ⅱ母，除了母线隔离开关双跨之外，通过母线隔离开关位置，从硬件上实现母线电压的自动选取并切换。

53. 常规变电站，电压互感器二次电压回路为何需要经过隔离开关位置隔离？

答：防止TV的一次侧断开或接于未带电的一次母线，而二次侧带电时，二次向一次反充电。

54. 合闸保持继电器线圈与开关机构防跳继电器线圈需要满足何种配合条件?

答：合闸保持继电器线圈与开关机构防跳继电器线圈电压分配需合理，要求合理选择此回路中操作箱合闸保持继电器 HBJ 及其电阻、开关机构防跳继电器及其电阻，且需保证 HBJ 对合闸回路电流在一定大小的范围内。

55. 在目前普遍采用机构防跳的情况下，为何智能终端（操作箱）仍保留防跳回路?

答：由于智能终端（操作箱）的防跳回路在断路器控制置于就地方式时不能起到防跳的作用，为保证断路器在远方操作和就地操作时均有防跳功能，要求优先采用断路器本体防跳。考虑到早期断路器不满足本体防跳的要求，智能终端（操作箱）内应具备防跳功能，根据实际情况方便地取消。

56. 若要实现 220kV 线路保护远跳保护逻辑，其 GOOSE 信息应如何拉线?

答：220kV 线路保护远跳实现方式如表 3-27 所示。

表 3-27　　220kV 线路保护远跳虚回路

线路保护虚端子名称	典型软压板	信息流向	对侧装置	母差保护虚端子名称
其他保护动作-1	—	<<<<	第一套母差保护	支路 6_保护跳闸

“其他保护动作-1”接收母差保护远跳信号，采用母差保护该支路跳闸出口（去智能终端）同一个虚端子、同一块软压板。

57. 智能变电站采用母设合并单元就地采样模式，不存在电压二次回路并列的情况，电压互感器二次电压回路是否仍需要经隔离开关位置隔离？为什么?

答：仍需要经隔离开关位置隔离。防止电压互感器及母设合并单元检修时，在母设合并单元模拟量输入端子排上二次加压反充电产生的危害。

58. 110kV 线路保护与线路合并单元之间的信息流是怎样的?

答：线路保护经点对点直采光纤到相应合并单元，实现电压电流量采集功能，具体信息流如表 3-28 所示。

表 3-28　　110kV 线路保护与线路合并单元 SV 信息流列表

线路保护虚端子名称	典型软压板	信息流向	对侧装置	合并单元虚端子名称
MU 额定延时	SV 接收	<<<<	线路合并单元	额定延迟时间
保护 A 相电压 U_{a1}		<<<<		级联保护电压 A 相 1
保护 A 相电压 U_{a2}		<<<<		级联保护电压 A 相 2
保护 B 相电压 U_{b1}		<<<<		级联保护电压 B 相 1
保护 B 相电压 U_{b2}		<<<<		级联保护电压 B 相 2
保护 C 相电压 U_{c1}		<<<<		级联保护电压 C 相 1

续表

线路保护虚端子名称	典型软压板	信息流向	对侧装置	合并单元虚端子名称
保护C相电压 U_{c2}	SV 接收	<<<<	线路合并单元	级联保护电压C相2
同期电压 U_{x1}		<<<<		同期电压1
同期电压 U_{x2}		<<<<		同期电压2
保护A相电流 I_{a1}（正）		<<<<		保护1电流A相1
保护A相电流 I_{a2}（正）		<<<<		保护1电流A相2
保护B相电流 I_{b1}（正）		<<<<		保护1电流B相1
保护B相电流 I_{b2}（正）		<<<<		保护1电流B相2
保护C相电流 I_{c1}（正）		<<<<		保护1电流C相1
保护C相电流 I_{c2}（正）		<<<<		保护1电流C相2

59. 110kV 线路保护线路智能终端之间的信息流是怎样的?

答：线路保护经点对点直跳光纤到相应智能终端，完成断路器的跳合闸功能并通过直跳光纤接收断路器的位置等信号，具体信息流如表3-29。

表3-29　　110kV 线路保护与110kV 线路智能终端 GOOSE 信息流列表

线路保护虚端子名称	典型软压板	信息流向	对侧装置	智能终端虚端子名称
断路器位置	—	<<<<	线路智能终端重合	总断路器位置（双点）
闭锁重合闸-1	—	<<<<		闭锁重合闸
低气压（弹簧未储能）闭重	—	<<<<		低气压（弹簧未储能）
控制回路断线1闭重	—	<<<<		控制回路断线
HWJ1	—	<<<<		HWJ
TWJ	—	<<<<		TWJ
合后位置（可选）	—	<<<<		KKJ 合后位置
保护跳闸	保护跳闸	>>>>		线路跳闸1
重合闸	重合闸	>>>>		重合1
永跳	永跳	>>>>		闭重跳闸1

60. 智能变电站 110kV 线保护是否需接入控制回路断线闭重? 为什么?

答："控制回路断线闭重"可不接，考虑重合闸充电均在合位，此时控制回路断线表示跳闸回路故障，无法跳闸，重合闸应不会动作。如接入此回路，应确保线路保护"控制回路断线闭重"开入具有一定的延时才放电。

61. 智能变电站 110kV 线路保护是否需接入弹簧未储能闭重?

答：需要，接入线路保护的"低气压闭锁重合闸"开入。

62. 智能变电站 110kV 线保护是否需接入"HWJ""TWJ"? 为什么?

答："HWJ""TWJ"根据不同厂家设备接入要求不同。部分厂家要求接入"HWJ"

“TWJ”，不需要接入“合后位置（可选）”；部分厂家要求接入“合后位置（可选）”，不需要接入“HWJ”“TWJ”。

63. 按间隔配置的合并单元如何接受电压、电流信号？

答：按间隔配置的合并单元应接收来自本间隔电流互感器的电流信号，若本间隔有电压互感器，还应接入本间隔电压信号。若本间隔二次设备需接入母线电压，还应级联接入来自母线电压合并单元的母线电压信号。

64. 线路保护采用线路电压互感器时，间隔合并单元需要做哪些调整？

答：间隔合并单元的电压直接通过线路电压互感器模拟量采样得到，不需切换，而同期电压从母线合并单元级联得到，需进行电压切换。

65. 双套配置的智能终端对低气压闭锁重合这个遥信信息如何采集？

答：开关机构提供两组“压力低（弹簧未储能）闭锁重合闸”（通常采用动合接点）接点，分别作为普通遥信接入两套智能终端，生成 GOOSE 信号后，分别接入两套线路保护“低气压闭锁重合闸”开入，实现闭重功能。

66. 断路器智能终端闭锁本套重合闸的组合逻辑是什么？

答：遥合（手合）、遥跳（手跳）、TJR、TJF、闭锁重合闸开入、本智能终端上电的“或”逻辑。

67. 双重化配置智能终端时，应具有输出至另一套智能终端的闭重触点，其逻辑是什么？

答：智能终端具备“闭锁重合闸”硬接点开出，用于闭锁另一套重合闸。该接点在手（遥）分开关、母差保护跳闸、线路保护永跳/三跳、线路保护闭重等情况下均可开出。智能终端同时具备“闭锁重合闸”硬开入，用于接收来自另一套智能终端的闭锁重合闸信号。

68. 智能变电站线路保护的“低气压闭锁重合闸”开入应如何接？

答：将开关机构提供的“压力低（弹簧未储能）闭锁重合闸”（通常采用动合接点）接点作为普通遥信接入智能终端，生成 GOOSE 信号后，接入线路保护“低气压闭锁重合闸”开入，实现闭重功能。

69. 智能变电站线路保护虚端子“断路器位置”有什么要求？

答：智能变电站线路保护的断路器位置一般要求双点 GOOSE 开入，220kV 接入分相断路器位置，110kV 接入三相断路器位置。

70. 智能终端“闭锁重合闸”开出的特点是什么？

答：双重化配置两套智能终端间互发闭锁重合闸，智能终端在收到保护装置的闭锁重合闸 GOOSE 开入后，闭锁本套保护重合闸，同时开出与另一套智能终端配合的闭锁重合闸，再由其发给自己的保护装置，从而实现双套保护互发闭锁重合闸。保护和智能终端通过光纤连接，两套智能终端之间的闭锁重合闸开入通过硬电缆连接。

71. 智能终端哪些情况下需要输出"闭锁本套重合闸"信号？

答：遥合（手合）、遥跳（手跳）、TJR、TJF、闭锁重合闸开入、本智能终端上电。

72. 智能终端如何判断控制回路断线？是否带一定延时？

答：通过在跳合闸出口接点上并联光耦监视回路，装置能够监视断路器跳合闸回路的状态。图 3-37 是合闸回路监视原理图，当合闸回路导通时，光耦输出为"1"。图 3-38 是跳闸回路监视原理图，当跳闸回路导通时，光耦输出为"1"。

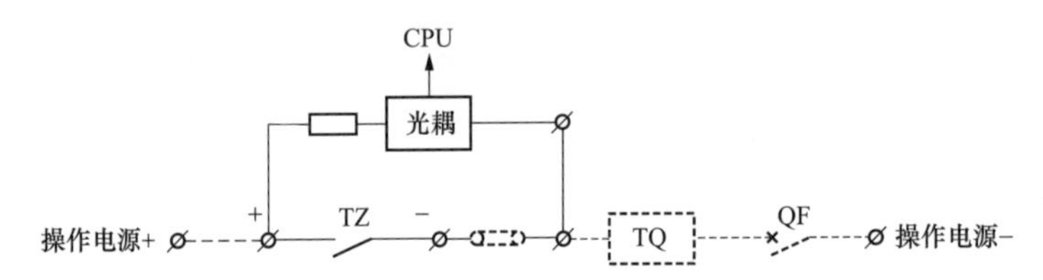

图 3-37 合闸回路状态监视原理图

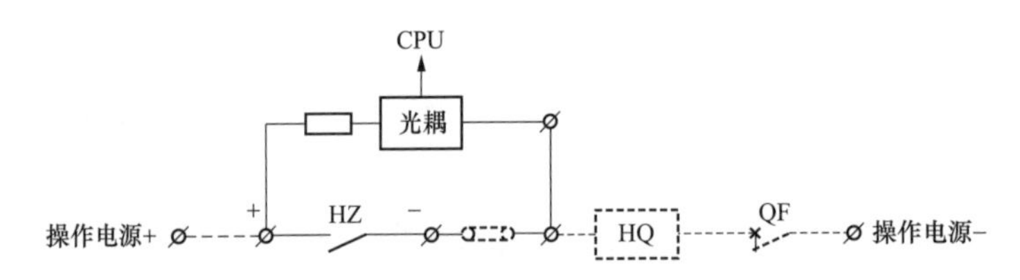

图 3-38 跳闸回路状态监视原理图

同时，装置通过与光耦开入得到的跳合位状态进行比较，可以进一步得出跳合闸回路的异常状况：如果经光耦开入的跳位为"1"、合位为"0"，而合闸回路的状态为"0"，则给出合闸回路异常报警；如果经光耦开入的合位为"1"、跳位为"0"，而跳闸回路的状态为"0"，则给出跳闸回路异常报警，如图 3-39 所示。

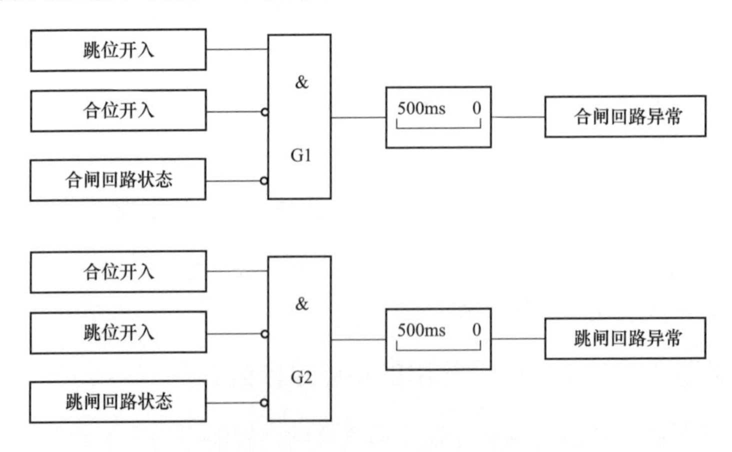

图 3-39 跳、合闸回路异常判断

当任一相的跳闸回路和合闸回路同时为断开状态，或跳闸回路异常、合闸回路异常时给出控制回路断线信号，如图 3-40 所示。

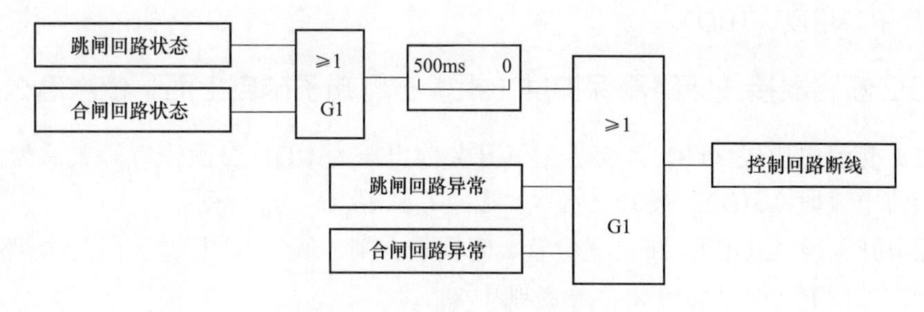

图 3-40 控制回路断线判断

73. 220kV 线路两套智能终端之间是否需要互相闭锁回路，为什么？

答：智能变电站 220kV 线路保护重合闸双套配置，若保护采用三相重合闸方式，当手（遥）分开关或合闸回路断线时需要同时给两套重合闸放电，而仅第一套智能终端有完整的手（遥）分开关回路及合闸回路断线监视回路。因此，第二套重合闸需通过第一套智能终端获取放电信息。若保护采用单相重合闸方式，则不需要互相闭锁。

74. 简述常规变电站 3/2 断路器接线的线路、过电压及远方跳闸保护组屏（柜）方案。

答：线路保护 1 屏（柜）：主保护、后备保护 1+（过电压及远方跳闸保护 1）；
线路保护 2 屏（柜）：主保护、后备保护 2+（过电压及远方跳闸保护 2）。

注：括号内的功能可根据电网具体情况选配。

75. 简述断路器保护组屏（柜）方案。

答：断路器保护装置 1 台+分相操作箱或断路器操作继电器接口。

76. 简述短引线保护组屏（柜）方案。

答：短引线保护装置 4 台，按串集中组屏（柜），不分散布置在断路器保护柜中。

77. 3/2 断路器接线断路器保护屏（柜）左侧端子排自上而下依次怎么排列？

答：（1）直流电源段（ZD）：本屏（柜）所有装置直流电源均取自该段。
（2）强电开入段（4Q1D）：接收第一套保护跳、合闸，重合闸压力闭锁等开入信号。
（3）强电开入段（4Q2D）：接收第二套保护跳闸等开入信号。
（4）出口段（4C1D）：至断路器第一组跳、合闸线圈。
（5）出口段（4C2D）：至断路器第二组跳闸线圈。
（6）保护配合段（4P1D）：与第一套保护配合。
（7）保护配合段（4P2D）：与第二套保护配合。
（8）保护配合段（4P3D）：与断路器保护配合。

（9）信号段（4XD）：含控制回路断线、电源消失、保护跳闸、事故音响等。

（10）录波段（4LD）：分相跳闸、三相跳闸、合闸触点。

（11）集中备用段（1BD）。

78. 3/2断路器接线断路器保护屏（柜）右侧端子排自上而下依次怎么排列？

答：（1）交流电压段（UD）：交流空气开关前电压为UD，交流空气开关后为3UD。

（2）交流电流段（3ID）：按I_a、I_b、I_c、I_n，I'_a、I'_b、I'_c、I'_n排列。

（3）强电开入段（3QD）：断路器位置、闭锁重合闸、低气压闭锁重合闸（断路器未储能闭锁重合闸）、分相/三相启动失灵、重合闸开入。

（4）对时段（OD）：接受GPS硬触点对时。

（5）弱电开入段（3RD）：断路器位置、闭锁重合闸、低气压闭锁重合闸（断路器未储能闭锁重合闸）、分相/三相启动失灵、重合闸开入。

（6）出口正段（3CD）：失灵保护跳相关断路器、重合闸出口正端。

（7）出口负段（3KD）：失灵保护跳相关断路器、重合闸出口负端。

（8）信号段（3XD）：保护动作、重合闸动作、运行异常、装置故障告警等信号。

（9）遥信段（3YD）：保护动作、重合闸动作、运行异常、装置故障告警等信号。

（10）录波段（3LD）：保护动作、重合闸动作。

（11）网络通信段（TD）：网络通信、打印接线和IRIG-B（DC）时码对时。

（12）交流电源（JD）。

（13）集中备用段（2BD）。

79. 两回出线的短引线保护集中组柜如何布置？

答：左侧端子排，自上而下依次排列如下：

（1）交流电流段（ID）：3～10ID、4～10ID。

（2）直流电源段（3ZD）：左侧保护直流电源。

（3）强电开入段（QD）：3～10QD、4～10QD。

（4）对时段（3OD）：左侧保护接受GPS硬触点对时。

（5）出口段（CD）：3～10CD、4～10CD。

（6）信号段（XD）：3～10XD、4～10XD。

（7）遥信段（YD）：3～10YD、4～10YD。

（8）录波段（LD）：3～10LD、4～10LD。

（9）网络通信段（TD）：网络通信、打印接线和IRIG-B（DC）时码对时。

（10）集中备用段（1BD）。

右侧端子排，自上而下依次排列如下：

（1）交流电流段（ID）：1～10ID、2～10ID。

（2）直流电源段（1ZD）：右侧保护直流电源。

（3）强电开入段（QD）：1～10QD、2～10QD。

（4）对时段（1OD）：右侧保护接受GPS硬触点对时。

（5）出口段（CD）：1～10CD、2～10CD。

（6）信号段（XD）：1～10XD、2～10XD。

（7）遥信段（YD）：1～10YD、2～10YD。

（8）录波段（LD）：1～10LD、2～10LD。

（9）交流电源（JD）。

（10）集中备用段（2BD）。

80. 简述双母线接线的两面屏（柜）方案。

答： 线路保护 1 屏（柜）：线路保护、重合闸 1+分相操作箱或断路器操作继电器接口 1+电压切换箱 1+（过电压及远方跳闸保护 1）。

线路保护 2 屏（柜）：线路保护、重合闸 2+（分相操作箱或断路器操作继电器接口 2）+电压切换箱 2+（过电压及远方跳闸保护 2）。

第六节 运 行 检 修

1. 简述线路保护装置异常处理方法。

答： 线路保护装置告警信息及处理方法见表 3-30。

表 3-30 保护告警信息及处理方法

序号	告警名称	告警含义	后台光字牌	装置面板指示灯	对保护设备的影响	信号是否保持	现场运行时处理方法
1	定值校验出错	管理板定值与 DSP 板的定值不一致	运行异常和装置故障	异常灯亮，运行灯灭	所有保护功能退出	保持	通知检修人员处理
2	板卡配置错误	装置的板卡配置出错	运行异常和装置故障	异常灯亮，运行灯灭	所有保护功能退出	保持	通知检修人员处理，检查板卡信息设置
3	通信传动报警	进入通信传动状态的提示信息	运行异常	异常灯亮	不影响保护功能	自动恢复	长时间不返回时通知检修人员处理
4	定值修改	定值修改后出现的提示报警	运行异常	异常灯亮	不影响保护功能	自动恢复	确定是否进行了定值修改操作
5	保护 DSP 定值出错	保护 DSP 定值出现错误	运行异常和装置故障	异常灯亮，运行灯灭	所有保护功能退出	保持	通知检修人员处理，更换保护装置
6	保护 DSP 内存出错	保护 DSP 内存出现错误	运行异常和装置故障	异常灯亮，运行灯灭	所有保护功能退出	保持	通知检修人员处理，更换保护装置
7	保护 DSP 采样出错	保护 DSP 采样出现错误	运行异常和装置故障	异常灯亮，运行灯灭	所有保护功能退出	保持	通知检修人员处理，更换保护装置
8	保护 DSP 装置类型配置出错	保护 DSP 装置类型配置出现错误	运行异常和装置故障	异常灯亮，运行灯灭	所有保护功能退出	保持	通知检修人员处理，更换保护装置

续表

序号	告警名称	告警含义	后台光字牌	装置面板指示灯	对保护设备的影响	信号是否保持	现场运行时处理方法
9	保护DSP校验出错	保护DSP判断启动DSP出现异常	运行异常和装置故障	异常灯亮，运行灯灭	所有保护功能退出	保持	通知检修人员处理，更换保护装置
10	启动DSP定值出错	启动DSP定值出现错误	运行异常和装置故障	异常灯亮，运行灯灭	所有保护功能退出	保持	通知检修人员处理，更换保护装置
11	启动DSP内存出错	启动DSP内存出现错误	运行异常和装置故障	异常灯亮，运行灯灭	所有保护功能退出	保持	通知检修人员处理，更换保护装置
12	启动DSP采样出错	启动DSP采样出现错误	运行异常和装置故障	异常灯亮，运行灯灭	所有保护功能退出	保持	通知检修人员处理，更换保护装置
13	启动DSP装置类型配置出错	启动DSP装置类型配置出现错误	运行异常和装置故障	异常灯亮，运行灯灭	所有保护功能退出	保持	通知检修人员处理，更换保护装置
14	启动DSP校验出错	启动DSP判断保护DSP出现异常	运行异常和装置故障	异常灯亮，运行灯灭	所有保护功能退出	保持	通知检修人员处理，更换保护装置
15	跳合出口回路异常	保护跳闸回路出现异常	运行异常和装置故障	异常灯亮，运行灯灭	所有保护功能退出	保持	通知检修人员处理，更换保护装置
16	长期启动报警	装置一致启动超过50s或上电时就已经处于启动状态	运行异常	异常灯亮	不影响保护功能	自动恢复	通知检修人员检查装置启动的原因
17	零序长期启动	零序一直启动超过10s	运行异常	异常灯亮	不影响保护功能	自动恢复	通知检修人员检查装置零序启动的原因
18	TV断线	三相电压相量和大于8V，保护不启动，延时1.25s发告警信号，三相电压相量和小于8V，但正序电压小于33V时延时1.25s发告警信号	运行异常	异常灯亮	退出距离保护和工频变化量阻抗，零序过流Ⅱ段退出，零序过流Ⅲ段不经方向控制	自动恢复	如操作引起可不必处理。如运行中报警，检查保护TV二次回路完好性
19	保护TV中性线断线	保护TV中性线回路异常	运行异常	异常灯亮	不影响保护功能	自动恢复	通知检修人员检查线路TV二次回路
20	TA断线	自产零序电流小于0.75倍外接零序电流，或外接零序电流小于0.75倍自产零序电流时，延时200ms发告警信号；有自产零序电流而无零序电压，且至少有一相无流，则延时10s发告警信号	运行异常	异常灯亮	在装置总启动元件中不进行零序过流元件启动判别，零序过流保护Ⅱ段不经方向元件控制，退出零序过流Ⅲ段。差动保护由TA断线闭锁差动控制字来决定是否闭锁断线相	自动恢复	检查TA外回路无异常，若不恢复通知检修人员处理

续表

序号	告警名称	告警含义	后台光字牌	装置面板指示灯	对保护设备的影响	信号是否保持	现场运行时处理方法
21	跳闸位置开入异常	线路有电流但 TWJ 动作，或三相不一致，10s 延时报警	运行异常	异常灯亮	不影响保护功能	自动恢复	通知检修人员检查 TWJ 回路
22	重合方式整定错	单相重合闸、三相重合闸、禁止重合闸和停用重合闸中有且仅有一个控制字置“1”，否则告警	运行异常	异常灯亮	按停用重合闸处理	自动恢复	通知检修人员检查重合闸方式控制字是否仅有1项置“1”
23	其他保护动作异常	发其他保护动作开入或收其他保护动作异常信号超过 4s 发告警信号	运行异常	异常灯亮	告警后闭锁远跳功能，即使接收到远跳命令也不跳闸	自动恢复	通知检修人员检查本侧或者对侧装置的远跳回路是否有远跳信号长期开入
24	通道一无有效帧	纵联通道一在 400ms 内收不到对侧数据	运行异常	异常灯亮（本侧通道一差动功能投入时）	保护装置接收不到正确数据退出通道一差动保护，接收正常数据后自动投入通道一差动保护	自动恢复	通知检修人员检查通道一完好性
25	通道一识别码错	装置纵联通道一收到的识别码与定值中的对侧识别码定值不符	运行异常	异常灯亮（本侧通道一差动功能投入时）	保护装置接收不到正确识别码退出通道一差动保护，接收正常数据后自动投入通道一差动保护	自动恢复	通知检修人员检查通道一完好性，同时检查识别码定值是否整定有误
26	通道一严重误码	纵联通道一误码率超过 10^{-5} 时告警	运行异常	异常灯亮（本侧通道一差动功能投入时）	保护装置接收不到正确数据就退出通道一差动保护，接收正常数据后自动投入通道一差动保护	自动恢复	通知检修人员检查通道一完好性
27	通道一连接错误	通道一与通道二存在交叉连接，延时 100ms 发告警信号	运行异常	异常灯亮（本侧通道一差动功能投入时）	不影响保护功能	自动恢复	通知检修人员检查通道一、通道二收、发尾纤是否存在交叉连接
28	通道一通道异常	通道一告警总异常信号，通道一无有效帧或者识别码错	运行异常	异常灯亮（本侧通道一差动功能投入时）	保护装置接收不到正确数据就退出通道一差动保护，接收正常数据后自动投入通道一差动保护	自动恢复	通知检修人员检查通道一
29	通道一差动退出	保护启动后，若通道一出现误码或丢帧发告警信号	运行异常	异常灯亮（本侧通道一差动功能投入时）	通道一差动保护退出	自动恢复	通知检修人员检查通道一
30	通道一长期有差流	通道一实际差流超过差动保护定值，延时 10s 发告警信号	运行异常	异常灯亮（本侧通道一差动功能投入时）	由“TA 断线闭锁差动”控制字来决定是否闭锁差动保护	自动恢复	通知检修人员检查本侧或对侧 TA 回路

续表

序号	告警名称	告警含义	后台光字牌	装置面板指示灯	对保护设备的影响	信号是否保持	现场运行时处理方法
31	通道一补偿参数出错	装置计算出的电容电流与实际通道一差动电流不符时发告警信号	运行异常	异常灯亮（本侧通道一差动功能投入时）	通道一退出电容电流补偿功能	自动恢复	通知检修人员检查补偿参数定值是否与实际线路匹配
32	通道一 TA 变比失配	线路两侧 TA 一次额定值整定错误	运行异常	异常灯亮	通道一差动保护退出	自动恢复	通知检修人员检查线路两侧 TA 一次额定值是否正确
33	通道一差动自环异常	线路两侧识别码整定相同且通道互换连接	运行异常	异常灯亮	通道一差动保护退出	自动恢复	通知检修人员检查线路两侧识别码值整定是否正确
34	通道一两侧差动投退不一致	线路两侧通道一差动保护功能压板投退不一致	运行异常	异常灯亮	通道一差动保护退出	自动恢复	运维人员检查线路两侧通道一差动保护压板状态
35	通道一同步异常	通道一两侧采样同步异常	运行异常	异常灯亮（本侧通道一差动功能投入时）	通道一差动保护退出	自动恢复	通知检修人员检查通道一
36	GOOSE 配置文件出错	STRAP 与 GOOSE 配置文件不匹配或出错	运行异常	异常灯亮	GOOSE 功能不能正常运行	自动恢复	通知厂家人员检查相关配置
37	GOOSE 总告警	GOOSE 总告警信号	运行异常	异常灯亮	详见具体告警信号	自动恢复	结合具体GOOSE报警信号处理
38	对时异常	对时信号异常总信号	无	无	不影响保护功能	自动恢复	检查对时的设置及对时信号的连接情况
39	对时信号状态	对时信号异常	无	无	不影响保护功能	自动恢复	检查对时的设置及对时信号的连接情况
40	对时服务状态	对时信号异常	无	无	不影响保护功能	自动恢复	检查对时的设置及对时信号的连接情况
41	时间跳变帧测状态	对时信号异常	无	无	不影响保护功能	自动恢复	检查对时的设置及对时信号的连接情况

2. 在对线路保护装置进行哪些工作时应停用整套保护?

答：（1）在线路保护装置上使用的交流电流、电压、开关量输入输出回路上工作时。

（2）线路保护装置内部作业时。

（3）继电保护人员输入或修改定值影响装置运行时。

3. 对于级联的数据，若间隔检修，级联数据检修状态怎么判断?

答：对于级联的数据，母线合并单元和线路间隔合并单元中的任意一个置检修，级联数据即为检修状态。

4. 当智能变电站线路保护装置“运行”灯熄灭时，应如何确定灭灯原因?

答：投入保护装置检修状态压板，重启保护装置，若恢复正常，则为运行不稳定引起，若未恢复，检查装置报告，确定造成“运行”灯熄灭的报告，并定位所对应的装置故障原因和影响范围，确定现场处置措施。

5. 当线路保护装置“异常”灯点亮时，应如何确定点灯原因?

答：投入保护装置检修状态压板，重启保护装置，若恢复正常，则为运行不稳定引起，若未恢复，检查装置报告，确定造成“异常”灯点亮的报告，并定位所对应的装置异常原因和影响范围，确定“异常”是否由TV断线、TA断线、控制回路断线、通道告警等原因引起，然后进行后续排查。

6. 当线路保护装置“纵联保护闭锁”灯点亮时，应如何确定点灯原因?

答：投入保护装置检修状态压板，重启保护装置，若恢复正常，则为运行不稳定引起，若未恢复，则因检查“纵联保护闭锁”是否由通道中断，本侧对侧通道识别码不对应，两台纵联保护通道压板不对应等原因引起，然后进行后续排查。

7. 如何检查线路保护双AD不一致对差动保护的影响?

答：投入纵联差动保护功能压板，投入纵联差动保护控制字，退出其他保护功能控制字。将线路保护纵联通道自环状态并整定定值为自环，检查通道延时和误码率合格。通过数字继电保护测试仪模拟一路采样值出现数据畸变的情况，输入保护测量电流1.05×0.5倍差动电流定值的故障电流，启动测量电流0.95×0.5倍差动电流定值的故障电流，同时品质位有效，保护正确不动作。

8. 一次设备不停电情况下，220kV线路保护传动母差时需要执行的安全措施是什么?

答：（1）退出智能终端跳闸出口硬压板。

（2）对应母差保护改信号，线路保护改信号。

（3）投入线路保护和对应母差保护检修压板。

（4）断开保护装置背板纵联光纤。

9. 一次设备停电情况下，220kV线路保护传动智能终端时需要执行的安全措施是什么?

答：（1）退出母差保护相应支路SV接收软压板。

（2）退出母差保护中相应支路GOOSE启动失灵接收软压板。

（3）退出线路保护中GOOSE启动失灵发送软压板。

（4）放上线路保护及其智能终端检修压板。

10．220kV 线路保护异常缺陷处理安措怎么布置?

答：220kV 线路保护按双重化配置，当线路第一（二）套保护装置异常时影响设备为：线路第一（二）套智能终端、220kV 第一（二）套母差保护装置。检修安措主要考虑将线路第一（二）套纵联保护、线路第一（二）套微机保护改信号，若处理中发现为合并单元、智能终端问题则相应地增加补充安措，如线路改停用、母差改信号等。

11．110kV 线路保护异常缺陷处理安措怎么布置?

答：（1）110kV 线路保护按单套配置，当线路保护装置异常时，线路将失去保护，检修安措主要考虑将 110kV 线路改冷备用。

（2）110kV 线路保护异常缺陷处理参照 220kV 线路保护异常缺陷处理部分。

12．220kV 线路保护 SV 采样异常可能的原因?

答：（1）线路合并单元：软件原因、CPU 板件故障、通信板件故障、其他插件故障。

（2）线路保护：软件原因、通信板故障。

（3）光纤：光纤或熔接口故障。

13．220kV 线路保护开入异常如何检查分析?

答：（1）查看线路保护开入量状态，如果是硬接点开入异常，检查回路无异常，可判断线路保护开入插件异常。

（2）如果线路保护开入插件无异常，查看其 GOOSE 开入，如果 GOOSE 开入异常，可根据具体开入判断智能终端异常或母线保护异常。

（3）在智能终端发送光纤处抓包，若无报文或报文异常，可判断为智能终端异常。

（4）在网络分析仪查看母线保护报文（或抓包查看），若无报文或报文异常，可判断为母线保护故障。

14．220kV 线路保护检验时如何进行光功率的检查?

答：（1）检验方法一：用待测光纤连接发送端口的发送功率减去接收端口的接收功率，即得到待测光纤的衰耗。

（2）检验方法二：首先用一根尾纤跳线（衰耗小于 0.5dB）连接光源和光功率计，光功率计记录下此时的光源发送功率。

然后将待测试光纤分别连接光源和光功率计，记录下此时光功率计的功率值。用光源发送功率减去此时的光功率计功率值，得到测试光纤的衰耗值。

15．如何检查虚端子回路?

答：根据设计虚端子表，运用 SCD 可视化查看软件检查 SV 和 GOOSE 虚端子连线有没有错位、少连或者多连的情况。如果合并单元模型文件中没有或错连所需的 SV 采样量、智能终端模型文件中没有或错连所需的 GOOSE 信息，均需更改 SCD 文件。通过 SCD 可视化查看软件检查虚端子连接情况。

16. 220kV 线路保护的母差远跳开入和闭锁重合闸开入如何检查?

答:(1)退出母差保护其他支路所有 GOOSE 出口软压板。
(2)投入母差保护对应该支路 GOOSE 出口软压板。
(3)模拟母线保护故障或母差开出传动。
(4)检查线路保护远方跳闸开入和闭锁重合闸(简称闭重)开入。
(5)依次退出(2)(3)中的软压板,进行反向逻辑验证。

17. 在 220kV 线路一次设备不停电情况下,智能终端消缺时需要执行的安全措施是什么?

答:(1)投入对应母差保护中该间隔隔离开关强制软压板。
(2)取下该智能终端出口硬压板,投入装置检修压板。
(3)退出该间隔线路保护 GOOSE 出口软压板、启动失灵发送软压板。
(4)断开智能终端背板光纤,解开至另外一套智能终端闭锁重合闸回路。
(5)如需进一步验证智能终端相关二次回路,则需将相对应的线路保护和母差保护陪停。

18. 220kV 线路一次设备不停电情况下,合并单元消缺时需要执行的安全措施是什么?

答:(1)将对应线路保护改停用。
(2)将对应母差保护改停用。
(3)投入合并单元检修压板,拔出至线路保护和母差保护的 SV 采样尾纤。

19. 一次设备停电情况下,220kV 线路保护传动智能终端时需要执行的安全措施是什么?

答:(1)退出母差保护相应支路 SV 接收软压板。
(2)退出母差保护中相应支路 GOOSE 启动失灵接收软压板、GOOSE 跳闸出口软压板。
(3)退出线路保护中 GOOSE 启动失灵发送软压板。
(4)投入线路保护及其智能终端检修压板。

20. 一次设备停电情况下,220kV 线路智能终端消缺时需要执行的安全措施是什么?

答:(1)投入智能终端检修硬压板。
(2)断开智能终端背板光纤。

21. 220kV 线路保护装置死机如何进行检查分析?

答:(1)检查装置工作电源是否正常,异常则检查电源回路。
(2)检查后台是否有保护装置相关异常告警信息。
(3)检查保护装置与智能终端链路通信是否正常。

（4）检查装置异常信号灯是否点亮或异常硬接点是否闭合。

22. 220kV 线路保护装置死机如何进行消缺及验证？

答：（1）若电源板故障，更换后做电源模块试验，并检查所有与线路保护相关的链路通信正常。

（2）若程序升级或更换 CPU 板，更换后进行完整的线路保护功能测试。

（3）若通信插件或其他插件故障，更换后测试该插件的功能。

23. 220kV 线路保护装置与合并单元 SV 链路中断如何检查分析？

答：（1）检查后台，若合并单元有异常信号或多套与该合并单元相关的保护装置有 SV 断链信号，则初步判断为合并单元故障，检查合并单元。

（2）若仅有本间隔保护 SV 链路中断信号，则检查光纤是否完好，光纤衰耗、光功率是否正常，若异常，则判断光纤或熔接口故障。

（3）在合并单元 SV 发送端抓包，若抓包报文异常（合并单元不发送数据或发送数据与保护配置不同，包括 MAC、APPID、版本号、数据集个数等），则判断为合并单元故障。

（4）在保护装置 SV 接收端光纤处抓包，若报文正常，则判断为保护装置故障。

24. 220kV 线路保护装置与合并单元 SV 链路中断如何消缺与验证？

答：（1）合并单元故障，若电源板故障，更换后做电源模块试验，并检查所有与合并单元相关的链路通信是否正常及相关保护的采样值是否正常；若程序升级或更换 CPU 板、通信板，更换后进行完整的合并单元测试；若其他插件故障，更换后测试该插件的功能。

（2）线路保护装置故障，若电源板故障，更换后做电源模块试验，并检查所有与保护装置相关的链路通信是否正常；若程序升级或更换 CPU 板、通信板，更换后进行完整的保护功能测试；若其他插件故障，更换后测试该插件的功能。

（3）光纤或熔接口故障，则更换备芯或重新熔接光纤，更换后测试光功率正常，链路中断恢复。

25. 建设 220kV 线路保护装置与智能终端 GOOSE 链路中断的可能原因。

答：（1）智能终端：软件原因、CPU 板件故障、电源板件故障、通信板件故障、其他插件故障。

（2）保护装置：软件原因、CPU 板件故障、电源板件故障、通信板件故障、其他插件故障。

（3）光纤或熔接口故障。

26. 220kV 线路保护装置与智能终端 GOOSE 链路中断如何检查分析？

答：（1）查看后台，若有多套保护与该智能终端链路断链或智能终端本身有异常信号上送，可初步判断为智能终端故障，检查智能终端。

（2）若智能终端正常，检查光纤是否完好，光纤衰耗、光功率是否正常，若异常，则判断光纤或熔接口故障。

（3）可在智能终端处抓包，若无报文或报文异常，可判断为智能终端故障。

（4）在保护接收光纤处抓包，若报文正常，可判断为保护故障。

27. 220kV线路保护装置与智能终端GOOSE链路中断如何消缺及验证?

答：（1）智能终端故障。若电源板故障，更换后做电源模块试验，并检查所有与智能终端相关的链路通信是否正常及相关保护、测控、监控后台等的信号显示是否正常；若程序升级或更换CPU板、通信板，更换后进行完整的智能终端测试；若其他插件故障，更换后测试该插件的功能。

（2）保护装置故障。若电源板故障，更换后做电源模块试验，并检查所有与保护装置相关的链路通信是否正常；若程序升级或更换CPU板、通信板，更换后进行完整的保护功能测试；若其他插件故障，更换后测试该插件的功能。

（3）光纤或熔接口故障，则更换备芯或重新熔接光纤，更换后测试光功率正常，链路中断恢复。

28. 在一次停电情况下，220kV 智能变电站线路间隔保护校验安措怎么实施?以典型的双母线接线方式，且采用 SV 采样、GOOSE 跳闸模式的第一套线路保护为例进行说明，典型配置及与其他保护的网络联系如图 3-41 所示。

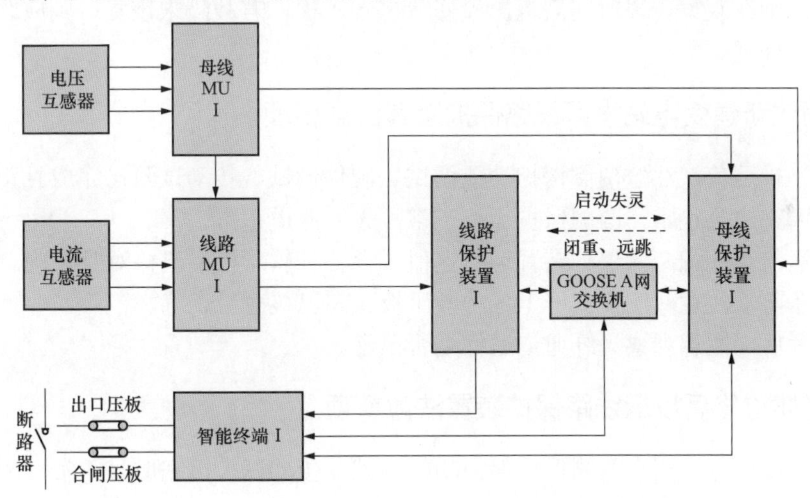

图 3-41 220kV 线路保护典型配置与网络联系示意图

答：在一次设备停电情况下，线路间隔保护装置典型的安全措施如下：

（1）退出 220kV 第一套母差保护中本间隔 SV 接收压板、GOOSE 启失灵接收软压板、GOOSE 跳闸出口软压板。

（2）退出本间隔第一套线路保护中 GOOSE 启失灵发送软压板。

（3）投入本间隔第一套合并单元、智能终端和保护装置的检修压板。

29. 在一次不停电情况下，220kV 智能变电站线路间隔合并单元校验安措怎么实施?以典型的双母线接线方式，且采用 SV 采样、GOOSE 跳闸模式的第一套线路保护为例进行说明，典型配置及与其他保护的网络联系如图 3-41 所示。

答：在一次设备不停电情况下，对线路间隔第一套合并单元校验的典型安全措施如下：

（1）退出220kV第一套母差保护所有间隔的GOOSE出口软压板。

（2）退出本间隔第一套线路保护的GOOSE出口软压板。

（3）拔出第一套合并单元背板SV输出光纤。

30. 在一次不停电情况下，220kV智能变电站线路间隔保护验安措怎么实施？以典型的双母线接线方式，且采用SV采样、GOOSE跳闸模式的第一套线路保护为例进行说明，典型配置及与其他保护的网络联系如图3-41所示。

答：在一次设备不停电情况下，线路第一套保护校验的典型安全措施如下：

（1）退出220kV第一套母差保护中本间隔GOOSE启失灵接收软压板。

（2）退出本间隔第一套保护装置GOOSE出口软压板。

（3）拔出线路第一套保护装置背板SV输入和GOOSE输出光纤。

31. 智能变电站110kV母线合并单元故障对线路保护有何影响？应如何处理？

答：母线合并单元损坏将造成多条线路保护同时TV断线，影响多条线路的保护功能。当母线合并单元异常时，投入装置检修状态硬压板，关闭电源并等待5s，然后再上电重启，若故障恢复，则在观察一段时间后退出检修状态硬压板，若故障未恢复，则应联系厂家进行相应故障排查处理。

32. 简述新建变电站投运线路保护装置注意事项。

答：（1）投运前，注意两侧保护功能调试、硬件调试、传动试验已完成且正常，两侧保护带通道联调完成且正常，两侧保护运行正常，光纤通道正常。

（2）投运前，注意两侧保护装置运行定值（含各种软压板）已核对且正确。

（3）投运前，注意两侧保护屏上各种硬压板状态已核对且正确。

（4）投运后，注意观察光纤通道运行是否正常。

33. 简述检修后投运线路保护装置注意事项。

答：（1）投运前，注意两侧保护保护功能调试、传动试验已完成且正常，两侧保护带通道联调完成且正常，两侧保护运行正常。

（2）投运前，注意保护检验时所拆除的回路需恢复，增加的回路需拆除。

（3）投运前，注意两侧保护装置运行定值（含各种软压板）已恢复且核对正确。

（4）投运前，注意两侧保护屏上各种硬压板状态已恢复且核对正确。

（5）投运前，注意光纤通道已恢复正常状态且运行正常。

（6）投运后，注意观察光纤通道运行是否正常。

34. 如何确认智能变电站线路保护停运状态。

答：线路未停运而仅保护停运时，要注意先退出保护的功能压板及各SV接收压板，退出保护装置中各GOOSE出口软压板，并投入检修压板，防止出现保护检修误启动失灵，误出口跳断路器的情况。

如果整个保护装置要停用时，还可以关闭装置电源。

35. 如何进行线路保护投退与压板操作?

答：保护装置的硬压板仅设置了检修压板，投入时，装置面板上检修灯亮，保护对外发送报文均带有检修位标志。

保护装置的软压板分为保护软压板、SV 接收软压板、GOOSE 发送软压板：

（1）保护压板。纵联保护、距离保护、零序过流保护、远跳保护及过压保护可以分别由相应软压板控制投退。光纤通道压板、载波通道压板控制相应纵联通道的投入。

（2）停用重合闸压板。在断路器重合闸功能退出时，投入此压板。

（3）远方控制压板。设有远方修改定值、远方切换定值区及远方投退压板。

（4）SV 接收软压板操作。装置正常运行时，误投入/退出 SV 接收软压板，本侧电流电压计入/不计入保护计算，可能人为造成保护误动。为防止误操作，就地投退软压板时，装置有电流时闭锁对应的 SV 接收软压板操作，可经操作人员确认后强制投退。本装置处于检修状态时所有 SV 接收软压板均允许操作，如图 3-42 所示。

当任一相电流大于 0.04In 时，允许操作状态为“×”，闭锁投退，如要强制投退，按“确认”弹出“是否强制修改”对话框，选择强制修改后允许操作状态为“ √”，然后按“+”，和“－”按钮选择投退。

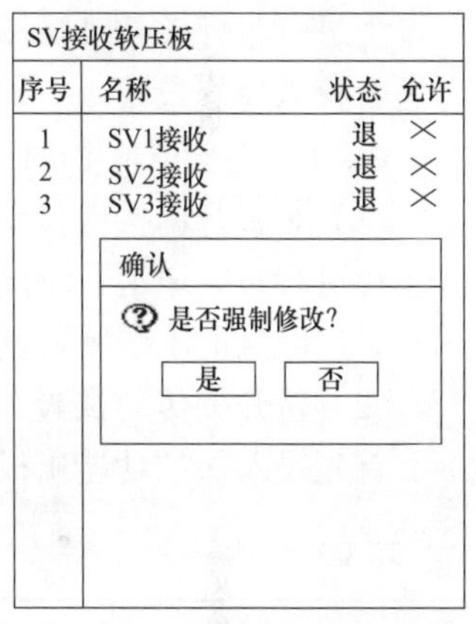

图 3-42 SV 接收软压板

36. 如何进行零漂检查?

答：进入“信息查看”→“保护状态”→“模拟量”→“实时量值”菜单，在不加任何模拟量输入时分别检查电流电压回路的零漂。

保护数据菜单显示受“SV 接收软压板”控制，不投 SV 接收软压板时显示数据固定为 0。

“信息查看”→“保护状态”→“模拟量”→“双 AD 采样”菜单显示接收到的双 AD 的采样，不受接收压板控制。

37. 如何进行交流测量校验?

答：（1）电流测量校验，验证电流测量的精度是否在允许的误差范围内。

使用测试仪检查幅值。具体读数可以通过菜单“保护采样”查看，或通过便携式计算机与前部通信端口连接，借助辅助软件查看。保护装置的测量精度是±2.5%。然而，必须考虑由于测试仪器的精度所产生的额外误差及试验过程中的人为偶然误差，因此综合误差如不大于±5%即可认为精度达标。

（2）电压测量校验，验证电压测量的精度是否在允许的误差范围内。

使用测试仪检查幅值。具体读数可以通过菜单“保护采样”查看，或通过便携式计算机与前部通信端口连接，借助辅助软件查看。保护装置的测量精度是±2.5%。然而，必须考虑由于测试仪器的精度所产生的额外误差及试验过程中的人为偶然误差，因此综合误差如不大于±5%即可认为精度达标。

注意：测试过程中要保持跳闸与合闸回路断开，避免意外操作导致断路器误动。

38. 如何进行开入量检查?

答：对装置施加数字开关量，进入“信息查看”→“保护状态”→“开入量”，查看各个开入量状态，投退各个功能压板和开入量，装置应能正确显示当前状态，同时有详细的变位报告。

39. 如何进行开出传动检查?

答：在现场可根据需要选择是否进行装置的 GOOSE 传动或带开关传动试验。一旦装置投检修压板之后，所开出的 GOOSE 带“检修位”标志。

当进行 GOOSE 传动时应保证接收端设备没有投入检修，以防止直接跳开断路器。

当进行带开关传动试验时智能单元也应投入检修，如果智能单元不开出，请检查智能单元是否投入检修。

注：请确认智能单元是否有判别 GOOSE 检修不一致功能，否则会导致误跳断路器的情况。

（1）装置开出接点传动。

在进行装置通道传动时，保护装置投检修压板，智能单元应不投检修压板，在进行此项试验时，应保证本装置跳闸 GOOSE 不开出。GOOSE 开出情况见表 3-31。

（2）带开关传动试验。

首先投入保护功能压板及跳合闸出口压板，保证启动失灵回路与外部失灵回路完全断开。

表 3-31　　GOOSE 开出情况

操作命令	GOOSE 开出情况	备注
跳边断路器 A 相	跳边断路器 A 相	选配 3/2 接线方式
跳边断路器 B 相	跳边断路器 B 相	
跳边断路器 C 相	跳边断路器 C 相	
启动边断路器 A 相失灵	启动边断路器 A 相失灵	
启动边断路器 B 相失灵	启动边断路器 B 相失灵	
启动边断路器 C 相失灵	启动边断路器 C 相失灵	
闭锁边断路器重合闸	闭锁边断路器重合闸	
跳中断路器 A 相	跳中断路器 A 相	
跳中断路器 B 相	跳中断路器 B 相	
跳中断路器 C 相	跳中断路器 C 相	
启动中断路器 A 相失灵	启动中断路器 A 相失灵	
启动中断路器 B 相失灵	启动中断路器 B 相失灵	
启动中断路器 C 相失灵	启动中断路器 C 相失灵	
闭锁中断路器重合闸	闭锁中断路器重合闸	
跳断路器 A 相	跳断路器 A 相	对于双母线接线方式

续表

操作命令	GOOSE 开出情况	备注
跳断路器 B 相	跳断路器 B 相	
跳断路器 C 相	跳断路器 C 相	
启动 A 相失灵	启动 A 相失灵	
启动 B 相失灵	启动 B 相失灵	对于双母线接线方式
启动 C 相失灵	启动 C 相失灵	
闭锁重合闸	闭锁重合闸	
重合闸	重合闸	
三相不一致跳闸	三相不一致跳闸	选配三相不一致
远传 1 开出	远传 1 开出	
远传 2 开出	远传 2 开出	
过压远跳发信	过压启动远跳	选配过电压和远跳
保护动作	保护动作	
通道一告警	光纤通道一告警	
通道二告警	光纤通道二告警	
通道故障	通道故障	
过负荷告警	过负荷告警	选配过负荷

进行传动断路器检验之前，控制室和开关站均应有专人监视，应具备良好的通信联络设备，以便观察断路器和保护装置动作相别是否一致。发生异常情况时，立即停止检验，查明原因并改正后再继续进行。

传动断路器检验应在确保检验质量的前提下，尽可能减少断路器的动作次数。据此原则，在整定的重合闸方式下做以下传动断路器检验：

1）分别模拟 A、B、C 相瞬时性接地故障；

2）模拟 C 相永久性接地故障；

3）模拟 AB 相间瞬时性故障。

此外，在重合闸停用方式下模拟一次单相瞬时性接地故障。

40. 如何进行纵联距离保护定值校验？

答：（1）将“纵联距离保护”控制字置 1。

（2）将光端机（在光纤接口插件上）的接收“RX”和发送“TX”用尾纤短接，构成自发自收方式。

（3）投入纵联保护压板、光纤通道压板；整定定值“本侧识别码”“对侧识别码”均为 200；“线路正序灵敏角”定值整定为线路的正序阻抗角。

（4）等保护充电，直至“重合允许”灯亮。

（5）模拟单相接地故障，施加故障电流 I=5A，故障电压 $U=0.95IZ_D(1+K_Z)$（Z_D 为纵联距离阻抗定值，K_Z 为零序补偿系数），故障电压、故障电流夹角为线路正序灵敏角；模拟两

相和三相正方向瞬时故障，施加故障电流 I=5A，故障电压 $U=0.95IZ_{\rm D}$，故障电压、故障电流夹角为线路正序灵敏角。

（6）装置面板上相应跳闸灯亮，液晶上显示“纵联距离动作”，动作时间为 25～30ms；单相故障时重合闸动作出口，多相故障时重合闸放电。

（7）模拟反方向故障，纵联保护不动作。

41. 如何进行纵联零序保护定值校验?

答：（1）将“纵联零序保护”控制字置 1。

（2）将光端机（在光纤接口插件上）的接收“RX”和发送“TX”用尾纤短接，构成自发自收方式。

（3）投入纵联保护压板、光纤通道压板，整定定值“本侧识别码”“对侧识别码”均为 200；“线路正序灵敏角”定值整定为线路的正序阻抗角。

（4）等保护充电，直至“重合允许”灯亮。

（5）加故障电压 30V，故障零序电流为 1.05 倍纵联零序电流定值，模拟单相接地正方向瞬时故障。

（6）装置面板上相应跳闸灯亮，液晶上显示“纵联零序动作”，动作时间小于 50ms；单相故障时重合闸动作出口，多相故障时重合闸放电。

（7）模拟反方向故障，纵联零序不动作。

42. 如何进行快速距离定值校验?

答：（1）定值相关：合理整定线路正序阻抗定值、线路正序灵敏角、线路零序阻抗定值、线路零序灵敏角，并根据公式计算出零序补偿系数 $K_{\rm Z}$，比如整定 Z_1=10Ω，PS_1=80°，Z_0=30Ω，PS_0=80°，则 $K_{\rm Z}$=0.667（角度为 0°）。合理整定快速距离阻抗定值，特别是当二次额定电流为 1A 时，校验快速距离保护时，可将快速距离阻抗定整定为 10Ω；若二次额定电流为 5A，可将快速距离阻抗定值整定为 5Ω。

（2）投入距离保护软压板及快速距离保护控制字。

（3）施加故障电流 I 为 2 倍 $I_{\rm n}$，分别模拟 A、B、C 相单相接地瞬时性故障及 AB、BC、CA 相间瞬时性故障；故障相电压、电流夹角为线路正序灵敏角，模拟故障时间为 100ms，故障电压为：

模拟单相接地故障时电压：$U=(1+K_{\rm Z})IZ_{\rm set}+(1-1.38m)U_{\rm N}$，同时应满足故障电压为 0～$U_{\rm N}$。

模拟相间故障时电压：$U=2IZ_{\rm set}+(1-1.3m)U_{\rm N}$，同时满足故障电压为 0～$U_{\rm nn}$。

式中 m=0.9、1.1、3；$Z_{\rm set}$ 为快速距离阻抗定值；$K_{\rm Z}$ 为零序补偿系数。

（4）快速距离保护在 m=1.1 时应可靠动作，在 m=0.9 时应可靠不动作，装置面板相应灯亮。

（5）加故障电流为 $\dot{I}<\dot{U}_{\rm N}/Z_{\rm L}$，分别模拟反方向各种类型出口故障，快速距离保护均应不动作。

注 1：试验时所用试验设备在模拟故障时，电流电压必须同时变化。

注 2：试验正方向故障时，必须注意约束快速距离动作的全阻抗继电器在故障时应能处在动作状态。

43. 如何进行纵联差动保护定值校验？

答：（1）进行定值整定。

1）投光纤通道一硬压板、光纤通道二硬压板，“光纤通道一软压板”整定为“1”，“光纤通道二软压板”整定为“1”，保护定值“纵联差动保护”“双通道方式”整定为“1”；

2）保护定值“通道一通信内时钟”为“1”，“通道二通信内时钟”为“1”，“电流补偿”为“0”；

3）“本侧识别码”和“对侧识别码”整定相同；

4）将光纤插件的接收“RX1”和发送“TX1”“RX2 和发送“TX2”用尾纤短接，构成自发自收方式，通道异常灯不亮，液晶显示“通道自环设置告警”（如需消除该报警可将检修压板投上）。

（2）稳态差动保护Ⅰ段校验。

模拟对称或不对称故障，加入故障电流为 $I_{cd\Phi}=m\times0.5I_{max1}$，其中 I_{max1} 为 1.5 倍［差动电流定值］和 4 倍实测电容电流的大值。$m=0.95$ 时差动保护Ⅰ段应不动作，$m=1.05$ 时差动保护Ⅰ段能动作，在 $m=1.2$ 时测试差动保护Ⅰ段的动作时间。

（3）稳态差动保护Ⅱ段校验。

模拟对称或不对称故障，加入故障电流为 $I_{cd\Phi}=m\times0.5I_{max2}$，其中 I_{max2} 为［差动动作电流定值］和 1.5 倍实测电容电流的大值。$m=0.95$ 时差动保护Ⅱ段应不动作，$m=1.05$ 时差动保护Ⅱ段能动作，在 $m=1.2$ 时测试差动保护Ⅱ段的动作时间。

（4）零序差动校验。

［差动动作电流定值］整定为 1A，故障前三相加大小为（0.84×0.5×差动动作电流定值）的电流，显示的三相差流均为（2×0.84×0.5×差动动作电流定值）A，等待 15s。模拟单相故障，故障相电流增大为（1.1×0.5×差动动作电流定值），非故障相电流为零，持续 150ms。差动保护动作，动作相为故障相，差动动作时间报文为 60ms 左右，动作时间说明是零差动作。

44. 如何进行距离保护定值校验？

答：（1）定值相关：合理整定线路正序阻抗定值、线路正序灵敏角、线路零序阻抗定值、线路零序灵敏角，并根据公式计算出零序补偿系数 K_Z，比如整定 Z_1=10Ω，PS_1=80°，Z_0=30Ω，PS_0=80°，则 K_Z=0.667（角度为 0°）。

（2）投入距离保护软压板，并根据测试情况投入距离保护各段控制字。

（3）注意在单相故障时应满足故障电压在 0～U_N 范围内，在相间及三相故障时应满足故障电压在 0～U_{nn} 范围内，若电压不满足应适当降低故障电流。

（4）施加故障电流 $I=I_N$，故障电压 $U=0.95IZ_{Z1}$（Z_{Z1} 为相间距离Ⅰ段定值），相角为整定的线路正序灵敏角；模拟相间、三相正方向瞬时故障，装置面板上相应跳 A、B、C 信号指示灯亮，液晶上显示相间距离Ⅰ段动作。

（5）模拟单相接地故障，加故障电流 $I=I_N$，故障电压 $U=0.95IZ_{D1}(1+K_Z)$（Z_{D1} 为接地距离Ⅰ段定值，K_Z 为零序补偿系数），故障电压、故障电流夹角为线路正序灵敏角；模拟单相接地正方向瞬时故障，装置面板上相应跳闸指示灯亮，液晶上显示接地距离Ⅰ

段动作。

（6）施加故障电流 $I=I_n$，故障电压 $U=1.05IZ_{Z1}$（Z_{Z1} 为相间距离Ⅰ段定值），相角为整定的线路正序灵敏角；模拟相间、三相正方向瞬时故障，装置应可靠不动作。

（7）施加故障电流 $I=I_n$，故障电压 $U=1.05IZ_{D1}(1+K_Z)$（Z_{D1} 接地距离Ⅰ段定值，K_Z 为零序补偿系数），电流和电压的相角为线路正序灵敏角；模拟单相接地正方向瞬时故障，装置应可靠不动作。

（8）按（1）～（7）条分别校验Ⅱ、Ⅲ段距离保护，注意加故障量的时间应大于保护定值时间。

（9）施加故障电流 $\dot{I}<\dot{U}_N/Z_L$，分别模拟单相接地、两相、两相接地和三相反方向故障，距离保护不动作。

注1：距离保护任何一段单相（三相）动作后进入距离保护的单跳（三跳）后即非全相逻辑，其他延时段的全相保护不再动作。

注2：如果接地距离无法验证，建议检查 K_Z 的整定是否正确，检查测试仪的 K_Z 设置的角度是否正确。

注3：如果相间距离无法验证，建议检查施加的模拟量是否能够真实反映需要模拟的故障情况，特别是非故障相施加的模拟量不能影响故障性质。

45. 如何进行零序保护定值校验?

答：（1）投入零序保护软压板，并投入零序电流保护控制字。

（2）施加故障电流 $I=1.05I_{2ZD}$（其中 I_{2ZD} 为零序过流Ⅱ段定值，以下同），故障电压 30V，模拟单相正方向故障，加故障量的时间大于零序Ⅱ段整定延时，装置面板上相应跳闸指示灯灯亮，液晶上显示零序过流Ⅱ段动作。

（3）施加故障电流 $I=0.95I_{2ZD}$，故障电压 30V，模拟单相正方向故障，零序过流Ⅱ段保护不动作。

（4）施加故障电流 $I=1.2I_{2ZD}$，故障电压 $0.3U_{nn}$，模拟单相反方向故障，零序过流Ⅱ段保护不动作。

（5）按（1）～（4）条校验其他段零序过流保护，注意加故障量的时间应大于各段保护定值时间，同时保证投入各段的方向元件。

46. 如何进行零序反时限保护定值校验?

答：注意所加故障量的时间应大于保护定值整定的时间。

（1）投零序反时限保护。投零序过流保护硬压板，[零序过流保护软压板] 整定为“1”、保护定值 [零序反时限] 整定为“1”。

（2）保护定值[零序反时限配合时间]整定为 0.1s，加故障电压 30V，故障电流 $3I_0=5I_{0ZD}$（其中 I_{0ZD} 为零序反时限电流定值），模拟单相正方向故障，装置面板上相应灯亮，液晶上显示“零序过流反时限动作”，动作时间为：$4.28T_p+T_{min}$（其中 T_p 为零序反时限时间，T_{min} 为零序反时限最小时间）。

（3）加故障电压 30V，故障电流 $3I_0=0.95I_{0ZD}$，模拟单相正方向故障，零序过流反时限保护不动。

47. 如何进行过电压保护逻辑校验?

答：所加电压应当满足保护过电压启动元件动作。

（1）投入过电压保护。

1）投入过电压保护硬压板，[过电压保护软压板] 整定为“1”;

2）整定保护定值 [过电压保护跳本侧] 控制字为“1”;

3）整定保护定值 [过电压三取一方式] 为“1”。

（2）输入三相额定电压和电流，改变电压，使得一相电压幅值大于逻辑定值 [过电压定值]，经逻辑定值 [过电压保护动作时间] 延时开出过电压保护出口。

48. 如何进行远方跳闸保护和就地判据校验?

答：（1）投入远方跳闸保护。

1）投入远方跳闸保护硬压板，[远方跳闸保护软压板] 整定为“1”;

2）保护定值 [远跳不经故障判据] 整定为“0”。

（2）就地判据试验。

1）保护定值 [故障电流电压启动] 整定为“1”;

2）输入三相额定电压和电流，改变电流幅值，使得至少一相电流的突变量大于保护定值 [电流变化量定值]，同时加通道远传 1 收信开入，经保护定值 [远跳经故障判据时间] 延时开出远跳出口;

3）用同样的方法校验其他就地判据。

（3）远跳经故障判据试验。

1）保护定值 [远跳不经故障判据] 整定为“0”;

2）投入至少一种就地判据，让就地判据元件满足动作，同时加通道收信开入，经保护定值 [远跳经故障判据时间] 延时开出远跳出口。

（4）远跳不经故障判据试验。

1）保护定值 [远跳不经故障判据] 整定为“1”;

2）加通道收信开入，经保护定值 [远跳不经故障判据时间] 延时开出远跳出口。

（5）TV 断线转无判据试验。

1）保护定值 [TV 断线转无判据] 整定为“1”;

2）加模拟量满足 TV 断线，同时加通道收信开入，经保护定值 [远跳不经故障判据时间] 延时开出远跳出口。

49. 简述通道状态是否良好的判别方法。

答：保护装置没有通道异常类告警报文，装置面板上通道一异常灯不亮，通道二异常灯不亮，通道告警接点不闭合。

主接线图上“光纤通道一”和“光纤通道二”指示状态为“ √”，菜单“浏览”→“实时量”→“纵联通道一”和“纵联通道二”中有关通道通信质量的参数正常，如通道延时正常（专用通道一般不超过 1ms，复用通道一般为毫秒级，但不超过 20ms），通道实时误码率为 0，误码、丢帧统计的计数应恒定不变化。

注意：必须满足以上两个条件才能判定保护装置所使用的光纤通道通信良好，纵联保护才能正常投入运行。

50. 如何进行通道调试前准备工作?

答：光纤通道受光纤通道软压板的控制，进行调试时应先投入光纤通道软压板。

通道调试前首先要检查光纤头是否清洁。光纤连接时，一定要注意检查 FC 连接头上的凸台和砝琅盘上的缺口是否对齐，然后旋紧 FC 连接头。当连接不可靠或光纤头不清洁时，仍能收到对侧数据，但收信裕度大大降低。当系统扰动或操作时，会导致通道异常，故必须严格校验光纤连接的可靠性。

若保护使用的通道中有通道接口设备，应保证通道接口装置良好接地，接口装置至通信设备间的连接线选用应符合厂家要求，其屏蔽层两端均应可靠接地，且保证同轴电缆两端接地电位处于同一个等势面上。

51. 简述专用光纤通道调试步骤。

答：（1）用光功率计和尾纤跳线，检查保护装置的发光功率是否和通道插件上的标称值一致，常规光纤接口插件波长为 1310nm 的发光功率不低于–10dBm，超长距离用插件波长为 1550nm 的发光功率在－5dBm 左右。

（2）用光功率计检查对侧的光纤发光功率，校验接收光功率裕度，常规光纤接口插件的接收灵敏度不超过－34dBm，应保证收光接收功率裕度（功率裕度=接收光功率－接收灵敏度）在 6dB 以上，最好要有 10dB。若线路比较长导致对侧接收光功率不满足接收灵敏度要求时，应检查光纤的衰耗是否与实际线路长度相符（尾纤的衰耗一般很小，应在 2dB 以内，光缆平均衰耗：1310nm 为 0.35dB/km；1550nm 为 0.2dB/km。一个熔接头损耗为 0.1dB，一个光纤连接器损耗为 1dB）。

（3）分别用尾纤跳线将两侧保护装置的光收、发自环，将控制字通道通信内时钟整定为 1，同时本侧识别码和对侧识别码整定相同，经一段时间的观察，保护装置不能有通道异常告警信号，主接线上通道状态指示灯始终为绿色，同时菜单中误码统计应不增加，即保证每侧保护装置在自环状态下通道状态良好。

（4）两侧保护使用专用光纤通道进行实际连接前，需要将两侧保护中的本侧识别码和对侧识别码恢复成正常状态（即二者不能相同），然后恢复通道光纤的连接，经一段时间的观察，保护装置不能有通道异常告警信号，主接线上通道状态指示灯始终为绿色，同时菜单中误码统计应不增加，即保证两侧保护装置在通道连接的状态下通道状态良好。

（5）保护调试完成恢复正常运行时，先退出纵联保护软压板、恢复正常运行时的定值，将通道恢复到正常运行时的连接，观察光纤通道恢复正常，再投入纵联保护压板。

52. 简述复用通道调试步骤。

答：（1）检查两侧保护装置的发光功率和接收功率，校验收信裕度，方法同专用光纤。

（2）分别用尾纤跳线将两侧保护装置的光收、发自环，将通道通信内时钟控制字整定为 1，同时“本侧识别码”和“对侧识别码”整定相同，经一段时间的观察，保护装置不能有“通道异常”告警信号，主接线上通道状态指示灯始终为绿色，同时菜单中误码统计应不增加，即保证每侧保护装置在自环状态下通道状态良好。

（3）两侧正常连接保护装置和OTEC（复用接口装置）之间的光缆，检查OTEC装置的光发送功率、光接收功率（OTEC 的光发送功率一般为－15～－5dBm，接收灵敏度为－34.dBm）。OTEC 的光接收功率应在－20dBm 以上，保护装置的光接收功率应在－15dBm以上。站内光缆的衰耗应不超过1dB。

（4）两侧在复用接口装置的电接口处用2M线自环，将通道通信内时钟控制字整定为1，同时“本侧识别码”和“对侧识别码”整定相同，经一段时间的观察，保护装置不能有“通道异常”告警信号，主接线上通道状态指示灯始终为绿色，同时菜单中误码统计应不增加。复用接口装置无光口、电口通道异常的告警信息，即保证每侧保护装置以及复用接口装置在自环状态下通道状态良好。

（5）对于复用通道，两侧保护使用复用光纤通道进行实际连接前，需要将两侧保护中的本侧识别码和对侧识别码恢复成正常状态（即二者不能相同），然后恢复通道光纤的连接，经一段时间的观察，保护装置不能有通道异常告警信号，主接线上通道状态指示灯始终为绿色，同时菜单中误码统计应不增加，复用接口装置无光口、电口通道异常的告警信息，即保证每侧保护装置以及复用接口装置在自环状态下通道状态良好。由于通道中间设备较多，因此建议有条件的情况下，利用误码仪测试复用通道的传输质量，要求误码率越低越好（要求短时间误码率至少优于1.0E-4）。同时不能有丢帧、接收中断等告警。通道测试时间要求至少超过24h。

（6）保护调试完成恢复正常运行时，先退出纵联保护软压板，恢复两侧接口装置电口的正常连接，将通道恢复到正常运行时的连接。将定值恢复到正常运行时的状态。观察光纤通道恢复正常，再投入纵联保护软压板。

注意：对双光纤通道调试时，按照上述步骤对每个通道依次进行调试。

53. 详述光纤及光纤连接注意事项。

答：光纤、尾纤通过光法兰盘进行连接。单模光纤的纤芯直径很细，约为$\phi 9\mu m$。为了保证光纤连接时衰减（损耗）最小，必须保证两根光纤在对准时的同心度。而光法兰盘内最内层是一瓷芯套管，这是保证光纤连接精度的关键部件，为了使光纤插头的瓷芯能插入光法兰盘，瓷芯套管必须纵向开槽（开槽瓷芯套管保证了光纤既能插入，又能保证一定的松紧度及连接的精度），由于瓷套本身很薄，又开槽，所以当受到外力超过一定程度时就极易碎裂。在现场施工中由于操作人员对光器件使用不甚了解及野蛮操作，所以光法兰内瓷芯碎裂时有发生。一旦发生内瓷芯碎裂，光通信必然中断，而且这类中断是很难查找到故障法兰盘的。必须借助于专用仪表（光功率计、ODTR、光衰耗器等）。尤其是当光接受端的法兰盘内瓷芯碎裂时，通过光功率的测量也无法发现，必须要通过灵敏度检查才能发现问题。法兰盘内瓷芯严重碎裂时，通过肉眼观测就能发现碎裂、碎片。法兰盘内瓷芯发生较轻的碎裂时，一般只有裂纹，通过肉眼观测比较难发现，只有通过传输光功率测量才能发现。

必须说明：尽管瓷芯比较脆弱，但在正确操作时是非常耐用的，又因为材料是陶瓷，非常耐磨而且光滑，所以光法兰连续插拔数千次乃至上万次都不会损坏，而且还能保证光纤的连接精度。

54. 如何清洁处理光纤?

答： 光纤在通过光法兰盘连接时，光跳线（尾纤）的瓷芯端面必须干净清洁。有时候在肉眼看不到脏物、灰尘时，由于瓷芯端面未擦拭干净，会产生较大衰减，甚至达几十分贝。

（1）清洁：光纤在插入法兰前，纤芯的瓷芯端面应用浸有无水酒精的纱布擦干净，并用吹气球吹（吹气球可用医用“洗耳球”）。酒精必须是纯净的无水酒精，最好用分析纯或化学纯。

（2）擦拭干净后的光纤端面在插入光法兰的过程中不得碰到任何物品。

（3）光纤和光法兰在未连接时必须用相应的保护罩套好，以保证脏物不进入光法兰或污染光纤端面。

（4）光纤端面被弄脏后与另一端光器件连接时，可能会把脏物转移到对端。在现场安装时这一后果有时是严重的，如被转移对端是光端机的光接收端，由于脏物存在，接收到的光信号被衰减，但尚且能正常工作。当这种设备运行一段时间后，由于器件老化等原因，当光信号有所衰减就会出现故障，即使原来系统的设计是有足够的冗余度。

55. 简述光纤与法兰连接注意事项。

答： 光纤与法兰在连接前必须经过清洁处理。

（1）必须在眼睛可视的情况下做光纤与光法兰的连接，绝不能仅凭手的感觉进行操作。

（2）光纤在插入光法兰时，要保持在同一轴线上插入，并且光纤上的凸出定位部分要对准法兰的缺口。

（3）光纤插入法兰时一般都有一定阻力，可以把光纤一边往里轻推，一边来回轻轻转动，直到插到位，最后拧紧。注意：光纤插入法兰过程中千万不能左右、上下晃动，这样会使光法兰内的陶瓷套管破裂。

56. 简述光纤、尾纤的盘绕与保护的注意事项。

答：（1）尽量避免光纤弯曲、折叠，过大的曲折会使光纤的纤芯折断。在必须弯曲时，必须保证弯曲半径大于 3cm，否则会增加光纤的衰减。

（2）光缆、光纤、尾纤铺放、盘绕时只能采用圆弧型弯曲，绝对不能弯折，不能使光缆、光纤、尾纤呈锐角、直角、钝角弯折。

（3）对光缆、光纤、尾纤进行固定时，必须用软质材料进行。如果用扎线扣固定时，千万不能将扎线扣拉紧。

57. 如何进行光纤通道联调?

答： 将保护使用的光纤通道连接可靠，通道调试好后装置上“通道异常灯”应不亮，没有“通道异常”告警，TDGZ 接点不动作。

（1）对侧电流及差流检查。

1）假设 M 侧设备参数定值［TA 一次额定值］为 I_{M1}、［TA 二次额定值］为 I_{M2}，N 侧设备参数定值［TA 一次额定值］为 I_{M1}、［TA 二次额定值］为 I_{N2}。

2）在 M 侧加电流 I_m，N 侧显示的对侧电流和差动电流应为 $I_m I_{M1} I_{N2} / (I_{M2} I_{N1})$。

3）在 N 侧加电流 I_n，M 侧显示的对侧电流和差动电流应为 $I_n I_{N1} I_{M2} / (I_{N2} I_{M1})$。

4）若两侧同时加电流，必须保证两侧电流相位的参考点一致。

（2）两侧装置纵联差动保护功能联调。

1）模拟线路空充时故障或空载时发生故障：N 侧开关在分闸位置（注意保护开入量显示有跳闸位置开入，且将主保护压板投入），M 侧开关在合闸位置，在 M 侧模拟各种故障，故障电流大于差动保护定值，M 侧差动保护动作，N 侧不动作。

2）模拟弱馈功能：N 侧开关在合闸位置，主保护压板投入，加正常的三相电压 35V（小于 65%U_N 但是大于 TV 断线的告警电压 33V），装置没有“TV 断线”告警信号，M 侧开关在合闸位置，在 M 侧模拟各种故障，故障相电压 20V，故障电流大于差动保护定值，M、N 侧差动保护均动作跳闸。

3）远方其他保护动作（远跳功能）：使 M 侧开关在合闸位置，在 N 侧使保护装置有其他保护动作开入的同时，在 M 侧使装置启动，M 侧保护能远方跳闸，报［远方其他保护动作］。

第七节 整 定 计 算

1. 继电保护能否保证电网安全稳定运行，与调度运行方式安排密切相关。在安排运行方式时，应综合考虑哪些问题？

答：（1）避免采用不同电压等级的电磁环网运行方式；

（2）避免出现短线路成串成环的接线方式；

（3）避免采用多级串供的终端运行方式；

（4）避免在同一厂站母线上同时断开所连接的两个及以上运行设备（线路、变压器）；

（5）110kV 平行双回线不宜并列运行，若并列运行，则系统侧宜接于同一条母线；

（6）220kV 线路不允许出现 T 接方式，大型电厂向电网送电的 110kV 主干线上不宜 T 接分支线或变压器；

（7）不允许平行双回线上的双 T 接变压器并列运行；

（8）不宜通过主变压器中压侧转供主变压器低压侧负荷；

（9）110kV 主变压器中、低压侧不宜并列运行。

2. 基建或技改过程中，对有新增设备的厂站及相关线路，整定计算工作有哪些注意事项？

答：基建或技改过程中，对有新增设备的厂站及相关线路，整定计算工作可按工程投产进度，兼顾新设备投产前后保护的适应性，合理统筹保护定值调整范围，尽量减少保护定值的频繁更改，降低对系统的影响。在短时过渡期，允许后备保护定值暂时失去选择性。

3. 环网中整定计算工作有哪些注意事项？

答：环网中计算线路与线路配合的最大分支系数时，系统基础运行方式宜选用正常大方式。为简化计算，故障点可选在相邻线路的末端。本线路对侧的厂站和相邻线路对侧的厂站，其元件（线路、变压器、发电机、等值电源等）均按 n–1 轮断，不考虑厂站方式轮变组合。相邻线路的对侧可考虑相继动作。

4. 具有较大互感的线路（仅考虑互感电抗占零序电抗的 20%以上的全线同塔双回线），由于在不同的运行工况下，双回线间零序互感影响的不确定性，接地距离保护的测量误差较大，通常可采取哪两种方法进行整定?

答：方法一：

（1）接地距离保护Ⅰ段的零序补偿系数 K_Z（或 K_X）按双回线一回检修并接地时 K 值最小的情况计算，其中，$K_{min}=(\Sigma Z_{0min}-Z_1)/3Z_1$，其中 $\Sigma Z_{0min}=Z_0-Z_{0m}^2/Z_0$，Ⅰ段的可靠系数 K_K 取正常值 0.7；

（2）接地距离的Ⅱ段的规定灵敏系数提高到 $(1+K_{max})/(1+K_{min})$ 倍。其中，K_{max} 为同塔双回线正常运行时，考虑互感影响的 K 值，$\Sigma Z_{0max}=Z_0+Z_{0m}$，$K_{max}=(\Sigma Z_{0max}-Z_1)/3Z_1$。

方法二：

（1）计算 3 种情况的 K 值。正常双回线路运行，不考虑互感的 K，$K=(Z_0-Z_1)/3Z_1$；正常双回线路运行，考虑互感的 K_{max}）；双回线一回检修并接地时的 K_{min}）；

（2）接地距离保护采用正常双回线路运行，不考虑互感的 K 值，在各种运行方式下，K 值不变；

（3）将Ⅰ段的阻抗定值缩小为 $Z_{DZI}=K_K Z_1\ (1+K_{min})/(1+K)$，将Ⅱ段的定值放大，$Z_{DZII}=K_{lm}Z_1\ (1+K_{max})/(1+K)$，其中，$Z_{DZI}$ 为Ⅰ段阻抗整定值，Z_{DZII} 为Ⅱ段阻抗整定值，K_K 为可靠系数，K_{lm} 为灵敏系数。

5. 220kV 线路保护启动元件整定时有哪些注意事项?

答：（1）变化量启动电流定值，灵敏度应高于所有测量元件，可按一次值（240～300）A（二次值保留一位小数）整定，当 TA 变比大于 2400 时，可取 $0.1I_N$。线路两侧一次电流值宜相同。

（2）零序启动电流定值，不大于零序电流最末段定值，可与变化量启动电流相同取值。线路两侧一次电流值宜相同。

6. 220kV 线路保护差动动作电流定值有哪些整定注意事项?

答：差动动作电流定值，应躲过本线路稳态最大充电电容电流及正常最大负荷下的不平衡电流，保证本线路发生高阻接地（100Ω）和金属性短路故障时可靠动作，可按一次值 600A（二次值保留两位小数）整定，当 TA 变比大于 3000 时可取 $0.2I_N$。线路两侧一次电流值宜相同。

7. 220kV 线路保护容抗定值有哪些整定注意事项?

答：线路正序容抗、零序容抗定值，架空线路长度小于 60km、电缆线路长度小于 7km 时可忽略电容电流，"电流补偿"控制字退出，线路正序容抗、零序容抗按装置最大值整定；

架空线路长度不小于 60km、电缆线路长度不小于 7km 时，按略小于线路实测值整定。零序容抗定值应大于正序容抗定值。

8. 220kV 线路保护电抗器定值有哪些整定注意事项？

答：（1）本侧电抗器阻抗定值，按本侧变电站装设的并联电抗器实际电抗值的二次值整定，无电抗器时可按装置最大值整定。

（2）对侧电抗器阻抗定值，按对侧变电站装设的并联电抗器实际电抗值的二次值整定，无电抗器时可按装置最大值整定。

（3）本侧小电抗器阻抗定值，本侧无并联电抗器、无中性点小电抗器或中性点电抗器不接地时，均按装置最大值整定；有中性点小电抗器且接地运行时，按本侧装设的中性点小电抗器实际阻抗二次值整定。

（4）对侧小电抗器阻抗定值，对侧无并联电抗器、无中性点小电抗器或中性点电抗器不接地时，均按装置最大值整定；有中性点小电抗器且接地运行时，按对侧装设的中性点小电抗器实际阻抗二次值整定。

9. 简述 220kV 线路保护地址码整定注意事项。

答：本侧识别码、对侧识别码按线路双重命名中的编号+1/2/3/4 整定。命名中的字母 P 用 9 代替，Q 用 0 代替，R 用 8 代替。本侧识别码、对侧设别码线路两侧应互换对应。

10. 简述 220kV 线路保护 TA 断线后分相差动定值整定注意事项。

答：TA 断线后分相差动定值，因已选择 TA 断线闭锁差动保护，该定值无效，统一按线路两侧 TA 一次额定电流较小值折算二次整定。

11. 220kV 线路保护纵联电流差动保护控制字有哪些整定注意事项？

答：（1）纵联差动保护：置“1”；

（2）TA 断线闭锁差动：置“1”，TA 断线时闭锁断线相差动；

（3）双通道方式：置“1”时是双通道方式，置“0”时是单通道方式，根据实际投退；

（4）通道一通信内时钟、通道二通信内时钟：置“1”时是内时钟，置“0”是外时钟，一般置“1”；

（5）电流补偿：架空线路长度小于 60km、电缆线路长度小于 7km 时置“0”；架空线路长度不小于 60km、电缆线路长度不小于 7km 时置“1”；

（6）远跳受启动元件控制：置“1”；

（7）通道环回试验：正常运行时置“0”；

（8）加速联跳：置“1”。

12. 220kV 线路保护纵联电流差动保护软压板整定注意事项？

答：（1）纵联差动保护、通道一差动保护（光纤通道一）：常规变电站默认置“1”，智能变电站根据实际运行状态操作；

（2）通道二差动保护（光纤通道二）：常规变电站电流差动保护采用双通道方式时，默认置“1”，仅采用单通道时默认置“0”。智能变电站根据实际运行状态操作。

13. 220kV线路纵联距离保护定值有哪些整定注意事项？

答：（1）纵联零序电流定值，应保证本线路末端发生金属性接地故障时有不小于2.5倍的灵敏度，送终端线路弱电源侧可按相继动作校核灵敏度。可按一次值600A整定，当TA变比大于3000时可取$0.2I_N$。线路两侧一次电流值宜相同。

（2）纵联距离阻抗定值，应保证本线路末端发生金属性短路故障时有不小于1.5的灵敏度，且一次值应不小于10Ω。可取后备距离Ⅲ段定值。

（3）纵联反方向阻抗定值，按（对侧距离方向阻抗－本线路正序阻抗）的1.5～2倍整定。

（4）通道交换时间，线路两侧通道交换时间应不同。

14. 220kV线路纵联距离保护控制字和压板有哪些整定注意事项？

答：（1）纵联距离保护：置“1”。

（2）纵联零序保护：置“1”。

（3）弱电源侧：环网联络线置“0”。当正常运行或检修情况下，本线可能单线送终端变运行时，线路负荷侧弱电源控制字置“1”。线路两侧弱馈功能不得同时投入。

（4）允许式通道：通道为光纤通道时置“1”，高频通道时置“0”。

（5）解除闭锁功能：置“0”。

（6）自动交换通道：采用高频通道时置“1”，光纤通道时置“0”。

（7）分相允许式：置“0”。

（8）纵联距离保护软压板常规变电站默认置“1”，智能变电站根据实际运行状态操作。

15. 计算线路保护定值，需要收集哪些参数？

答：（1）线路长度（包含T节点至各站的长度）、导线/电缆型号、架设方式、几何均距。

（2）线路正序电阻、电抗，零序电阻、电抗，正序、零序容抗，零序互感阻抗。

（3）线路保护型号、软件版本号、设计图纸、保护说明书。

（4）线路保护所接TA变比、TV变比。

（5）系统等值电源参数，包含最大最小方式下的正序、负序、零序阻抗。

（6）下级变压器的额定容量、额定电流、各侧短路阻抗等参数。

（7）与本线路保护相邻元件保护定值单。

16. 线路保护的哪些功能由控制字投退？为什么不用软压板进行投退？

答：运行中基本不变、保护分项功能，由定值中的“控制字”投退，如距离Ⅰ段、距离Ⅱ段。与用软压板投退相比，显著减少了运行操作工作量；且在电网运行方式改变需要调整部分定值时，可通过切换定值区实现。

17. 3/2断路器接线的断路器失灵保护中的控制字“跟跳本断路器”有什么作用？

答：3/2接线的断路器保护中设有分相和三相瞬时跟跳逻辑，可以通过控制字“跟跳本断路器”来控制。瞬时跟跳的作用是通过不同的跳闸路径增加跳闸成功的可靠性，减小跳闸失败的可能性。跟跳应视为失灵保护的一部分，可以采用失灵保护逻辑的瞬时段作为跟跳回路的动作条件。

18. 3/2 断路器失灵保护设置有相电流元件与零、负序电流元件，整定其电流时应怎样考虑？

答： 3/2 接线的断路器电流不等于支路电流，所以，相电流元件按有灵敏度整定，不能按照双母接线方式躲过负荷电流整定，零、负序电流元件按躲过正常运行的不平衡电流整定，判别有无电流的相电流元件，电流动作值固定为保护装置的二次最小精确工作电流（$0.05I_N$）。

19. “TA 断线闭锁差动”控制字有何作用？

答： 控制字置“1”，表示 TA 断线无条件闭锁差动保护（按相闭锁）；控制字置“0”，表示 TA 断线有条件闭锁差动保护，即当差动电流大于 TA 断线差动电流定值后，差动保护仍可动作跳闸。实际上，不论“TA 断线闭锁差动”控制字置“1”还是置“0”，由于差动保护要两侧启动元件均动作才能跳闸，当 TA 断线后，一般仅单侧启动元件启动，差动保护不会立即动作。主要区别在于故障时，控制字置“0”时，有条件允许差动保护动作（两侧启动元件动作，差动电流大于 TA 断线后差动电流定值）。

20. 光纤差动保护中“电流补偿”控制字有什么作用？

答： 在差动电流的计算中是否考虑附加电流的影响（含电容电流、两侧的电抗器电流等）通过“电流补偿”控制字来控制。

21. 距离保护的 I 段保护范围通常为多少？

答： 为了与相邻线路距离保护 I 段有选择性地配合，线路保护的范围不能有重叠的部分，否则将导致相邻两条线路的距离 I 段同时动作，因此将距离 I 段的保护范围取线路全长的 80%～85%。

22. 简述线路距离保护的定值整定原则。

答：（1）距离 I 段定值，按照可靠躲过线路末端相间故障整定，一般相间取 0.8～0.85 倍，接地取 0.7～0.8 倍。

（2）距离 II 段定值优先按照本线路末端发生金属性故障有足够灵敏度整定，并与相邻线路距离 I 段或纵联保护配合；若配合有困难，可与相邻线路距离 II 段配合。距离 II 段保护范围不超过相邻变压器其他侧母线。

（3）距离 III 段定值按照可靠躲过本线路的最大事故过负荷电流对应的最小阻抗整定，并与相邻线路距离 II 段配合。

23. 简述距离保护振荡闭锁元件的整定原则。

答：（1）35kV 及以下线路一般不考虑系统振荡误动问题。

（2）单侧电源线路的距离保护，动作时间大于 0.5s 的距离Ⅰ段、大于 1s 的距离Ⅱ段一般不考虑振荡闭锁。

（3）有振荡误动可能的线路距离保护一般经振荡闭锁控制。

（4）有振荡误动可能的相电流速断定值应能可靠躲过振荡电流。

24. 中长线路的距离保护最末段定值为保证高阻接地时有灵敏度，往往躲不过负荷阻抗，应采取什么措施保证过负荷时不误动?

答：线路过负荷情况下。一般采取在阻抗平面设置负荷限制线防止距离保护过负荷情况下误动作，负荷限制线需整定，为了可靠躲避负荷阻抗，该定值设置较小，严重影响高阻接地故障时距离保护的灵敏度。在事故过负荷情况下，负荷限制线仍无法阻止距离保护误动作。基于此，提出了基于电压平面的过负荷与故障识别方法，该方法具有以下特点：

（1）利用电压 $U\cos\varphi$ 识别相间故障与线路过负荷；利用以故障相为基准的正序补偿电压相位与故障相补偿电压相位可以识别单相接地故障与过负荷。

（2）过负荷与故障识别判据与距离保护二者之间动作逻辑采取“与”门，过负荷情况下，闭锁距离保护，故障时开放距离保护，有效阻止了过负荷情况下距离保护误动作。

25. 三段式保护的零序电流Ⅲ段，其电流一次值为什么不能大于 300A?

答：零序电流Ⅲ段作为本线路经电阻接地和相邻元件接地故障的后备保护，在躲过本线路末端变压器其他各侧三相短路最大不平衡电流的前提下，要力争满足相邻线路末端故障时有不小于 1.2 的灵敏度，不应大于 300A。

26. 写出零序电流补偿系数 *K* 的计算公式，说明该值应如何整定。

答：线路实测正序阻抗 Z_1 和零序阻抗为 Z_0，则 $K=(Z_0-Z_1)/3Z_1$。实际整定值应小于或接近计算值。原因是当整定值大于实际值时，可导致测量阻抗相应减小，导致保护范围伸长，会导致区外故障误动。

27. 零序电流保护加速段是否应该带方向? 其定值整定时应该考虑哪些因素?

答：（1）零序电流加速段固定不带方向，防止在重合闸过程中邻近线路发生接地故障或非全相运行导致方向元件闭锁，保护拒动。

（2）零序电流保护电流定值应对线路末端故障有足够的灵敏度，不得因断路器短时三相不同步而误动；整定值无法躲过，应在重合闸后增加不大于 0.1s 的延时。

28. 线路保护的 TV 断线相过流在什么情况下投入? 整定其定值时应考虑哪些因素?

答：（1）距离保护或带方向的过流保护功能投入时，自动投入 TV 断线相过流。

（2）距离保护或零序方向过流保护功能投入时，自动投入 TV 断线零序过流。

（3）相过流动作定值应躲过线路正常最大负荷电流，力争在线路末端故障有灵敏度；零序过流动作定值按本线路经高阻接地有灵敏度整定，其电流定值不应大于 300A。

29. 线路保护重合闸方式整定时应遵循什么原则?

答: 应根据电网结构、系统稳定要求、电力系统设备承受能力和继电保护可靠性，合理整定重回闸方式，一般按以下原则:

(1) 220kV 及以上电压等级线路一般投单相重合闸，110kV 及以下电网均采用三相重合闸方式。

(2) 架空线路投入重合闸，全电缆线路重合闸停用，电缆架空混合线路重合闸是否投入根据线路部门联系单确定。

(3) 双侧电源线路选用一侧检无压（同时具备检同期)、另一侧检同期的重合闸方式。

30. 为什么双侧电源的线路，两侧线路保护均应投入检同期重合闸，而只有一侧投入检无压?

答: 当线路跳闸后，投检无压的一侧断路器保护检测到线路无压或小于整定值时先重合，投检同期的一侧断路器保护检测到线路的电压与变电站侧电压一致或小于允许的误差值时重合。两侧均投入检同期是为了当单侧线路跳闸时能够重合断路器，并减少非同期合闸对设备的损害。

31. 配合自动重合闸的继电保护整定有哪些基本要求?

答: 基本要求如下:

(1) 自动重合闸过程中，重合于故障应能快速跳闸，相邻线路的继电保护应保证有选择性。

(2) 自动重合闸过程中，相邻线路发生故障，允许本线路后加速保护无选择性跳闸。

(3) 采用单相重合闸的线路，要保证重合闸过程中非全相运行期间继电保护不误动。

(4) 采用单相重回闸的线路，允许后备保护延时段动作后三相跳闸不重合。

32. 整定 110kV 线路保护重合闸动作时间应考虑哪些因素?

答: 应考虑的因素如下:

(1) 单侧电源线路的三相重合闸时间应该要大于故障点的去游离时间，同时还应大于断路器及操动机构复归原状准备好再次动作的时间。

(2) 双侧电源线路的三相重合闸时间除了考虑单相线路重合闸的因素外，还应考虑线路两侧保护装置以不同时间切除故障的可能性。例如，对侧有小电源机组并网需故障解列时，重合闸时间可整定为 2s。

(3) 为提高线路重合闸成功率，可酌情延长重合闸动作时间，单侧电源线路的三相一次重合闸宜大于 0.5s，可整定为 1s。

33. 单线单回线路向终端变压器供电时，送电侧的相间与接地故障保护的速动段为什么允许伸入变压器内部？其定值与时限应如何整定?

答: 线路末端及变压器故障时，伸入变压器内部能保证快速切除故障。其定值应躲开变压器下一级母线故障整定；为保证变压器内部故障能够可靠跳闸，线路保护瞬时段可经一短时限动作。

34. 线路保护范围伸出相邻变压器其他侧母线时，保护动作时间应如何配合?

答：（1）与该侧出线保全线的灵敏段动作时间配合。

（2）与变压器该侧后备跳总断路器的动作时间配合。

（3）如该侧母线装有母线保护、线路有纵联保护，也可以与母线保护和线路纵联保护配合。

35. 线路进行冲击时，冲击侧保护及重合闸方式应如何调整?

答：用本线路开关向新线路或新开关设备冲击时，两侧保护按正常方式投跳，冲击侧保护灵敏段时限改 0.5s 跳闸，重合闸停用。向线路强送时，两侧保护及重合闸可按正常方式投跳不做调整。

36. 继电保护配合时间级差应根据哪些因素确定?

答：继电保护配合时间级差应根据断路器开断时间、整套保护动作返回时间、计时误差等因素确定，宜采用 0.3s 的时间级差。对局部时间配合存在困难的，在确保选择性的前提下，微机保护可适当降低时间级差，但不小于 0.2s。

37. 为什么接带大容量变压器的 35kV 出线宜采用距离保护装置?

答：按照 DL/T 584—2016《3kV～110kV 电网继电保护装置运行整定规程》第 6.2.6.3 条规定，延时电流速断定值应对本线路末端故障有足够的灵敏度。同时为保证选择性，35kV 线路延时电流速断保护应躲过 35kV 变电站主变压器低压侧故障。35kV 线路末端接大容量变压器时，变压器低压侧母线短路电流较大，延时电流速断可能在保护范围上无法配合，如果采用时间配合方式，会牺牲保护的快速性。此时 35kV 线路采用相间距离保护作为主保护，过流保护作为后备保护，可解决上述问题。

38. 10（35）kV 线路距离保护应配置三段式相间距离保护和过流保护，为什么不配置接地距离保护?

答：10（35）kV 系统通常为小电流接地系统，当系统发生单相接地故障时，A、B、C 三相间的线电压基本保持不变，故障电流小，可以继续运行一段时间，因此不考虑配置接地距离保护；如果系统发生两相接地短路故障，可以通过相间距离和过流保护切除。

第八节 其　　他

1. 简述线路并联电抗器的作用。

答：（1）超高压远距离输电线路的对地电容电流很大，线路并联电抗器可以吸收这种容性无功功率，限制系统的操作过电压。

（2）对于使用单相重合闸的线路，线路并联电抗器可以限制潜供电流，提高重合闸的成功率。

2. 为什么线路并联电抗器一般不单独设断路器？

答：线路并联电抗器回路不宜装设断路器或负荷开关是因为线路并联电抗器主要作用是限制工频过电压和潜供电流，尤其在电网建设初期不允许退出运行，故线路并联电抗器回路不宜装设断路器或负荷开关。

3. 装有串联补偿装置（含可控串联补偿装置）的 220～1000kV 线路及其相邻线路，应考虑什么因素对保护的影响？

答：（1）由于串联电容的影响可能引起故障电流、电压的反相。

（2）故障时，串联电容保护间隙击穿。

（3）电压互感器装设位置不同（在串联补偿装置的母线侧或线路侧）。

4. 对柔性直流输电系统近区交流线路的保护，柔性直流输电系统及其控制策略对交流线路故障电流特性有什么影响？

答：（1）当交流侧发生故障时，受运行方式影响，柔性直流输电系统提供的故障电流可能反向。

（2）当交流侧发生故障时，受柔性直流输电控制系统影响，柔性直流输电系统提供的故障电流可能迅速变小。

（3）当交流侧发生不对称故障时，柔性直流输电控制系统会抑制负序电流。

5. 简述重要负荷供电线路的特殊要求。

答：（1）电气化铁路牵引站、大型钢厂等供电线路的保护配置及整定，应满足所接入电网的安全稳定要求，同时考虑牵引站、钢厂可靠运行的需要。

（2）电气化铁路牵引站供电线路，220kV 及以上电压等级应按双重化原则配置全线速动保护，宜采用纵联差动保护；宜按双重化原则实现远方跳闸。采用三相式供电的线路，可配置与一般线路相同的后备保护。采用两相式供电的线路，宜采用适用于两相式供电的后备保护，配置和流保护以切除接地故障，可不配置接地距离保护。

（3）电气化铁路牵引站、大型钢厂等供电线路的保护应具备防止不对称分量和冲击负荷导致线路保护频繁启动的措施，以及防止谐波分量导致保护不正确动作的措施。

第四章　母　线　保　护

第一节　配　置　要　求

1. 母线保护的主要接线方式有哪些？

答：单母线（含单母线、单母分段接线）、双母线接线（含双母双分段、双母单分段接线）、3/2 断路器接线。

2. 各种接线方式下的母线保护范围有哪些？

答：单母线（含单母线、单母分段接线）、双母线接线（含双母双分段、双母单分段接线）、3/2 断路器接线方式下的母线保护范围分别如图 4-1～图 4-4 所示。图中虚线以内为母线保护

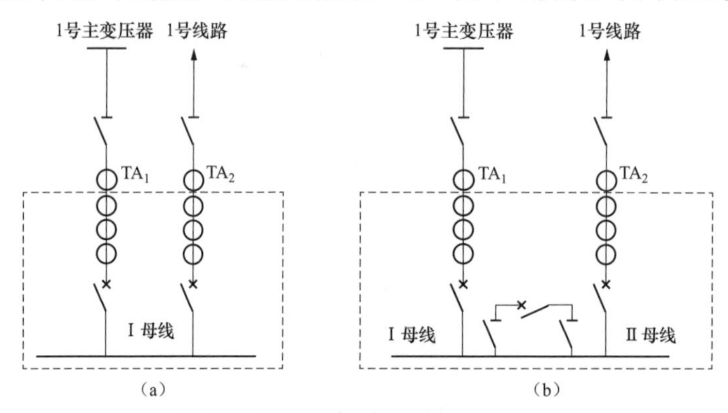

图 4-1　单母线接线保护范围示意图

（a）单母线不分段；（b）单母线分段

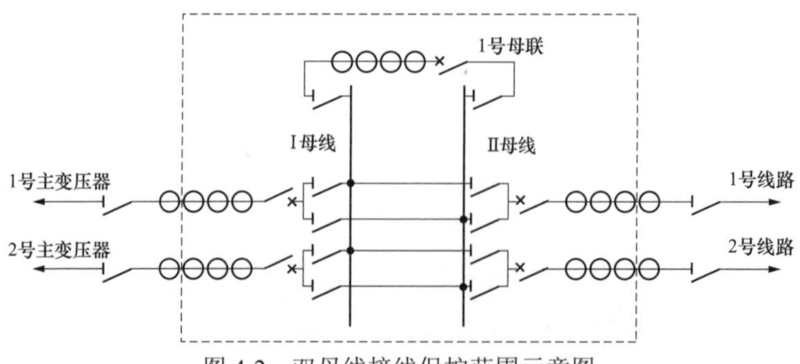

图 4-2　双母线接线保护范围示意图

的保护范围，工程上习惯将离母线最远的二次绕组用于母差保护，这样可使保护范围出现重叠，有利于反应互感器内部的故障，消除保护死区。

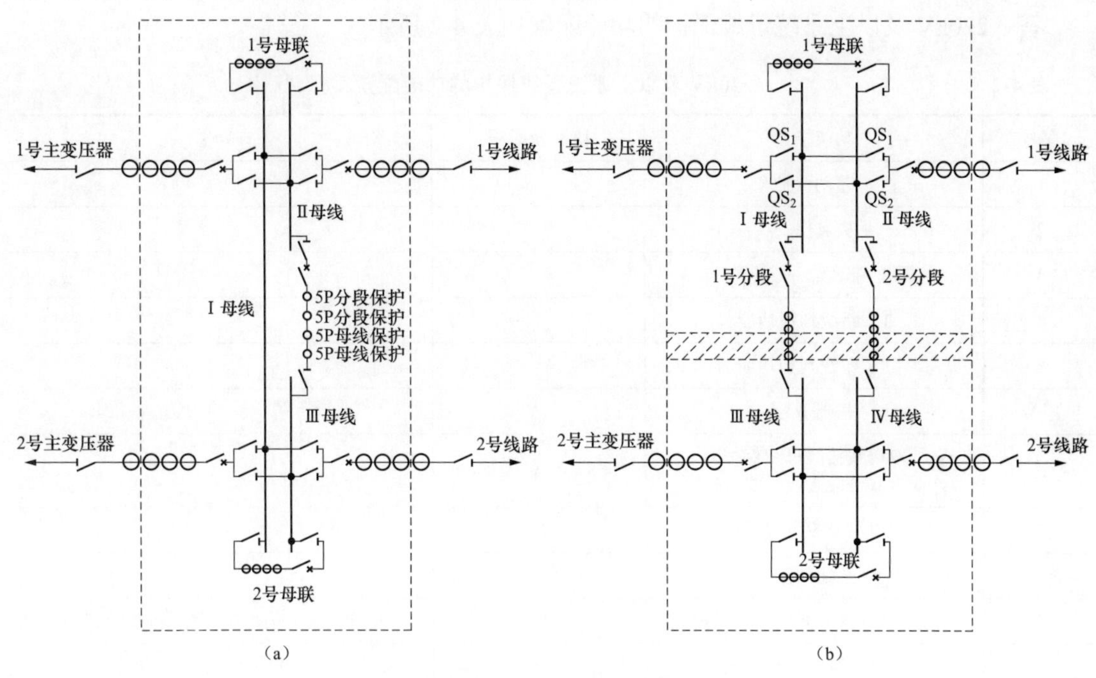

图 4-3 双母带分段及保护范围示意图

(a) 双母单分段接线示意图；(b) 双母单分段接线示意图

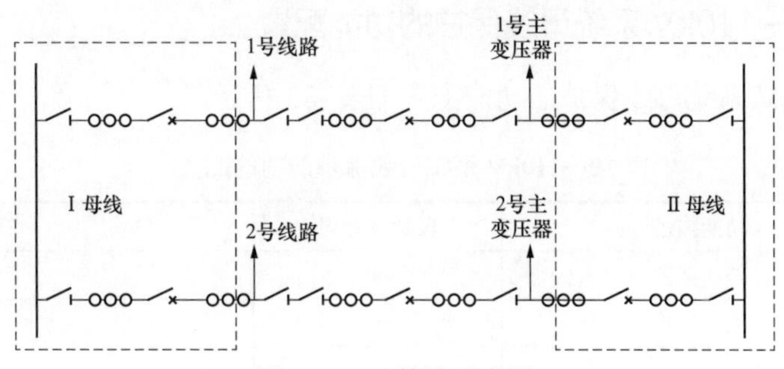

图 4-4 3/2 接线示意图

3. 简述 3/2 接线母线保护功能配置。

答：3/2 接线母线保护功能配置如表 4-1 所示。

表 4-1 **3/2 接线母线保护功能配置**

序号	功能描述	段数及时限	说明	备注
1	差动保护			
2	失灵经母差跳闸			
3	TA 断线判别功能			
序号	基础型号	代码		
4	3/2 断路器接线母线保护	C		

4. 简述220kV及以上系统母线保护的功能配置。

答：220kV及以上系统母线保护的功能配置如表4-2所示。

表4-2　　220kV及以上系统母线保护的功能配置

序号	功能描述	段数及时限	备注
1	差动保护		
2	失灵保护		
3	母联（分段）失灵保护		
4	TA断线判别功能		
5	TV断线判别功能		
序号	基础型号	代码	
6	双母线接线母线保护 双母双分段接线母线保护	A	
7	双母单分段母线保护	D	
序号	选配功能	代码	
8	母联（分段）充电过流保护	M	功能同独立的母联（分段）过流保护
9	母联（分段）非全相保护	P	功能同线路保护的非全相保护
10	线路失灵解除电压闭锁	X	

5. 简述10～110kV系统母线保护的功能配置。

答：10～110kV系统母线保护的功能配置如表4-3所示。

表4-3　　10～110kV系统母线保护的功能配置

序号	功能描述	段数及时限	备注
1	差动保护	—	
2	失灵保护	—	
3	母联（分段）失灵保护	—	
4	TA断线判别功能	—	
5	TV断线判别功能	—	
序号	基础功能	代码	
6	双母线接线母线保护 双母双分段接线母线保护 单母线接线母线保护 单母分段接线母线保护	AL	
7	双母单分段接线母线保护 单母三分段接线母线保护	DL	
序号	选配功能	代码	
8	母联（分段）充电过流保护	M	功能同独立的母联（分段）过流保护
9	线路失灵解除电压闭锁	X	

6. 简述3/2接线母线保护的配置原则。

答：每段母线应配置两套母线保护，每套母线保护应具有边断路器失灵经母线保护跳闸功能。

7. 简述220kV母线保护的配置原则。

答：双母线接线和双母单分段接线应配置双套母线保护，双母线双分段应配置四套母线保护；单母分段接线、单母三分段接线可配置双套母线保护。

8. 简述110（66）kV母线保护的配置原则。

答：双母线接线和双母单分段接线应配置一套母线保护，双母线双分段应配置两套母线保护；单母分段接线、单母三分段接线可配置一套母线保护。

9. 母线保护主保护的技术原则有哪些?

答：母线保护主保护的技术原则如下：

（1）母线保护应具有可靠的TA饱和判别功能，区外故障TA饱和时不应误动。

（2）母线保护应能快速切除区外转区内的故障。

（3）母线保护应允许使用不同变比的TA，并通过软件自动校正。

（4）具有TA断线告警功能，除母联（分段）TA断线不闭锁差动保护外，其余支路TA断线后固定闭锁差动保护。

（5）双母线接线的差动保护应设有大差元件和小差元件；大差用于判别母线区内和区外故障，小差用于故障母线的选择。

（6）对构成环路的各种母线，保护不应因母线故障时电流流出的影响而拒动。

（7）双母线接线的母线保护，在母线分列运行发生死区故障时，应能有选择地切除故障母线。

（8）母线保护应能自动识别母联（分段）的充电状态，合闸于死区故障时，应瞬时跳母联（分段），不应误切除运行母线。按如下原则实施：

1）由操作箱提供的SHJ触点（手合触点）、母联TWJ、母联（分段）TA“有无电流”的判别，作为母线保护判断母联（分段）充电并进入充电逻辑的依据；

2）充电逻辑有效时间为SHJ触点由“0”变为“1”后的1s内，1s后恢复为正常运行母线保护逻辑；

3）母线保护在充电逻辑的有效时间内，如满足动作条件应瞬时跳母联（分段）断路器，如母线保护仍不复归，延时300ms跳运行母线，以防止误切除运行母线。

（9）差动保护出口经本段电压元件闭锁，除双母双分段分段断路器以外的母联和分段经两段母线电压“或门”闭锁，双母双分段分段断路器不经电压闭锁。

（10）双母线接线的母线TV断线时，允许母线保护解除该段母线电压闭锁。

（11）双母线接线的母线保护，通过隔离开关辅助触点自动识别母线运行方式时，应对隔离开关辅助触点进行自检，且具有开入电源掉电记忆功能。当与实际位置不符时，发“隔离开关位置异常”告警信号，常规站应能通过保护模拟盘校正隔离开关位置，智能站通过“隔离开关强制软压板”校正隔离开关位置。当仅有一个支路隔离开关辅助触点异常，且该支路有电流时，保护装置仍应具有选择故障母线的功能。

（12）双母双分段接线母差保护应提供启动分段失灵保护的出口触点。

（13）双母线接线的母线保护应具备电压闭锁元件启动后的告警功能。

（14）宜设置独立于母联跳闸位置、分段跳闸位置并联的母联、分段分列运行压板。

（15）装置上送后台的隔离开关位置为保护实际使用的隔离开关位置状态。

10. 双母线接线的断路器失灵保护技术原则有哪些?

答：双母线接线的断路器失灵保护技术原则如下：

（1）断路器失灵保护应与母差保护共用出口。

（2）应采用母线保护装置内部的失灵电流判别功能；各线路支路共用电流定值，各变压器支路共用电流定值；线路支路采用相电流、零序电流（或负序电流）“与门”逻辑；变压器支路采用相电流、零序电流、负序电流“或门”逻辑。

（3）线路支路应设置分相和三相跳闸启动失灵开入回路，变压器支路应设置三相跳闸启动失灵开入回路。

（4）“启动失灵”“解除失灵保护电压闭锁”开入异常时应告警。

（5）母差保护和独立于母线保护的充电过流保护应启动母联（分段）失灵保护。

（6）为缩短失灵保护切除故障的时间，失灵保护宜同时跳母联（分段）和相邻断路器。

（7）为解决某些故障情况下，断路器失灵保护电压闭锁元件灵敏度不足的问题：对于常规站，变压器支路应具备独立于失灵启动的解除电压闭锁的开入回路，“解除电压闭锁”开入长期存在时应告警，宜采用变压器保护“跳闸触点”解除失灵保护的电压闭锁，不采用变压器保护“各侧复合电压动作”触点解除失灵保护电压闭锁，启动失灵和解除失灵电压闭锁应采用变压器保护不同继电器的跳闸触点；对于智能站，母线保护变压器支路收到变压器保护“启动失灵”GOOSE命令的同时启动失灵和解除电压闭锁。

（8）含母线故障变压器断路器失灵联跳变压器各侧断路器的功能。母线故障，变压器断路器失灵时，除应跳开失灵断路器相邻的全部断路器外，还应跳开该变压器连接其他电源侧的断路器，失灵电流再判别元件应由母线保护实现。

11. 母联（分段）失灵保护技术原则有哪些?

答：母联（分段）失灵保护技术原则如下：

（1）母联（分段）失灵保护应经电压闭锁元件控制。

（2）并列运行方式下，母联（分段）失灵保护不判母联位置。

12. 母联（分段）死区保护技术原则有哪些?

答：母联（分段）死区保护技术原则如下：

（1）母联（分段）死区保护应经电压闭锁元件控制。

（2）母联（分段）死区保护确认母联跳闸位置的延时为150ms。

13. 双母线接线方式下母线保护故障常见故障及其影响范围是什么?

答：双母线接线方式下母线保护故障常见故障及其影响范围见表 4-4。

表 4-4　母线保护故障常见故障及其影响范围

故障类型	影 响 范 围
Ⅰ母（Ⅱ母）小差范围内故障	母差保护跳Ⅰ母（Ⅱ母），Ⅰ母（Ⅱ母）失电
母联合位死区故障	先跳母联开关侧母线，经合位死区延时后跳另一条母线母联合位死区保护跳Ⅰ、Ⅱ母，两段母线均失电
母联分位死区故障	母联分位死区保护跳故障母线，非故障母线不会失电
一段母线给另一段母线充电时，母联死区故障	1.TA 布置在充电侧，充电过流保护跳母联开关，故障正确切除。 2.TA 布置在被充电侧，母联 TA 无流，结合 SHJ 变位，母联充电于死区逻辑动作，跳开母联开关
线路 TA 与开关之间故障	母差动作切除一段母线，并远跳对应线路对侧开关，另一段母线失电
主变压器 TA 与开关之间故障	母差动作切除一段母线，并失灵联跳主变压器三侧开关，另一段母线及变压器失电

14. 画出双母线接线中母联 TA 的三种布置方式，试分析这三种布置方式下死区故障时母线保护的动作情况。

答：（1）方式一（见图 4-5）：母联死区故障时，第一套母差保护跳Ⅰ母，第二套母差保护跳Ⅱ母，无延时隔离故障点。

（2）方式二（见图 4-6）：母联死区故障时，两套母差保护均跳Ⅰ母，故障点未被隔离，随后母联死区保护动作跳Ⅱ母，隔离故障点。

（3）方式三（见图 4-7）：母联死区故障时，两套母差保护均跳Ⅱ母，故障点未被隔离，随后母联死区保护动作跳Ⅰ母，隔离故障点。

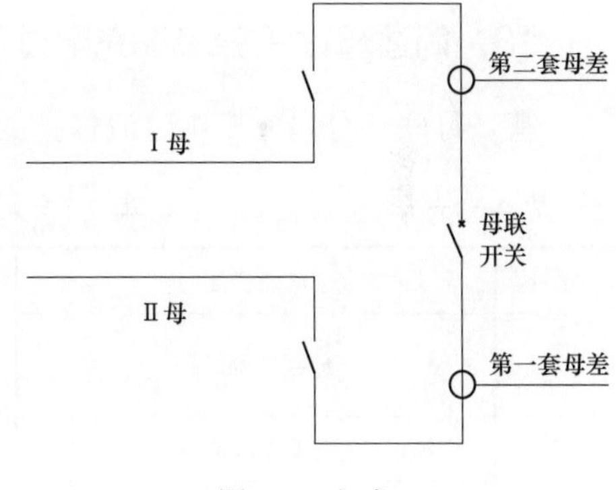

图 4-5　方式一

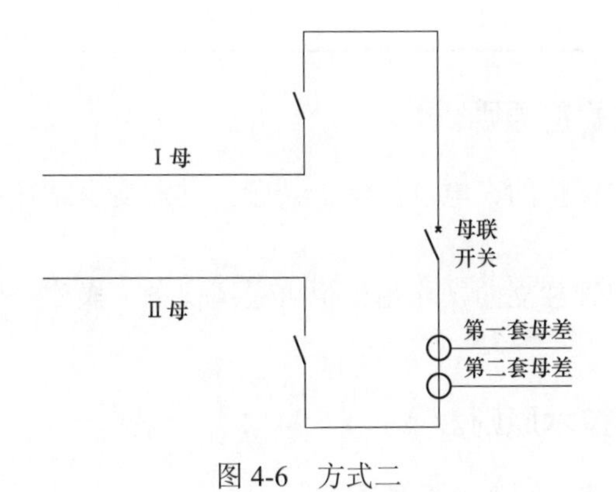

图 4-6　方式二

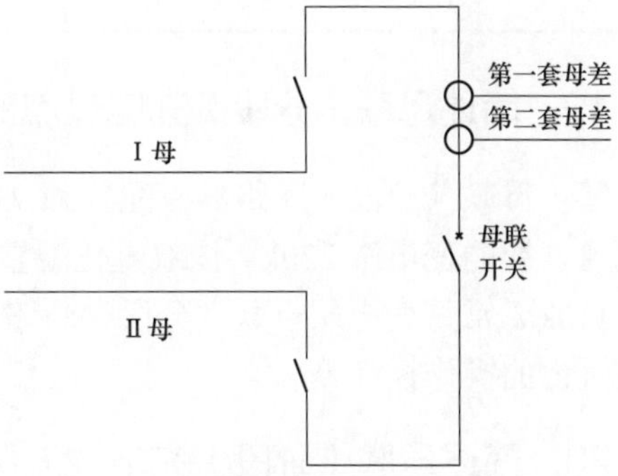

图 4-7　方式三

15. 简述母线保护TA断线判别逻辑的配置方案。

答：母线保护TA断线判别逻辑一般配置两段逻辑：TA断线告警及TA断线闭锁。TA断线告警采用较低定值，用于检测由于回路采样异常形成的差流，仅告警，不闭锁差动保护。TA断线闭锁采用较高定值，告警同时闭锁差动保护。为保证灵敏度，TA断线告警定值不宜整定过高。

16. 双母线或单母线分段接线中，常说母线保护配置有死区保护，如何考虑TA配置能消除死区？

答：两套母差保护的TA在母联（母分）开关两侧分别布置时，若发生死区故障，其中一套母差保护能正确识别出故障点所在母线，两套保护同时快速动作切除故障，从而能避免故障时由母联死区保护动作切除故障带来的延时。

17. 母线保护的电流互感器的布置位置的原则和对电流互感器的要求是什么？

答：双重化的两套母差保护应使用不同的电流互感器二次绕组，绕组配置应避免出现主保护死区，同时避免当一套保护停用时出现被保护区内故障的保护动作死区，母差保护的保护范围应尽可能避开电流互感器的底部。电流互感器类型、二次绕组数量和准确级应满足继电保护的配置要求。

18. 简述母联（分段）充电过流保护的功能配置。

答：母联（分段）充电过流保护的功能配置如表4-5所示。

表4-5　母联（分段）充电过流保护的功能配置

序号	功能描述	段数及时限	说明	备注
1	充电过流保护	Ⅰ段1时限 Ⅱ段1时限		
2	充电零序过流保护	Ⅰ段1时限		
序号	基础功能	代码		
1	母联（分段）充电过流保护	A		

19. 简述母联（分段）充电过流保护的配置原则。

答：母联（分段）断路器应配置独立于母线保护的充电过流保护装置。常规变电站按单套配置，智能变电站220kV按双重化配置。

110kV常规变电站母联（分段）断路器可配置独立的操作箱，也可采用保护、操作一体化装置内的操作插件。

20. 简述母联（分段）充电过流保护的技术原则。

答：母联（分段）充电过流保护跳闸，同时启动母联（分段）失灵保护。

21. 为什么建议配置独立于母线保护的母联、分段充电过流保护装置?

答: 母联(分段)充电保护不仅用于母联(分段)充电,也可作为线路、变压器支路充电操作的后备保护。考虑到母线保护的重要性,为避免在母线保护屏上频繁操作,配置独立的母联(分段)充电过流保护装置。

第二节 保 护 原 理

1. 什么是母线差动保护?

答: 将母线上所连接设备的整体视为单一节点,那么在母线设备上传输的电流将满足基尔霍夫电流定律。正常运行时,差动电流等于零,而发生保护区内部故障时,差动电流等于故障电流。如果大差和某段小差都满足动作方程,判为母线内部故障,母线保护动作,跳开故障母线上的所有断路器。

母线保护的大差由除母联外母线上所有元件构成,每段母线小差由每段母线上所有元件(包括母联)构成。大差作为起动元件,用以区分母线区内外故障,小差为故障母线的选择元件。

2. 母线保护差动保护(突变量保护、稳态量保护)的整组动作的时间要求是多少?

答: 电流大于 2 倍定值下,母线差动保护整组动作时间小于 20ms。

3. 电流变化量比率制动特性母线差动保护原理是什么?

答: 为避免负荷电流对比例制动特性产生的不良影响并提高保护抗过渡电阻能力,可使用工频变化量差动判据,其比率制动特性为:

$$\begin{cases}\left|\sum_{i=1}^{N}\Delta I_i\right|>\Delta I_{\text{set.0}}+\Delta I_{\text{f.0}}\\ \left|\Delta\sum_{i=1}^{N}I_i\right|>K_{\text{res}}\left(\sum_{i=1}^{N}\left|\Delta I_i\right|\right)\end{cases}$$

式中:ΔI_i 为第 i 个支路的工频变化量电流;$\Delta I_{\text{set.0}}$ 为固定门槛;$\Delta I_{\text{f.0}}$ 为浮动门槛。

4. 母线保护中的差动保护要求具备复式比率差动判据的缘由是什么?

答: 复式比率差动判据相对于传统的比率制动判据,由于在复合制动电流的计算中引入了差动电流,使其在母线区外故障时制动电流随着短路电流的增大而增大,有极强的制动特性,提高了区外故障可靠性,而在母线区内故障时复合制动电流在理论上为零,使差动保护能不带制动量灵敏动作。

5. 各厂家母线保护启动判据有何异同?

答: 母线保护启动方式多种多样,各厂家在启动判据选取时有较大差异,主要分以下几类：

（1）当差动电流与制动电流满足差动保护动作判据时启动保护，即采用差动元件进行启动，如北京四方 CSC-150A、国电南自 SGB-750。

（2）采用电压工频变化量元件，当两段母线任一相电压工频变化量大于门坎（由浮动门坎和固定门坎构成）时工频变化量元件动作并展宽 500ms，如南瑞继保 PCS-915（当用于 3/2 接线时，母线保护不采用电压工频变化量元件）。

（3）采用电流工频变化量元件，当两段母线任一相制动电流工频变化量大于门坎（由浮动门坎和固定门坎构成）时工频变化量元件动作并展宽 500ms，如南瑞继保 PCS-915、长园深瑞 BP2C 系列（动作后展宽 20ms）。

（4）当任一相差动电流大于差流启动值时差流元件动作并展宽 500ms，如南瑞继保 PCS-915、思源弘瑞 UDB-501、南瑞科技 NSR-371、许继电气 WMH-801、长园深瑞 BP-2C 系列（动作后展宽 20ms）。

（5）当任一相差动电流突变量大于差流突变量门槛值时动作并展宽 500ms，如南瑞科技 NSR371、许继电气 WMH-801。

6. 各主流厂家双母线接线母线保护的比率制动系数如何选取?

答：（1）北京四方 CSC150A 母线保护的比率制动系数采用内部固定定值，大差启动元件的比率制动系数固定为 0.3，小差选择元件的比率制动系数固定为 0.5。

（2）国电南自 SGB750 母线保护的比率制动系数采用内部固定定值，制动系数为 0.3。

（3）南瑞继保 PCS915 母线保护的比率制动系数采用内部固定定值，对于稳态差动，大差高值固定取 0.5，小差高值固定取 0.6。大差低值固定取 0.3，小差低值固定取 0.5。对于变化量差动，大差和小差高值固定取 0.65。大差低值固定取 0.3，小差低值固定取 0.5。

（4）南瑞科技 NSR371 母线保护的比率制动系数采用内部固定定值，对于稳态差动，大差比例制动系数固定为 0.3，小差比例制动系数固定为 0.5。

（5）长园深瑞 BP2C 系列母线保护的比率制动系数采用内部固定定值，大差高值为 0.5，大差低值为 0.3，小差固定取 0.5。

（6）许继电气 WMH-801 双母线接线方式母联分列运行时大差取低制动特性（0.3），其余情况下大差制动系数取高制动特性（0.5）；双母双分段接线方式母联和两个分段均在合位运行状态时小差制动特性取低制动特性（0.3），其他情况下小差制动特性均取高制动特性（0.5）。

7. 长园深瑞 BP-2C 系列母线保护采用的复式比率差动与常规比率差动保护相比有何特点?

答：常规比率差动保护采用的制动方程为 $I_{\mathrm{d}} \geqslant KI_{\mathrm{r}}$，而复式比率差动采用的动作方程为 $I_{\mathrm{d}} \geqslant K(I_{\mathrm{r}} - I_{\mathrm{d}})$，复式比率差动判据相对于传统的比率制动判据，由于在制动量的计算中引入了差电流，使得比率制动系数 K 可以大于 1，而常规比率制动判据中比率制动系数必须小于 1。

8. 北京四方 CSC-150A 母线保护采用的差动保护原理与其他主流厂家有何区别?

答：北京四方 CSC-150A 保护采用分相式快速虚拟比相式电流突变量保护和比率制动式电流差动保护原理。快速虚拟比相式电流突变量保护仅在故障开始时投入，然后改用比率制动式电流差动保护。比率制动式电流差动保护与稳态比率制动原理相同，为了加快差动保护的动作速度，提高重负荷、高阻接地及系统功角摆开时常规比率制动式差动保护的灵敏度，装置采用了快速虚拟比相式电流突变量保护。原理如下：母线故障时，无论区内故障还是区外故障，各支路均存在突变量电流，其中一部分电流突变量为正向$\left|\sum_{j=1}^{n}\Delta i_{jt+}\right|$，另一部分为负向$\left|\sum_{j=1}^{n}\Delta i_{jt-}\right|$，当区外故障时，理想状态每一时刻均满足正向突变量之和等于负向突变量之和，区内故障时理想状态下仅存在正向突变量电流或负向突变量电流，采用此原理构成如下判据：

$$\frac{\left|\sum_{j=1}^{n}\Delta i_{jt+}\right|}{\left|\sum_{j=1}^{n}\Delta i_{jt-}\right|}\geqslant K \text{ 或 } \frac{\left|\sum_{j=1}^{n}\Delta i_{jt+}\right|}{\left|\sum_{j=1}^{n}\Delta i_{jt-}\right|}\leqslant\frac{1}{K}$$

式中：K 为大于 1 的常数，该常数根据系统结构和短路容量确定。

9. 母线保护用于 3/2 接线方式时，差动保护原理有何变化?

答：对 3/2 断路器接线差动保护，装置仅设置差动电流元件。差动电流元件的判别实时进行，在差动电流元件开放的前提下，差动保护跳开故障母线上所有断路器。

10. 长园深瑞 BP2C 系列母线保护判断母线分列运行与大差元件采用低值的条件是否相同?

答：不相同。联络开关的“分列压板”和 TWJ 开入均为 0 时，大差比率制动系数与小差比率制动系数相同，均使用比率制动系数高值。当联络开关的“分列压板”和 TWJ 开入任一为 1 时，大差比率差动元件自动转用比率制动系数低值。而“分列压板”和 TWJ 开入取“与”逻辑，两者都为 1 判为联络开关分列运行。

11. 对于南瑞继保 PCS915 母线保护，当差动元件因谐波制动元件未开放，此时母线故障差动保护如何动作?

答：当大差差动元件动作且大差谐波元件开放时，若Ⅰ、Ⅱ母差动保护均未动作，则经 240ms 时限切除有流且无隔离开关位置开入的支路及电压闭锁开放的母联(分段)开关，480ms 时限切除所有支路电流大于 $2I_n$ 的支路。

差动元件因谐波制动元件未开放，导致大小差均被闭锁，母线保护在比率差动连续动作 500ms 后将退出所有的抗饱和措施，仅保留比率差动元件，500ms 后将由差动元件动作出口切除故障母线。

12. 重负荷下发生母线内经高电阻短路时，对比率制动特性的母线保护来说有什么影响？

答：重负荷时负荷电流产生的制动电流较大，而经高阻接地的故障电流较小，比率制动特性的差动保护容易因制动电流大、故障电流小而拒动，保护灵敏度下降。

13. 什么是汲出电流？并分析当双母线内部故障且有电流汲出时对该母线保护的动作行为有何影响？

答：从母线流出的电流称为汲出电流。当双母线内部故障且有电流汲出时，会导致差动电流减小，制动电流增大，差动电流与制动电流的比例系数可能小于设定值，在母联开关断开的情况下，弱电源侧母线发生故障时大差比率差动元件的灵敏度不足。

14. 当在母线内部故障时不会有汲出电流产生的是什么样的主接线方式？

答：单母线接线、单母线分段接线、双母线接线方式不会产生汲出电流，当母线在电气上能构成“环”时，母线内部故障会产生汲出电流，如 3/2 接线方式通过相邻串构成“环”，双母双分段、双母单分段母线并列运行时母线自身就能构成环等。

15. 对构成环路的各种母线，母线故障时汲出电流对母线保护会造成什么影响？

答：环形母线、3/2 断路器接线、双母线双分段接线、双母线单分段接线及双回线由短距离线路构成外环网等，当母线故障时可能构成反向环流的情况，有短路电流流出母线。对于某些差动判据而言，流出电流的存在并没有导致差动电流增加，只是制动电流增加了，以最严重的情况计算，差动保护的制动系数可以小到 K_Z=1/3，区内故障时保护容易拒动，双母线双分段接线、双母线单分段接线的接线方式，母线保护的大差、小差的制动系数都可能变小，双母接线方式，大差的制动系数可能变小，小差的制动系数不受影响。母线保护装置应采取措施防止区内故障拒动，整定计算时也应考虑这一问题。

16. 什么叫母线保护的区外故障转区内故障，请举例说明？

答：母线保护的区外转区内故障是指故障发生时在区外而后发展到母线保护区内，如短时间内多点雷击导致线路接地后导致母线接地属于区外转区内的情况，发生区外转区内故障的时候母线保护要解除区外故障的闭锁，如 TA 饱和闭锁等。

17. 什么叫母线保护的高阻接地故障？高阻接地故障会给母线保护装置的运行带来什么影响？

答：接地故障时接地阻抗呈现高阻抗特征的叫高阻接地故障。母线上经高阻接地故障时易导致差流特性不明显，可能导致保护拒动，扩大事故影响范围。

母线保护需准确区分高阻故障和 TA 断线，避免误判 TA 断线闭锁保护。

18. 简述断路器失灵保护的动作逻辑。

答：当母线所连接的线路单元或变压器单元上发生故障，保护动作而该连接单元断路器拒动时，作为近后备保护向母联（或分段）断路器及同一母线上的所有断路器发送跳闸命令，切除故障。

由连接单元的保护装置提供的保护动作触点作为母线保护的断路器失灵开入，并与装置内部过电流判据、复合电压闭锁功能共同构成断路器失灵保护判据。

当某连接单元失灵起动时，失灵保护的出口回路向故障单元所在的母线段断路器发出跳闸命令，有选择地切除故障。对于双母线或单母线分段接线，断路器失灵保护设二段延时：以较短时限 t_1 跳母联断路器。以较长时限 t_2 跳失灵单元所接母线上的其他断路器。为缩短失灵保护切除故障的时间，也可将Ⅱ段时限设为同一值，同时跳母联（分段）及相邻断路器。

19. 简述母联失灵保护的动作逻辑。

答：当保护向母联断路器发跳令后，经整定延时（应大于母联断路器最大动作时间）母联电流仍然大于母联失灵电流定值时，母联失灵保护经两条母线的复合电压闭锁后切除两条母线上的所有连接元件。母联失灵保护可由差动保护、充电过流保护、失灵保护启动，也可由外部保护启动。

20. 哪些保护动作会启动母联失灵？母联失灵需要满足哪些条件才会动作?

答：母联（分段）开关作为联络开关时，母线保护和独立于母线保护的充电过流保护动作应启动母联（分段）失灵。当保护向母联（分段）开关发出跳令后，经整定延时若大差电流元件不返回，母联（分段）TA 中仍然有电流，则母联（分段）失灵保护应经母线差动复合电压闭锁开放后切除相关母线各支路。

21. TA 拖尾对失灵保护的影响，如何防止失灵保护误动作?

答：为了防止拖尾电流对保护计算失灵支路的电流有效值时产生影响，造成失灵保护误动，一种简单的方法是通过对采样值进行前后点相减的差分计算后再进行傅氏计算，差分处理相当于滤除直流分量，正弦波差分后依然是正弦波（幅值相角发生变化），差分傅氏算法的精度取决于拖尾电流的衰减速度，衰减越快，则滤直效果越差，差分傅氏误差也就越大，而由于互感器励磁阻抗很大导致拖尾电流衰减时间较长，比较适合差分傅氏，为了减小算法时间窗长度，也可以采用半波差分傅氏。还可通过判断傅氏计算的谐波含量值、波形过零时间判断等综合判断是否出现 TA 拖尾和跨窗，配合保护延时等灵活设计保护逻辑，防止失灵误动作。

22. 母联（分段）失灵保护、母联（分段）死区保护是否应经电压元件闭锁，为什么这么考虑?

答：母联（分段）失灵保护、母联（分段）死区保护均应经电压闭锁元件控制，主要是为了为防止母联（分段）失灵保护、母联（分段）死区保护误动作跳母线。

23. 请简述各主流厂家母联和分段失灵的保护有何异同。

答：对于母联失灵，各厂家均采用差动跳母联启动、失灵保护（母联、分段、线路、主变压器）跳母联启动、母联充电过流保护跳母联启动、外部母联失灵开入启动。

对于分段失灵，各厂家采用差动跳分段启动、失灵保护（母联、分段、线路、主变压器）跳分段启动、分段充电过流保护跳分段启动、外部分段失灵开入启动，而北京四方CSC150A母线保护由分段过流保护动作或者启动分段失灵开入启动分段失灵。

24. 请简述南瑞继保PCS915保护双母双分接线形式启动分段失灵的条件。

答：对于双母双分接线，需要提供分段失灵接点给另一套母线保护，当充电保护跳分段或差动保护跳分段且分段有流时，启动分段失灵给另一套母线保护。

25. 为什么母联（分段）失灵保护功能要求固定投入，不设投退压板？

答：在保护逻辑中，只有母联（分段）开关作为联络开关时，差动保护或母联充电保护动作，才会起动母联（分段）失灵保护，分列运行时不存在动作可能性，故不再单独设投退压板。

26. 双母线接线母差装置中主变压器间隔失灵电流判据是什么？

答：对于主变压器间隔，当失灵保护检测到失灵启动接点动作时，若该支路的任一相电流大于三相失灵相电流定值，或零序电流大于零序电流定值(或负序电流大于负序电流定值)，则经过失灵保护电压闭锁后失灵保护动作跳闸。

27. 对于双母线接线母线保护装置，线路支路和变压器支路的电流判据有何不同？

答：对于线路支路，需满足如下条件：①分相启动采用共用内部电流定值（有流门槛）用于有流判别，采用该相有流，零序电流（或负序电流）与门逻辑；②失灵支路三相失灵开入或三个分相失灵同时开入时，电流零序或负序满足或者任一相变化量启动，且三相电流均大于内部电流定值（有流门槛）。

对于变压器支路，采用相电流（失灵相电流定值）、零序电流、负序电流或门逻辑。

28. 变压器失灵开入，为什么要解除电压闭锁？

答：考虑到变压器低压侧故障而高压侧断路器失灵时，高压侧母线复合电压闭锁可能会因灵敏度不够而无法开放，装置可以引入变压器失灵解闭锁开入接点，当变压器失灵解闭锁接点闭合时，解除失灵复合电压闭锁。

29. 母线保护中的变压器失灵联跳动作的含义及其实现方式什么？

答：母线故障时，母线保护动作跳故障母线上各支路，对其中的变压器支路，由母线保护继续判别该断路器是否失灵，如果失灵则输出“失灵联跳触点”到失灵变压器的保护装置，变压器保护装置经软件防误识别后跳变压器其他电源侧，可以确保在母线故障且主变压器断路器失灵时切除经主变压器的其他侧电源。

30. 为什么3/2断路器接线，失灵保护动作经母线保护出口时，设置灵敏的、不需整定的电流元件并带50ms延时，而不是采用定值整定的方式?

答：为充分利用微机保护装置强大的运算处理能力，实现保护功能的智能化和标准化，应尽可能减少外部开入量，从而达到简化二次回路、提高保护可靠性的目的，3/2 断路器接线的母线保护，对通过母线保护跳闸的直跳开入，应设置灵敏的、不需整定的电流元件并带 50ms 的固定延时的“软件防误措施”，以提高边断路器失灵保护动作后经母线保护跳闸的可靠性。

31. 为什么采用母线保护装置内部的失灵电流作为判别依据?

答：采用母线保护内部的失灵电流判别功能，每个间隔不再配置失灵启动装置，简化了回路。同时，失灵保护在跳闸前的最后一级判电流，可以防止前面各级的误开入，提高失灵保护的安全性。

32. 简述母线差动保护、失灵保护加装复合电压闭锁的特点及目的。

答：复合电压闭锁功能的特点是：母线电压正常时闭锁差动保护和失灵保护的出口；母线电压异常且某一电压特性量（相电压、负序电压、零序电压）变化达到定值时，开放失灵保护和差动保护出口回路。目的是防止差动保护和失灵保护误动，避免切除无故障母线。

33. 为什么规范中有失灵保护复合电压闭锁定值，而没有差动保护复合电压闭锁定值?

答：失灵保护复合电压闭锁整定需满足线路末端故障时有灵敏度，需要根据实际运行方式整定。差动保护只需要在母线范围内故障动作即可，其低电压闭锁元件按躲过最低运行电压整定，负序、零序电压闭锁元件按躲过正常运行最大不平衡电压整定，在故障切除后能可靠返回，并保证对母线故障有足够的灵敏度。

34. 母线保护中的失灵启动开入异常信号的合成逻辑是什么?

答：任一支路失灵开入保持 10～20s（具体时间以各厂家说明书为准）不返回，装置报“失灵开入异常”，同时将该支路失灵保护闭锁。

35. 常规变电站和智能变电站的母线保护，如何解决变压器支路失灵时电压闭锁元件灵敏度不足问题?

答：为了解决变压器支路失灵时，电压闭锁元件灵敏度不足的问题，常规变电站不应采用“变压器支路启动失灵不经电压闭锁”的方法，应独立设置解除电压闭锁的开入回路。采用变压器保护不同继电器的“跳闸触点”至母线保护的“启动失灵”和“解除复压闭锁”开入，母线保护只有同时收到这两个开入，才确认本变压器的失灵启动和解除电压闭锁有效，其他变压器的电压闭锁并未解除，从而提高失灵启动回路的可靠性。智能变电站不存在误碰问题，故不再设置独立的解除复压闭锁虚端子，母线保护变压器支路收到变压器保护“启动失灵”GOOSE命令的同时启动失灵和解除电压闭锁。

36. 为什么母联（分段）失灵保护的闭锁电压宜选用差动电压作为判据?

答：母联（分段）失灵保护与支路失灵不同，线路支路失灵需要在末端故障有灵敏度，故单独采用失灵复压闭锁，定值可整定，变压器支路为避免电压灵敏度不足的问题，不设电压闭锁。而母联（分段）开关本身不同于线路开关或变压器开关，其失灵保护是在大差电流不返回的情况下经电压闭锁动作，故直接采用差动电压作为判据。

37. 为什么启动失灵分段跳闸出口要和对应分段支路的跳闸出口进行区分?

答：防止分段支路跳闸出口压板未投入下，无法启动另外一侧母线保护中的失灵保护。

38. 母线保护断路器失灵保护和母联（分段）失灵保护的区别是什么?

答：断路器失灵保护针对线路或主变压器支路的断路器失灵而设计的后备保护，由线路保护或者主变压器保护启动失灵判别，失灵保护动作后切除线路或主变压器所在母线的全部断路器。母联（分段）失灵保护针对母联（分段）断路器失灵而设计的后备保护，由母线保护或母联充电过流保护启动失灵判别，失灵保护动作后应切除两段母线。

39. 主变压器失灵解闭锁误开入发何告警信号?

答：（失灵）开入异常。

40. 母联死区保护的工作原理是什么?

答：双母线接线的母线保护，母联死区指的是母联或分段断路器与电流互感器之间的故障。母联死区保护分为合位死区保护和分位死区保护。

当母线并列运行发生死区故障时，母线差动动作切除一段母线及母联（此时母联跳闸且TWJ=1），延时150ms封母联TA电流。由于母联不计入小差，此时另一段母线差动差动动作，可提高切除死区动作速度。而当母线分列运行时（分列压板为1，TWJ=1），由于母联电流已不计入小差，此时发生故障，保护直接跳故障母线，避免事故范围扩大。

41. 母线保护装置中的母联（分段）死区保护功能确认母联（分段）位置的延时为多少？其设计原理是什么?

答：母联（分段）死区保护确认母联跳闸位置的延时为150ms。考虑到母联死区保护误动作会造成严重后果严重，所以需要带有较安全的延时才能跳闸。取150ms延时主要考虑TA在一次侧无流后二次侧的暂态衰减时间、断路器的熄弧时间、各种断路器断开时辅助触点的离散和不确定的时间，以及安全裕度时间。

42. 母线充电时，请阐述故障分别发生在死区、被充电母线和运行母线的动作行为有什么不同?

答：（1）故障发生在被充母线时，母联有流不闭锁差动，差动动作，若此时母联失灵，则启动母联失灵，延时到后切除运行母线。

（2）故障发生在死区，充电时母联断路器和TA之间故障可能有两种情况：

1）TA装在电源母线侧，隔离开关合闸立即发生故障，此时充电保护尚未启动，且跳开母联断路器也无法切除故障，只能靠差动保护跳开电源母线的所有连接单元断路器（母联断路器未合，差流不计及母联电流，该故障被差动保护判断为区内）。

2）TA装在被充电母线侧，充电时，母联断路器合闸立即发生故障，TA无电流，跳开母联断路器可切除故障，但由于电源母线段的差动保护符合动作条件，会误跳电源母线段上的所有连接单元。为防止这种误动，充电时应闭锁母线差动保护300ms，不带延时先跳母联断路器（对于国电南自SGB750保护，考虑到差流误差，充电死区的大差动作门槛提高为1.1倍差动定值）。300ms后若有故障发展或母联失灵则跳运行母线。

（3）故障发生在运行母线，充电启动后，此时母联无流，大差动作，先跳母联，300ms后若故障未消失则跳运行母线。

43. 母联（分段）死区保护功能的电压闭锁判据使用差动电压判据还是失灵电压判据，为什么？

答：母联死区保护功能的电压闭锁判据使用差动电压，因为母联死区保护动作后，最终通过差动保护出口切除故障。

44. 母联分位死区与母联合位死区哪个故障切除范围大？

答：母联合位死区故障切除范围大。母联分列运行，发生死区故障时，应通过母联跳位封母联TA，正确切除故障母线。母线并列运行时发生母联死区故障，母线差动保护动作切除一段母线及母联（分段）开关，装置检测母联（分段）开关处于分位后经150ms延时确认分列状态，母联电流不计入小差电流，由差动保护切除母联死区故障。

45. 母联间隔的死区故障和分段间隔的死区故障有何区别？

答：母联间隔的死区故障通过母线保护的母联合位死区保护可以150ms切除故障，而分段间隔的死区故障需要靠母差保护启动另外一侧的失灵保护才能切除故障。

46. “六统一”要求母线保护应能自动识别母联充电状态，当合闸于死区故障时，应瞬时跳母联，不应误跳运行母线，此要求如何在技术上实现？

答：母线保护应能自动识别母联（分段）的充电状态，合闸于死区故障时，应瞬时跳母联（分段），不应误切除运行母线。

原则实施为：由操作箱提供的SHJ触点（手合触点）、母联TWJ、母联（分段）TA“有无电流”的判别，作为母线保护判断母联（分段）充电并进入充电逻辑的依据。

47. 母线保护装置的SHJ的触点的含义是什么，其作用和对母线保护装置产生的影响是什么？

答：SHJ即为操作箱提供的手合触点。母线保护应能自动识别母联（分段）的充电状态，合闸于死区故障时，应瞬时跳母联（分段），不应误切除运行母线。由母联操作箱提供的SHJ触点（手合触点）、母联TWJ、母联（分段）TA“有无电流”的判别，作为母线保护判断母联（分段）充电并进入充电逻辑的依据。充电逻辑有效时间为SHJ触点由“0”变为“1”后的1s内，1s后恢复为正常运行母线保护逻辑。母线保护在充电逻辑的有效时间内，如满足动作条件应瞬时跳母联（分段）断路器，如母线保护仍不复归，延时300ms跳运行母线，以防止误切除运行母线。

48. 如果母联断路器合闸时，主触头先闭合而TWJ的接点后返回且合闸于故障母线，母线保护该如何切除工作？

答：差动启动时，检测到TWJ为“1”（或返回小于1000ms），且手合接点有效（“0”->“1”后展宽1000ms），则闭锁母线差动保护，并启动充电至死区保护，300ms后开放差动保护。

49. 母线保护自动识别母联（分段）的充电状态的原则是什么？

答：（1）由操作箱提供的SHJ触点（手合触点）、母联TWJ、母联（分段）TA进行“有无电流”的判别，作为母线保护判断母联（分段）充电并进入充电逻辑的依据。

（2）充电逻辑有效时间为SHJ触点由“0”变为“1”后的1s内，1s后恢复为正常运行母线保护逻辑。

（3）母线保护在充电逻辑的有效时间内，如满足动作条件应瞬时跳母联（分段）断路器，如母线保护仍不复归，延时300ms跳运行母线，以防止误切除运行母线。

50. 对于双母双分接线的分段断路器和双母单分接线的分段断路器，识别分段充电状态有何不同？

答：双母单分接线的分段断路器充电逻辑与母联充电逻辑相同，而双母双分接线的分段断路器识别充电逻辑时不判母线运行状态（不检测母线是否无压）。

51. 什么叫母线保护母联（分段）充电过流保护及其应用场景？

答：母联（分段）充电保护不仅用于母联（分段）充电，也可作为线路、变压器支路充电操作的后备保护。

52. 母线保护装置中母联充电保护和母联过流保护是否需要经复合电压闭锁，为什么？

答：不需要。母联充电保护和母联过流保护属于纯过流保护，一般在母线充电时投入，应优先防止拒动，无需增加电压闭锁。

53. 母联（分段）非全相开入的信号是怎么组成的？

答：由母联分相TWJ并联，分相HWJ并联，再将两者串联组成。

54. 什么叫母线保护母联（分段）非全相保护？

答：母联（分段）非全相保护是指当母联开关出现非全相运行时跳开母联开关的保护。

55. 考虑区外故障时故障支路一次和二次的传变误差，故障支路的 TA 误差达到 X，其余支路的 TA 误差可忽略不计，比例制动和复式比率制动表达式分别如何表示？

答： 假设实际故障电流为 I_k，那么故障支路 TA 感受到的故障电流为 $I_k(1-X)$，由于其余支路的 TA 误差忽略不计，所以其余支路电流的相量和为 I_k，母线保护感受的差动电流为 XI_k，制动电流则为 $I_k(2-X)$。对于比率制动公式为 $I_d>KI_r$ 的保护，比率制动表达式为 $K>\dfrac{X}{2-X}$，对于复式比率制动公式为 $I_d>K(I_r-I_d)$ 的保护，复式比率制动表达式为 $K>\dfrac{X}{2(1-X)}$。

56. 220kV 及以上保护电流互感器二次回路断线判别的总体原则是什么？

答： 主保护不考虑 TA、TV 断线同时出现。不考虑无流元件 TA 断线。不考虑三相电流对称情况下中性线断线。不考虑两相、三相断线。不考虑多个元件同时发生 TA 断线。不考虑 TA 断线和一次故障同时出现。

57. 母线保护 TA 断线判别为什么不考虑三相电流对称情况下中性线 TA 断线？

答： 三相电流对称情况下中性线 TA 断线保护装置无法检测，可能导致保护误动，故不考虑。

58. 母线保护 TA 断线判别为什么不考虑两相、三相同时 TA 断线？

答： 由于多相同时 TA 断线的概率很小，且多相断线可看成几个单相断线分别进行 TA 断线逻辑判别，故不考虑。

59. 母线保护 TA 断线判别为什么不考虑多个元件同时发生 TA 断线？

答： 多个元件同时发生 TA 断线的概率很低，故不考虑。

60. 母联、分段 TA 断线需不需要闭锁母线差动保护？

答： 母联及双母单分段的分段 TA 断线后，大差差动电流因不计入母联、分段 TA，仍保持平衡，不会误动作，所以母联及双母单分段的分段 TA 断线后，仅告警不闭锁差动保护。

双母双分段接线的分段支路与母联支路不同，其可看作普通线路用于联系另一段双母线网络，故分段 TA 断线后可能导致差动保护误动作，应按普通支路处理，即闭锁差动保护。

61. 各主流厂家母线保护的 TV 断线依据有何区别？

答：（1）大接地电流系统下北京四方 CSC-150TV 断线依据如下：

1）三相 TV 断线：三相母线电压均小于 8V 且运行于该母线上的支路电流不全为 0。

2）单相或两相 TV 断线：自产 $3U_0$ 大于 7V。

持续 10s 满足以上判据确定母线 TV 断线。TV 断线后开放本段母线电压闭锁元件并发告警信号，但不闭锁保护。

（2）南瑞继保 PCS-915 母线保护 TV 断线依据如下：

1）母线负序电压 $3U_2$ 大于 $0.2U_n$，延时 1.25s 报该母线 TV 断线。

2）母线三相电压幅值之和 $(|U_a|+|U_b|+|U_c|)$ 小于 U_n，且母联或任一出线的任一相有电流（$>0.04I_n$）或母线任一相电压大于 $0.7U_n$，延时 1.25s 延时报该母线 TV 断线。

（3）长园深瑞 BP-2C 母线保护 TV 断线依据如下：

母线零序电压大于等于差动或失灵零序电压定值，或母线负序电压大于等于差动或失灵负序电压定值，或母线相电压小于等于差动或失灵低电压定值，延时 9s 发 TV 断线告警信号。除了该段母线的复合电压元件将一直动作外，对其他保护没有影响。

（4）南瑞科技 NSR-371 母线保护 TV 断线依据如下：

任何一段非停运母线的差动电压闭锁元件、失灵电压闭锁元件或中性线断线判据动作，经延时 5s 发“TV 断线”告警信号。当失灵保护退出时，失灵电压元件不参与 TV 断线判断。

（5）国电南自 SGB-750 母线保护 TV 断线依据如下：

母线自产零序电压大于 8V 或三相电压幅值之和 $(|U_a|+|U_b|+|U_c|)$ 小于 30V，延时 10s 报该母线 TV 断线。母线 TV 断线时开放对应母线段的电压闭锁元件，但不闭锁任何保护。

小接地系统时，$(|U_{ab}|+|U_{bc}|+|U_{ca}|)$ 小于 240V，延时 10s 报该母线 TV 断线。

（6）上海思源 UDB-501 母线保护 TV 断线依据如下：

正常运行条件下，保护装置持续监视母线的负序电压，如果母线负序电压大于 4V 且同时没有启动元件动作，1.25s 后保护装置会发出［TV 断线告警］的信息。三相电压正常后，经 10s 延时［TV 断线告警］信号复归。

如果正序电压小于 28.8V 同时母联或母线上任一支路的任一相有电流（$>0.04I_n$）且同时没有启动元件动作，1.25s 后保护装置会发出［TV 断线告警］的信息。三相电压正常后，经 10s 延时［TV 断线告警］信号复归。

（7）许继电气 WMH-801 母线保护 TV 断线依据如下：

当正序电压 $U_1<30V$ 或负序电压 $U_2>6V$ 时，延时 10s 报 TV 断线并发告警信号，并点亮装置“异常”灯。

62. 220kV 及以上双母线接线母线保护电流互感器二次回路断线的详细处理逻辑是什么?

答：（1）支路（分段）：

1）TA 断线时，闭锁断线相大差及所在母线小差。

2）SV 通信中断、SV 检修不一致、SV 报文配置异常时，闭锁大差及所在母线小差。

（2）母联：

1）TA 断线时，母联 TA 断线后发生断线相故障，先跳开母联，延时 100ms 后选择故障母线。

2）SV 通信中断、SV 检修不一致、SV 报文配置异常时，母联 SV 通信中断、SV 检修不一致、报文配置异常、SV品质位异常后发生母线区内故障，先跳开母联，延时100ms后选择故障母线。

（3）有流支路隔离开关位置异常（不含位置接反）、SV检修不一致、SV通信中断、SV报文配置异常、SV品质位异常时均应有相应告警报文，不应报TA断线。

（4）TA断线逻辑自动复归。

63. 母联TA断线后发生故障，先跳母联后，不同的电压等级选跳故障母线的延时也设置为不同的原因是什么（220kV及以上系统延时100ms，110kV及以下系统延时150ms）？

答：不同电压等级对系统稳定的要求不同，220kV系统要求更快速切除故障，所以选跳故障母线的延时为100ms，而110kV系统考虑更多的是不误动，所以选跳故障母线的延时为150ms。

64. 支路TA断线情况下，母线保护装置的面板灯的动作行为是怎么样的?

答：母线保护差动保护闭锁灯亮，异常灯亮，差动保护闭锁。

65. 南瑞科技NSR-371母线保护和南瑞继保PCS-915母线保护的TA断线依据有何区别?

答：（1）南瑞科技NSR-371母线保护TA断线依据及保护动作情况如下：

1）线路、变压器支路TA断线：线路、变压器支路TA断线按相判断。当任一相大差电流大于TA断线闭锁定值时，延时发“支路TA断线”信号，同时闭锁对应相别差动保护，TA断线条件返回后自动解除闭锁差动保护。当任一相大差电流大于TA断线告警定值，延时发“支路TA异常”信号。

2）母联（分段）TA断线：母联、分段（双母双分接线的分段除外，下同）TA断线后，若此时发生母线区内故障，则先跳开该母联或分段开关，同时闭锁该母联或分段所连接的两段母线的断线相小差差动保护，如闭锁100ms（110kV为150ms）后故障仍不消失，则解除对两段母线小差差动的闭锁。

（2）南瑞继保PCS-915母线保护TA断线依据及保护动作情况如下：

1）大差电流大于TA断线闭锁定值，延时5s发TA断线报警信号。

2）大差电流小于TA断线闭锁定值，两个小差电流均大于TA断线闭锁定值时，延时5s报母联TA断线。

3）如果仅母联TA断线不闭锁母差保护，此时发生母线区内故障后首先跳开断线母联，在母联开关跳开100ms（110kV为150ms）后，如果故障依然存在，则再跳开故障母线。当差流恢复正常后，TA断线报警自动复归，母差保护恢复正常运行。

4）当母线电压异常（母差电压闭锁开放）及MU异常时时不进行TA断线的检测。

5）大差电流大于TA断线告警定值时，延时5s报TA异常报警。

6）大差电流小于TA断线告警定值，两个小差电流均大于TA断线告警定值时，延时5s报母联TA异常报警。

66. 母线保护区内 TA 饱和和区外 TA 饱和时差动电流和制动电流的区别是什么？母线保护如何防止 TA 饱和造成的影响？

答：TA 正常时，母差保护在区外故障时的动作电流（即差流，差动电流）理论上为 0，实际上因不平衡电流的存在而有很小的差流，保护能可靠不动作。但是如果外部故障导致 TA 暂态饱和（非周期分量短路电流引起），则差流增大，可能导致母差保护误动，所以保护应能快速判别 TA 饱和并采取相应处理措施。

区内故障导致 TA 饱和时，差动电流和制动电流是同时出现的。区外故障导致 TA 饱和时，由于故障发生时刻并不会立即出现饱和，因此差动电流出现时刻要晚于制动电流。母线保护可采用差动电流和制动电流的同步识别法来区分区内、区外故障导致的 TA 饱和，从而避免区外故障 TA 饱和导致的母差保护误动。

67. 母线区外近端出故障时 TA 可能饱和，若某一出线元件 TA 饱和，其二次电流会如何？母差差流会如何？

答：外部故障导致 TA 暂态饱和时，TA 二次电流波形发生严重畸变，二次电流减小，高次谐波分量很大，母线差动电流增大，但母线保护具有可靠的 TA 饱和判别功能，区外故障 TA 饱和时不会误动。

68. 母线保护中设有 TA 饱和检测功能，如果区外故障演变成区内故障，差动保护如何处理？

答：为防止母线差动保护在母线近端发生区外故障时，由于 TA 严重饱和出现差电流的情况下误动，母线保护应设置 TA 饱和检测元件，用来判别差电流的产生是否由区外故障 TA 饱和引起。差动保护应能根据谐波分量和 TA 饱和每周波存在线性传变区等特征，准确识别 TA 饱和和故障。在区外故障 TA 饱和后发生同名相转换性故障的极端情况下应该能否正确切除故障。

69. 各主流厂家母线保护装置判断 TA 饱和有什么不同？

答：（1）南瑞继保利用工频变化量差动元件、工频变化量电压元件和工频变化量电流元件动作的相对时序关系的特点，配合由谐波制动原理构成的 TA 饱和检测元件，加权后得到 TA 饱和的判据。

（2）长园深瑞通过判断 ΔI_d 元件与 ΔI_r 元件的动作时序准确检测出 TA 饱和发生时刻，并实时调整差动相关算法。

（3）北京四方通过线性传变区内电压突变量、差动电流、制动电流突变量、差动电流变化率、制动电流变化率等变量关系形成 TA 饱和判据。

（4）许继利用区外故障 TA 饱和时差动保护判据满足时刻滞后于故障发生时刻的特点，利用同步识别法判断是否为区外故障，如果是区外故障则闭锁差动保护，然后投入虚拟制动电流判别 TA 饱和判据。

（5）南瑞科技利用故障发生时突变量差流和突变量制动电流产生的时序关系的特点，配合检测差流、支路电流的波性特征，得到 TA 饱和的判据。

（6）国电南自利用“差电流动态追忆法”和“轨迹扫描法”措施，形成 TA 饱和判据。

70. 在测试母线保护装置抗 TA 饱和性能时，极限 TA 饱和考核下线性传变电流的时间一般设置为多少？

答：一般设置为 3～5ms。在故障发生的瞬间，由于铁芯中的磁通不能跃变，所以 TA 在极度饱和的情况下也无法立即进入饱和区，而根据铁芯材质、变比等不同，饱和前存在的线性传递区的时域为 3～5ms（在 110kV 及以下系统中，TA 变比较小时，TA 饱和的时间可能更短）。

71. 为什么母线差动保护的暂态不平衡电流的最大值不是出现在短路的最初时刻？

答：暂态不平衡电流产生的原因是短路发生时，电流互感器的励磁电流过大导致 TA 误差过大，而产生了不平衡电流。而短路时，TA 饱和要经历一个过程，因此暂态不平衡电流的最大值会滞后于一次电流最大值。

72. 母线差动保护的暂态不平衡电流比稳态不平衡电流大还是小？

答：稳态不平衡电流主要由 TA 正常运行时的传变误差，以及由于 TA 计算变比与实际变比不一致、各侧采样值不同步、各侧 TA 变比不一致导致的误差组成。而在暂态过程中，除了上述可能造成的误差外，TA 在暂态过程中还有可能饱和，导致测量电流与实际电流相差较大，因此不平衡电流更大。

73. 当母线上连接元件较多时，电流差动母线保护在区外短路时不平衡电流较大的原因是什么？

答：母线所连各支路 TA 变比不一定相同，当所连元件较多时，TA 变比差异较大，归算至同一变比下时会存在误差。当母线区外故障时，各支路电流增大，将使误差放大，并且部分 TA 还存在暂态饱和现象，使不平衡电流进一步增大。

74. 母线保护中整定的定值为二次值，参考的变比是什么？为什么建议母线各连接单元 TA 的变比相差不宜超过 4 倍？

答：参考的变比是基准变比，基准变比专为母线上各连接元件 TA 一次值不同的情况而设，应不大于现场运行设备最大 TA 变比，且不能小于现场运行设备最大 TA 变比的 1/4（越限将告警并闭锁保护），一般建议以最大变比作为基准变比。母线支路较多时，各支路 TA 变比相差过大，会导致差动电流计算误差过大，正常运行时不平衡电流大，可能导致 TA 断线误报警、误闭锁，所以各支路 TA 变比差不宜大于 4 倍。

75. 母线保护如何处理各支路 TA 变比不一致的问题？

答：母线上各个支路可能使用不同变比的 TA，若直接计算差流，将所有支路二次电流直接相加将会得到的差电流，可能造成差动保护误动。

为了解决因 TA 变比不同造成的不平衡电流，母线保护首先应将各个支路的二次电流折算到同一变比，然后进行差流计算才能消除不平衡电流，为此母线保护设置了基准 TA 变比参数，将各个支路的模拟量根据其 TA 变比和基准变比折算，得到折算到基准变比下的电流，然后再计算差流，差流为零，保护不会误动。

76. 母线某支路 TA 断线，保护无法采集到电流，母线保护会不会误动作，为什么?

答：不会动作。除母联 TA 断线不闭锁差动保护外，其余支路 TA 断线后固定闭锁差动保护，母联 TA 断线后大差元件不会动作，保护不会误动。

77. 母线差动保护电压闭锁的原则是什么?

答：（1）差动保护出口经本段母线电压元件闭锁。

（2）双母双分段主接线需要由两套母线保护分别完成左右两条母线的保护功能，当分段 1 左侧先发生隔离开关脱落，分段 1 与 I 母之间在一次系统上已经断开，此时分段断路器和 TA 之间发生故障（如图 4-8 所示），对保护而言，故障点在 I 母范围内，但是 I 母电压闭锁，而III母电压虽然开放，但是无差流，因此两段母线差动保护均无法动作。所以，双母双分段跳分段不经电压闭锁。

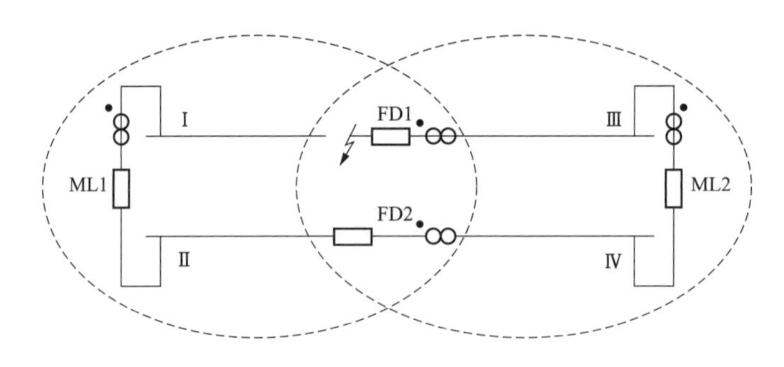

图 4-8　双母线双分段接线分段 TA 一侧断线并接地

（3）除双母双分段分段以外的母联和分段经两段母线电压“或门”闭锁。

78. 母线差动保护的电压闭锁元件的灵敏系数与相应的电流启动元件的灵敏系数相比如何?

答：母线差动保护的电压闭锁元件的灵敏系数与相应的电流启动元件的灵敏系数相比应更高，保证母线故障时复压闭锁可靠开放。

79. 为什么在差动保护电压闭锁定值设定时，对于接地系统，低电压采用相电压。对于不接地系统，低电压采用相间电压?

答：对于不接地系统，当发生单相接地故障时，由于接地短路电流很小，允许继续运行一段时间，电压闭锁不宜开放，因此采用相间电压。而对于接地系统，采用相电压能提高单相接地故障时电压闭锁元件灵敏度。

80. 请简述北京四方和南瑞继保母线保护装置在解除电压闭锁中的异同。

答：（1）相同点：都是使用了由低电压、零序电压、负序电压"或"逻辑组成的电压闭锁元件，在差动保护中低电压在直接接地系统都是使用相电压定值 40V，在非直接接地系统都是使用线电压定值 70V，零序电压闭锁定值都是 6V，负序电压闭锁定值都是 4V；在启动失灵时，对应支路电压闭锁开入存在，断路器失灵保护按支路所在母线段电压判断是否解除闭锁，失灵保护电压闭锁定值和差动保护不同。

（2）不同点：为防止主变压器低压侧故障高压侧开关失灵时高压侧母线的电压闭锁灵敏度有可能不够的情况，南瑞继保母线保护装置（智能变电站）主变压器支路固定不经电压闭锁，而北京四方母线保护装置（智能变电站）仍保留了电压闭锁逻辑，通过在外部有主变压器支路失灵启动开入时默认解除该主变压器所在段母线失灵电压闭锁元件。

81. 为什么 3/2 接线方式下不配置电压闭锁功能？

答：3/2 接线方式一般用于 500kV 及以上电网，该电压等级要求母差快速动作防止拒动，且母差保护动作后，一般不会造成线路的停电，不会对系统造成大的影响。同时，想实现电压闭锁需要零、负序电压，就需要三相式 TV，而 3/2 接线方式采用单相式 TV，不构成零、负序，在一组母线 TV 检修时还需要考虑电压切换回路，增加回路的复杂性。

82. 采用 3/2 主接线运行方式的变电站在正常接线方式下发生一条母线故障停运时，是否会造成出线停电？

答：不会。母线故障停运时，跳开与母线相连的边开关，出线通过中开关继续正常运行。

83. 在母线互联状态下，母线发生故障怎么动作？

答：在互联状态下，Ⅰ、Ⅱ两段母线被视为一段母线，即单母线运行方式，母线保护仅有大差功能，两小差功能不起作用。此情况下，无论Ⅰ母或Ⅱ母上发生故障，大差将动作于切除两段母线上所有连接单元。

84. 220kV 母线保护装置如何判断母线分列运行？

答：分列运行压板和母联（分段）断路器"跳闸位置"开入，两个都为 1 时，判为分列运行，封 TA（即母联、分段 TA 电流不接入差动保护，不参加差动计算）。

85. 母线分列运行对母线保护有什么影响？

答：母线分列运行时，母联电流不计入小差计算，比率差动元件制动系数存在高低值时自动采用低值以保证灵敏度。发生死区故障时差动只跳故障母线，无故障的母线正常运行，不会将两段母线全切导致停电范围扩大。

86. 母线保护判断母线并列运行的必要条件是哪些？

答：分列运行压板和母联（分段）断路器"跳闸位置"开入，任一开入为 0，判为母线并列，母联（分段）开关 TA 接入，其电流计入差动回路。

87. 母差保护分列压板的作用是什么?

答：如果死区发生故障，在母联（分段）断路器合上时，最终会跳两段母线。在母联（分段）断路器打开时，如果母联（分段）TA 电流不计入差动保护（即“封 TA”），则可以做到只跳故障母线。所以“封 TA”和母联（分段）断路器开合状态应该配合，即母联（分段）断路器断开时应“封 TA”，断路器合上时不应“封 TA”，否则在死区发生故障时会扩大事故。所以需设置独立于母联、分段跳闸位置的母联、分段分列运行压板，当分段断路器需要进行合环操作，即由断开位置需要合上时，运行人员可以退出分列运行压板，此时虽然跳闸位置触点在合上位置，但只要压板开入为“0”，分段 TA 就可接入运行。当断路器合上时，由于分段 TA 合闸前已投入运行，不会导致分段断路器两侧的两套母线保护的大差、小差有差电流，两套母线保护都安全。

88. 当变电站 220kV 母线分列运行时，要求变电站中低压侧母线如何运行？为什么?

答：分列运行，避免电磁环网，当变压器高压侧分列、中低压侧并列运行时，高压侧负荷将通过中低压侧传输，容易出现导线热稳定电流问题，并且不同电压等级线路的自然功率值相差极大，难以使系统潮流分配最经济。

89. 母联三相跳闸位置为什么采用三相跳位串联开入?

答：对于分相操作的母联断路器而言，存在手动跳闸不能使三相全部跳开的可能性。如采用跳位并联开入的方式，分列运行的逻辑将会封母联 TA，可能导致母联断路器未断开相的母线保护误动作。

90. 在母线并列运行方式下，母联（分段）失灵保护是否需要判断母联位置?

答：并列运行方式下，为防止母联（分段）断路器位置辅助触点异常，失灵保护不判母联位置，避免母联断路器位置实际合位但装置收到开入为分位，造成失灵保护拒动。

91. 母线保护中的支路隔离开关位置异常的触发逻辑是什么?

答：母差保护在对隔离开关自检时，若检测到有流但却无隔离开关位置开入，即报告警信号。

92. 双母线接线的母线保护隔离开关辅助触点异常时怎么处理?

答：双母线接线的母线保护，通过隔离开关辅助触点自动识别母线运行方式时，应对隔离开关辅助触点进行自检，且母线保护具有开入电源掉电记忆功能。当与实际位置不符时，发“隔离开关位置异常”告警信号，常规变电站应能通过保护模拟盘校正隔离开关位置，智能变电站通过“隔离开关强制软压板”校正隔离开关位置。当仅有一个支路隔离开关辅助触点异常且该支路有电流时，保护装置仍应具有选择故障母线的功能。当出现两个及以上支路隔离开关位置无效时，由于存在不止一种电流平衡的情况，若选择其一进行校正，存在故障误跳正常母线的风险，故只能校正单个支路的隔离开关错误。

93. 母线保护上送监控系统的隔离开关位置是什么？

答：装置上送后台的隔离开关位置为保护实际使用的隔离开关位置状态。

94. 对于母线保护来说，220kV 电网重点防止保护哪种异常动作？为什么？

答：防止误动。因为 220kV 母线保护涉及的间隔多，影响范围大，母线保护误动将切除母线上所有的间隔，引起电网的波动。

95. 对于母线保护来说，500kV 电网重点防止保护哪种异常动作？为什么？

答：防止拒动。因为 500kV 系统采用 3/2 接线，母线保护动作后不会造成出线停电。但如果发生母线保护拒动，可能造成相邻后备保护动作，引起电网波动。

96. 为什么要单独设置差动保护跳母联、失灵保护跳母联的相关功能？

答：为了确保第一时间把母联跳开，缩小故障范围，保证非故障母线不受影响。

97. 母线保护装置要求上送各保护功能有效状态的意义是什么？

答：保证母线保护的保护功能运行状态能被监测到。

98. 为什么在要求母线保护装置上送各保护功能有效状态时，还要上送保护功能投入状态？

答：因为只有投入的保护功能才需要监测其保护功能的有效状态。

99. 从电网角度分析母线发生故障可能引起的后果。

答：母线发生区内故障将切除故障母线上所有支路，从电网角度来看，可能引起电网的剧烈波动，严重的情况下可能导致电网解列、频率下降、电网崩溃等。

100. 简述 SV 报文品质对母线差动保护的影响。

答：支路 SV 通信中断、SV 检修不一致、SV 报文配置异常应闭锁所在大差及母线小差。母联 SV 通信中断、SV 检修不一致、SV 报文配置异常后发生故障，先跳开母线，延时 100ms/150ms 后选择故障母线。母线电压 SV 通信中断、SV 检修不一致、SV 报文配置异常不闭锁保护，但开放相应段母线电压闭锁。

101. 智能变电站中合并单元失去同步时，母线保护如何处理？

答：智能变电站保护装置采样采用点对点光纤直连的方式，通过合并单元 SV 数据集中的额定延时参数，采用插值法进行同步，不依赖于外部采样信号，因此合并单元失去同步时不影响保护采样值的同步，母差保护能正常运行。

102. 采用点对点 9-2 的智能变电站，支路合并单元无效对母线保护产生了一定影响，其中对失灵保护有何影响？

答： 采样数据无效时采样值不清零，显示无效的采样值，支路合并单元无效时闭锁差动保护及相应支路失灵保护，其他支路失灵保护不受影响。

103. 采用点对点 9-2 的智能变电站，母线合并单元无效对母线保护有何影响？

答： 采样数据无效时采样值不清零，显示无效的采样值。不闭锁保护。开放该段母线电压。

104. 采用点对点 9-2 的智能变电站，母联间隔合并单元无效对母线保护有何影响？

答： 采样数据无效时采样值不清零，显示无效的采样值。不闭锁保护，若发生区内故障先跳开母联，经延时选择故障母线。

105. 母线保护虚端子中的 MU 额定延时的作用是什么？

答： 母线保护通过采集各支路合并单元的额定延时，采用同步法或者插值法对各支路采样值进行同步，从而保证各相信号的相位同步。

106. 为什么母线保护插值同步算法适用于直接采样方式，不适用于网络采样方式？

答： 由于存在交换机等中间环节，网络采样延时不固定，而插值同步算法需要稳定的传输延时。

107. 母线保护报警“通道延时异常报警”，可能是什么原因？

答： 延时通道发生变化或延时通道超过 3ms。

108. 为什么要求母线保护装置具备处理异常大数的功能？

答： 合并单元异常大数通常表现为“飞点”，即某个采样点数值的绝对值远远大于实际值，保护装置软件算法中应具备对合并单元异常大数的处理能力，防止异常大数造成保护装置误动。

109. 母线保护采用网采方式如何实现同步？

答： 母差保护若采用网采方式，需采用时标同步法对采样值进行同步，由时钟源统一对合并单元进行授时同步。

110. 常规采样 GOOSE 跳闸母线保护的差动无效判别条件是什么？

答： 以下任意条件满足判为差动无效：

（1）差动保护功能或控制字不投。

（2）任意支路［含母联（分段）］电流模拟量采集错。

（3）任意支路［含母联（分段）］TA 断线。

（4）装置故障。

111. 常规采样 GOOSE 跳闸母线保护的闭锁差动保护的判别条件是什么？

答：在差动无效且差动保护功能和控制字投入的情况下，报“闭锁差动保护”。

112. 常规采样 GOOSE 跳闸母线保护的母联（分段）失灵无效的判别条件是什么？

答：以下任意条件满足判为母联（分段）失灵无效：

（1）对应母联（分段）模拟量采集错误。

（2）母联（分段）失灵开入异常。

（3）在 GOOSE 失灵开入接收软压板投入时失灵开入 GOOSE 链路中断、品质无效、检修不一致。

（4）装置故障。

113. 常规采样 GOOSE 跳闸母线保护的闭锁母联（分段）失灵保护的判别条件是什么？

答：在母联（分段）位置无效时，应报“闭锁失灵保护”。

114. 常规采样 GOOSE 跳闸母线保护的支路失灵无效的判别条件是什么？

答：满足以下任意条件判无效：

（1）失灵保护功能压板或控制字退出。

（2）失灵开入 GOOSE 接收压板退出。

（3）本支路模拟量采集错误。

（4）本支路失灵开入异常。

（5）本支路失灵开入 GOOSE 链路中断、品质无效、检修不一致。

（6）装置故障。

115. 常规采样 GOOSE 跳闸母线保护的闭锁支路失灵保护的判别条件是什么？

答：在支路失灵无效且失灵保护功能和控制字投入的情况下，必须在相应的 GOOSE 失灵接收压板投入的情况下，才能报“闭锁失灵保护”。

116. 常规采样 GOOSE 跳闸母线保护的充电过流无效的判别条件是什么？

答：满足以下任意条件判无效：

（1）充电过流保护功能压板或控制字退出。

（2）本支路模拟量采集错。

（3）装置故障。

117. 常规采样 GOOSE 跳闸母线保护的闭锁充电过流保护的判别条件是什么?

答：在充电过流无效且充电过流保护功能和控制字投入的情况下，报“闭锁后备保护”。

118. 常规采样 GOOSE 跳闸母线保护的非全相无效的判别条件是什么?

答：满足以下任意条件判无效：

（1）非全相功能压板或控制字退出。

（2）对应母联（分段）间隔接收软压板退出。

（3）对应母联（分段）电流模拟量采集错。

（4）母联（分段）非全相开入异常。

（5）在间隔接收软压板投入时开关位置 GOOSE 链路中断、品质无效、检修不一致。

（6）装置故障。

119. 常规采样 GOOSE 跳闸母线保护的闭锁非全相保护的判别条件是什么?

答：在非全相无效且非全相功能压板和控制字均投入时，必须在相应的母联/分段间隔接收软压板投入的情况下，报“闭锁后备保护”。

120. SV 采样 GOOSE 跳闸母线保护的差动无效的判别条件是什么?

答：以下任意条件满足判为差动无效：

（1）差动保护功能或控制字不投。

（2）任意支路［含母联（分段）］电流检修不一致。

（3）任意支路［含母联（分段）］电流采样无效。

（4）任意支路［含母联（分段）］TA 断线。

（5）装置故障。

（6）所有的间隔接收压板均退出。

121. SV 采样 GOOSE 跳闸母线保护的闭锁差动保护的判别条件是什么?

答：在差动无效且差动保护功能和控制字投入的情况下，才能报“闭锁差动保护”。

122. SV 采样 GOOSE 跳闸母线保护的母联（分段）失灵无效的判别条件是什么?

答：以下任意条件满足判为母联（分段）失灵无效：

（1）对应母联（分段）间隔接收软压板（SV）退出。

（2）在对应母联（分段）间隔接收软压板（SV）投入情况下，对应母联（分段）检修不一致，采样无效。

（3）母联（分段）失灵开入异常。

（4）在 GOOSE 失灵开入接收软压板投入时失灵开入 GOOSE 链路中断、检修不一致。

（5）装置故障。

123. SV 采样 GOOSE 跳闸母线保护的闭锁母联（分段）失灵保护的判别条件是什么?

答：当母联（分段）间隔接收软压板（SV）投入时，母联（分段）无效，应报“闭锁失灵保护”。

124. SV 采样 GOOSE 跳闸母线保护的支路失灵无效的判别条件是什么?

答：满足以下任意条件判无效：

（1）失灵保护功能压板或控制字退出。

（2）本支路失灵开入 GOOSE 接收压板退出。

（3）本支路间隔接收软压板（SV）退出。

（4）本支路 SV 检修不一致或采样异常。

（5）本支路失灵开入异常。

（6）本支路失灵开入 GOOSE 链路中断、检修不一致。

（7）装置故障。

125. SV 采样 GOOSE 跳闸母线保护的闭锁支路失灵保护的判别条件是什么?

答：在支路失灵无效且失灵保护功能和控制字投入的情况下，必须在相应的间隔接收软压板且 GOOSE 失灵接收压板均投入，才能报“闭锁失灵保护”。

126. SV 采样 GOOSE 跳闸母线保护的充电过流无效的判别条件是什么?

答：满足以下任意条件判无效：

（1）充电过流保护功能压板或控制字退出。

（2）本支路间隔接收软压板（SV）退出。

（3）本支路 SV 检修不一致或采样异常。

（4）装置故障。

127. SV 采样 GOOSE 跳闸母线保护的闭锁充电过流保护的判别条件是什么?

答：在充电过流无效且充电过流保护功能和控制字投入的情况下，必须在相应的间隔接收软压板投入时，才能报“闭锁后备保护”。

128. SV 采样 GOOSE 跳闸母线保护的非全相无效的判别条件是什么?

答：满足以下任意条件判无效：

（1）非全相功能压板或控制字退出。

（2）对应母联（分段）间隔接收软压板（SV）退出。

（3）对应母联（分段）检修不一致、采样无效。

（4）母联（分段）非全相开入异常。

（5）在间隔接收软压板投入时开关位置 GOOSE 链路中断、检修不一致。

（6）装置故障。

129. SV 采样 GOOSE 跳闸母线保护的闭锁非全相保护的判别条件是什么?

答：在非全相无效且非全相功能压板和控制字均投入时，必须在相应的母联（分段）间隔接收软压板投入的情况下，报“闭锁后备保护”。

130. 母线保护采集线路保护失灵开入，当与接收线路保护 GOOSE 断链时，失灵开入应该如何处理?

答：失灵开入清零。

131. 母线保护采集线路保护失灵开入，当与接收线路保护检修不一致时，失灵开入应该如何处理?

答：失灵开入清零。

132. 主变压器或线路支路间隔合并单元检修状态与母线保护装置检修状态不一致时，母线保护装置如何处理?

答：主变压器或线路支路间隔合并单元检修状态与母线保护装置检修状态不一致时，母线保护装置闭锁大差及所在母线小差。

133. 母联间隔合并单元检修状态与母线保护装置检修状态不一致时，母线保护装置如何处理?

答：母联间隔合并单元检修状态与母线保护装置检修状态不一致时，发生母线区内故障，母线保护装置先跳开母联，延时 100ms 或 150ms 后选择故障母线。

134. 母线电压合并单元检修状态与母线保护装置检修状态不一致时，母线保护装置如何处理?

答：不闭锁保护，并开放该段母线电压闭锁。

135. 母线保护装置处于检修状态对装置接收和送出信号的影响是什么?

答：母线保护处于检修状态时，发送的 GOOSE 信号将带检修位。当母差保护接收 GOOSE 信号或 SV 采样值数据时，检查 TEST 位，若信号中不带检修标志，母差保护将报检修不一致，并将数据当做无效处理。

136. 母线保护装置对时信号丢失会是否会产生影响?

答：智能变电站保护装置采样采用点对点光纤直连的方式，通过合并单元 SV 数据集中的额定延时参数，采用插值法进行同步，不依赖于外部采样信号，因此对时信号丢失时不影响保护采样值的同步，母差保护能正常运行。

137. 关于母线保护时钟管理，增加的“对时信号状态”“对时服务状态”和“时间跳变侦测状态”信号的含义是什么？

答：（1）对时信号状态反映的是外部对时信号本身的状态，不受对时信号承载的时间信息影响，仅反映信号的自身状态，如链路是否正常、品质为是否无效、奇偶校验是否正常等。

（2）对时服务状态反映的是装置本身的时间同步状态，除了会受到外部对时信号状态的影响，同时还会根据装置自身时间与外部信号时间的时间差做出变化。

（3）时间跳变侦测反映的是对时服务状态的特殊情况，即装置自身时间与外部信号时间的时间差满足使对时服务状态异常的时候，时间跳变侦测状态动作，当时间差恢复到正常状态则返回。

第三节 模型及信息规范

1. 母线保护装置面板指示灯的类型和含义分别是什么？

答：母线保护装置面板显示灯的类型和含义见表4-6。

表4-6 母线保护装置面板显示灯的类型和含义

序号	面板显示灯	颜色	状态	含 义
1	运行	绿	非自保持	亮：装置运行 灭：装置故障导致失去所有保护
2	异常	红	非自保持	亮：任意告警信号动作 灭：无告警信号动作
3	检修	红	非自保持	亮：检修状态 灭：非检修状态
4	差动保护闭锁	红	非自保持	亮：差动保护被闭锁 灭：所有差动保护正常（装置运行情况下）
5	母线互联	绿	非自保持	亮：母线互联 灭：母线非互联
6	隔离开关告警	红	非自保持	亮：1．隔离开关双位置开入异常 2．通过电流校验发现隔离开关位置错误 灭：隔离开关位置无异常
7	保护跳闸	红	自保持	本信号只是保护装置跳闸出口 亮：保护跳闸 灭：保护没有跳闸

2. 母线保护装置界面的一级菜单有哪些？

答：信息查看、运行操作、报告查询、定值整定、调试菜单、打印（可选）、装置设定。

3. 母线保护装置界面的二级菜单有哪些?

答：（1）信息查看，包括保护状态、查看定值、压板状态、版本信息、装置设置。
（2）运行操作，包括压板投退、切换定值区。
（3）报告查询，包括动作报告、告警报告、变位报告、操作报告。
（4）定值整定，包括设备参数定值、保护定值、分区复制。
（5）调试菜单，包括开出传动、通信对点、厂家调试（可选）。
（6）打印（可选），包括保护定值、软压板、保护状态、报告、装置设定。
（7）装置设定，包括修改时钟、对时方式、通信参数、其他设置。

4. 为什么要求母线保护装置具备实时上送定值区号功能?

答：为满足 Q/GDW 11354—2017《调度控制远方操作技术规范》对远方切换定值区双确认要求，保护装置应具备实时上送定值区号功能。

5. 母线保护的动作报告必须包含的内容有?

答：差动保护应输出故障相别、跳闸支路（可选）、差动电流、制动电流（可选）。母联失灵保护还应输出母联电流、跳闸支路（可选）。失灵保护还应输出失灵启动支路（可选）、跳闸支路（可选）、失灵联跳等信息。

6. 母线保护的动作报告中，为什么制动电流可以设置为可选?

答：制动电流规定为可选主要是考虑不同型号装置的制动电流选取方式可能不同，且其对于故障分析的参考意义不大，所以设置为可选。

7. 3/2 接线的母线保护 dsTripInfo 数据集中的必选信号有哪些?

答：保护启动、差动保护启动、差动保护动作、失灵联跳启动、失灵联跳动作。

8. 3/2 接线的常规变电站母线保护 dsAlarm 数据集中的必选信号有哪些?

答：模拟量采集错、保护 CPU 插件异常、开出异常。

9. 3/2 接线的母线保护 dsWarning 数据集中的必选信号有哪些?

答：支路 TA 断线、边断路器失灵开入异常、对时异常。

10. 3/2 接线的母线保护功能状态信息输出与保护功能闭锁信息有哪些?

答：3/2 接线的母线保护功能状态信息输出与保护功能闭锁信息见表 4-7。

表 4-7　3/2 接线母线保护功能状态信息和保护功能闭锁信息对应关系

序号	保护功能状态数据集 dsRelayState	是否强制（M/O）	说明	保护功能闭锁数据集 dsRelayBlk
1	差动 A 相有效	M		闭锁差动保护

续表

序号	保护功能状态数据集 dsRelayState	是否强制（M/O）	说明	保护功能闭锁数据集 dsRelayBlk
2	差动 B 相有效	M		闭锁差动保护
3	差动 C 相有效	M		
4	支路 XX_失灵联跳有效	M		闭锁失灵联跳

11. 3/2 接线的母线保护的 dsRelayEna 数据集包含的必选信息种类有哪些?

答：差动保护软压板、失灵经母差跳闸软压板、远方修改定值软压板、远方切换定值区软压板、远方投退压板软压板。

12. 3/2 接线的母线保护的 dsRelayDin 数据集包含的必选信息种类有哪些?

答：远方操作硬压板、保护检修状态硬压板、差动保护硬压板、失灵经母差跳闸硬压板、支路 XX_失灵联跳。

13. 3/2 接线的母线保护的 dsRelayState 数据集包含的必选信息种类有哪些?

答：差动 A 相有效、差动 B 相有效、差动 C 相有效、支路 XX_失灵联跳有效。

14. 3/2 接线的母线保护的 dsRelayFunEn 数据集包含的必选信息种类有哪些?

答：差动保护投入、失灵经母差跳闸投入。

15. 3/2 接线的母线保护的 dsRelayBlk 数据集包含的必选信息种类有哪些?

答：闭锁差动保护、闭锁失灵联跳。

16. 3/2 接线的母线保护的 dsDeviceState 数据集包含的必选信息种类有哪些?

答：运行、异常、检修、差动保护闭锁、保护跳闸。

17. 220kV 电压等级双母双分段的母线保护 dsTripInfo 数据集中的必选信号有哪些?

答：保护启动、差动保护启动、Ⅰ母差动动作、Ⅱ母差动动作、失灵保护启动、Ⅰ母失灵保护动作、Ⅱ母失灵保护动作、母联失灵保护动作、分段 1 失灵保护动作、分段 2 失灵保护动作、失灵保护跳母联、失灵保护跳分段 1、失灵保护跳分段 2、变压器 1 失灵联跳、变压器 2 失灵联跳、变压器 3 失灵联跳、变压器 4 失灵联跳、充电过流Ⅰ段跳母联、充电过流Ⅱ段跳母联、充电零序过流跳母联、非全相跳母联、充电过流Ⅰ段跳分段 1、过流Ⅱ段跳分段 1、充电零序过流跳分段 1、非全相跳分段 1、充电过流Ⅰ段跳分段 2、过流Ⅱ段跳分段 2、充电零序过流跳分段 2、非全相跳分段 2。

18. 220kV 电压等级双母单分段的母线保护 dsTripInfo 数据集中的必选信号有哪些?

答：保护启动、差动保护启动、Ⅰ母差动动作、Ⅱ母差动动作、Ⅲ母差动动作、失灵保护启动、Ⅰ母失灵保护动作、Ⅱ母失灵保护动作、Ⅲ母失灵保护动作、母联 1 失灵保护动作、分段失灵保护动作、母联 2 失灵保护动作、失灵保护跳母联 1、失灵保护跳分段、失灵保护跳母联 2、变压器 1 失灵联跳、变压器 2 失灵联跳、变压器 3 失灵联跳、变压器 4 失灵联跳、充电过流Ⅰ段跳母联 1、充电过流Ⅱ段跳母联 1、充电零序过流跳母联 1、非全相跳母联 1、充电过流Ⅰ段跳分段、充电过流Ⅱ段跳分段、充电零序过流跳分段、非全相跳分段、充电过流Ⅰ段跳母联 2、过流Ⅱ段跳母联 2、充电零序过流跳母联 2、非全相跳母联 2。

19. 220kV 电压等级常规变电站母线保护 dsAlarm 数据集中的必选信号有哪些?

答：模拟量采集错、保护 CPU 插件异常、开出异常。

20. 220kV 电压等级双母双分段的母线保护 dsWarning 数据集中的必选信号有哪些?

答：支路 TA 断线、母联/分段 TA 断线、Ⅰ母 TV 断线、Ⅱ母 TV 断线、母联失灵启动异常、分段 1 失灵启动异常、分段 2 失灵启动异常、失灵启动开入异常、线路解闭锁开入异常、主变 1 解闭锁开入异常、主变 2 解闭锁开入异常、主变 3 解闭锁开入异常、主变 4 解闭锁开入异常、支路隔离开关位置异常、分段 1 跳位异常、分段 2 跳位异常、母联非全相异常、分段 1 非全相异常、分段 2 非全相异常、母联手合开入异常、分段 1 手合开入异常、分段 2 手合开入异常、母线互联运行、对时异常。

21. 220kV 电压等级双母单分段的母线保护 dsWarning 数据集中的必选信号有哪些?

答：支路 TA 断线、母联/分段 TA 断线、Ⅰ母 TV 断线、Ⅱ母 TV 断线、Ⅲ母 TV 断线、母联 1 失灵启动异常、分段失灵启动异常、母联 2 失灵启动异常、失灵启动开入异常、线路解闭锁开入异常、主变 1 解闭锁开入异常、主变 2 解闭锁开入异常、主变 3 解闭锁开入异常、主变 4 解闭锁开入异常、支路隔离开关位置异常、母联 1 跳位异常、分段跳位异常、母联 2 跳位异常、母联 1 非全相异常、分段非全相异常、母联 2 非全相异常、母联 1 手合开入异常、分段手合开入异常、母联 2 手合开入异常、母线互联运行、对时异常。

22. 220kV 电压等级双母双分段的母线保护功能状态信息输出与保护功能闭锁信息有哪些?

答：220kV 电压等级双母双分段的母线保护功能状态信息输出与保护功能闭锁信息见表 4-8。

表 4-8　双母（双母双分段）接线母线保护功能状态信息和保护功能闭锁信息对应关系

序号	保护功能状态数据集 dsRelayState	是否强制（M/O）	说明	保护功能闭锁数据集 dsRelayBlk
1	Ⅰ母差动 A 相有效	M		闭锁差动保护
2	Ⅰ母差动 B 相有效	M		
3	Ⅰ母差动 C 相有效	M		
4	Ⅱ母差动 A 相有效	M		
5	Ⅱ母差动 B 相有效	M		
6	Ⅱ母差动 C 相有效	M		
7	大差后备有效	O		闭锁后备保护
8	母联失灵有效	M		闭锁失灵保护
9	分段 1 失灵有效	M		
10	分段 2 失灵有效	M		
11	主变 1 失灵有效 M	M		
12	主变 2 失灵有效 M	M		
13	主变 3 失灵有效	M		
14	主变 4 失灵有效	M		
15	支路 XX_失灵有效	M		
16	母联充电过流Ⅰ段有效	M	如果选配该功能，应输出	闭锁后备保护
17	母联充电过流Ⅱ段有效	M		
18	母联充电零序过流有效	M		
19	母联非全相有效	M		
20	分段 1 充电过流Ⅰ段有效	M		
21	分段 1 充电过流Ⅱ段有效	M		
22	分段 1 充电零序过流有效	M		
23	分段 1 非全相有效	M		
24	分段 2 充电过流Ⅰ段有效	M		
25	分段 2 充电过流Ⅱ段有效	M		
26	分段 2 充电零序过流有效	M		
27	分段 2 非全相有效	M		

23. 220kV 电压等级双母单分段的母线保护功能状态信息输出与保护功能闭锁信息有哪些?

答：220kV 电压等级双母单分段的母线保护功能状态信息输出与保护功能闭锁信息见表 4-9。

表 4-9　　双母单分段接线母线保护功能状态信息和保护功能闭锁信息对应关系

序号	保护功能状态数据集 dsRelayState	是否强制（M/O）	说明	保护功能闭锁数据集 dsRelayBlk
1	Ⅰ母差动 A 相有效	M		闭锁差动保护
2	Ⅰ母差动 B 相有效	M		
3	Ⅰ母差动 C 相有效	M		
4	Ⅱ母差动 A 相有效	M		
5	Ⅱ母差动 B 相有效	M		
6	Ⅱ母差动 C 相有效	M		
7	Ⅲ母差动 A 相有效	M		
8	Ⅲ母差动 B 相有效	M		
9	Ⅲ母差动 C 相有效	M		
10	大差后备有效	O		闭锁后备保护
11	母联 1 失灵有效	M		闭锁失灵保护
12	分段失灵有效	M		
13	母联 2 失灵有效	M		
14	主变 1 失灵有效	M		
15	主变 2 失灵有效	M		
16	主变 3 失灵有效	M		
17	主变 4 失灵有效	M		
18	支路 XX_失灵有效	M		
19	母联 1 充电过流Ⅰ段有效	M	如果选配该功能，应输出	闭锁后备保护
20	母联 1 充电过流Ⅱ段有效	M		
21	母联 1 充电零序过流有效	M		
22	母联 1 非全相有效	M		
23	分段充电过流Ⅰ段有效	M		
24	分段充电过流Ⅱ段有效	M		
25	分段充电零序过流有效	M		
26	分段非全相有效	M		
27	母联 2 充电过流Ⅰ段有效	M		
28	母联 2 充电过流Ⅱ段有效	M		
29	母联 2 充电零序过流有效	M		
30	母联 2 非全相有效	M		

24. 220kV 电压等级母线保护的 dsRelayEna 数据集包含的必选信息种类有哪些?

答：（1）双母双分段。

差动保护软压板、失灵保护软压板、母线互联软压板、母联充电过流保护软压板、母联非全相保护软压板、分段 1 充电过流保护软压板、分段 1 非全相保护软压板、分段 2 充电过流保护软压板、分段 2 非全相保护软压板、分段 1 分列软压板、分段 2 分列软压板、远方修改定值软压板、远方切换定值区软压板、远方投退压板软压板。

（2）双母单分段。

差动保护软压板、失灵保护软压板、母线 1 互联软压板、分段互联软压板、母线 2 互联软压板、母联 1 充电过流保护软压板、母联 1 非全相保护软压板、分段充电过流保护软压板、分段非全相保护软压板、母联 2 充电过流保护软压板、母联 2 非全相保护软压板、母联 1 分列软压板、分段列软压板、母联 2 分列软压板、远方修改定值软压板、远方切换定值区软压板、远方投退压板软压板。

25. 220kV 电压等级母线保护的 dsRelayDin 数据集包含的必选信息种类有哪些?

答：（1）双母双分段。

远方操作硬压板、保护检修状态硬压板、差动保护硬压板、失灵保护硬压板、母线互联硬压板、母联充电过流保护硬压板、母联非全相保护硬压板、分段 1 充电过流保护硬压板、分段 1 非全相保护硬压板、分段 2 充电过流保护硬压板、分段 2 非全相保护硬压板、母联 TWJ、母联 SHJ、分段 1TWJ、分段 1SHJ、分段 2TWJ、分段 2SHJ、支路 XX_1G 隔离开关位置、支路 XX_2G 隔离开关位置、主变 1_1G 隔离开关位置、主变 1_2G 隔离开关位置、主变 2_1G 隔离开关位置、主变 2_2G 隔离开关位置、主变 3_1G 隔离开关位置、主变 3_2G 隔离开关位置、主变 4_1G 隔离开关位置、主变 4_2G 隔离开关位置、线路解闭锁开入、主变 1 解闭锁开入、主变 2 解闭锁开入、主变 3 解闭锁开入、主变 4 解闭锁开入、支路 XX_A 相启动失灵开入、支路 XX_B 相启动失灵开入、支路 XX_C 相启动失灵开入、支路 XX_三相启动失灵开入、母联_三相启动失灵开入、分段 1_三相启动失灵开入、分段 2_三相启动失灵开入、主变 1_三相启动失灵开入、主变 2_三相启动失灵开入、主变 3_三相启动失灵开入、主变 4_三相启动失灵开入。

（2）双母单分段。

远方操作硬压板、保护检修状态硬压板、差动保护硬压板、失灵保护硬压板、母联 1 互联硬压板、分段互联硬压板、母联 2 互联硬压板、母联 1 充电过流保护硬压板、母联 1 非全相保护硬压板、分段充电过流保护硬压板、分段非全相保护硬压板、母联 2 充电过流保护硬压板、母联 2 非全相保护硬压板、母联 1TWJ、母联 1SHJ、分段 TWJ、分段 SHJ、母联 2TWJ、母联 2SHJ、支路 XX_1G 隔离开关位置、支路 XX_2G 隔离开关位置、主变 1_1G 隔离开关位置、主变 1_2G 隔离开关位置、主变 2_1G 隔离开关位置、主变 2_2G 隔离开关位置、主变 3_1G 隔离开关位置、主变 3_2G 隔离开关位置、主变 4_1G 隔离开关位置、主变 4_2G 隔离开关位置、线路解闭锁开入、主变 1 解闭锁开入、主变 2 解闭锁开入、主变 3 解闭锁开入、主变 4 解闭锁开入、支路 XX_A 相启动失灵开入、支路 XX_B 相启动失灵开入、支路 XX_C 相启动失灵开入、支路 XX_三相启动失灵开入、母联 1_三相启动失灵开入、分段_三相启动失灵开入、母联 2_三相启动失灵开入、主变 1_三相启动失灵开入、主变 2_三相启动失灵开入、主变 3_三相启动失灵开入、主变 4_三相启动失灵开入。

26. 220kV 电压等级母线保护的 dsRelayState 数据集包含的必选信息种类有哪些?

答:（1）双母双分段。

Ⅰ母差动 A 相有效、Ⅰ母差动 B 相有效、Ⅰ母差动 C 相有效、Ⅱ母差动 A 相有效、Ⅱ母差动 B 相有效、Ⅱ母差动 C 相有效、大差后备有效、母联失灵有效、分段 1 失灵有效、分段 2 失灵有效、主变 1 失灵有效、主变 2 失灵有效、主变 3 失灵有效、主变 4 失灵有效、支路 XX_失灵有效、母联充电过流Ⅰ段有效、母联充电过流Ⅱ段有效、母联充电零序过流有效、母联非全相有效、分段 1 充电过流Ⅰ段有效、分段 1 充电过流Ⅱ段有效、分段 1 充电零序过流有效、分段 1 非全相有效、分段 2 充电过流Ⅰ段有效、分段 2 充电过流Ⅱ段有效、分段 2 充电零序过流有效、分段 2 非全相有效。

（2）双母单分段。

Ⅰ母差动 A 相有效、Ⅰ母差动 B 相有效、Ⅰ母差动 C 相有效、Ⅱ母差动 A 相有效、Ⅱ母差动 B 相有效、Ⅱ母差动 C 相有效、Ⅲ母差动 A 相有效、Ⅲ母差动 B 相有效、Ⅲ母差动 C 相有效、母联 1 失灵有效、分段失灵有效、母联 2 失灵有效、主变 1 失灵有效、主变 2 失灵有效、主变 3 失灵有效、主变 4 失灵有效、支路 XX_失灵有效、母联 1 充电过流Ⅰ段有效、母联 1 充电过流Ⅱ段有效、母联 1 充电零序过流有效、母联 1 非全相有效、分段充电过流Ⅰ段有效、分段充电过流Ⅱ段有效、分段充电零序过流有效、分段非全相有效、母联 2 充电过流Ⅰ段有效、母联 2 充电过流Ⅱ段有效、母联 2 充电零序过流有效、母联 2 非全相有效。

27. 220kV 电压等级母线保护的 dsRelayFunEn 数据集包含的必选信息种类有哪些?

答:（1）双母双分段。

差动保护投入、失灵保护投入、母联充电过流保护投入、母联非全相保护投入、分段 1 充电过流保护投入、分段 1 非全相保护投入、分段 2 充电过流保护投入、分段 2 非全相保护投入。

（2）双母单分段。

差动保护投入、失灵保护投入、母联 1 充电过流保护投入、母联 1 非全相保护投入、分段充电过流保护投入、分段非全相保护投入、母联 2 充电过流保护投入、母联 2 非全相保护投入。

28. 220kV 电压等级母线保护的 dsRelayBlk 数据集包含的必选信息种类有哪些?

答: 闭锁差动保护、闭锁后备保护、闭锁失灵保护。

29. 220kV 电压等级母线保护的 dsDeviceState 数据集包含的必选信息种类有哪些?

答: 运行、异常、检修、差动保护闭锁、母线互联、隔离开关告警、保护跳闸。

30. 220kV 电压等级母线保护的 dsCommstate 数据集包含的必选信息种类有哪些?

答：无。数据集包含 SV 采样数据异常、SV 采样链路中断、GOOSE 数据异常和 GOOSE 链路中断，均为可选。

31. 描述 220kV 线路智能终端与母线保护之间的信息流。

答：线路智能终端发送给母线保护隔离开关位置，母线保护发送给线路智能终端跳闸信号。

32. 描述 220kV 线路保护与母线保护之间的信息流。

答：线路保护发送给母线保护启动失灵信号，母线保护发送给线路保护其他保护动作（远跳）信号。

33. 描述 220kV 主变压器保护与母线保护之间的信息流。

答：主变压器保护发送给母线保护启动失灵和解复压信号，母线保护发送给主变压器保护失灵联跳信号。

34. 描述 220kV 母线保护与母联智能终端之间的信息流。

答：母线保护发送给母联智能终端跳闸信号，母联智能终端发送给母线保护母联断路器位置和母联 SHJ 信号。

35. 描述 220kV 母线保护与 GOOSE A 网之间的信息流。

答：母线保护通过 GOOSE A 网接收启动失灵信号，发送其他保护动作和主变压器失灵联跳信号。

36. 110kV 及以下电压等级双母双分段母线保护的差动保护定值有哪些?

答：差动保护启动电流定值、TA 断线告警定值、TA 断线闭锁定值、母联分段失灵电流定值、母联分段失灵时间。

37. 110kV 及以下电压等级双母双分段母线保护的失灵保护定值有哪些?

答：低电压闭锁定值、零序电压闭锁定值、负序电压闭锁定值、三相失灵相电流定值、失灵零序电流定值、，失灵负序电流定值、失灵保护 1 时限、失灵保护 2 时限。

38. 110kV 及以下电压等级双母双分段母线保护的母联（分段）充电过流保护定值有哪些?

答：充电过流 I 段电流定值、充电过流 I 段时间、充电过流 II 段电流定值、充电零序过流电流定值、充电过流 II 段时间、充电过流 II 段时间为充电过流 II 段和充电零序过流共用定值。

39. 110（66）kV 电压等级双母双分段的母线保护 dsTripInfo 数据集中的必选信号有哪些?

答：保护启动、差动保护启动、Ⅰ母差动动作、Ⅱ母差动动作、失灵保护启动、Ⅰ母失灵保护动作、Ⅱ母失灵保护动作、母联失灵保护动作、分段 1 失灵保护动作、分段 2 失灵保护动作、失灵保护跳母联、失灵保护跳分段 1、失灵保护跳分段 2、变压器 1 失灵联跳、变压器 2 失灵联跳、变压器 3 失灵联跳、变压器 4 失灵联跳。

40. 110（66）kV 电压等级双母单分段的母线保护 dsTripInfo 数据集中的必选信号有哪些?

答：保护启动、差动保护启动、Ⅰ母差动动作、Ⅱ母差动动作、Ⅲ母差动动作、失灵保护启动、Ⅰ母失灵保护动作、Ⅱ母失灵保护动作、Ⅲ母失灵保护动作、母联 1 失灵保护动作、分段失灵保护动作、母联 2 失灵保护动作、失灵保护跳母联 1、失灵保护跳分段、失灵保护跳母联 2、变压器 1 失灵联跳、变压器 2 失灵联跳、变压器 3 失灵联跳、变压器 4 失灵联跳。

41. 110（66）kV 电压等级常规变电站母线保护 dsAlarm 数据集中的必选信号有哪些?

答：模拟量采集错、保护 CPU 插件异常、开出异常。

42. 110（66）kV 电压等级双母双分段的母线保护 dsWarning 数据集中的必选信号有哪些?

答：支路 TA 断线、Ⅰ母 TV 断线、Ⅱ母 TV 断线、失灵启动开入异常、线路解闭锁开入异常、主变 1 解闭锁开入异常、主变 2 解闭锁开入异常、主变 3 解闭锁开入异常、主变 4 解闭锁开入异常、母线互联运行、对时异常。

43. 110（66）kV 电压等级双母单分段的母线保护 dsWarning 数据集中的必选信号有哪些?

答：支路 TA 断线、Ⅰ母 TV 断线、Ⅱ母 TV 断线、Ⅲ母 TV 断线、失灵启动开入异常、线路解闭锁开入异常、主变 1 解闭锁开入异常、主变 2 解闭锁开入异常、主变 3 解闭锁开入异常、主变 4 解闭锁开入异常、母线互联运行、对时异常。

44. 简述 110（66）kV 电压等级双母双分段的母线保护功能状态信息与保护功能闭锁信息的对应关系。

答：110（66）kV 电压等级双母双分段的母线保护功能状态信息与保护功能闭锁信息的对应关系见表 4-10。单母线、单母分段也一样。

表 4-10　110（66）kV 电压等级双母双分段的母线保护功能状态信息与保护功能闭锁信息的对应关系

序号	保护功能状态数据集 dsRelayState	是否强制（M/O）	说明	保护功能闭锁数据集 dsRelayBlk
1	Ⅰ母差动 A 相有效	M	—	闭锁差动保护
2	Ⅰ母差动 B 相有效	M	—	
3	Ⅰ母差动 C 相有效	M	—	
4	Ⅱ母差动 A 相有效	M	—	
5	Ⅱ母差动 B 相有效	M	—	
6	Ⅱ母差动 C 相有效	M	—	
7	大差后备有效	O	—	闭锁后备保护
8	母联失灵有效	M	—	闭锁失灵保护
9	分段 1 失灵有效	M	—	
10	分段 2 失灵有效	M	—	
11	主变 1 失灵有效	M	—	
12	主变 2 失灵有效	M	—	闭锁失灵保护
13	主变 3 失灵有效	M	—	
14	主变 4 失灵有效	M	—	
15	支路 XX_失灵有效	M	—	
16	母联充电过流Ⅰ段有效	M	如果选配该功能，应输出	闭锁后备保护
17	母联充电过流Ⅱ段有效	M		
18	母联充电零序过流有效	M		
19	分段 1 充电过流Ⅰ段有效	M		
20	分段 1 充电过流Ⅱ段有效	M		
21	分段 1 充电零序过流有效	M		
22	分段 2 充电过流Ⅰ段有效	M		
23	分段 2 充电过流Ⅱ段有效	M		
24	分段 2 充电零序过流有效	M		

注　保护装置应提供详细的信息，表格中的信息为最小集。表格中用“M”表示该功能存在时为必选项，“O”表示可选项。对于不能完整显示标准名称的装置，厂家应在说明书中提供与标准名称相应的对照表。

45. 简述 110（66）kV 电压等级双母单分段的母线保护功能状态信息与保护功能闭锁信息的对应关系。

答：110（66）kV 电压等级双母单分段的母线保护功能状态信息与保护功能闭锁信息的对应关系如表 4-11 所示，单母三分段接线也一样。

表 4-11　　110（66）kV 电压等级双母单分段的母线保护功能状态信息与保护功能闭锁信息的对应关系

序号	保护功能状态数据集 dsRelayState	是否强制（M/O）	说明	保护功能闭锁数据集 dsRelayBlk
1	Ⅰ母差动 A 相有效	M	—	闭锁差动保护
2	Ⅰ母差动 B 相有效	M	—	
3	Ⅰ母差动 C 相有效	M	—	
4	Ⅱ母差动 A 相有效	M	—	
5	Ⅱ母差动 B 相有效	M	—	
6	Ⅱ母差动 C 相有效	M	—	
7	Ⅲ母差动 A 相有效	M	—	
8	Ⅲ母差动 B 相有效	M	—	
9	Ⅲ母差动 C 相有效	M	—	
10	大差后备有效	O	—	闭锁后备保护
11	母联失灵有效	M	—	闭锁失灵保护
12	分段 1 失灵有效	M	—	闭锁失灵保护
13	分段 2 失灵有效	M	—	
14	主变 1 失灵有效	M	—	
15	主变 2 失灵有效	M	—	
16	主变 3 失灵有效	M	—	
17	主变 4 失灵有效	M	—	
18	支路 XX_失灵有效	M	—	
19	母联 1 充电过流Ⅰ段有效	M	—	闭锁后备保护
20	母联 1 充电过流Ⅱ段有效	M		
21	母联 1 充电零序过流有效	M		
22	分段充电过流Ⅰ段有效	M		
23	分段充电过流Ⅱ段有效	M		
24	分段充电零序过流有效	M		
25	母联 2 充电过流Ⅰ段有效	M		
26	母联 2 充电过流Ⅱ段有效	M		
27	母联 2 充电零序过流有效	M		

注　保护装置应提供详细的信息，表格中的信息为最小集。表格中用“M”表示该功能存在时为必选项，“O”表示可选项。对于不能完整显示标准名称的装置，厂家应在说明书中提供与标准名称相应的对照表。

46. 110（66）kV 电压等级母线保护的 dsRelayEna 数据集包含的必选信息种类有哪些?

答：（1）双母双分段。

差动保护软压板、失灵保护软压板、母线互联软压板、母联分列软压板、分段 1 分列软压板、分段 2 分列软压板、远方修改定值软压板、远方切换定值区软压板、远方投退压板软压板。

（2）双母单分段。

差动保护软压板、失灵保护软压板、母联 1 互联软压板、分段互联软压板、母联 2 互联软压板、母联分列软压板、分段 1 分列软压板、分段 2 分列软压板、远方修改定值软压板、远方切换定值区软压板、远方投退压板软压板。

47. 110（66）kV 电压等级母线保护的 dsRelayDin 数据集包含的必选信息种类有哪些?

答：（1）双母双分段。

远方操作硬压板、保护检修状态硬压板、差动保护硬压板、失灵保护硬压板、母线互联硬压板、母联充电过流保护硬压板、分段 1 充电过流保护硬压板、分段 2 充电过流保护硬压板、母联 TWJ、母联 SHJ、分段 1TWJ、分段 1SHJ、分段 2TWJ、分段 2SHJ、支路 XX_1G 隔离开关位置、支路 XX_2G 隔离开关位置、主变 1_1G 隔离开关位置、主变 1_2G 隔离开关位置、主变 2_1G 隔离开关位置、主变 2_2G 隔离开关位置、主变 3_1G 隔离开关位置、主变 3_2G 隔离开关位置、主变 4_1G 隔离开关位置、主变 4_2G 隔离开关位置、线路解闭锁开入、主变 1 解闭锁开入、主变 2 解闭锁开入、主变 3 解闭锁开入、主变 4 解闭锁开入、母联_三相启动失灵开入、分段 1_三相启动失灵开入、分段 2_三相启动失灵开入、主变 1_三相启动失灵开入、主变 2_三相启动失灵开入、主变 3_三相启动失灵开入、主变 4_三相启动失灵开入、支路 XX_三相启动失灵开入。

（2）双母单分段。

远方操作硬压板、保护检修状态硬压板、差动保护硬压板、失灵保护硬压板、母联 1 互联硬压板、分段互联硬压板、母联 2 互联硬压板、母联 1TWJ、母联 1SHJ、分段 TWJ、分段 SHJ、母联 2TWJ、母联 2SHJ、支路 XX_1G 隔离开关位置、支路 XX_2G 隔离开关位置、主变 1_1G 隔离开关位置、主变 1_2G 隔离开关位置、主变 2_1G 隔离开关位置、主变 2_2G 隔离开关位置、主变 3_1G 隔离开关位置、主变 3_2G 隔离开关位置、主变 4_1G 隔离开关位置、主变 4_2G 隔离开关位置、线路解闭锁开入、主变 1 解闭锁开入、主变 2 解闭锁开入、主变 3 解闭锁开入、主变 4 解闭锁开入、母联 1_三相启动失灵开入、分段_三相启动失灵开入、母联 2_三相启动失灵开入、主变 1_三相启动失灵开入、主变 2_三相启动失灵开入、主变 3_三相启动失灵开入、主变 4_三相启动失灵开入、支路 XX_三相启动失灵开入。

48. 110（66）kV 电压等级母线保护的 dsRelayState 数据集包含的必选信息种类有哪些?

答：（1）双母双分段。

Ⅰ母差动A相有效、Ⅰ母差动B相有效、Ⅰ母差动C相有效、Ⅱ母差动A相有效、Ⅱ母差动B相有效、Ⅱ母差动C相有效、母联失灵有效、分段1失灵有效、分段2失灵有效、主变1失灵有效、主变2失灵有效、主变3失灵有效、主变4失灵有效、支路XX_失灵有效、母联充电过流Ⅰ段有效、母联充电过流Ⅱ段有效、母联充电零序过流有效、分段1充电过流Ⅰ段有效、分段1充电过流Ⅱ段有效、分段1充电零序过流有效、分段2充电过流Ⅰ段有效、分段2充电过流Ⅱ段有效、分段2充电零序过流有效。

（2）双母单分段。

Ⅰ母差动A相有效、Ⅰ母差动B相有效、Ⅰ母差动C相有效、Ⅱ母差动A相有效、Ⅱ母差动B相有效、Ⅱ母差动C相有效、Ⅲ母差动A相有效、Ⅲ母差动B相有效、Ⅲ母差动C相有效、母联失灵有效、分段1失灵有效、分段2失灵有效、主变1失灵有效、主变2失灵有效、主变3失灵有效、主变4失灵有效、支路XX_失灵有效、母联1充电过流Ⅰ段有效、母联1充电过流Ⅱ段有效、母联1充电零序过流有效、分段充电过流Ⅰ段有效、分段充电过流Ⅱ段有效、分段充电零序过流有效、母联2充电过流Ⅰ段有效、母联2充电过流Ⅱ段有效、母联2充电零序过流有效。

49. 110（66）kV电压等级母线保护的dsRelayFunEn数据集包含的必选信息种类有哪些？

答：差动保护投入、失灵保护投入、母联充电过流保护投入、分段1充电过流保护投入、分段2充电过流保护投入。

50. 110（66）kV电压等级母线保护的dsRelayBlk数据集包含的必选信息种类有哪些？

答：闭锁差动保护、闭锁后备保护、闭锁失灵保护。

51. 110（66）kV电压等级母线保护的dsDeviceState数据集包含的必选信息种类有哪些？

答：运行、异常、检修、差动保护闭锁、母线互联、隔离开关告警、保护跳闸。

52. 110（66）kV电压等级母线保护的中间节点的必选信息种类有哪些？

答：Ⅰ母差动电压开放、Ⅱ母差动电压开放、Ⅰ母失灵电压开放、Ⅱ母失灵电压开放、A相Ⅰ母差动动作、A相Ⅱ母差动动作、B相Ⅰ母差动动作、B相Ⅱ母差动动作、C相Ⅰ母差动动作、C相Ⅱ母差动动作。

53. 描述110kV固定母线接线的母线保护与线路间隔、主变压器间隔、母联间隔的信息流。

答：母线保护接收线路间隔、主变压器间隔、母联间隔合并单元的电流信息，接收母联间隔智能终端的断路器位置信息和母联SHJ信号，发送给线路间隔、主变压器间隔、母联间隔智能终端跳闸信号。

54. “六统一”标准中，智能变电站双母线接线、双母双分段接线的母线保护各支路接入元件的类型如何定义（母联、分段、线路、变压器）？

答：（1）支路1：母联。
（2）支路2：分段1。
（3）支路3：分段2。
（4）支路4：主变压器1。
（5）支路5：主变压器2。
（6）支路14：主变压器3。
（7）支路15：主变压器4。
（8）其他支路：线路。

注：对于双母线接线，支路2、支路3为备用。

55. “六统一”标准中，智能变电站双母单分段接线的母线保护各支路接入元件的类型如何定义（母联、分段、线路、变压器）？

答：（1）支路1：母联1。
（2）支路2：分段。
（3）支路3：母联2。
（4）支路4：主变压器1。
（5）支路5：主变压器2。
（6）支路14：主变压器3。
（7）支路15：主变压器4。
（8）其他支路：线路。

56. “六统一”标准中，常规变电站双母线双分段接线的母线保护最多有24个支路，请说明各支路接入元件的类型（母联、分段、线路、变压器或者备用）。

答：（1）常规变电站双母线双分段接线的母线保护，24个支路定义如下：
1）支路1：母联。
2）支路2～3：主变压器1～2。
3）支路4～13：线路1～10。
4）支路14～15：主变压器3～4。
5）支路16～22：线路11～17。
6）支路23：分段1。
7）支路24：分段2。
（2）23个支路的母线保护支路定义如下：
1）支路1：母联。
2）支路2～3：主变压器1～2。
3）支路4～13：线路1～10。
4）支路14～15：主变压器3～4。

5）支路 16～21：线路 11～16。

6）支路 22：分段 1。

7）支路 23：分段 2。

（3）21 个支路的母线保护支路定义如下：

1）支路 1：母联。

2）支路 2～3：主变压器 1～2。

3）支路 4～13：线路 1～10。

4）支路 14～15：主变压器 3～4。

5）支路 16～19：线路 11～14。

6）支路 20：分段 1。

7）支路 21：分段 2。

57. "六统一"标准中，常规变电站双母线接线的母线保护最多有 24 个支路，请说明各支路接入元件的类型（母联、线路、变压器或者备用）。

答：（1）常规变电站双母线接线的母线保护，24 个支路定义如下：

1）支路 1：母联。

2）支路 2～3：主变压器 1～2。

3）支路 4～13：线路 1～10。

4）支路 14～15：主变压器 3～4。

5）支路 16～21：线路 11～17。

6）支路 23～24：备用。

（2）23 个支路的母线保护支路定义如下：

1）支路 1：母联。

2）支路 2～3：主变压器 1～2。

3）支路 4～13：线路 1～10。

4）支路 14～15：主变压器 3～4。

5）支路 16～21：线路 11～16。

6）支路 22～23：备用。

（3）21 个支路的母线保护支路定义如下：

1）支路 1：母联。

2）支路 2～3：主变压器 1～2。

3）支路 4～13：线路 1～10。

4）支路 14～15：主变压器 3～4。

5）支路 16～19：线路 11～14。

6）支路 20～21：备用。

58. "六统一"标准中，常规变电站双母线单分段接线的母线保护最多有 24 个支路，请说明各支路接入元件的类型（母联、分段、线路、变压器或者备用）。

答：（1）24 个支路的母线保护支路定义如下：

1）支路 1：母联 1。
2）支路 2～3：主变压器 1～2。
3）支路 4～13：线路 1～10。
4）支路 14～15：主变压器 3～4。
5）支路 16～22：线路 11～17。
6）支路 23：分段。
7）支路 24：母联 2。
（2）23 个支路的母线保护支路定义如下：
1）支路 1：母联 1。
2）支路 2～3：主变压器 1～2。
3）支路 4～13：线路 1～10。
4）支路 14～15：主变压器 3～4。
5）支路 16～21：线路 11～16。
6）支路 22：分段。
7）支路 23：母联 2。
（3）21 个支路的母线保护支路定义如下：
1）支路 1：母联 1。
2）支路 2～3：主变压器 1～2。
3）支路 4～13：线路 1～10。
4）支路 14～15：主变压器 3～4。
5）支路 16～19：线路 11～14。
6）支路 20：分段。
7）支路 21：母联 2。

59. 母线保护建模应遵循的基本原则是什么?

答：母线保护应按照面向对象的原则为每个间隔相应逻辑节点建模。如母差保护内含失灵保护，母差保护每个间隔单独建 RBFR 实例，用于不同间隔的失灵保护。失灵保护逻辑节点中包含复压闭锁功能。

60. 母线保护模型中应包含哪些逻辑节点?

答：以 220kV 及以上电压等级的母线保护为例，其他电压等级参照。母线保护应包含表 4-12 中的逻辑节点，其中标注 M 的为必选、标注 O 的为根据保护实现可选。

表 4-12　母线保护模型中包含的逻辑节点

功能类	逻辑节点	逻辑节点类	M/O	备注	LD
基本逻辑节点	管理逻辑节点	LLN0	M		PROT
	物理设备逻辑节点	LPHD	M		
差动保护	变化量差动保护	PDIF	M	根据保护的母线数量可多个	
	稳态量差动保护	PDIF	M		

续表

功能类	逻辑节点	逻辑节点类	M/O	备注	LD
母线相关逻辑节点	母线失灵动作	RBRF	M	根据保护的母线数量可多个	PROT
	母线电压互感器	TVTR	O	根据保护的母线数量可多个	
	母线电压测量	MMXU	O	根据保护的母线数量可多个	
	母线差动电流测量	MMXU	O		
间隔相关逻辑节点	断路器失灵保护	RBRF	M	根据母线所连断路器数应为多个	
	间隔跳闸逻辑	PTRC	M	根据母线所连断路器数应为多个	
间隔相关逻辑节点	间隔开入	GGIO	M	根据母线所连断路器数应为多个	
	间隔电流互感器	TCTR	O	根据母线所连断路器数应为多个	
	间隔模拟量测量	MMXU	M	根据母线所连断路器数应为多个	
	间隔软压板	GGIO	O	GOOSE 失灵开入软压板、隔离开关强制位置软压板、SV 接收软压板等	
主变失灵联跳	主变失灵联跳	RBRF	O	根据主变压器数量应为多个	
辅助功能	保护动作	PTRC	M		
	基准电流互感器	TCTR	O		
保护自检	保护自检告警	GGIO	M	可多个	
在线监测	温度监测	STMP	O	可多个	LD0
	通道光强监测	SCLI	O	可多个	
	电源电压监测	SPVT	O	可多个	
保护录波	管理逻辑节点	LLN0	M		RCD
	物理设备逻辑节点	LPHD	M		
	故障录波	RDRE	M		
保护 GOOSE 过程层接口	管理逻辑节点	LLN0	M		PIGO
	物理设备逻辑节点	LPHD	M		
	间隔位置输入	GGIO	O	根据母线所连断路器数应为多个	
	间隔其他开入	GGIO	O	根据母线所连断路器数应为多个	
保护 GOOSE 过程层接口	解除失灵电压闭锁输入	GGIO	O		PIGO
	间隔跳闸、闭重、起失灵出口	PTRC	M	根据母线所连断路器数应为多个	
	间隔失灵联跳	RBRF	O		
保护 SV 过程层接口	管理逻辑节点	LLN0	M	通道延时配置在 LLN0 下，也可配置 GGIO 接收	PISV
	物理设备逻辑节点	LPHD	M		
	保护电流、电压输入	GGIO	O		

61. 母线差动保护逻辑节点（PDIF）如何定义?

答：母线差动保护逻辑节点（PDIF）建模如表 4-13 所示，其中统一扩充的数据用 E 表示，为可选项，ESG 为国网标准化中定义的定值，EO 为各厂家统一规范的自定义定值。

表 4-13　　母线差动保护逻辑节点（PDIF）建模

属性名	属性类型	全　称	M/O	中文语义
公用逻辑节点信息				
Mod	INC	Mode	M	模式
Beh	INS	Behaviour	M	行为
Health	INS	Health	M	健康状态
NamPlt	LPL	Name	M	逻辑节点铭牌
状态信息				
Str	ACD	Start	M	启动
Op	ACT	Operate	M	动作
测量信息				
DifAClc	WYE	Differential Current	O	差动电流
RstA	WYE	Restraint Mode	O	制动电流
定值信息				
LinCapac	ASG	Line capacitance （for load currents）	O	线路正序容抗
StrValSG	ASG	PDIF operate value	ESG	差动动作电流定值
Ha2RstFact	ASG	2nd harmonic restraint factor	ESG	二次谐波制动系数
CTWrnSet	ASG	Different value to warning for CT abnormal	ESG	TA 断线告警定值
CTBlkSet	ASG	Different value to block for CT broken	ESG	TA 断线闭锁定值
Enable	SPG	Enable	ESG	投入
Ha2RstMod	SPG	2nd harmonica restraint mode	ESG	二次谐波制动
CTBlkEna	SPG	CT loop broken Block PDIF Enable	ESG	TA 断线闭锁差动（变压器保护用）
InfVal	ASG	PDIF inflexion value	EO	差动拐点电流

62. 母线保护中主变压器失灵联跳逻辑节点（RBRF）如何定义?

答：母线保护中主变压器失灵联跳逻辑节点（RBRF）建模如表 4-14 所示，其中统一扩充的数据用 E 表示，为可选项，ESG 为国网标准化中定义的定值，EO 为各厂家统一规范的自定义定值。

表 4-14　　母线保护中主变压器失灵联跳逻辑节点（RBRF）建模

属性名	属性类型	全　称	M/O	中文语义
公用逻辑节点信息				
Mod	INC	Mode	M	模式

续表

属性名	属性类型	全　　称	M/O	中文语义
Beh	INS	Behaviour	M	行为
Health	INS	Health	M	健康状态
NamPlt	LPL	Name	M	逻辑节点铭牌
状态信息				
Str	ACD	Start	M	启动
OpEx	ACT	Breaker failure trip（"external trip"）	C	失灵跳闸（跳母线）
OpIn	ACT	Operate，retrip（"internal trip"）	C	失灵跟跳
OpTie	ACT	Breaker failure trip Tie	EO	失灵跳母联
定值信息				
FailTmms	ING	Breaker Failure Time Delay for bus bar trip	O	失灵保护跳相邻断路器延时
ReTrTmms	ING	Retrip Time Delay	ESG	失灵保护跟跳本断路器时间
StrValA	ASG	Phase current to start RBRF	ESG	失灵保护相电流定值
StrVal3I0	ASG	3I0 value to start RBRF	ESG	失灵保护零序电流定值
StrValI2	ASG	I2 value to start RBRF	ESG	失灵保护负序电流定值
LoPFAng	ASG	Angle setting of low power factor element	ESG	低功率因数角
Enable	SPG	Enable	ESG	投入
ReTrEna	SPG	Retrip enable	ESG	跟跳本断路器
StrValAHi	ASG	Higher Phase current to start RBRF	EO	失灵保护高定值
PDPStrEna	SPG	PDP start RBRF	EO	不一致启动失灵
LoPFEna	SPG	Low Power fact Enable trip	EO	三跳经低功率因数
HiAEna	SPG	Higher Phase current Enable	EO	投失灵保护高定值

63. 母线保护中 GOOSE 间隔位置输入采用何种数据对象（DO）？如何描述和区分母线保护中 GOOSE 间隔位置输入？

答： GOOSE 输入采用虚端子模型。GOOSE 输入虚端子模型为包含"GOIN"关键字前缀的 GGIO 逻辑节点实例定义四类 DO：DPCSO（双点输入）、SPCSO（单点输入）、ISCSO（整形输入）和 AnIn（浮点型输入），母线保护中 GOOSE 间隔位置输入采用 DPCSO（双点输入）、SPCSO（单点输入）类型的 DO；DO 的描述和 dU 可以明确描述母线保护 GOOSE 间隔位置输入信号的含义，作为 GOOSE 连线的依据；GOOSE 间隔位置输入分组时，可采用不同 GGIO 实例号来区分。

第四节　装置及回路设计

1. 简述母线保护与其他保护的配合关系。

答： 母线保护作为跨间隔保护，关联到母线上的所有出线元件，因此母线保护与变电站内的其他保护存在多种配合关系。

（1）母差保护动作同时启动失灵保护且共用出口，对应各间隔跳闸节点应为永跳节点，闭锁重合闸。

（2）为解决某些故障情况下电压闭锁元件灵敏度不足的问题，对于常规变电站，变压器支路应具备独立于失灵启动的解除电压闭锁的开入回路。对于智能变电站，母线保护变压器支路收到变压器保护“启动失灵”GOOSE命令的同时启动失灵和解除电压闭锁。

（3）母线故障，变压器断路器失灵时，除应跳开失灵断路器相邻的全部断路器外，还应跳开该变压器连接其他电源侧的断路器，失灵电流再判别元件应由母线保护实现。

（4）除3/2接线外，母差保护动作后启动线路支路远跳逻辑。

（5）母差保护动作闭锁相应备自投或负荷转供等装置。

1）对于3/2接线，与母线相连接的为边断路器，配置专门的断路器保护，含有断路器失灵保护功能，但需通过母线保护装置联跳母线其他断路器，与母线保护的配合关系如图4-9所示。

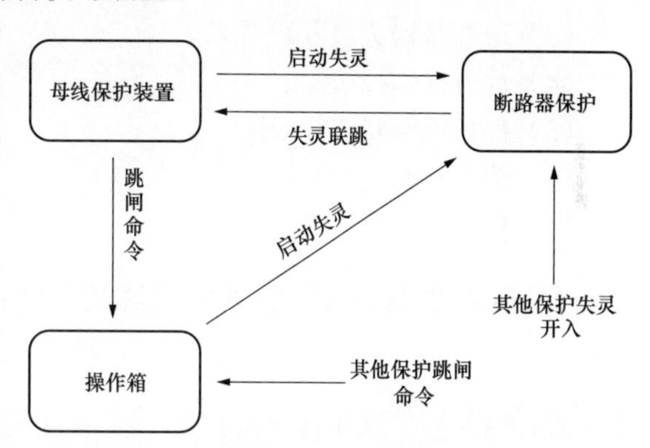

图4-9 3/2接线母线保护与其他保护的配合关系

2）对于双母线接线、双母单分段接线等，与母线相连的为线路、变压器及母联/分段断路器，它们配置的线路保护、变压器保护（包括非电量保护）、母联/分段保护与母线保护存在配合关系；对于单母分段接线，一般会配置备自投保护，母线保护与备自投保护也存在配合关系。非3/2接线母线保护与其他保护的配合关系如图4-10所示。

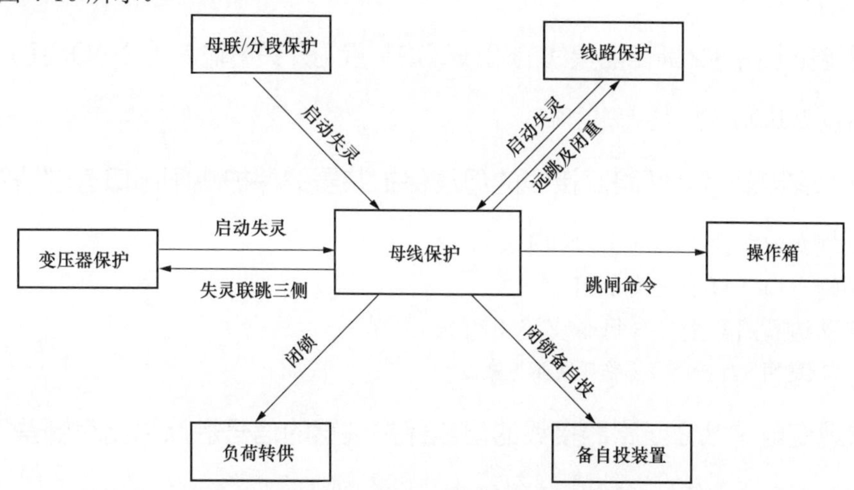

图4-10 非3/2接线母线保护与其他保护的配合关系

2. 从电气回路上看，母线保护的主要特点是什么？

答：母线是同一电压等级所有流入电流与流出电流的汇集点，作为纽带汇集、传输、分配电能。由于母线联系的间隔较多，母线保护接入不同间隔的交流量和直流量数量多，母线保护对 TA 测量精度、暂态特性和抗饱和能力要求高，直流量也应具备足够的抗干扰能力。保护动作影响范围大，无论误动还是拒动都将造成严重的后果，误动会造成大面积停电，拒动会导致电力设备损坏甚至系统瓦解，所以母线保护需要高度的安全性和可靠性。而为快速切除故障和缩小事故影响范围，母线保护也需具备选择性强和动作速度快的能力。此外，由于母线保护动作关联母线上所有间隔，所以在于其他保护和自动装置的配合方面需考虑得较多，如闭重、闭锁备自投、启失灵、失灵联跳、远跳等。

3. 常规变电站 3/2 断路器接线的母线保护装置的开关量输入有哪些?

答：（1）差动保护投/退。

（2）失灵经母差跳闸投/退。

（3）边断路器失灵联跳开入。

（4）远方操作投/退。

（5）保护检修状态投/退。

（6）信号复归。

（7）启动打印（可选）。

4. 智能变电站 3/2 断路器接线的母线保护装置的开关量输入（非 GOOSE）有哪些?

答：（1）远方操作投/退。

（2）保护检修状态投/退。

（3）信号复归。

（4）启动打印（可选）。

5. 智能变电站 3/2 断路器接线的母线保护装置的开关量输入（GOOSE）有哪些?

答：各支路边断路器失灵联跳开入。

6. 常规变电站 3/2 断路器接线的母线保护装置的保护跳闸出口有哪些?

答：常规变电站保护跳闸出口如下：

（1）跳闸出口（每个支路 1 组）。

（2）启动边断路器失灵（每个支路 1 组）。

注：（2）项适用于保护不经操作箱跳闸方案。

7. 常规变电站 3/2 断路器接线的母线保护装置的信号触点输出有哪些?

答：（1）差动动作信号（3 组：1 组保持，2 组不保持）。

（2）失灵经母线保护跳闸信号（3 组：1 组保持，2 组不保持）。

（3）TA 断线告警（至少一组不保持）。

（4）运行异常（少 1 组不保持）。

（5）装置故障告警（至少 1 组不保持）。

注：TA 断线告警段和闭锁段告警报文应分开。

8. 智能变电站 3/2 断路器接线的母线保护装置的跳闸出口 GOOSE 有哪些?

答：跳闸出口（每个支路 1 组）。

9. 智能变电站 3/2 断路器接线的母线保护装置的信号触点（非 GOOSE）有哪些?

答：（1）运行异常（含 TA 断线，至少 1 组不保持）。

（2）装置故障告警（至少 1 组不保持）。

10. 智能变电站 3/2 断路器接线的母线保护装置的信号输出（GOOSE）有哪些?

答：（1）差动动作信号（1 组）。

（2）失灵经母线保护跳闸信号（1 组）。

11. 简述 3/2 断路器接线的母线保护组柜方式。

答：每段母线独立组屏（柜），每段母线的保护包括如下：

（1）母线保护 1 屏（柜）：母线保护 1。

（2）母线保护 2 屏（柜）：母线保护 2。

12. 220kV 常规变电站母线保护装置的开关量输入有哪些?

答：常规变电站开关量输入如下：

（1）差动保护投/退。

（2）失灵保护投/退。

（3）母联充电过流保护投/退，分段 1 充电过流保护投/退，分段 2 充电过流保护投/退。

（4）母联非全相保护投/退，分段 1 非全相保护投/退，分段 2 非全相保护投/退。

（5）母线互联投/退。

（6）母联三相跳闸位置串联。

（7）分段 1、分段 2 三相跳闸位置串联。

（8）母联分列运行开入。

（9）分段 1 分列运行开入、分段 2 分列运行开入。

（10）母联 SHJ（手动合闸继电器）开入。

（11）分段 1 SHJ 开入、分段 2 SHJ 开入。

（12）母联三相跳闸启动失灵开入。

（13）分段 1 三相跳闸启动失灵开入、分段 2 三相跳闸启动失灵开入。

（14）母联非全相开入。

（15）分段 1 非全相开入，分段 2 非全相开入。

（16）变压器支路解除失灵保护电压闭锁（按支路设置）。

（17）各支路隔离开关位置开入。

（18）线路支路分相和三相跳闸启动失灵开入。

（19）变压器支路三相跳闸启动失灵开入。

（20）远方操作投/退。

（21）保护检修状态投/退。

（22）信号复归。

（23）启动打印（可选）。

注 1：对于双母线接线，无第（7）（9）（11）（13）项。

注 2：对于母联和分段支路，无第（15）项。

注 3：对于双母单分段接线，第（5）项为“母联 1 互联投/退、分段互联投/退、母联 2 互联投/退”。

注 4：对于双母单分段接线，第（6）～（15）项描述对象为“母联 1”“分段”“母联 2”。

注 5：当线路支路也需要解除失灵保护电压闭锁时，常规变电站母线保护可增加需要解除电压闭锁的线路各支路共用的“线路支路解除失灵保护电压闭锁开入”。

13. 220kV 常规变电站母线保护装置的信号触点有哪些?

答：（1）Ⅰ母差动动作、Ⅱ母差动动作（3 组：1 组保持，2 组不保持）。

（2）Ⅰ母失灵动作、Ⅱ母失灵动作（3 组：1 组保持，2 组不保持）。

（3）跳母联（分段）（3 组：1 组保持，2 组不保持）。

（4）母线互联告警（至少 1 组不保持）。

（5）TA/TV 断线告警（至少 1 组不保持）。

（6）隔离开关位置告警（至少 1 组不保持）。

（7）运行异常（含差动电压开放、失灵电压开放等，至少 1 组不保持）。

（8）装置故障告警（至少 1 组不保持）。

注 1：对于双母单分段接线，（1）项应增加“Ⅲ母差动动作信号”，（2）项应增加“Ⅲ母失灵动作信号”。

注 2：TA 断线告警段和闭锁段告警报文应分开。

14. 220kV 智能变电站母线保护装置的开关量输入（非 GOOSE 开入）有哪些?

答：（1）远方操作投/退。

（2）保护检修状态投/退。

（3）信号复归。

（4）启动打印（可选）。

15. 220kV 智能变电站母线保护装置的开关量输入（GOOSE 开入）有哪些?

答：（1）母联分相断路器位置：A/B/C 相断路器位置。

（2）分段 1、2 分相断路器位置：A/B/C 相断路器位置。

（3）母联 SHJ（手动合闸继电器）开入。

（4）分段 1 SHJ 开入、分段 2 SHJ 开入。

（5）母联三相跳闸启动失灵开入。

（6）分段 1 三相跳闸启动失灵开入、分段 2 三相跳闸启动失灵开入。

（7）各支路隔离开关位置开入。

（8）线路支路分相和三相跳闸启动失灵开入。

（9）变压器支路三相跳闸启动失灵开入。

注1：对于双母线接线，无第（2）（4）（6）项。

注2：对于母联和分段支路，无第（7）项。

注3：对于双母单分段接线，第（1）～（6）项描述对象为“母联1”“分段”“母联2”。

注4：当线路支路也需要解除失灵保护电压闭锁时，智能变电站母线保护可选配“线路失灵解除电压闭锁”功能，通过投退相关各线路支路的线路解除复压闭锁控制字实现。

16．220kV常规变电站母线保护装置的出口触点有哪些?

答：常规变电站保护跳闸出口如下：

（1）跳闸出口（每个支路2组）。

（2）启动分段1失灵（1组）。

（3）启动分段2失灵（1组）。

（4）失灵联跳变压器（每个变压器支路1组）。

（5）母线保护动作备用出口（每段母线2组），包含母差保护、失灵保护动作。

注：对于双母线接线和双母单分段接线，无第（2）（3）项。

17．220kV智能变电站母线保护装置的GOOSE出口触点有哪些?

答：（1）跳闸出口（每个支路1组）。

（2）启动分段1失灵（1组）。

（3）启动分段2失灵（1组）。

（4）失灵联跳变压器（每个变压器支路1组）。

（5）Ⅰ母保护动作（1组）。

（6）Ⅱ母保护动作（1组）。

注：对于双母线接线和双母单分段接线，无（2）（3）项。

18．220kV智变电能站母线保护装置的信号触点（非GOOSE）有哪些?

答：（1）运行异常（含TA断线、TV断线等，至少1组不保持）。

（2）装置故障告警（至少1组不保持）。

19．220kV智能变电站母线保护装置的信号触点（GOOSE）有哪些?

答：（1）Ⅰ母保护动作（1组）。

（2）Ⅱ母保护动作（1组）。

注：对于双母单分段接线，应增加“Ⅲ母保护动作”项。

20．220kV母线保护中母联开关位置是如何接入的?

答：三相动合接点（TWJ）串联接入。

21．220kV 母线保护中母联开关位置为什么采用三相动合接点串联接入的方式而不能用并联接入的方式?

答：对于分相操作的母联断路器而言，存在手动跳闸不能使三相全部跳开的可能性。如采用跳位并联开入的方式，分列运行的逻辑将会封母联 TA，可能导致母联断路器未断开相的母线保护误动作。

22. 220kV 及以上电压等级常规变电站双母双分段接线母线保护的压板有哪些?

答：（1）出口压板：支路 1～支路 8 出口、启动分段 1 失灵、启动分段 2 失灵、失灵联跳变压器。

（2）功能压板：差动保护、失灵保护、母联充电过流保护、分段 1 充电过流保护、分段 2 充电过流保护、母联非全相保护、分段 1 非全相保护、分段 2 非全相保护、母线互联、母联分列、分段 1 分列、分段 2 分列、远方操作、检修状态。

（3）备用压板。

23. 220kV 及以上电压等级常规变电站双母单分段接线母线保护的压板有哪些?

答：（1）出口压板：支路 1～支路 8 出口、失灵联跳变压器。

（2）功能压板：差动保护、失灵保护、母联 1 充电过流保护，分段充电过流保护，母联 2 充电过流保护、母联 1 非全相保护，分段非全相保护，母联 2 非全相保护、母联 1 互联、分段互联、母联 2 互联、母联 1 分列、分段分列、母联 2 分列、远方操作、检修状态。

（3）备用压板。

24. 220kV 及以上电压等级智能变电站双母双分段接线母线保护的压板有哪些?

答：（1）硬压板：远方操作、检修状态。

（2）软压板：

1）保护软压板：差动保护软压板、失灵保护软压板、母线互联软压板、母联分列软压板、分段 1 分列软压板、分段 2 分列软压板、母联充电过流保护软压板（选配）、分段 1 充电过流保护软压板（选配）、分段 2 充电过流保护软压板（选配）、母联非全相保护（选配）、分段 1 非全相保护（选配）、分段 2 非全相保护（选配）、远方投退压板软压板、远方切换定值区软压板、远方修改定值软压板。

2）隔离开关强制软压板：支路 n 强制使能软压板、支路 n1G 强制合软压板、支路 n 2G 强制合软压板。

3）接收软压板：电压_间隔接收软压板、母联_间隔接收软压板、分段 1_间隔接收软压板、分段 2_间隔接收软压板、支路 n_间隔接收软压板、母联_启动失灵开入软压板、分段 1_启动失灵开入软压板、分段 2_启动失灵开入软压板、支路 n_启动失灵开入软压板。

4）发送软压板：母联_保护跳闸软压板、分段 1_保护跳闸软压板、启动分段 1 失灵发送软压板、分段 2_保护跳闸软压板、启动分段 2 失灵发送软压板、支路 n_保护跳闸软压板、支路 n_失灵联跳变压器软压板、Ⅰ母保护动作软压板、Ⅱ母保护动作软压板。

25. 简述 220kV 母线保护组柜方式。

答：（1）4 面屏（柜）方案如下：

1）第一套母线保护组 2 面屏（柜）：母线保护 1 屏（柜），转接 1 屏（柜）。

2）第二套母线保护组 2 面屏（柜）：母线保护 2 屏（柜），转接 2 屏（柜）。

注：该方案最多接入 21 个支路，适用于双母线和双母单分段接线，对于双母双分段接线，需增加与上述 4 面屏（柜）完全相同的屏（柜）。

（2）2 面屏（柜）方案如下：

1）母线保护 1 屏（柜）：母线保护 1。

2）母线保护 2 屏（柜）：母线保护 2。

注：该方案适用于智能变电站或支路数较少的双母线接线。

26. 为什么 220kV 母线保护的变压器支路启动失灵开入只有 1 个三相启动失灵开入？

答：变压器保护采用三相跳闸方式，所以只设三相跳闸开入。

27. 110（66）kV 常规变电站母线保护装置的开关量输入有哪些？

答：（1）差动保护硬压板。

（2）失灵保护硬压板。

（3）母联充电过流保护硬压板。

（4）分段 1 充电过流保护硬压板，分段 2 充电过流保护硬压板。

（5）母线互联硬压板。

（6）母联跳闸位置。

（7）分段 1、分段 2 跳闸位置。

（8）母联 SHJ（手动合闸继电器）。

（9）分段 1 SHJ、分段 2 SHJ。

（10）母联三相启动失灵开入。

（11）分段 1 三相启动失灵开入、分段 2 三相启动失灵开入。

（12）主变解闭锁开入（按支路设置）。

（13）各支路隔离开关位置。

（14）线路支路三相启动失灵开入。

（15）变压器支路三相启动失灵开入。

（16）远方操作硬压板。

（17）保护检修状态硬压板。

（18）信号复归。

（19）隔离开关位置确认（可选）。

（20）启动打印（可选）。

注 1：对于双母线接线，无第（4）（7）（9）（11）项。

注 2：对于单母线接线、单母三分段接线，无第（3）（5）（6）（8）（10）项。

注 3：对于母联和分段支路，无第（15）项。

注 4：对于单母线接线、单母分段接线和单母三分段接线，无第（13）（19）项。

注 5：对于双母单分段接线，第（5）项为“母联 1 互联硬压板、分段互联硬压板、母联 2 互联硬压板”。

注 6：对于双母单分段接线，第（3）（4）（6）（7）（8）（9）（10）（11）项描述对象为“母联 1”“分段”“母联 2”。

注 7：当线路支路也需要解除失灵保护电压闭锁时，常规变电站母线保护可增加需要解除电压闭锁的线路各支路共用的“线路解闭锁开入”。

28. 110（66）kV 常规变电站母线保护装置的出口触点有哪些?

答：（1）跳闸出口（每个支路 2 组）。

（2）启动分段 1 失灵（1 组）。

（3）启动分段 2 失灵（1 组）。

（4）失灵联跳变压器（每个变压器支路 1 组）。

（5）母线保护动作备用出口（每段母线 2 组），包含母差保护、失灵保护动作。

注：单母线接线、单母分段接线和双母双分段接线有第（2）（3）项。

29. 110（66）kV 常规变电站母线保护装置的信号触点有哪些?

答：（1）Ⅰ母差动动作、Ⅱ母差动动作（2 组不保持，1 组保持）。

（2）Ⅰ母失灵动作、Ⅱ母失灵动作（2 组不保持，1 组保持）。

（3）跳母联（分段）（2 组不保持，1 组保持）。

（4）母线互联告警（至少 1 组不保持）。

（5）TA/TV 断线告警（至少 1 组不保持），TA 断线告警段和闭锁段告警报文应分开。

（6）隔离开关位置告警（至少 1 组不保持）。

（7）运行异常（含差动电压开放、失灵电压开放等，至少 1 组不保持）。

（8）装置故障告警（至少 1 组不保持）。

注 1：对于双母单分段接线、单母三分段接线，第（1）项应增加“Ⅲ母差动动作信号”，第（2）项应增加“Ⅲ母失灵动作信号”。

注 2：对于单母线接线，第（1）项应减少“Ⅱ母差动动作信号”，第（2）项应减少“Ⅱ母失灵动作信号”。

注 3：对于单母分段接线，无第（6）项。

注 4：对于单母线接线，无第（3）（4）（6）项。

30. 110（66）kV 智能变电站母线保护装置的开关量输入（非 GOOSE 开入）有哪些?

答：（1）远方操作硬压板。

（2）保护检修状态硬压板。

（3）信号复归。

（4）隔离开关位置确认（可选）

（5）启动打印（可选）。

注：对于单母线接线、单母分段接线和单母三分段接线，无第（4）项。

31. 110（66）kV 智能变电站母线保护装置的开关量输入（GOOSE 开入）有哪些?

答：（1）母联断路器位置。

（2）分段 1、分段 2 断路器位置。

（3）母联 SHJ（手动合闸继电器）。
（4）分段 1 SHJ、分段 2 SHJ。
（5）母联三相启动失灵开入。
（6）分段 1 三相启动失灵开入、分段 2 三相启动失灵开入。
（7）分段 1_对侧失灵开入、分段 2_对侧失灵开入。
（8）各支路隔离开关位置。
（9）线路支路三相启动失灵开入。
（10）变压器支路三相启动失灵开入 1，2。
注 1：对于双母线接线，无第（2）（4）（6）项。
注 2：对于单母线接线和单母三分段接线，无第（1）（3）（5）项。
注 3：对于母联和分段支路，无第（7）项。
注 4：对于单母线、单母分段接线和单母三分段接线，无第（7）项。
注 5：对于双母单分段接线，第（1）～（6）项描述对象为“母联 1”“分段”“母联 2”。
注 6：当线路支路也需要解除失灵保护电压闭锁时，智能变电站母线保护可选配“线路失灵解除电压闭锁”功能，通过投退相关各线路支路的线路解除复压闭锁控制字实现。

32. 110（66）kV 智能变电站母线保护装置的 GOOSE 出口触点有哪些？

答：（1）跳闸出口（非变压器支路 1 组，变压器支路 2 组）。
（2）启动分段 1 失灵（1 组）。
（3）启动分段 2 失灵（1 组）。
（4）失灵联跳变压器（每个变压器支路 1 组）。
（5）Ⅰ母保护动作（1 组）。
（6）Ⅱ母保护动作（1 组）。
注 1：单母线、单母分段接线和双母双分段接线有第（2）（3）项。
注 2：对于双母单分段接线、单母三分段接线，增加“Ⅲ母保护动作信号”。

33. 110（66）kV 智能变电站母线保护装置的信号触点（非 GOOSE）有哪些？

答：（1）运行异常（含 TA 断线、TV 断线等，至少 1 组不保持）。
（2）装置故障告警（至少 1 组不保持）。

34. 110（66）kV 智能变电站母线保护装置的 GOOSE 信号输出触点有哪些？

答：（1）Ⅰ母保护动作（1 组）。
（2）Ⅱ母保护动作（1 组）。
（3）Ⅲ母保护动作（1 组）。
注 1：单母线接线，无第（2）（3）项。
注 2：双母单分段接线、单母三分段接线，才有第（3）项。

35. 110kV 及以下电压等级常规变电站双母双分段接线母线保护的压板有哪些？

答：（1）出口压板：各支路跳闸出口、主变支路失灵联跳出口（可选）、启动分段 1 失灵出口、启动分段 2 失灵出口、闭锁备自投。

（2）功能压板：差动保护、失灵保护（可选）、母联充电过流保护（可选），分段 1 充电过流保护（可选）、分段 2 充电过流保护（可选）、母线互联、母联分列、分段 1 分列、分段 2 分列、远方操作、保护检修状态。

（3）备用压板。

36. 110kV 及以下电压等级常规变电站双母单分段接线母线保护的压板有哪些?

答：（1）出口压板：各支路跳闸出口、主变支路失灵联跳出口（可选）、闭锁备自投。

（2）功能压板：差动保护、失灵保护（可选）、母联 1 充电过流保护（可选），分段充电过流保护（可选）、母联 2 充电过流保护（可选）、母联 1 互联、分段互联、母联 2 互联、母联 1 分列、分段分列、母联 2 分列、远方操作、保护检修状态。

（3）备用压板。

37. 为什么 110（66）kV 电压等级的母线保护变压器支路需要设置两个跳闸出口触点?

答：一组触点用于跳闸，另一组出口触点备用。

38. 为什么 110（66）kV 电压等级的母线保护变压器支路需要设置两个三相启动失灵开入?

答：110（66）kV 电压等级的智能变电站母线保护变压器支路设有两个三相启失灵开入，与常规变电站保持数量一致，单个启失灵开入固定解复压，同时接入可增加开入的可靠性。此外，110kV 母线保护在一些地区需要配置启失灵逻辑，此时单套配置的 110kV 母差保护中变压器间隔设置两个三相启失灵开入，也可以与双重化配置的变压器保护一一对应。

39. 110kV 及以下电压等级智能变电站双母单分段母线保护的压板有哪些?

答：（1）硬压板：远方操作、检修状态。

（2）软压板：

1）保护软压板：差动保护软压板、失灵保护软压板、母线 1 互联软压板、母线 2 互联软压板、分段互联软压板、母联 1 分列软压板、母联 2 分列软压板、分段分列软压板、母联 1 充电过流保护软压板（选配）、母联 2 充电过流保护软压板（选配）、分段充电过流保护软压板（选配）、远方投退压板软压板、远方切换定值区软压板、远方修改定值软压板。

2）隔离开关强制软压板：支路 n_强制使能软压板、支路 n_1G 强制合软压板、支路 n_1G 强制分软压板、支路 n_2G 强制合软压板、支路 n_2G 强制分软压板。

3）接收软压板：电压_间隔接收软压板、母联 1_间隔接收软压板、分段_间隔接收软压板、母联 2_间隔接收软压板、主变 n_间隔接收软压板、支路 n_间隔接收软压板、母联 1_启动失灵开入压板、分段_启动失灵开入压板、母联 2_启动失灵开入压板、主变 n_启动失灵开入压板、支路 n_启动失灵开入压板。

4）发送软压板：母联 1_保护跳闸软压板、分段_保护跳闸软压板、母联 2_保护跳闸软压板、主变n_保护跳闸1软压板、主变n_保护跳闸2软压板、支路n_保护跳闸软压板、主变n_失灵联跳变压器软压板、Ⅰ母保护动作软压板、Ⅱ母保护动作软压板、Ⅲ母保护动作软压板。

40. 110kV及以下电压等级智能变电站双母双分段接线母线保护的压板有哪些?

答:（1）硬压板：远方操作、检修状态。

（2）软压板：

1）保护软压板：差动保护软压板、失灵保护软压板、母线互联软压板、母联分列软压板、分段1分列软压板、分段2分列软压板、母联充电过流保护软压板（选配）、分段1充电过流保护软压板（选配）、分段2充电过流保护软压板（选配）、远方投退压板软压板、远方切换定值区软压板、远方修改定值软压板。

2）隔离开关强制软压板：支路n_强制使能软压板、支路n_1G强制合软压板、支路n_1G强制分软压板、支路n_2G强制合软压板、支路n_2G强制分软压板。

3）接收软压板：电压_间隔接收软压板、母联_间隔接收软压板、分段1_间隔接收软压板、分段2_间隔接收软压板、主变n_间隔接收软压板、支路n_间隔接收软压板、母联_启动失灵开入压板、分段1_启动失灵开入压板、分段2_启动失灵开入压板、主变n_启动失灵开入压板、支路n_启动失灵开入压板。

4）发送软压板：母联_保护跳闸软压板、分段1_保护跳闸软压板、启动分段1失灵发送软压板、分段2_保护跳闸软压板、启动分段2失灵发送软压板、主变n_保护跳闸1软压板、主变n_保护跳闸2软压板、支路n_保护跳闸软压板、主变n_失灵联跳变压器软压板、Ⅰ母保护动作软压板、Ⅱ母保护动作软压板。

41. 110kV及以下电压等级和220kV及以上电压等级的启动失灵开入回路有何不同之处?

答: 失灵开入回路分单相或三相，主要与间隔特点和机构构造有关。110kV及以下等级启失灵多为三相启失灵回路，是由于110kV无论线路、主变压器或母联等间隔大多都是采用三相机构。220kV及以上等级的启动失灵开入既有分相启动失灵开入，也有三相启动失灵开入，分相失灵开入主要用于线路间隔，是考虑到220kV电压等级较高且线路发生瞬时性单相故障居多，需通过单相重合闸来满足供电可靠性和系统稳定性的要求，故220kV线路间隔多为分相机构，母差保护中采用分相启失灵开入。

42. “六统一”母线标准化设计，对于3/2断路器接线，母线保护屏背面左侧端子排自上而下排列依次是哪些功能端子?

答:（1）直流电源段（ZD）：本屏（柜）所有直流电源均取自该段。

（2）强电开入段（1QD）：边断路器失灵开入。

（3）对时段（OD）：接受GPS硬触点对时。

（4）弱电开入段（1RD）：用于保护。

（5）出口段（1C1D～1C10D）：支路1～支路10跳闸出口。

（6）集中备用段（1BD）。

43. “六统一”母线标准化设计，对于3/2断路器接线，母线保护屏背面右侧端子排自上而下排列依次是哪些功能端子?

答:（1）交流电流段（1I1D～1I10D)：支路1～支路10交流电流输入。

（2）信号段（1XD)：差动动作、边断路器失灵经母线保护跳闸、运行异常、装置故障告警等信号。

（3）遥信段（1YD)：差动动作、边断路器失灵经母线保护跳闸、运行异常、装置故障告警等信号。

（4）录波段（1LD)：差动动作、边断路器失灵经母线保护跳闸等信号。

（5）网络通信段（TD)：网络通信、打印接线和IRIG-B（DC）时码对时。

（6）交流电源段（JD)。

（7）集中备用段（2BD)。

44. “六统一”母线标准化设计，对于双母线接线，母线保护屏背面左侧端子排自上而下排列依次是哪些功能端子?

答:（1）直流电源段（ZD)：本屏（柜）所有装置直流电源均取自该段。

（2）强电开入段（1QD)：母联跳闸位置、分段跳闸位置、启动分段失灵、解除失灵保护电压闭锁等开入信号。

（3）对时段（OD)：接受GPS硬触点对时。

（4）弱电开入段（1RD)：用于保护。

（5）出口段（1C1D～1C8D)：跳闸出口、隔离开关位置开入、三相跳闸启动失灵和分相启动失灵等。

（6）集中备用段（1BD)。

45. “六统一”母线标准化设计，对于双母线接线，母线保护屏背面右侧端子排自上而下排列依次是哪些功能端子?

答:（1）交流电压段（UD)：外部输入电压。

（2）交流电压段（1UD)：保护装置输入电压。

（3）交流电流段（1I1D～1I8D)：支路1～支路8交流电流输入。

（4）遥信段（1YD)：差动动作、失灵动作、跳母联（分段)、母线互联告警、TA/TV断线告警、隔离开关位置告警、运行异常、装置故障告警等信号。

（5）录波段（1LD)：差动动作、失灵动作、跳母联（分段）等信号。

（6）网络通信段（TD)：网络通信、打印接线和IRIG-B（DC）时码对时。

（7）交流电源（JD)。

（8）集中备用段（2BD)。

46. “六统一”标准化设计中，常规变电站母线保护每个支路跳闸出口开出需设置几组? 各有什么作用?

答: 各支路设置2组跳闸开出，线路、变压器支路的一组触点用于跳闸，另一组出口触点备用。

47. “六统一”标准化设计中，母线保护跳闸出口接点应接入线路保护中的“其他保护动作”开入中，实现线路对侧纵联保护快速跳闸，此种说法是否正确？为什么？

答：错误。对于智能变电站来说，母线保护跳闸出口触点接入线路保护“其他保护动作”启动远跳逻辑。对于常规变电站来说，母线保护跳闸出口触点接入线路保护操作箱的TJR辅助触点再启动远跳，简化回路，增加可靠性。

48. “六统一”标准化设计中，常规变电站母线保护“母联分列”压板采用软压板方式还是硬压板方式？

答：母线保护装置实时对母联（分段）断路器的位置及母联（分段）分列压板状态进行校验，如果不一致则告警。正常运行时，母联（分段）断路器的位置变化后，为了消除告警，需要频繁操作母联（分段）分列压板；同时，考虑到分列运行时封TA的需要，也需操作分列压板。为实现远方操作，本标准设置“母联（分段）分列”软压板，由于“母联（分段）分列”硬压板无法实现远方操作，因此将其取消。

49. 母线保护装置的接口数量要求有哪些？

答：（1）对时接口：应支持接受对时系统发出的IRIG-B对时码。条件成熟时也可采用GB/T 25931—2010《网络测量和控制系统的精确时钟同步协议》进行网络对时，对时精度应满足要求。

（2）MMS通信接口：装置应支持MMS网通信，3组MMS通信接口（包括以太网或RS-485通信接口），至少需2路RJ45电口。

（3）SV和GOOSE通信接口：应支持GOOSE组网和点对点通信、SV组网和点对点通信，数量应满足需求。

（4）其他接口：调试接口、打印机接口等。

50. 母线保护装置会和哪些保护装置交换信息？

答：母线保护接收线路保护的启失灵、主变压器保护的启失灵和解复压等信号，发送给线路保护远跳、主变压器保护失灵联跳等信号。

51. 为什么要求母线保护装置具备3组通信接口（包括以太网或RS-485通信接口），各通信接口的作用是什么？

答：为了满足部分老旧变电站监控系统和继电保护及故障信息管理系统分开组网的要求，保护装置应具备3组通信接口（一般监控系统2组，保护及故障信息管理系统1组）。

52. 母联开关位置接点接入母线保护的作用是什么？

答：母联跳闸位置是反映母联断路器运行状态的开入量，用于母联死区和失灵保护、分列运行等重要保护的逻辑判别，只能采用三相跳位串联开入，不能采用三相跳位并联开入的方式。例如，对于分相操作的母联断路器而言，手动跳闸不能三相全部跳开的可能性也存在，如采用跳位并联开入的方式，分列运行的逻辑将会封母联TA，可能导致母联断路器未断开相的母线保护误动。

53. 对分相断路器，母联（分段）死区保护所需的开关位置辅助触点应如何选择？

答： 应采用母联三相开关动断触点的串联，即三相跳位串联。

54. 为什么智能变电站母线保护的母联（分段）位置需要采用双点信号的形式？

答： 双点信号相对于单点信号，优势在于可以有效抑制信号误动和抖动，同时两个点位组合后当其中一个点位出现故障可以及时检测到，而母联（分段）位置属于重要遥信，故需要采用双点信号的形式。

55. 母线保护中，双点信号是如何来表示母联（分段）位置的分位和合位的？为什么这么设计？

答： 双点信号“10”代表母联（分段）位置的合位，“01”代表分位。单点信号是取一副动合触点，双点信号是在单点的基础上增加一副动断触点组合形成双点，故动合触点在前（主遥信）、动断触点在后（副遥信），主遥信点在副遥信点无效时在单点逻辑下仍能正确表示开关位置，副遥信点对整个信号状态起到监视作用。

56. 母线保护装置将SV接收软压板更改为间隔接收软压板的原因是什么？

答： 母线保护间隔数量按远期设计，对于暂未投运的间隔，无法订阅相关间隔的SV和GOOSE信息，当仅SV间隔接收压板时，无法退出隔离开关位置等相关的GOOSE接收信息，装置正常运行时发GOOSE告警信息。将SV接收软压板更改为间隔接收软压板（含SV和点对点GOOSE信息）装置正常运行时，退出间隔接收压板后，不发GOOSE告警信息。失灵相关的GOOSE开入（组网GOOSE信息）配置单独的GOOSE接收软压板。

57. 母线保护中设置独立于母联跳闸位置、分段跳闸位置的母联、分段分列运行压板的原因是什么？

答： 设置独立于母联、分段跳闸位置的母联、分段分列运行压板，当分段断路器需要进行合环操作，即由断开位置需要合上时，运行人员可以退出分列运行压板，此时虽然跳闸位置触点在合上位置，但只要压板开入为“0”，分段TA就可接入运行。当断路器合上时，由于分段TA合闸前已投入运行，不会导致分段断路器两侧的两套母线保护的大差、小差有差电流，两套母线保护都安全。因此增加独立于断路器跳位的分列压板，用来保证封TA和母联断路器位置状态同步。

58. 对于母线保护，哪些GOOSE输入量在GOOSE断链时必须置“0”？

答：（1）母联（分段）三相跳闸启动失灵开入。

（2）线路支路分相和三相跳闸启动失灵开入。

（3）变压器支路三相跳闸启动失灵开入。

59. 智能变电站母线保护为什么不设置独立的解除复压闭锁虚端子？

答：智能变电站不存在误碰问题，故不再设置独立的解除复压闭锁虚端子。

60. 简述常规变电站和智能变电站双母接线的母线保护在隔离开关辅助触点异常时处理机制。

答：当与实际位置不符时，发“隔离开关位置异常”告警信号，常规变电站应能通过保护模拟盘校正隔离开关位置，智能变电站通过“隔离开关强制软压板”校正隔离开关位置。当仅有一个支路隔离开关辅助触点异常且该支路有电流时，保护装置仍应具有选择故障母线的功能。

61. 为什么智能变电站母线保护的母联（分段）SV 输入虚端子要分正反两种类型的虚端子？

答：MU 输出数据极性应与互感器一次极性一致。间隔层装置如需要反极性输入采样值时，应建立负极性 SV 输入虚端子模型，通过自身的不同输入虚端子对电流极性进行调整。这种方式可以有效地减少合并单元 SV 的发送数据量，减轻其负担。

62. 为什么启动失灵分段跳闸出口要和对应分段支路的跳闸出口进行区分？

答：两者驱动逻辑略有不同，三相不一致动作不启失灵，但是需要跳开关。两者回路独立，更加清晰。

63. 智能变电站中，母线保护宜采用何种跳闸方式？

答：与各间隔智能终端之间宜采用 GOOSE 点对点直跳。

64. 常规变电站母线互联硬压板在什么情况下使用？

答：设置母线互联硬压板，可用于现场倒闸操作。倒闸操作时，母联直流控制空气开关取下前，应该先投入“母线互联压板”，以确保在倒闸操作的过程中，一旦任何一条母线发生故障均瞬时跳两条母线。

65. 为什么常规母线保护装置要同时具备功能硬压板和功能软压板？

答：常规母线保护装置保护功能投退的软、硬压板采用“与”逻辑，主要考虑保护装置操作的方便性，软压板可以远方投退，硬压板可以就地投退，退出其一相应保护功能退出，满足变电站无人值班和远程操作的需求。

第五节 运 行 检 修

1. 简述差动保护功能投退的处理逻辑。

答：差动保护投退逻辑如下：差动保护压板投入且差动保护控制字投入时，差动保护投入；当差动保护压板退出或差动保护控制字退出时，差动保护退出。差动保护投退逻辑如图4-11所示。

2. 简述失灵保护功能投退的处理逻辑。

答：失灵保护投退逻辑如下：失灵保护压板投入且失灵保护控制字投入时，失灵保护投入；当失灵保护压板退出或失灵保护控制字退出时，失灵保护退出。失灵保护投退逻辑如图4-12所示。

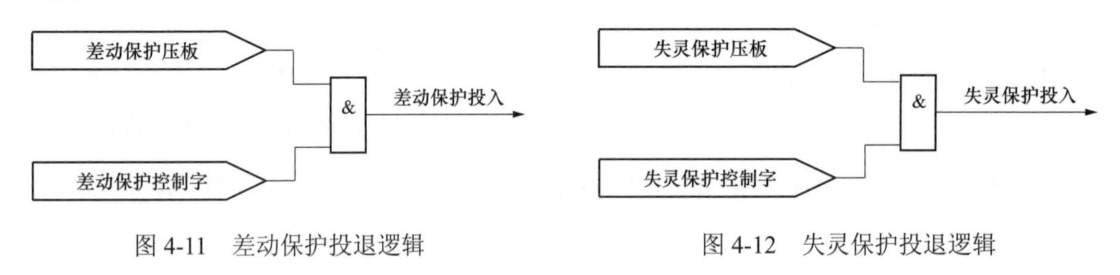

图4-11　差动保护投退逻辑　　　图4-12　失灵保护投退逻辑

3. 简述母联过流保护功能投退的处理逻辑。

答：过流保护投退逻辑如下：过流保护压板投入且过流保护Ⅰ段或过流保护Ⅱ段或零序过流保护任一控制字投入时，过流保护投入；当过流保护压板退出或全部控制字退出时，过流保护退出。过流保护投退逻辑如图4-13所示。

4. 简述母联非全相保护功能投退的处理逻辑。

答：非全相保护投退逻辑如下：非全相保护压板投入且非全相保护控制字投入时，非全相保护投入；当非全相保护压板退出或非全相保护控制字退出时，非全相保护退出。非全相保护投退逻辑如图4-14所示。

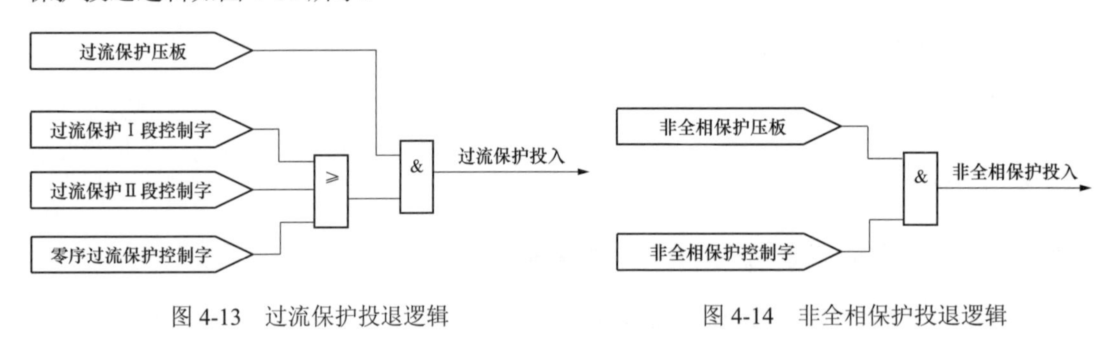

图4-13　过流保护投退逻辑　　　图4-14　非全相保护投退逻辑

5. 简述智能变电站母线保护装置的压板设置和远方操作。

答：保护装置的硬压板仅设置了远方操作硬压板及保护检修状态硬压板。保护检修状态硬压板投入时，装置面板上检修灯亮，保护对外发送报文均带有检修位标志。

保护装置的软压板分为保护功能软压板、远方控制压板、间隔接收软压板等：

（1）保护功能软压板。差动保护、失灵保护、过流保护及非全相保护分别可以相应软压板控制投退。

（2）远方控制压板。设有远方修改定值软压板、远方切换定值区软压板及远方投退压板软压板。

（3）间隔接收软压板。装置正常运行时，误退出间隔接收软压板，相应间隔电流电压将不计入保护计算，可能人为造成保护误动作。为防止误操作，就地退出间隔接收软压板时，装置应有明确提示信息，经操作人员确认后方可退出。

6. 简述母线保护运行方式识别及自动适应功能。

答：对于双母线、双母单分段等接线方式，由于母线停电检修及运行方式变化等原因，母线上连接的元件在系统运行过程中，经常需要在两段母线之间进行切换，母线保护需要自动识别连接元件的隔离开关位置，据此判断运行方式并计算小差电流，保证差动保护的选择性。如果母线保护无法正确识别连接元件的隔离开关位置，将可能导致小差电流计算出错，当系统发生故障时可能会拒动或误动。

如图 4-15 所示，母线保护接入各元件的隔离开关辅助触点，母线当前处于运行方式一，L1、L2、L3 运行于Ⅰ母，L4、L5 运行于Ⅱ母。

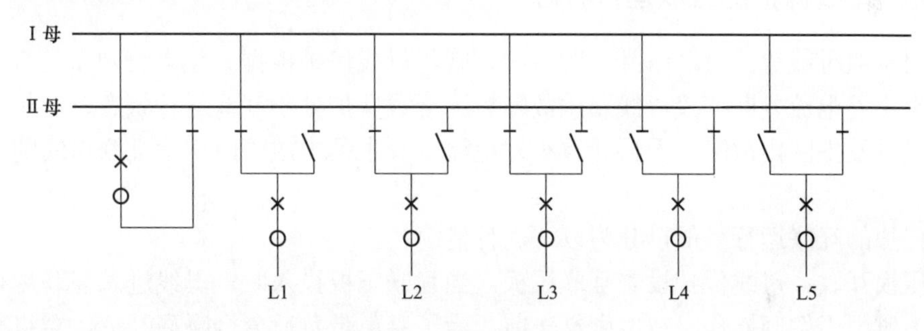

图 4-15 母线运行方式一

由于系统运行方式的改变，L3 需要进行倒闸操作，由Ⅰ母运行切换为Ⅱ母运行，倒闸操作后，系统进入图 4-16 所示的运行方式二。

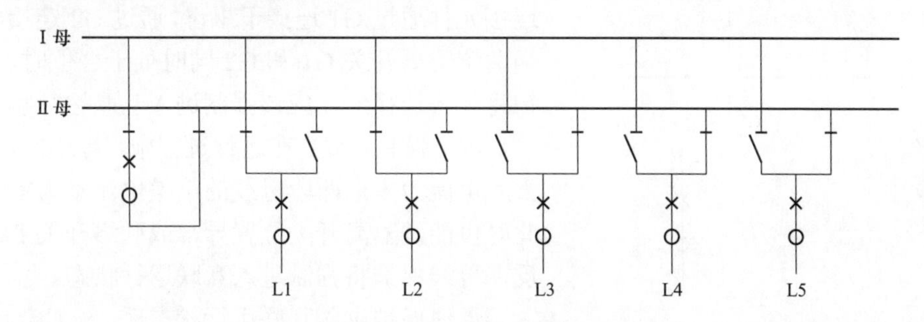

图 4-16 母线运行方式二

在倒闸操作过程中，Ⅰ母和Ⅱ母接入的隔离开关辅助触点情况发生变化，母线保护根据接入的隔离开关位置变化情况，实时计算大差电流和各段母线小差电流。

当计算得出的大差电流和小差电流全部为平衡状态，则母线保护更新倒闸操作后的隔离开关辅助触点位置；当计算得出的大差电流或小差电流存在不平衡状态，则表明一次系统存在不平衡差流或者隔离开关辅助触点位置出现异常，母线保护保持倒闸操作前的隔离开关辅助触点位置，并发出告警信号。

当母线处于正常运行状态中，并且没有人为的倒闸操作，此时如果隔离开关辅助触点出现异常开断，母线保护能够根据实时计算的大差电流和小差电流，判断隔离开关辅助触点的断开是异常状态，母线保护可以记忆辅助触点的位置，保持原有的运行状态，并发出告警信号。

7. 简述母线保护并列运行及分列运行状态。

答：当联络开关处于合位时，母线处于并列运行状态。处于并列运行的两段母线，当某段母线接入的电源支路发生故障，其连接的负荷可以通过另一段母线的电源供电。

当联络开关处于分位时，母线处于分列运行状态。处于分列运行的两段母线，当某段母线接入的电源支路发生故障，其连接的负荷将会失电，无法通过另一段母线的电源供电。

母线保护一般需要根据不同地区的习惯，综合考虑联络开关位置及运行方式压板状态，判别一次系统处于并列运行或分列运行。

8. 简述母线保护的互联运行状态。

答：对于双母线等具有联络开关的接线方式，母线保护根据大差电流判断是否发生区内故障，根据小差电流判断哪段母线发生故障。当母线保护处于互联运行状态时，仅根据大差电流判断是否发生区内故障，不再计算小差电流，发生区内故障时切除互联母线的所有连接元件。

母线保护的互联运行一般可分为以下三种情况：

（1）压板互联：母线保护设置互联压板，当互联压板投入时，母线进入互联运行状态。互联压板一般用于倒闸操作，在倒闸操作前，为了避免带负荷分合隔离开关，会将联络开关断路器操作电源断开，此时如果发生母线区内故障，故障只能依靠失灵保护完全切除。因此在倒闸操作前，投入互联压板，使母线保护不再具有选择性，能够快速切除故障。

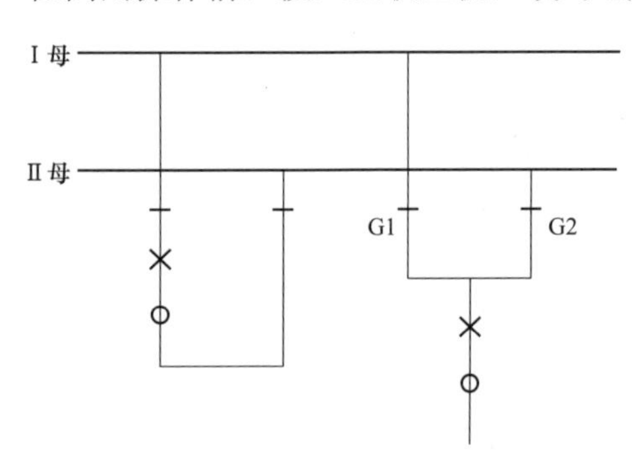

图 4-17　隔离开关双跨示意图

（2）隔离开关互联：如图 4-17 所示，母线上的连接元件通过 G1 连接于Ⅰ母，通过 G2 连接于Ⅱ母。当两个隔离开关 G1 和 G2 同时处于合位时，母线保护将失去选择性，应该强制进入互联运行状态。

（3）强制互联：在运行过程中，母线保护会出现大差电流为零但两段母线的小差电流不为零的情况，此时可能是隔离开关位置异常或联络开关TA极性接反，母线保护将强制进入互联运行状态。

母线保护进入互联运行状态后，一般会点亮"母线互联运行"指示灯，并在保护装置界面弹出"互联运行"相关报文，用以提示运行人员。

9. 简述母线保护在环网运行状态下的汲出电流及其对差动保护的影响。

答：双母线单分段接线，双母双分段接线，环形（角形）母线接线，3/2 断路器接线及双回线短线路构成外环网运行时，如母线发生区内故障，故障电流造成反向环流，母线保护的灵敏性将下降。

以双母双分段接线为例说明，如图 4-18 所示，根据现有母线配置方案，Ⅰ、Ⅱ母配置一面双母双分段母线保护。母联分段均在合位运行时，母线大差由 I_1，I_2，I_3，I_4，I_5，I_6 构成，Ⅰ母小差由 I_1，I_2，I_3，I_{ML} 构成，Ⅱ母小差由，I_4，I_5，I_6，I_{ML} 构成。此时若发生Ⅱ母区内故障，由于短路电流均流向故障点，Ⅱ母小差比率制动满足，灵敏性不变。大差差流 $I_d=|I_1+I_2+I_5+I_6+I_3+I_4|$，大差制动电流 $I_f=|I_1|+|I_2|+|I_5|+|I_6|+|I_3|+|I_4|$，$I_3$ 与 I_4 电流方向相反。由于环网运行，短路电路不变情况下，大差制动电流增加了两个分段的电流，大差灵敏度下降。特别的短路电流仅由 I_1，I_2 提供（Ⅱ，Ⅲ，Ⅳ母无电源），母联断路器 1 断开情况下，大差比率制动系数将下降至 1/3。

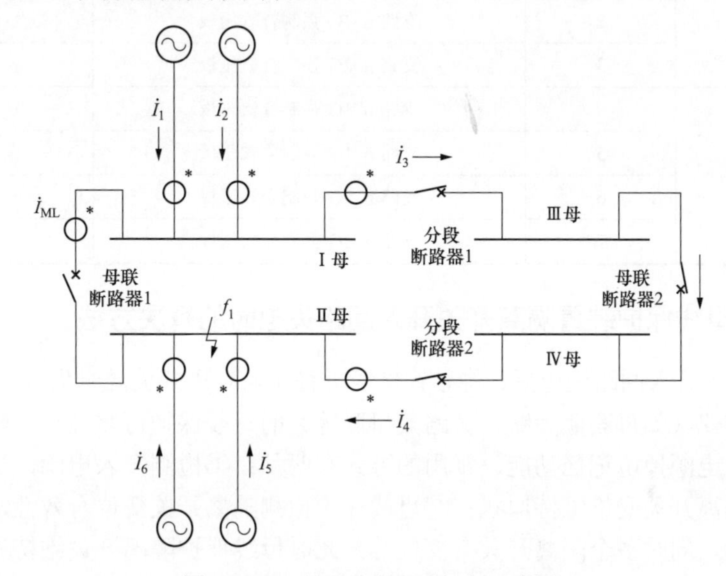

图 4-18 双母双分段环网运行示意图

10. 母线保护装置隔离开关回路异常的主要原因有哪些?

答：隔离开关回路常见异常包括接入母线保护的位置接点接触不良，接入母线保护的隔离开关开入回路失电等异常。

11. 母线保护装置隔离开关位置接点异常的常见情况有哪些，运行人员可以如何实现手动修正?

答：常见的故障包括一、二次隔离开关位置分合不对应，Ⅰ、Ⅱ母隔离开关位置接反，正常运行时隔离开关辅助触点异常，智能变电站母线与智能终端间 GOOSE 断链等。

对于常规变电站，使用保护模拟盘。正常运行时，隔离开关强制开关均处于自动位置，由外回路隔离开关位置实时计入。当某个隔离开关位置跟实际系统运行状态不一致时，如一次合、辅助触点分，则可将隔离开关强制开关进行强合；当一次分、辅助触点合，则可将隔离开关强制开关进行强分，实现手动修正。

对于智能变电站，采用如表 4-15 所示隔离开关强制软压板方式实现手动修正，正常时隔离开关强制软压板退出，由母线保护订阅的各间隔 GOOSE 报文中获取隔离开关位置。当某个间隔有异常时，如隔离开关实际合、辅助触点分，方式一则可将隔离开关使能软压板投入，该间隔相应隔离开关强制合压板投入；方式二则直接将该支路相应强制合软压板投入；如隔离开关实际分、辅助触点合，方式一则可将隔离开关使能软压板投入，相应隔离开关强制合软压板退出；方式二则直接将该支路相应强制分软压板投入。二者效果等同，目前两种方式现场均有应用。

表 4-15　　智能变电站母线保护隔离开关强制软压板

类别	序号	压板名称	压板方式
自定义方式 1	1	支路 n_强制使能软压板	0，1
	2	支路 n_1G 强制合软压板	0，1
	3	支路 n_2G 强制合软压板	0，1
自定义方式 2	4	支路 n_1G 强制合软压板	0，1
	5	支路 n_1G 强制分软压板	0，1
	6	支路 n_2G 强制合软压板	0，1
	7	支路 n_2G 强制分软压板	0，1

12. 简述母线保护装置隔离开关开入回路失电时的解决方法。

答：隔离开关开入回路失电后，将导致母线所有间隔隔离开关同时失效，若不采取措施，对于部分接线方式（如母联兼旁路、旁路兼母联等）的母线保护可靠性将下降。目前常用的解决方式为开入电源掉电记忆功能。常用的方式有两种：①检测开入电源，当开入电源异常时，母线保护隔离开关变位维持原状；②母线保护检测隔离开关变位有效性，如两次隔离开关变位时间较小，同时多个隔离开关有变位等，此时母线保护隔离开关维持现状。两者实现方式不同，效果等同。

13. 简述母线保护失灵回路异常及其解决方法。

答：失灵回路常见异常包括接线错误，导致失灵启动长期开入，失灵直跳回路直流接地导致失灵误开入。对于接线错误导致失灵启动长期开入的异常，母线保护通过增加失灵长期开入闭锁相关支路失灵保护功能来解决；对于失灵直跳回路直流接地导致的异常，常用的方法包括增加大功率输入，增加灵敏的不需整定的电流元件并带延时等方式。

14. 简述母线保护装置在倒闸操作的处理方式和步骤。

答：在倒闸操作前应投入母线保护互联压板，让母线保护工作在非选择状态，当倒闸操作完成后，将互联压板取下，若保护需要确认隔离开关位置，则按隔离开关位置确认按钮，确认隔离开关位置正确。

15. 母线倒闸操作时应考虑负荷、中性点等哪些注意点?

答：在倒闸操作前，必须了解系统的运行方式、继电保护及自动装置等情况，并应考虑电源及负荷的合理分布以及系统运行方式的调整情况。保证倒闸操作后，不发生过负荷，且同一电压等级的母线上有一个中性点接地。

16. 母线保护部分间隔停用，需要注意哪些问题?

答：母线保护接入的部分间隔停用而其他间隔正常运行，要注意应先在母线保护装置上退出停运间隔的间隔接收软压板、GOOSE 接收软压板、GOOSE 发送软压板，之后再对停运间隔设备进行相关操作，防止母线保护误闭锁、误动。

17. 当母线保护的间隔接收压板退出时，会导致什么样的后果?

答：“六统一”将母线保护原有的 SV 接收软压板更改为间隔接收软压板，间隔接收软压板退出后，相应间隔的电流清零，不接收点对点 GOOSE 链路开入信号，并屏蔽相关链路报警，若运行间隔的间隔接收压板退出，将导致保护正常运行情况下有差流，可能会使保护误动。

18. 当母线保护的启动失灵开入软压板退出时，会导致什么样的后果?

答：母线保护的启动失灵开入软压板退出时，母差保护将不再接收对应支路的启失灵信号，除母联失灵及变压器失灵可由母差保护启动外，线路支路的失灵保护将无法启动，当主变压器保护动作主变压器开关失灵时，也无法启动主变压器失灵，若上述情况下开关拒动，将导致故障进一步扩大或发生越级跳闸。

19. 当母线保护的跳闸软压板退出时，会导致什么样的后果?

答：母线保护跳母联软压板退出，母差保护动作时，母联开关无法跳闸，将启动母联失灵保护，导致母联失灵动作，切开母线上所有支路。母线保护跳变压器支路软压板退出，母差保护动作切除变压器支路失败，将启动变压器失灵保护，当跳闸失败后，将导致失灵保护动作，并给变压器保护发失灵联跳，主变压器联跳动作跳三侧。母线保护跳线路支路软压板退出，母差保护切除对应线路支路失败，将启动远跳使线路对侧跳闸。

20. 母线倒闸操作时是否须将母线差动保护退出，为什么?

答：不需要。母线倒闸操作时，运维人员将投入母线互联压板，在该状态下，装置转入母线互联方式，即不进行故障母线的选择，一旦发生故障同时切除两段母线。

21. 双母线并列运行，但有一段母线的电压互感器停运，这会对母线保护装置带来什么影响?

答：双母线并列运行，若一段母线电压互感器停运时，母线保护将失去该段母线电压，母线保护判 TV 断线，将会开放该段母线的复压闭锁元件。但是一般来说，一段母线电压互感器停运而母线不停运时，为了防止相关保护失去电压，将使用电压并列装置，在一次并列的前提下，在二次回路上实现两段母线电压的并列，即取另一段母线电压。

22. 运行中检测到母线保护差流，何时停用母差保护?

答：当出现下述情况时，母差保护须停用：①差流值大于 100mA；②正常无差流存在，突然出现差流，虽不大于100mA。

23. 当母线保护出现电压回路断线或电流回路断线信号时，应如何处理？

答：当出现电压回路断线信号时，保护仍可继续运行，在此期间，母差保护回路上不允许作业，须通知有关人员迅速处理。当出现电流回路断线信号时，立即停用母差保护。

24. 母差保护因故停用，一般应如何处理？

答：（1）对3/2断路器接线方式，当任一母线的母差保护全部退出运行时，应将母线退出运行。

（2）双母线接线方式，母差保护因故停用，应尽量缩短母差停用的时间，不安排母线连接设备的检修，避免在母线上进行操作，降低母线故障的概率。

（3）根据当时的运行方式要求，临时将短时限的母联或分段断路器的过电流保护投入运行以快速地隔离故障。

（4）如果仍无法满足母线故障的稳定要求，可将母线上出线对侧保护对本母线故障有灵敏的后备保护时间缩短，无法整定配合时，允许无选择性跳闸。

25. 智能变电站停用“六统一”母线保护的一般步骤是？

答：（1）退出母线保护各支路跳闸出口、主变压器失灵联跳出口软压板。

（2）退出母线保护各支路间隔接收软压板。

（3）投入母线保护检修压板。

（4）拉掉母线保护直流电源空气开关。

26. 常规变电站停用“六统一”母线保护的一般步骤是？

答：（1）退出母线保护各支路跳闸出口、主变压器失灵联跳出口硬压板。

（2）短接母线保护各支路大电流试验端子。

（3）拉掉母线保护直流电源空气开关。

27. 220kV母线保护不停电消缺时，需要做哪些安全措施？

答：（1）对于常规变电站：

1）退出母线保护跳各支路压板、主变压器失灵联跳压板，并将压板设置为禁投。

2）短接母线保护各支路试验端子，并划开对应支路电流端子的中间连接片。

（2）对于智能变电站：

1）退出母线保护各出口软压板，必要时拔除母线保护至各智能终端光纤。

2）投入检修状态压板。

28. 简述220kV母线保护中发生支路电流互感器、母联电流互感器及电压互感器SV无效现象时的处理原则。

答：（1）母线电压通道数据异常不闭锁保护，开放该段母线电压闭锁。

（2）支路电流通道数据异常，闭锁差动保护及相应支路的失灵保护，其他支路的失灵保护不受影响。

（3）母联支路电流通道数据异常，发生母线区内故障后首先跳开断线母联，在母联开关跳开 100ms 或 150ms 后，如果故障依然存在，则再跳开故障母线。

29. 若母线保护发出跳闸命令时，断路器跳闸有交叉现象，应如何检查?

答：假设母线保护跳 1、2 断路器的出口回路交叉，则只需将 1、2 两条线路接于两端不同母线上，模拟其中一段母线故障，母差将跳对应母线上的断路器，另一母线上的断路器不动作，通过两台断路器是否跳闸就能区别出断路器跳闸是否有交叉现象。

30. 当母线保护装置“差动保护闭锁”指示灯点亮时，母线保护装置的动作行为状态是什么（输入信号、界面、输出 MMS 信号、触点、指示灯等）?

答：当保护装置支路 TA 断线、支路 SV 异常（中断）或遇到其他异常需要闭锁差动保护时，装置“差动保护闭锁”指示灯点亮，该灯为非自保持，装置报差动保护闭锁信号，装置发送的 MMS 报文中差动保护闭锁信号状态置“1”。装置触点根据差动闭锁的原因有不同的动作行为，若为模拟量出错或板件异常导致的差动闭锁，则装置故障触点闭合，发故障信号。若为 TA 断线等导致的差动闭锁，则运行异常触点闭合，发异常信号。

31. 当“六统一”母线保护装置“运行”灯熄灭时，应如何确定灭灯原因?

答：重启保护装置观察是否恢复，若恢复，则为运行不稳定引起；若未恢复，则退出保护装置，查看装置自检记录，确定故障原因后交检修人员处理，并联系厂家确定是否需要更换相应插件。

32. 当“六统一”母线保护装置“异常”灯点亮时，应如何确定点灯原因?

答：检查是否由以下情况引起：隔离开关辅助触点与一次系统不对应、失灵接点误启动、误投“母线分列运行”压板、母联分段接点不对应、MU 数据中断或异常、子板通信中断。根据相应异常报警进行后续检查。

33. 当“六统一”母线保护装置“母线互联”灯点亮时，应如何确定点灯原因?

答：（1）确认是否符合当时的运行方式，是则不用干预，否则使用强制功能恢复保护与系统的对应关系。

（2）确认是否需要强制母线互联，否则解除设置。

（3）尽快安排检修。

34. 当“六统一”母线保护装置“隔离开关告警”灯点亮时，应如何确定点灯原因?

答：（1）使用模拟屏强制功能恢复保护与系统的对应关系。

（2）复归信号。

（3）检查出错的隔离开关辅助触点输入回路。

35. 若某变电站仅为单重化保护配置，线路间隔电流合并单元故障时，母线保护是否需要陪停？

答：间隔电流合并单元故障时，母线保护由于支路电流已失效，差动保护已经被闭锁，因此必要时可以考虑母线保护陪停。

36. 智能变电站母线保护验收时，应着重检查哪些内容？

答：（1）各支路间隔合并单元及母线合并单元至母线保护的支路对应关系与采样测试。

（2）母线保护接收各支路间隔智能终端及母联智能终端的位置信号。

（3）母线保护至各间隔开关的传动测试。

（4）母线保护接收线路保护分相启失灵、主变压器启失灵信号，主变压器保护接收母线保护开出的失灵联跳信号，以及线路保护接收母线保护的其他保护动作信号。

（5）母线保护 GOOSE 出口软压板、GOOSE 接收软压板、间隔接收软压板、隔离开关强制开入软压板、功能软压板的正确性验证。

37. 母线充电保护什么时候应投入跳闸出口压板？什么时候应退出跳闸出口压板？

答：在母联断路器对母线或者线路进行冲击时应投入跳闸出口压板，在除母联断路器对母线或者线路进行冲击以外的时候应退出跳闸出口压板。

38. 某 220kV 双母线配置“六统一”单套母线保护，某间隔需要连通前，值班人员误将“互联”压板投成“分列”压板，请问这种操作对母线保护有什么影响？为什么？

答：六统一保护“分列压板”和 TWJ 开入取“与”逻辑，两者都为 1，判为联络开关分列运行。仅投入分列压板，母联开关实际在合位时不判分列运行，母联电流仍计入小差，母差保护能正常运行。

39. 某双母线接线方式的变电站中，装设有母线保护和失灵保护，当一组母线电压互感器出现异常需要退出运行时，是否允许母线维持正常方式且仅将电压互感器二次并列运行？为什么？

答：不允许。电压互感器的二次回路并列要与一次设备的并列保持一致，若仅将二次并列，那么当分列运行时，一段母线发生区内故障时，由于电压仍保持正常，母线差动保护的电压闭锁不开放，导致母线保护拒动。

40. 母线保护配置的间隔投入压板在哪些情况下可退出？

答：备用间隔及间隔停电检修时对应间隔投入压板应退出。

41. 智能变电站母线保护中某间隔接收软压板退出后，该间隔的 GOOSE 和间隔接收信号如何处理？

答：当母线保护中某间隔接收软压板退出后，将不接收该间隔的 GOOSE 和 SV 信号，断链及检修不一致不会告警。

42. 当“六统一”母线保护装置“保护跳闸”灯和出口信号不一致时，应如何确定原因?

答：检查保护装置实际是否有出口，若实际未出口，则可能为信号灯故障引起，根据图纸检查信号灯回路。若保护实际有出口，则可能为保护程序异常引起，咨询厂家确定是否由保护插件损坏引起。若检查均无问题，重启保护装置观察异常是否恢复，后续根据检查情况确定是否需要更换相应插件。

43. 为防止母线保护单一通道数据异常导致装置被闭锁，母线保护按照光纤数据通道的异常状态有选择性地闭锁相应的保护元件，简述具体处理原则。

答：（1）采样数据无效时采样值不清零，仍显示无效的采样值。

（2）某段母线电压通道数据异常不闭锁保护，但开放该段母线电压闭锁。

（3）支路电流通道异常，闭锁差动保护及相应支路的失灵保护，其他支路的失灵保护不受影响。

（4）母联支路电流通道数据异常，闭锁母联保护，母联所连接的两条母线自动置互联。

44. 智能变电站220kV母线保护发“隔离开关位置报警”时，应如何处理?

答：现场人员应立即检查相应间隔隔离开关实际位置，确认隔离开关位置异常的支路，并通过软压板强制使能令该支路隔离开关位置恢复正确，检修结束后将“软压板强制使能”取消。

45. 母线保护中的装置故障信号可能是由什么原因触发?

答：装置自身故障导致保护退出运行发出装置故障信号，如装置失电或保护CPU插件异常。

46. 简述母线保护中的运行异常信号的触发原因。

答：dsWarning中除母线互联运行和对时异常外任一信号触发。包括：

（1）支路TA断线、母联/分段TA断线。

（2）Ⅰ母TV断线、Ⅱ母TV断线。

（3）母联失灵启动异常、分段1失灵启动异常、分段2失灵启动异常、失灵启动开入异常。

（4）支路隔离开关位置异常、母联跳位异常、分段1跳位异常、分段2跳位异常。

（5）母联非全相异常、母联手合开入异常。

（6）SV总告警、GOOSE总告警、SV检修不一致

47. 母线保护中的保护CPU插件异常信号的触发原因?

答：保护CPU插件出现异常，主要包括程序、定值、数据存储器等出错。

48. 母线保护中的管理 CPU 插件异常信号的触发原因?

答：管理 CPU 插件出现异常，主要由管理 CPU 插件上有关芯片出现异常引起。

49. 母线保护中的母联（分段）非全相异常信号的触发原因?

答：非全相保护接点长期开入。

50. 母线保护中的母联（分段）手合开入异常信号的触发原因?

答：（1）手合接点长期开入；
（2）检修不一致；
（3）GOOSE 断链。

51. 母线保护中的对时异常信号的触发原因?

答：选择“软对时”时外部服务器故障、SNTP 服务器地址配置错误、网络通信故障。选择“硬对时”时，对时装置故障，硬回路开入不正确。

52. 失灵保护相电流判别元件正常可否处在动作状态，为什么?

答：可以。相电流判别元件的定值要保证对被保护元件发生各种类型区内故障时有足够的灵敏度，因此为了保证灵敏度要求，允许某些元件失灵保护相电流判别元件无法躲过正常运行时的负荷电流。

53. 微机型双母线母线保护中使用的母联断路器电流取自Ⅱ母侧电流互感器，并列运行时，如母联断路器与电流互感器之间发生故障，母线保护如何动作?

答：Ⅰ母差动保护动作，Ⅰ母失压，但故障没有切除，母线保护收到母联跳位后经 150ms 确认，判断为母联死区故障，随后母线保护封锁母联 TA 不计入小差，Ⅱ母母差动作出口，Ⅱ母失压。

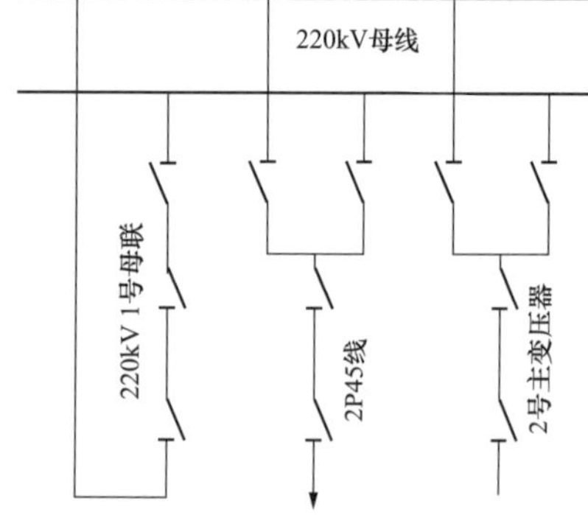

图 4-19　220kV 智能变电站主接线

54. 某 220kV 智能变电站主接线如图 4-19 所示，当运行中的 220kV 第一套母差失电时，哪些装置会报警?

答：220kV 1 号母联、2P45 线、2 号主变压器第一套智能终端报 220kV 第一套母差跳闸 GOOSE 断链。2 号主变压器第一套保护接收 220kV 第一套母差失灵联跳断链，2P45 线第一套保护接收 220kV 第一套母差 GOOSE 断链。

55. 发生开入直流电源掉电时，母线保护装置如何动作?

答：当有流支路隔离开关位置开入掉电时，装置应能根据目前各支路电流自动判别该支路所在母线，不闭锁母差保护，并报相应隔离开关位置异常告警，母差保护应有选择故障母线的能力；无流支路隔离开关位置开入掉电时，若发生区外故障，保护不误动，区内故障保护无法选择故障母线，将同时切除两条母线。

56. 双母线接线方式的母线保护，当某条线路支路的隔离开关辅助触点接触不良时，开入量由 1 变为 0 时，母线保护如何处理？此时运维人员应通过何种方式校正隔离开关位置（常规变电站和智能变电站分别说明）？

答：（1）母线保护能够记忆原来的隔离开关位置，并根据当前系统的电流分布情况校验该支路隔离开关位置的正确性，此时不响应隔离开关位置确认按钮。

（2）对于常规变电站，运维人员可以通过模拟盘用强制开关指定相应的隔离开关位置状态。

（3）对于智能变电站，运维人员可以通过软压板来强制隔离开关位置，当“支路 XX_强制使能”为 1 时，该支路的隔离开关由“支路 XX_1G 强制合”及“支路 XX_2G 强制合”确定。当“支路 XX_强制使能”为 0 时，隔离开关位置由外部 GOOSE 开入确定。

57. 双母线并列运行中的母线差动保护如误投“母联分列压板”会导致何种后果？

答：母联 TA 仍接入母线差动保护计算。分列运行压板和断路器“跳闸位置”开入，两者均为 1 时，母线保护才会判为分列运行并且封 TA，不参加差动计算。

58. 母线保护带负荷试验过程中发现差流过大，该从哪些角度查找问题？

答：各支路 TA 极性、母线保护 TA 二次回路、保护装置参数设置、支路隔离开关关联。

59. 母联 TWJ 接点状态与实际不对应，可能会造成何种后果？

答：当母线分列运行时，分列压板与母联 TWJ 取“与”逻辑，由于母联 TWJ 与实际位置不对应，则母线保护仍将母线判为并列运行。

60. 在 3/2 接线的 500kV 变电站内，如果在边断路器与 TA 之间发生故障，如何消除故障？

答：若为仅配置单侧 TA，且 TA 在线路侧的 500kV 变电站，则边断路器与 TA 之间发生故障时，母线保护判为区内故障，跳开边断路器。由于故障发生在线路保护区外，故中断路器未跳开，故障点仍未切除，最后，边断路器失灵保护动作跳开中断路器，并远跳线路对侧切除故障。若为配置双侧 TA 的 500kV 变电站，则母差保护与线路差动保护同时动作，切除母线和故障线路。

61. 母线保护调试工作中如果发现图纸与实际接线不符需要改动时，必须履行什么程序？

答：（1）先在原理图上做好修改，经主管继电保护部门批准。

（2）按图施工，不准凭记忆工作。拆动二次回路时必须逐一做好记录，恢复时严格核对。

（3）改完后，做相应的逻辑回路整组试验，确认回路、极性及整定值完全正确，经值班运行人员验收后再申请投入运行。

（4）施工单位应立即通知现场与主管继电保护部门修改图纸，工作负责人在现场修改图上签字，没有修改的原图应要求作废。

62. 举例说明智能变电站母线保护采用点对点连接时，主机和子机的同步方式。

答：在智能变电站母差保护采用点对点连接时，由于单元数过多，主机无法全部接入，需要配置子机实现。采用点对点时，母差保护采样值是基于插值同步，子机的作用是将收到的 SV 报文转发给主机，主机将本身采集的采样值和通过子机发送的采样值综合插值后送给保护 CPU 处理，子机报文转发均基于 FPGA 处理，延时小于 5μs，所以在点对点情况下主机和子机之间不设置特殊的同步机制。

63. 母线保护智能化改造采用"主机+子机"方式一般分哪几个阶段？

答：（1）第一阶段为母差保护主机与子机接线改造并投入运行。该阶段应尽量减少改造过程中一次设备的停电时间并保证母线设备处于有保护状态运行。

（2）第二阶段为停电改造间隔接入母差保护主机。第二阶段配合停电改造间隔进行数字化改造，改造间隔一次设备需停电，将原有的传统母差保护退出运行。

（3）第三阶段为所有改造间隔均接入母差保护主机。待所有停电改造的间隔均接入母差保护的主机后，子机可完全拆除，母差保护改造完成。

64. 采用"主机+子机"模式对传统母线保护进行智能化改造应注意完成哪些测试？

答：（1）主机与子机间的信号传输测试。

（2）子机与各间隔合并单元、智能终端之间的采样、传动试验。

（3）母线保护子机与各合并单元之间的同步测试。

65. 母线保护子机与各合并单元如何进行同步专项测试？

答：以一个间隔合并单元的电流相量为基准，给不同的间隔合并单元分别通电流，测试母差装置对各间隔数据的处理结果，改变一次电流值大小，记录各间隔电流之间的角度偏差。

66. 某智能变电站 220kV"六统一"母线保护配置按实际规划配置，现需新增一个间隔。简述母线保护需要完成哪些工作？

答：（1）退出相应差动、失灵保护功能软压板，投入检修压板（保护退出运行），并保证检修压板处于可靠合位，直到步骤（7）。

（2）更新与这个增加间隔相关的配置（SV、GOOSE 等）。

（3）投入该支路间隔接收压板，在该支路合并单元加相应电流，核对母线保护装置显示的电流幅值和相位信息。

（4）需要开出传动本间隔操作箱，验证跳闸回路的正确性。

（5）投入该支路失灵接收软压板，核对 GOOSE 信息输入的正确性。

（6）在该支路做相应保护试验，验证逻辑及回路的正确性（投上相应保护功能软压板）。其余间隔也要测试。

（7）验证结束后，修改相关定值，并将该支路相关的软压板按要求置合位，母差保护功能压板置合位，退出检修状态。

67. 某智能变电站 220kV“六统一”母线保护配置按远期规划配置，现阶段只有部分间隔带电运行，在运行过程中需要注意哪些问题？

答：（1）未投入运行的间隔相关压板（间隔接收软压板、失灵开入 GOOSE 软压板、GOOSE 跳闸软压板）应保证处于退出状态。

（2）为提高可靠性，未投入支路（备用支路）TA 一次值可整定为 0。

68. 某智能变电站 220kV“六统一”母线保护配置按远期规划配置，现阶段只有部分间隔带电运行，现需新增一个间隔，简述投入该间隔的过程？

答：（1）退出相应差动、失灵保护功能软压板，投入检修压板（保护退出运行），并保证检修压板处于可靠合位，直到步骤（6）。

（2）投入该支路间隔接收压板，在该支路合并单元加相应电流，核对母线保护装置显示的电流幅值和相位信息。

（3）需要开出传动本间隔操作箱，验证跳闸回路的正确性。

（4）投入该支路失灵接收软压板，核对 GOOSE 信息输入的正确性。

（5）该支路做相应保护试验，验证逻辑及回路的正确性（投上相应保护功能软压板）。

（6）验证结束后，修改相关定值，并将该支路相关的软压板按要求置合位，母差保护功能压板置合位，退出检修状态。

69. 设备停复役过程中母线隔离开关一次操作到位，仅母线保护中隔离开关位置变位不正确，运行人员如何处理？

答：汇报管辖调度，经管辖调度同意后，采用该模拟盘，通过强制开关指定隔离开关位置，然后按屏上“隔离开关位置确认”按钮通知母差保护读取正确的隔离开关位置。应当特别注意的是，隔离开关位置检修结束后必须及时将强制开关恢复到自动位置。

70. 智能变电站母线保护在某间隔检修压板误投入时是否应该闭锁母线保护？

答：（1）如果是支路合并单元检修压板投入，SV 检修不一致将闭锁大差及所在母线小差。如果是母联合并单元检修压板投入，SV 检修不一致后发生母线区内故障，先跳开母联，延时 100ms 或 150ms 后选择故障母线。

（2）如果是双母单分段中的分段开关合并单元检修压板投入，应按照母联支路电流 SV 无效处理。如果是双母双分段中的分段开关合并单元检修压板投入，应按照普通支路电流 SV 无效处理。

（3）如果是间隔的智能终端检修压板投入，该间隔母线保护报隔离开关位置异常，保护根据实际电流分布自适应计算间隔实际隔离开关位置。

（4）如果是间隔的保护检修压板投入，该间隔将无法启动母差保护的失灵保护。

71. 220kV 智能变电站双母双分段母线保护扩建 1 个间隔时，应如何操作母线保护装置？

答：新扩建的间隔接入母线保护时，将对应的母线保护改信号，厂家人员在备份老配置文件后，将接入新间隔的配置文件下装到母线保护，并用老配置文件进行交叉验证。

新配置文件中需要接入新间隔的信号有：

（1）SV：间隔三相电流。

（2）GOOSE 开入：断路器三相启失灵（保护开出），隔离开关位置（智能终端开出）。

（3）GOOSE 开出：母差保护永跳（智能终端开入），远跳（保护开入）。

72. 为什么不允许在母线差动保护电流互感器的两侧挂地线？

答：在母线差动保护的电流互感器两侧挂地线（或合接地开关），将使其励磁阻抗大大降低，可能对母线差动保护的正确动作产生不利影响。母线故障时，将降低母线差动保护的灵敏度；母线外故障时，将增加母线差动保护二次不平衡电流，甚至误动。因此，不允许在母线差动保护的电流互感器两侧挂地线（或合接地开关）。若非挂不可，应将该电流互感器二次从运行的母线差动保护回路上甩开。

73. 220kV 母线保护退出时，与母线保护同屏的什么功能也一并退出？

答：由于 220kV 断路器失灵保护与母差保护共用出口，因此失灵功能也一并退出。

74. 母线保护装置在现场出现误动或拒动的主要原因是什么？

答：（1）拒动原因：

1）TA 原因：TA 的变比设置错误、TA 的极性接反、接入母差装置的 TA 断线、其他持续使差电流大于 TA 断线门槛定值的情况。

2）运行异常：MU 数据中断或异常、子板通信中断。

3）装置异常：保护主机装置硬件故障、保护子机装置硬件故障、保护子机内部通信故障、保护子机校时失步，电压闭锁未开放。

（2）误动原因：

1）装置有缺陷，可靠性差，易误动。

2）整定计算有瑕疵，甚至错误。

3）接线有错误。

4）TA 的变比设置错误、TA 的极性接反。

75. 简述系统发生单相接地故障时，母线保护装置的录波图特点。

答：（1）母线电压故障相电压降低。

（2）区内故障，各支路故障相电流均增大且方向相同。区外故障，各支路故障相电流均增大，故障支路电流与其余支路电流方向相反。

76. 简述系统发生两相接地故障时，母线保护装置的录波图特点。

答：（1）母线电压两故障相电压降低。

（2）区内故障，各支路两故障相电流均增大且方向相同。区外故障，各支路两故障相电流均增大，故障支路电流和其余支路电流方向相反。

77. 简述系统发生三相接地故障时，母线保护装置的录波图特点。

答：（1）母线电压三相电压降低。

（2）区内故障，各支路三相电流均增大且方向相同。区外故障，各支路三相电流均增大，故障支路电流和其余支路电流方向相反。

78. 做相关试验时，是否只要母线的隔离开关拉开了，就不会影响母线差动保护的正常工作，为什么？

答：母线的隔离开关拉开后，进行一次通流等相关试验时，仍然会影响母差保护的正常工作。母差保护的保护范围是通过TA定界的，当相关试验影响到TA的电流值时，若该支路的大电流试验端子没有短接（常规变电站）或者间隔接收压板未退出（智能变电站），将会影响母差保护正常运行。

79. 220kV智能变电站母线保护校验安措怎么实施？

答：（1）退出Ⅰ段、Ⅱ段第一套母差保护中GOOSE跳闸出口软压板。

（2）退出Ⅰ段、Ⅱ段第一套母差保护中失灵联跳发送软压板。

（3）退出Ⅰ段、Ⅱ段第一套母差保护中Ⅲ段、Ⅳ段第一套母差保护GOOSE启失灵发送软压板。

（4）退出Ⅰ段、Ⅱ段第一套母差保护中Ⅲ段、Ⅳ段第一套母差保护GOOSE启失灵接收软压板。

（5）退出Ⅲ段、Ⅳ段第一套母差保护中Ⅰ段、Ⅱ段第一套母差保护GOOSE启失灵发送软压板。

（6）退出Ⅲ段、Ⅳ段第一套母差保护中Ⅰ段、Ⅱ段第一套母差保护GOOSE启失灵接收软压板。

（7）退出220kV第一套主变压器保护失灵联跳接收软压板。

80. 如何进行母线区外故障的保护校验？

答：母线区外故障的保护校验步骤如下：

（1）不加电压，任选同一条母线上的两条变比相同的支路，在这两条支路A相（或B、C相）同时加入电流，电流的大小相等、方向相反。

（2）母线差动保护应不动作。

（3）观察面板显示，大差电流、小差电流应等于零。

81. 如何进行母线区内故障的保护校验?

答：母线区内故障的保护校验步骤如下：

（1）不加电压。

（2）任选Ⅰ母线上的一条支路，在这条支路任选一相突加1.05倍差动保护启动电流定值的电流，母线差动保护应瞬时动作，切除母联及该支路所在母线上的所有支路。

82. 如何进行断路器失灵保护校验?

答：（1）线路失灵试验。

1）不加电压，任选一段母线上的一线路支路，在其任一相加入大于$0.04I_n$的电流，同时满足该支路零序或负序过流的条件。

2）接入该支路对应相的分相失灵启动开入或接入该支路三跳失灵启动开入，开入合上时间不超过10s。

3）失灵保护启动后，经失灵保护1时限切除母联，经失灵保护2时限切除该段母线的所有支路，失灵跳闸信号灯亮。

（2）主变压器支路失灵。

1）任选一段母线上一主变压器支路，加入试验电流，满足该支路相电流过流、零序过流、负序过流三者中任一条件。

2）接入该支路主变压器三跳启动失灵开入，开入合上时间不超过10s。

3）失灵保护启动后，经失灵保护1时限切除母联，经失灵保护2时限切除该段母线的所有支路及本主变压器支路的三侧开关，失灵跳闸信号灯亮。

试验过程中，应先加入试验电流，再接入失灵启动开入，或者两者同时满足，因为保护装置检测到失灵启动长期误开入，会发“失灵长开入”告警信号，同时闭锁该支路的失灵开入。

83. 如何进行母联失灵保护校验?

答：（1）差动启动母联失灵。

1）任选Ⅰ、Ⅱ母线上各一支路，将母联和这两支路C相同时串接电流，方向相同。

2）电流幅值大于差动保护启动电流定值，小于母联失灵定值时，Ⅰ母差动动作。

3）电流幅值大于差动保护启动电流定值，大于母联失灵定值时，Ⅰ母差动先动作，启动母联失灵，经母联失灵延时后，Ⅰ、Ⅱ母失灵动作。

4）用试验仪检验Ⅰ母出口延时（母联失灵延时）是否正确。

5）查看事件记录内容是否正确；查看录波信息，波形和打印报告是否正确。

（2）外部启动母联失灵。

1）任选Ⅰ、Ⅱ母线上各一支路，将母联和这两支路C相同时串接电流，Ⅰ母线支路和母联的电流方向相反，Ⅱ母线支路与母联（Ⅰ母线支路）电流方向相同，此时差流平衡。

2）电流幅值大于母联失灵定值时，接入母联三相跳闸启动失灵开入，启动母联失灵，经母联失灵延时后，Ⅰ、Ⅱ母失灵动作。

3）查看事件记录内容是否正确；查看录波信息，波形和打印报告是否正确。

84. 如何进行母联死区保护校验?

答:（1）母线并列运行时死区故障。

1）母联开关为合位（母联 TWJ 无开入，且分列压板退出）。

2）Ⅰ、Ⅱ母线上各任选一支路，将Ⅰ母线上支路的跳闸输出作为母联 TWJ 开入。

3）将母联和这两支路 C 相同时串接电流，方向相同。

4）电流幅值大于差动保护启动电流定值，Ⅰ母差动先动作，母联 TWJ 有开入，母联开关断开，经 150ms 死区延时后，Ⅱ母差动动作。

（2）母线分列运行时死区故障。

1）母联开关为断（母联 TWJ 有开入且分列压板投入），Ⅰ、Ⅱ母线加入正常电压。

2）任选Ⅱ母线上一支路，将母联和该支路 C 相同时串接电流，方向相反，并模拟故障降低Ⅱ母线电压。

3）电流幅值大于差动保护启动电流定值，Ⅱ母差动动作。

85. 如何进行母联充电至死区校验?

答: 用试验仪的“状态序列”模拟故障：Ⅰ母线向Ⅱ母线充电，母联死区（TA 在Ⅱ母侧）有故障，母联充电至死区保护动作，切除母联。

状态 1：Ⅰ母线加载正常电压，接入母联 TWJ 开入。

状态 2：接入母联 SHJ 开入，状态持续 40ms。

状态 3：任选Ⅰ母线上一支路，加入试验电流（大于差动保护启动电流定值），并模拟故障降低Ⅰ母线电压；将母联的跳闸输出作为试验仪的控制开入量，结束状态 3。

状态 4：Ⅰ母线恢复正常电压。

试验进入状态 3 时，母联充电至死区保护动作，切除母联，故障返回，Ⅰ母线不会被误切。

86. 简述母线保护装置调试中断路器失灵保护的试验方法。

答: 条件是不加电压。

（1）线路支路失灵：

1）任选Ⅰ母上一线路支路，在其任一相加入大于 $0.1I_n$ 的电流，同时满足该支路零序或负序过流的条件。

2）合上该支路对应相的分相失灵启动接点，或合上该支路三跳失灵启动接点。

3）失灵保护启动后，经失灵保护 1 时限切除母联，经失灵保护 2 时限切除Ⅰ母线的所有支路。

4）任选Ⅱ/Ⅲ母上一线路支路，重复上述步骤。验证Ⅱ/Ⅲ母失灵保护。

5）加载正常电压，重复上述步骤，失灵保护不动作。

6）投上该支路的失灵解闭锁控制字（若配置该功能），重复上述步骤，失灵保护动作。

（2）主变压器支路失灵：

1）任选Ⅰ母上一主变压器支路，加入试验电流，满足该支路相电流过流、零序过流、负序过流的三者中任一条件。

2）合上该支路主变压器三跳启动失灵开入接点。

3）失灵保护启动后，经失灵保护 1 时限切除母联，经失灵保护 2 时限切除Ⅰ母线的所有支路以及本主变压器支路的三侧开关。

4）任选Ⅱ/Ⅲ母上一主变压器支路，重复上述步骤。验证Ⅱ/Ⅲ母失灵保护。

5）加载正常电压，重复上述步骤，失灵保护仍然动作。

87. 如何进行支路 TA 断线（闭锁差动保护）校验?

答：（1）在Ⅰ母 TV 和Ⅱ母 TV 回路中加正常电压。

（2）任选母线上的一条支路，在这条支路中加入 A 相电流，电流值大于 TA 断线闭锁定值，大于差动保护启动电流定值。

（3）差动保护应不动作，经 5s 延时，装置发出“支路 TA 断线”信号。

（4）保持电流不变，将母线电压降至 0V。

（5）母差保护不应动作。

（6）查看事件记录内容是否正确。

88. 如何处理母线保护复压误开放缺陷?

答：（1）检查母差保护定值设置情况，包括电压闭锁相电压、负序电压或零序电压、接地方式等定值，若不符则修改整定值。

（2）若定值无异常，则检查装置母线电压二次回路。首先检查交流空气开关，若上、下桩头交流电压不一致，则判断为空气开关故障，更换空气开关。否则，检查交流空气开关上桩头的电压二次回路，查看是否有断线、绝缘破损、接触不良的现象。

（3）若电压采样正常，则检查母线保护装置是否有主变压器解除复合电压闭锁误开入。通过测量各点电位对故障定位，若母差保护开入插件或主变压器保护开出插件故障，则更换相应插件，否则检查主变压器保护屏至母线保护屏之间电缆是否存在短接、绝缘破损、端子排串电等情况。

89. 如何处理母线保护装置失灵开入告警缺陷?

答：（1）检查启动失灵开入二次回路各点电位，若电位正常，则故障在母线保护装置内部，断开电源，更换开入插件。

（2）若检查母线保护装置插件无明显异常，检查该支路保护开出至母差保护开人回路电位，若电位异常，则检查接线。

（3）该支路保护开出至若母差保护开入之间二次回路无异常，则判断为该支路光耦开出插件故障，断开电源，更换开出插件。

90. 如何处理母线保护差流异常缺陷?

答：（1）查各支路电流值与实际负荷是否一致，处理差异明显的支路。

（2）检查面板主接线图，查看各支路隔离开关位置开入，若支路隔离开关位置与现场实际位置不符，检查二次回路接线。

（3）检查母线保护各间隔二次回路极性、变比、相位是否与实际一致，检查母线保护装置各支路电流二次回路，紧固螺丝，排除电流回路开路或两点接地分流。

（4）若上述无异常，则开展零漂及采样精度试验，判断是否存在采样插件等异常。

91．简述母线保护装置的告警信息及其处理方法。

答：母线保护装置告警信息含两类信息：①告警后直接闭锁保护出口；②告警后保护仍能运行。具体如表4-16所示。

表4-16　　母线保护装置告警信息及其处理方法

序号	告警信号	告警定位	告警影响	处理方法
1	装置上电	装置硬件或软件异常CPU复位	运行灯熄灭，闭锁所有保护	退出整套保护，通知厂家处理
2	存储器错误	1．RAM或FLASH芯片 2．数据读写错误 3．文件系统异常		退出整套保护，通知厂家处理
3	运行定值区无效	当前运行定值区未整定或无效		重新整定该区定值或切换到有效定值区
4	定值校验错误	定值区内容被破坏		退出整套保护，通知厂家处理
5	开入开出异常	1．开入开出模件初始化通信失败 2．开入开出模件通信误码率过高 3．开出失效/开出击穿		退出整套保护，通知厂家处理
6	模拟量采集错	采样系统异常（采样信号时序异常、采样丢点）		退出整套保护，通知厂家处理
7	程序校验错误	1．配置文件格式不对，解析错误 2．保护投退文件等重要文件格式非法或不存在 3．版本校验错误		退出整套保护，通知厂家处理
8	监视模块告警	1．监视模块自身异常及通信异常 2．芯片工作电压异常 3．启动反馈不一致		退出整套保护，通知厂家处理
9	对时信号状态	对时回路：外部对时信号消失或时间质量差	仅影响装置运行时钟的准确性	检查时钟源、装置对时参数设置及对时回路接入的可靠性
10	时间跳变侦测状态	对时回路：时间发生跳变		
11	对时服务状态	对时回路：装置未响应外部对时信号		
12	对时异常	对时回路：外部对时信号消失或时间质量差		
13	光口*接收功率越限	光口*的接收功率异常	可能影响光口的收发功能	1．发送功率越限的直接更换光模块； 2．接收功率越限先确认源是否有问题，若无问题则更换光模块
14	光口*发送功率越上限	光口*的发送功率异常		
15	光口*发送功率越下限	光口*的发送功率异常		
16	TA断线告警	差流（包括大差、小差）大于告警定值	点亮异常灯	检查是否存在TA断线
17	支路TA断线	所有线路（变压器）支路TA断线告警合并	点亮异常灯，闭锁差动保护	根据支路XX_TA断线，检查支路XX是否发生断线

续表

序号	告警信号	告警定位	告警影响	处理方法
18	支路 XX_TA 断线	各线路（变压器）支路 TA 断线告警	点亮异常灯，闭锁差动保护	检查支路 XX 是否发生断线
19	母联/分段 TA 断线	母联/分段支路 TA 断线告警	点亮异常灯，闭锁差动保护	检查母联、分段支路是否发生断线
20	Ⅰ母 TV 断线	保护元件中该段母线 TV 断线	点亮异常灯，开放差动保护复压闭锁	检查 TV 是否断线
21	Ⅱ母 TV 断线	保护元件中该段母线 TV 断线		
22	母联失灵启动异常	母联（分段）失灵开入长期存在	点亮异常灯	检查外部启动母联/分段失灵开入是否长期存在
23	分段 1 失灵启动异常			
24	分段 2 失灵启动异常			
25	失灵启动开入异常	各线路（变压器）支路启动失灵开入异常总信号	点亮异常灯	检查失灵开入是否长期存在，检查是否存在直流系统接地等情况
26	线路解闭锁开入异常	线路支路共用解除电压闭锁开入异常信号	点亮异常灯	检查线路解闭锁开入是否长期存在
27	主变压器解闭锁开入异常	主变压器 Y 解除电压闭锁开入异常信号	点亮异常灯	检查主变压器 Y 解闭锁开入是否长期存在
28	支路隔离开关位置异常	通过电流校验发现隔离开关位置错误	点亮异常灯	检查是否存在有流无隔离开关的支路；检查是否存在隔离开关双点开入异常的间隔
29	母联跳位异常	1．母联跳位与分列压板状态不一致； 2．母联跳位有流； 满足以上任意条件均应报“母联跳位异常”告警	点亮异常灯	检查是否出现含义中的条件
30	分段 1 跳位异常			
31	分段 2 跳位异常			
32	母联非全相异常	母联/分段非全相开入异常	点亮异常灯	检查是否母联/分段非全相长期存在
33	分段 1 非全相异常			
34	分段 2 非全相异常			
35	母联手合开入异常	母联/分段手合长期开入	点亮异常灯	检查母联/分段手合是否存在长期开入
36	分段 1 手合开入异常			
37	分段 2 手合开入异常			
38	母线互联运行	母差和失灵保护失去选择性	点亮母线互联运行灯	检查是否隔离开关双跨；互联压板投入；母联 TA 三相断线或有支路隔离开关接反

第六节 整 定 计 算

1. 简述 330kV 及以上电压等级母线保护整定注意事项。

答：（1）母线保护差电流起动元件应保证最小运行方式下母线故障有足够灵敏度，灵敏系数不小于 1.5。

（2）差动电流宜按任一元件电流回路断线时由于最大负荷电流引起的差电流整定。低电压闭锁元件的整定，按躲过最低运行电压整定。一般整定为 60%～70%的额定电压；负序、零序电压闭锁元件按躲过正常运行最大不平衡电压整定，负序相电压可整定 2～6V（二次值），零序电压（$3U_0$）可整定 4～8V（二次值）。

（3）母联或分段断路器充电过流保护，按最小运行方式下被充元件故障有灵敏度整定。母联或分段断路器解列保护，按可靠躲过最大运行方式下的最大负荷电流整定。

2. 简述 220kV 母线保护差动保护整定注意事项。

答：（1）母线保护中的电流定值均是基于基准 TA 变比的二次值。

（2）差动保护启动电流定值，本母线发生金属性短路故障时，在母联（分段）断路器跳闸前后灵敏系数应不小于 2.0。

（3）TA 断线闭锁定值，应躲过各支路正常运行不平衡电流，宜小于最小支路负荷电流。

（4）TA 断线告警定值，宜按 0.5～0.8 倍的 TA 断线闭锁定值整定。

（5）母联分段失灵电流定值，本母线发生金属性短路故障时灵敏系数应不小于 1.5，考虑母差保护动作后系统变化对流经母联断路器的故障电流影响。

（6）母联分段失灵时间，应大于最大灭弧时间，宜整定为 0.2～0.3s。

3. 简述 110kV 母线保护差动保护整定注意事项。

答：（1）母线保护中的电流定值均是基于基准 TA 变比的二次值。

（2）差动保护启动电流定值，本母线发生金属性短路故障时，在母联（分段）断路器跳闸前后灵敏系数应不小于 2.0。

（3）TA 断线闭锁定值，应躲过各支路正常运行不平衡电流，宜小于最小支路负荷电流。

（4）TA 断线告警定值，宜按 0.5～0.8 倍的 TA 断线闭锁定值整定。

（5）低电压闭锁定值，应躲过正常运行中可能出现的最低运行电压。零序、负序电压应躲过正常运行时可能出现的最大不平衡电压的零序、负序分量。应保证母线发生金属性短路故障时，至少有一个电压元件灵敏系数不小于 2.0。

4. 简述双母线失灵保护整定注意事项。

答：（1）低电压闭锁定值，按躲过正常运行中可能出现的最低运行电压整定。零序、负序电压应躲过正常运行时可能出现的最大不平衡电压的零序、负序分量。应保证线路末端发生金属性短路故障时，至少有一个电压元件灵敏系数不小于 1.3。

（2）失灵零序电流定值、失灵负序电流定值，应躲过所有支路的最大不平衡电流，应保

证保护范围末端发生金属性短路故障时灵敏系数不小于 1.3。

（3）三相失灵相电流定值，应保证变压器中、低压侧故障灵敏系数不小于 1.3，并尽量躲过正常运行时的负荷电流。

（4）失灵保护 1 时限、失灵保护 2 时限宜相同，应大于最大灭弧时间，整定为 0.2～0.3s。

5. 简述母联分段保护整定注意事项。

答：（1）母联分段保护为辅助保护，使用时临时投入。

（2）充电过流Ⅰ段定值，本母线发生金属性故障时灵敏系数应不小于 1.5，动作时间宜整定为 0.01～0.1s。

（3）充电过流Ⅱ段定值，本母线发生金属性故障时灵敏系数应不小于 2.0。充电零序过流定值，本母线发生金属性接地故障时灵敏系数应不小于 2.0，动作时间宜整定为 0.3s。

（4）使用充电过流保护充线路或变压器等设备时，应根据实际送电方案校验保护灵敏度，不满足灵敏度要求时应下发临时定值。

6. 母线保护装置至少应具备的定值区数为多少？一般现场使用多少个定值区？

答：至少应具备 5 个定值区。一般现场使用 1 个定值区。

7. 常规 220kV 双母线接线方式母差保护中，哪些定值需要由工作人员整定，哪些定值采用装置内部固定？

答：（1）需要工作人员整定的定值：差动保护启动电流、TA 断线告警定值、TA 断线闭锁定值、母联（分段）失灵电流定值、母联（分段）失灵时间、失灵保护低电压、零负序电压闭锁定值、三相失灵相电流定值、失灵零负序电流定值、失灵保护 1、2 时限。

（2）采用内部固定的定值：差动保护比率制动系数、差动保护低电压、零负序电压闭锁定值。

8. 在 110kV 及以下系统中，哪些情况下需要设置专用的母线保护？

答：以下情况需要设置专用的母线保护：

（1）110kV 双母线。

（2）110kV 单母线、重要发电厂或 110kV 以上重要变电站的 35～66kV 母线，需要快速切除母线上的故障时。

（3）35～66kV 电网中，主要变电站的 35～66kV 双母线或分段单母线需快速而有选择地切除一段或一组母线上的故障，以保证系统安全稳定运行和可靠供电。

9. 为什么母线保护零序相关的定值都采用 $3I_0$ 的形式，而不是采用 I_0 的形式？

答：所有电流定值均要求由一次电流根据基准 TA 变比折算至二次侧，零序电流定值按 $3I_0$ 整定，负序电流定值按 I_2 整定。零序电流采用 $3I_0$ 的形式是因为保护装置接收到的外接零序电流为三相电流之和，是 $3I_0$，而在微机保护尚未使用时，保护装置接收的零序电流也为 $3I_0$。对于电磁型保护，采用 $3I_0$ 定值可以简化保护回路；对于微机保护，可以简化程序计算。所以零序相关的定值都采用 $3I_0$ 的形式，而不是采用 I_0 的形式。

10. 差动保护启动电流定值整定时基于哪些因素考虑，是否需要考虑TA饱和因素，为什么？

答：差动保护启动电流定值，应保证本母线发生金属性短路故障，在母联断路器跳闸前后有不小于2.0的灵敏度，并躲过任一间隔电流回路断线时由于负荷电流引起的最大差电流，可根据基准TA变比大小取0.8～1.2倍额定电流。不需要考虑TA饱和因素，因为母线保护有极强的抗TA饱和能力。

11. 双母线接线母差保护为何要在分列运行时降低大差元件比率制动系数？

答：双母线分列运行时，若母线发生区内故障，正常母线上的各支路电流仅提供制动电流，不提供差动电流，大差元件灵敏度降低，因此降低大差元件比率制动系数可提高大差元件灵敏度。

12. 母线差动保护的电压闭锁元件定值的设定应考虑的影响因素有哪些？常用整定值范围为多少？

答：（1）差动保护：对于接地系统，差动保护低电压闭锁定值固定为0.7倍额定相电压，差动保护零序电压闭锁定值$3U_0$固定为6V，差动保护负序电压闭锁定值U_2（相电压）固定为4V。对于不接地系统，差动保护低电压闭锁定值固定为0.7倍额定线电压、差动保护负序电压闭锁定值U_2（相电压）固定为4V。

（2）失灵保护：对于接地系统，失灵保护低电压闭锁定值按相电压整定，零序电压闭锁定值和负序电压闭锁定值根据实际需要整定。对于非直接接地系统，失灵保护低电压闭锁定值按相电压整定，由保护程序自动归算为线电压，零序电压闭锁定值整定为最大值，负序电压闭锁定值根据实际需要整定。失灵保护负序电压、零序电压和低电压闭锁元件的整定值，应综合考虑，保证与本母线相连的任一线路末端和任一变压器低压侧发生短路故障时有足够灵敏度。其中负序电压、零序电压元件应可靠躲过正常情况下的不平衡电压，低电压元件应在母线最低运行电压下不动作，而在切除故障后能可靠返回。

13. 母线保护的差动电压闭锁元件定值为何固定为内部定值？

答：差动保护低电压或负序及零序电压闭锁元件的整定，应按躲过最低运行电压整定，在故障切除后能可靠返回，并保证对母线故障有足够的灵敏度，一般可整定为母线最低运行电压的60%～70%。负序、零序电压闭锁元件按躲过正常运行最大不平衡电压整定，负序电压U_2（相电压）可整定为2～6V，零序电压（$3U_0$）可整定为4～8V。与失灵保护的电压整定相比，考虑因素较少，一般取低电压固定为$0.7U_n$，零序电压和负序电压固定为6V和4V，减少了程序逻辑和工作人员的工作量。

14. 断路器失灵保护电压闭锁定值是否必须保证主变压器低压侧故障时有足够的灵敏度？若电压闭锁元件灵敏度不足，该采取何种措施？

答：不需要，为防止主变压器支路断路器失灵时电压闭锁元件灵敏度不足，应在主变压器支路保护启失灵的同时发送解除电压闭锁信号。对于常规变电站，启失灵与解除电压闭锁信号应采用主变压器保护不同 TJR 继电器的辅助触点；对于智能变电站，应在收到主变压器保护启动失灵 GOOSE 信号的同时解除电压闭锁。

15. 断路器失灵保护时间定值整定时是否需要考虑与其他保护配合?

答：不需要，因为断路器失灵保护是在其他保护动作之后才动作，时间定值整定时只需要考虑相关保护的返回时间与断路器跳闸时间，再加上一定的裕度。

16. 断路器失灵保护的相电流判别元件定值应满足什么要求?

答：（1）对于线路间隔，当失灵保护保护检测到分相跳闸触点动作时，若该支路的对应相电流大于有流定值门槛（$0.04I_n$），且零序电流大于零序电流定值（或负序电流大于负序电流定值），则经过失灵保护电压闭锁后失灵保护动作跳闸。当失灵保护检测到三相跳闸触点均动作时，若任一相电流大于有流定值门槛（$0.04I_n$）且三相电流工频变化量动作（引入电流工频变化量元件的目的是防止重负荷线路的负荷电流躲不过三相失灵相电流定值导致电流判据长期开放），或任一相电流大于有流定值门槛（$0.04I_n$）且零序电流大于零序电流定值（或负序电流大于负序电流定值），则经过失灵保护电压闭锁后失灵保护动作跳闸。

（2）对于主变压器间隔，当失灵保护检测到失灵启动触点动作时，若该支路的任一相电流大于三相失灵相电流定值，或零序电流大于零序电流定值(或负序电流大于负序电流定值)，则经过失灵保护电压闭锁后失灵保护动作跳闸。

17. 为了从时间上判别断路器失灵故障的存在，断路器失灵保护 1、2 时限动作时间定值如何整定?

答：（1）失灵保护一时限：即失灵跳母联动作时间，该时间定值应大于断路器动作时间和保护返回时间之和，再考虑一定的裕度。

（2）失灵保护二时限：即断路器失灵启动后以较长时限动作于跳开与拒动断路器连接在同一母线上的所有断路器的时间，该时间定值应在先跳母联的前提下，加上母联断路器的动作时间和保护返回时间之和，再考虑一定的裕度。

（3）失灵保护动作时间应在保证动作选择性的前提下尽可能缩短，为缩短失灵保护切除故障的时间，失灵保护宜同时跳母联和相邻断路器。

18. 断路器失灵保护设置 2 段延时定值的对象分别是什么，其设置的原因是什么?

答：一时限跳母联，二时限跳失灵断路器所在母线的全部支路。一时限为了尽快减小故障范围，保证非故障母线恢复运行。二时限为了尽快隔离故障，保证失灵断路器所在母线尽快被切除。

19. 如果继电保护员工将母联失灵延时误整定为 0.01s，母线发生故障时会造成何种后果?

答：母联失灵保护动作逻辑为：当保护向母联（分段）开关发出跳令后，经整定延时若大差电流元件不返回，母联（分段）中仍然有电流，则母联（分段）失灵保护应经母线差动复合电压闭锁后切除相关母线各支路，当Ⅰ母电压开放时切除Ⅰ母，Ⅱ母电压开放时切除Ⅱ母，若母联失灵延时误整定为0.01s，当延时达到时开关仍未跳开，母联失灵条件满足，且此时Ⅰ、Ⅱ母电压均开放，母联失灵保护将误切除两段母线。

20. 为什么失灵保护的时间定值下限是0s而充电过流及非全相保护的时间定值下限是0.1s?

答：因为失灵保护应能在断路器失灵后迅速动作，只需要躲过断路器分闸时间（一般50ms），而充电过流保护及非全相保护应躲过母联开关合闸时三相触头最大不一致时间，所以定值下限是0.1s。

21. 正常双母线接线变电站内，母联分段失灵电流定值整定原则是什么?

答：母联分段失灵电流定值应按母线故障时流过联络开关的最小故障电流来整定。应考虑母差动作后系统变化对流经母联（或分段）断路器的故障电流的影响，灵敏度不小于1.5，并尽可能躲过正常运行时流过联络开关的负荷电流。

22. 为什么母线保护选配功能—充电零序过流保护与充电过流Ⅱ段共用时间定值，而不是单独设置充电零序过流保护时间定值?

答：因为充电零序过流保护和充电过流Ⅱ段保护一般均在新设备投产冲击时使用，用于快速切除故障，同时躲过可能涌流衰减，时间一般为0.3s。

23. 母线保护基准TA变比应如何设置?

答：差动基准TA一次值：不大于现场运行设备最大TA变比，且不能小于现场运行设备最大TA变比的1/4，建议以最大变比作为基准变比。差动基准TA二次值：按实际TA二次值整定，对现场既有1A制TA又有5A制TA的情况，建议整定为5A。

24. 母差保护是否需要设置TA断线闭锁定值?

答：需要，TA断线闭锁定值，应按躲正常运行最大不平衡电流整定，并宜小于最小支路负荷电流，TA二次额定为1A时，可取0.12A；TA二次额定为5A时，可根据变比大小取0.3～0.4A；TA断线告警定值，应按0.8倍TA断线闭锁定值整定。考虑装置精确工作限值，TA二次额定为1A时，可取0.1A；TA二次额定为5A时，可根据变比大小取0.25～0.3A。

25. 母线差动保护电流回路断线闭锁元件，其电流定值一般可整定为电流互感器额定电流的多少?

答：按正常运行时流过母线保护的最大不平衡电流整定，一般可整定为电流互感器额定电流的5%～10%。

26. TA断线闭锁定值如何选取不平衡电流作为参考值整定的?

答：TA断线闭锁定值（闭锁差动保护，一般按高值整定）应躲过母线各种正常运行情况可能出现（包括由主 TA 传变误差等产生）的大差最大不平衡电流，所以应按正常运行时流过母线保护的最大不平衡电流整定。

27. TA 断线告警定值如何选取不平衡电流作为参考值整定的?

答：设置 TA 异常报警是为了更灵敏地反应轻负荷线路 TA 断线和 TA 回路分流等异常情况，TA 断线告警定值应躲过母线各种正常运行情况可能出现（包括由主 TA 传变误差等产生）的大差最大不平衡电流，整定的灵敏度应较 TA 断线闭锁定值高，可按 1.5～2 倍最大运行方式下差流显示值整定。

第五章　变 压 器 保 护

第一节　配　置　要　求

1. 简述变压器的分类。

答：（1）按用途分有升压变压器、降压变压器、联络变压器、配电变压器，以及用于直流输电的换流变压器等。

（2）按相数分有单相变压器、三相变压器等。

（3）按绕组数分有双绕组变压器、三绕组变压器、多绕组变压器、自耦变压器、分裂变压器等。

（4）按调压方式分有无励磁调压变压器、有载调压变压器、无分接变压器。

（5）按冷却方式分有油浸自冷变压器、油浸风冷变压器、强迫循环风冷变压器、强迫油循环变压器等。

2. 简述各电压等级变压器的主要接线方式。

答：（1）220kV 变压器以高压侧双母线接线（兼容双断路器）、中压侧双母线接线、低压侧双分支单母分段接线的三绕组变压器（高 2—中 1—低 2）为基础型号。可选配高中压侧阻抗保护、自耦变压器、接地变压器及小电阻接地、低压侧电抗器、双绕组变压器等相关功能。

（2）330kV 变压器以高压侧 3/2 断路器接线（兼容双母双分段接线）、中压侧双母双分段接线、低压侧单母线接线的变压器（高 2—中 1—低 1）为基础型号，配置高、中压侧间隙过流和零序过压保护功能，作为三绕组变压器中性点不接地运行保护，无选配功能。

（3）500kV 变压器以高压侧 3/2 断路器接线、中压侧双母双分段接线、低压侧单母线接线的分相自耦变压器（高 2—中 1—低 1）为基础型号，无选配功能。

3. 画出变压器差动保护配置示意图。

答：变压器差动保护配置图如图 5-1 所示。

4. 500kV 变压器保护应如何配置?

答：500kV 变压器保护功能配置图如图 5-2 所示。

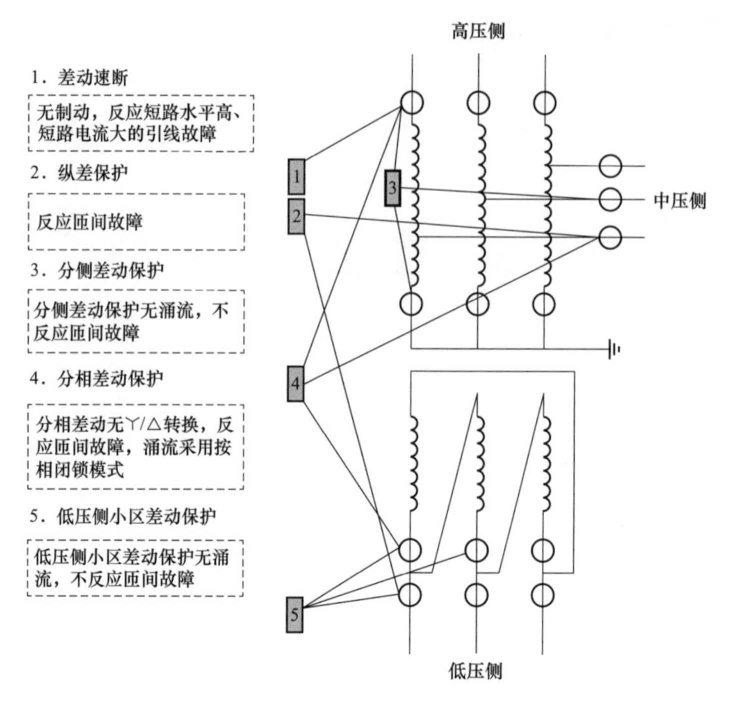

图 5-1　变压器差动保护配置图

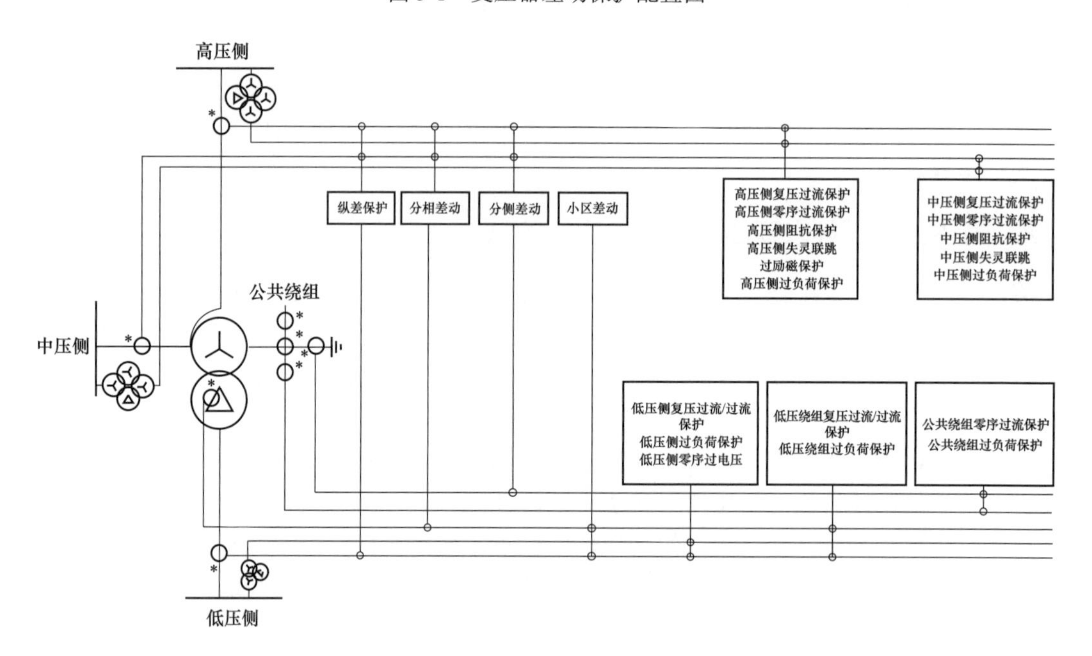

图 5-2　500kV 变压器保护功能配置图

500kV 变压器保护功能配置表见表 5-1。

表 5-1　　500kV 变压器保护功能配置表

类别	功能描述	段数及时限	说明	备注
主保护	差动速断	—		

续表

类别	功能描述	段数及时限	说明	备注
主保护	纵差保护	—		
	分相差动保护	—		
	低压侧小区差动保护	—		
	分侧差动	—		
	故障分量差动保护	—		自定义
高后备	相间阻抗	Ⅰ段2时限		
	接地阻抗	Ⅰ段2时限		
	复压过流保护	Ⅰ段1时限		
	零序过流保护	Ⅰ段2时限 Ⅱ段2时限 Ⅲ段1时限	Ⅰ段、Ⅱ段带方向，方向可投退，指向可整定 Ⅲ段不带方向 方向元件和过流元件均取自产零序电流	
	定时限过励磁告警	Ⅰ段1时限		
	反时限过励磁	—	可选择跳闸或告警	
	失灵联跳	Ⅰ段1时限		
	过负荷保护	Ⅰ段1时限	固定投入	
中后备	相间阻抗	Ⅰ段4时限		
	接地阻抗	Ⅰ段4时限		
	复压过流保护	Ⅰ段1时限		
	零序过流保护	Ⅰ段3时限 Ⅱ段3时限 Ⅲ段1时限	Ⅰ段、Ⅱ段带方向，方向可投退，方向指向可整定 Ⅲ段不带方向 方向元件和过流元件均取自产零序电流	
	失灵联跳	Ⅰ段1时限		
	过负荷保护	Ⅰ段1时限	固定投入	
低压绕组后备	过流保护	Ⅰ段2时限		
	复压过流保护	Ⅰ段2时限		
	过负荷保护	Ⅰ段1时限	固定投入	
低后备	过流保护	Ⅰ段2时限		
	复压过流保护	Ⅰ段2时限		
	零序过压告警	Ⅰ段1时限	固定采用自产零压	
	过负荷保护	Ⅰ段1时限	固定投入	
公共绕组	零序过流	Ⅰ段1时限	自产零流和外接零流“或”门判别	
	过负荷保护	Ⅰ段1时限	固定投入	
类别	基础型号	代码	说明	备注
	500kV变压器	T5		

5. 500kV主变压器电气量主保护如何配置?

答:（1）配置纵差保护或分相差动保护。若仅配置分相差动保护，在低压侧有外附TA时，需配置不需整定的低压侧小区差动保护。

（2）为提高切除自耦变压器内部单相接地短路故障的可靠性，可配置由高、中压侧和公共绕组TA构成的分侧差动保护。

（3）可配置不需整定的零序分量、负序分量或变化量等反应轻微故障的故障分量差动保护。

6. 500kV主变压器电气量高压侧后备保护如何配置?

答:（1）带偏移特性的阻抗保护配置如下：

1）指向变压器的阻抗不伸出中压侧母线，作为变压器部分绕组故障的后备保护。

2）指向母线的阻抗作为本侧母线故障的后备保护。

3）阻抗保护按时限判别是否经振荡闭锁；大于1.5s时，则该时限不经振荡闭锁，否则经振荡闭锁。

4）设置一段2时限，第1时限跳开本侧断路器，第2时限跳开变压器各侧断路器。

（2）复压过流保护，设置一段1时限，延时跳开变压器各侧断路器。

（3）零序电流保护，设置三段，方向元件和过流元件均取自产零序电流，如下：

1）Ⅰ段带方向，方向可投退，指向可整定。设置2时限。

2）Ⅱ段带方向，方向可投退，指向可整定。设置2时限。

3）Ⅲ段不带方向，设置1时限，延时跳开变压器各侧断路器。

（4）过励磁保护，应能实现定时限告警和反时限跳闸或告警功能，反时限曲线应与变压器过励磁特性匹配。

（5）失灵联跳功能，设置一段1时限，变压器高压侧断路器失灵保护动作后跳变压器各侧断路器功能。变压器高压侧断路器失灵保护动作开入后，应经灵敏的、不需整定的电流元件并带50ms延时后跳变压器各侧断路器。

（6）过负荷保护，设置一段1时限，固定为本侧额定电流的1.1倍，延时10s，动作于信号。

7. 自耦变压器的联结组别为YNynd，其过负荷保护如何配置?为什么?

答:自耦变压器的自耦两侧和三角侧及公共绕组均应装设过负荷保护。原因是自耦变压器一般应用于超高压网络，作为联络变压器，各侧都有过负荷的可能。另外，带自耦的高中压侧可能没有过负荷，而公共绕组由于额定容量$S=(1-1/N)S_e$，可能过负荷。因此，公共绕组及自耦变压器各侧均应装设过负荷。

8. 自耦变压器过负荷保护比起非自耦变压器的过负荷保护，更需要注意什么?

答:某些运行方式下，自耦变压器各侧均未过负荷时而公共绕组会过负荷，因此必须配置独立的公共绕组过负荷告警功能。

9. 500kV主变压器中压侧后备保护如何配置?

答:(1)带偏移特性的阻抗保护:

1)指向变压器的阻抗不伸出高压侧母线,作为变压器部分绕组故障的后备保护。

2)指向母线的阻抗作为本侧母线故障的后备保护。

3)阻抗保护按时限判别是否经振荡闭锁;大于1.5s时,则该时限不经振荡闭锁,否则经振荡闭锁。

4)设置一段4时限,第1时限跳开分段,第2时限跳开母联,第3时限跳开本侧断路器,第4时限跳开变压器各侧断路器。

(2)复压过流保护,设置一段1时限,延时跳开变压器各侧断路器;

(3)零序电流保护,设置三段,方向元件和过流元件取自产零序电流,如下:

1)Ⅰ段带方向,方向可投退,指向可整定;设置3时限。

2)Ⅱ段带方向,方向可投退,指向可整定;设置3时限。

3)Ⅲ段不带方向,设置1时限,延时跳开变压器各侧断路器。

(4)失灵联跳功能,设置一段1时限。变压器中压侧断路器失灵保护动作后跳变压器各侧断路器功能。变压器中压侧断路器失灵保护动作开入后,应经灵敏的、不需整定的电流元件并带50ms延时后跳变压器各侧断路器。

(5)过负荷保护,设置一段1时限,定值固定为本侧额定电流的1.1倍,延时10s,动作于信号。

10. 500kV主变压器低压侧后备保护如何配置?

答:(1)过流保护,设置一段2时限,第1时限跳开本侧断路器,第2时限跳开变压器各侧断路器。

(2)复压过流保护,设置一段2时限,第1时限跳开本侧断路器,第2时限跳开变压器各侧断路器。

(3)过负荷保护,设置一段1时限,定值固定为本侧额定电流的1.1倍,延时10s,动作于信号。

(4)零序过压告警,设置一段1时限,固定取自产零序电压,定值固定70V,延时10s,动作于信号。

11. 500kV主变压器低压绕组后备保护如何配置?

答:(1)过流保护,设置一段2时限,第1时限跳开本侧断路器,第2时限跳开变压器各侧断路器。

(2)复压过流保护,设置一段2时限,第1时限跳开本侧断路器,第2时限跳开变压器各侧断路器。

(3)过负荷保护,设置一段1时限,定值固定为本侧额定电流的1.1倍,延时10s,动作于信号。

12. 500kV 主变压器公共绕组后备保护如何配置?

答：（1）零序过流保护，设置一段 1 时限，采用自产零序电流和外接零序电流“或门”判断，跳闸或告警可选；保护定值按照公共绕组 TA 变比整定，保护装置根据公共绕组零序 TA 变比自动折算。

（2）过负荷保护，设置一段 1 时限，定值固定为本侧额定电流的 1.1 倍，延时 10s，动作于信号。

13. 330kV 电压等级变压器保护功能如何配置?

答：330kV 变压器保护功能配置见表 5-2。

表 5-2　　330kV 变压器保护功能配置表

类别	功能描述	段数及时限	说明	备注
主保护	差动速断	—		
	纵差保护	—		
	分侧差动	—		
	故障分量差动保护	—		自定义
高压侧后备	相间阻抗	Ⅰ段 4 时限		
	接地阻抗	Ⅰ段 4 时限		
	复压过流保护	Ⅰ段 2 时限		
	零序过流保护	Ⅰ段 4 时限 Ⅱ段 2 时限	Ⅰ段带方向，固定指向本侧母线，过流元件固定取自产 Ⅱ段不带方向，过流元件可选择取自产或外接	
	定时限过励磁告警	Ⅰ段 1 时限		
	反时限过励磁		可选择跳闸或告警	
	失灵联跳	Ⅰ段 1 时限		
	间隙过流	Ⅰ段 1 时限		
	零序过压	Ⅰ段 1 时限	零序电压可选自产或外接	
	过负荷保护	Ⅰ段 1 时限	固定投入	
中压侧后备	相间阻抗	Ⅰ段 4 时限 Ⅱ段 4 时限		
	接地阻抗	Ⅰ段 4 时限 Ⅱ段 4 时限		
	复压过流保护	Ⅰ段 2 时限		
	零序过流保护	Ⅰ段 4 时限 Ⅱ段 4 时限	Ⅰ段带方向，固定指向母线，过流元件固定取自产 Ⅱ段不带方向，过流元件可选择自产或外接	
	间隙过流	Ⅰ段 2 时限		
	零序过压	Ⅰ段 2 时限	零序电压可选自产或外接	

续表

类别	功能描述	段数及时限	说明	备注
中压侧后备	失灵联跳	Ⅰ段1时限		
	过负荷保护	Ⅰ段1时限	固定投入	
低压侧后备	过流保护	Ⅰ段2时限		
	复压过流保护	Ⅰ段2时限		
	零序过压告警	Ⅰ段1时限	固定采用自产零序电压	
	过负荷保护	Ⅰ段1时限	固定投入	
公共绕组	零序过流	Ⅰ段2时限	自产零流和外接零流“或门”判别	
	过负荷保护	Ⅰ段1时限	固定投入	
类别	基础型号	代码	说明	备注
	330kV变压器	T3		

14. 330kV变压器主保护配置的基本要求是什么?

答:（1）配置纵差保护。

（2）为提高切除自耦变压器内部单相接地短路故障的可靠性，可配置由高、中压侧和公共绕组TA构成的分侧差动保护。

（3）可配置不需整定的零序分量、负序分量或变化量等反应轻微故障的故障分量差动保护。

15. 330kV及以上变压器中压侧的阻抗后备保护的要求是什么？为什么要设四段时限?

答: 330kV及以上变压器中压侧的阻抗后备保护的要求如下：

（1）指向变压器的阻抗不伸出高压侧母线，作为变压器部分绕组故障的后备保护。

（2）指向母线的阻抗作为本侧母线故障的后备保护。

（3）阻抗保护按时限判别是否经振荡闭锁；大于1.5s时，则该时限不经振荡闭锁，否则经振荡闭锁。

（4）设置两段，Ⅰ段4时限，第1时限跳开分段，第2时限跳开母联，第3时限跳开本侧断路器，第4时限跳开变压器各侧断路器；Ⅱ段4时限，第1时限跳开分段，第2时限跳开母联，第3时限跳开本侧断路器，第4时限跳开变压器各侧断路器。

为了满足各地区对母联和分段跳闸顺序的不同要求，变压器中压侧后备保护设置了四段时限，分析如下：

（1）关于是否跳分段和母联。

1）对于双侧电源的系统，如线路对侧距离Ⅱ段动作时间小于变压器后备保护跳母联（分段）时间，线路或母线故障时，线路对侧距离Ⅱ段将抢先动作，此时变压器后备保护跳母联（分段）达不到预期的目的。

2）按照DL/T 559—2018《220kV～750kV电网继电保护装置运行整定规程》的7.2.14.3

条、7.2.14.4 条、7.2.14.5 条和 GB/T 14285—2006《继电保护和安全自动装置技术规程》的 4.3.6.1 条和 4.3.7.1 条的相关要求，某些情况下需要跳母联（分段）达到“缩小故障影响范围”的目的。例如，单侧电源的情况，需要跳母联（分段）来缩小故障范围。又例如，双侧电源系统在双母线运行、母线保护运行时，由母线保护动作来缩小故障范围，而母线保护均退出运行时，可缩短变压器后备保护跳母联（分段）时间来缩小故障范围。

（2）后备保护跳母联和分段的时间。

1）正常运行时，由中压侧母线保护的快速动作来缩小故障范围，母线保护退出运行时，应以系统的稳定要求来决定跳母联和分段的时间。需要时，可同时跳母联和分段，条件允许时，尽可能缩小故障范围，保证选择性。

2）在某些运行方式下，先跳分段后跳母联，可以避免损失部分负荷。例如，正常运行时，双母双分段接线的分段断路器一般处于热备用状态，当全站只有一台变压器运行时，分段断路器处于合位，先跳分段后跳母联可以防止四段母线分列运行，可避免其中一段非故障母线失电。

16. 330kV 主变压器电气量高压侧后备保护如何配置?

答：（1）相带偏移特性的阻抗保护配置如下：

1）指向变压器的阻抗不伸出中压侧母线，作为变压器部分绕组故障的后备保护。

2）指向母线的阻抗作为本侧母线故障的后备保护。

3）阻抗保护按时限判别是否经振荡闭锁；大于 1.5s 时，则该时限不经振荡闭锁，否则经振荡闭锁。

4）设置一段 4 时限，当为双母双分段主接线时，第 1 时限跳开分段，第 2 时限跳开母联，第 3 时限跳开本侧断路器，第 4 时限跳开变压器各侧断路器。

（2）复压过流保护，设置一段 2 时限，第 1 时限跳开本侧断路器，第 2 时限跳开变压器各侧断路器。

（3）零序电流保护，设置两段，如下：

1）Ⅰ段经方向闭锁，固定指向母线，过流元件固定取自产。设置 4 时限，当为双母双分段主接线时，第 1 时限跳开分段，第 2 时限跳开母联，第 3 时限跳开本侧断路器，第 4 时限跳开变压器各侧断路器。

2）Ⅱ段不经方向闭锁，过流元件可选择取自产或外接，设置 2 时限，第 1 时限跳开本侧断路器，第 2 时限跳开变压器各侧断路器。

（4）过励磁保护，应能实现定时限告警和反时限跳闸或告警功能，反时限曲线应与变压器过励磁特性匹配。

（5）失灵联跳功能，设置一段 1 时限。高压侧断路器失灵保护动作后跳变压器各侧断路器功能。高压侧断路器失灵保护动作开入后，应经灵敏的、不需整定的电流元件并带 50ms 延时后跳变压器各侧断路器。

（6）间隙过流保护，设置一段 1 时限，间隙过流和零序过压二者构成“或”逻辑，延时跳开变压器各侧断路器。

（7）零序过压保护，设置一段 1 时限，零序电压可选自产或外接。零序电压选外接时固定为 180V、选自产时固定为 120V，延时跳开变压器各侧断路器。

（8）过负荷保护，设置一段 1 时限，定值固定为本侧额定电流的 1.1 倍，延时 10s，动作于信号。

17. 330kV 主变压器中压侧后备保护如何配置？

答：（1）带偏移特性的阻抗保护配置如下：

1）指向变压器的阻抗不伸出高压侧母线，作为变压器部分绕组故障的后备保护。

2）指向母线的阻抗作为本侧母线故障的后备保护。

3）阻抗保护按时限判别是否经振荡闭锁；大于 1.5s 时，则该时限不经振荡闭锁，否则经振荡闭锁。

4）设置两段，Ⅰ段 4 时限，第 1 时限跳开分段，第 2 时限跳开母联，第 3 时限跳开本侧断路器，第 4 时限跳开变压器各侧断路器；Ⅱ段 4 时限，第 1 时限跳开分段，第 2 时限跳开母联，第 3 时限跳开本侧断路器，第 4 时限跳开变压器各侧断路器。

（2）复压过流保护，设置一段 2 时限，第 1 时限跳开本侧断路器，第 2 时限跳开变压器各侧断路器。

（3）零序电流保护，设置两段，如下：

1）Ⅰ段带方向，固定指向母线，过流元件固定取自产，设 4 个时限，第 1 时限跳开分段，第 2 时限跳开母联，第 3 时限跳开本侧断路器。第 4 时限跳开变压器各侧断路器。

2）Ⅱ段不带方向，过流元件可选择自产或外接，设 4 个时限，第 1 时限跳开分段，第 2 时限跳开母联，第 3 时限跳开本侧断路器。第 4 时限跳开变压器各侧断路器。

（4）间隙过流保护，设置一段 2 时限，间隙过流和零序过压二者构成“或”逻辑。1 时限跳开小电源，2 时限跳开变压器各侧断路器。

（5）零序过压保护，设置一段 2 时限，零序电压可选自产或外接。零序电压选外接时固定为 180V、选自产时固定为 120V，1 时限跳小电源，2 时限跳各侧。

（6）失灵联跳功能，设置一段 1 时限，变压器中压侧断路器失灵保护动作后跳变压器各侧断路器功能。变压器中压侧断路器失灵保护动作开入后，应经灵敏的、不需整定的电流元件并带 50ms 延时后跳变压器各侧断路器。

（7）过负荷保护，设置一段 1 时限，定值固定为本侧额定电流的 1.1 倍，延时 10s，动作于信号。

18. 330kV 主变压器低压侧后备保护如何配置？

答：（1）过流保护，设置一段 2 时限，第 1 时限跳开本侧断路器，第 2 时限跳开变压器各侧断路器。

（2）复压过流保护，设置一段 2 时限，第 1 时限跳开本侧断路器，第 2 时限跳开变压器各侧断路器。

（3）过负荷保护，设置一段 1 时限，定值固定为本侧额定电流的 1.1 倍，延时 10s，动作于信号。

（4）零序过压告警，设置一段 1 时限，固定取自产零序电压，定值固定 70V，延时 10s，

动作于信号。

19. 330kV 主变压器公共绕组后备保护如何配置?

答：（1）零序过流保护，设置一段 2 时限，采用自产零序电流和外接零序电流“或门”判断，跳闸或告警可选；保护定值按照公共绕组 TA 变比整定，保护装置根据公共绕组零序 TA 变比自动折算。

（2）过负荷保护，设置一段 1 时限，定值固定为本侧额定电流的 1.1 倍，延时 10s，动作于信号。

20. 220kV 及以上电压等级变压器保护如何配置?

答：（1）220kV 及以上电压等级变压器应配置双重化的主、后备保护一体化电气量保护和一套非电量保护。

（2）常规变电站变压器按断路器单套配置分相或三相操作箱。双母线主接线应双重化配置电压切换装置。

220kV 变压器保护功能配置图如图 5-3 所示。

220kV 变压器保护功能配置表见表 5-3。

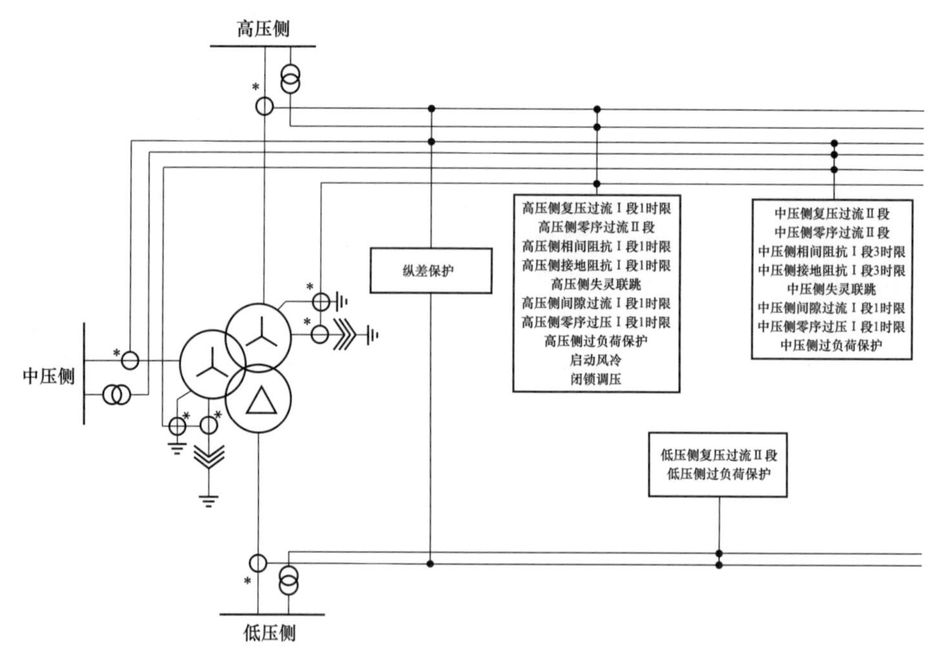

图 5-3　220kV 变压器保护功能配置图

表 5-3　　220kV 变压器保护功能配置表

类别	功能描述	段数及时限	说明	备注
主保护	差动速断	—		
	纵差保护	—		
	故障分量差动保护	—		自定义

续表

类别	功能描述	段数及时限	说明	备注
高压侧后备	相间阻抗保护	Ⅰ段3时限		选配D
	接地阻抗保护	Ⅰ段3时限		选配D
	复压过流保护	Ⅰ段3时限 Ⅱ段3时限 Ⅲ段2时限	Ⅰ段、Ⅱ段复压可投退、方向可投退、方向指向可整定 Ⅲ段不带方向，复压可投退	
	零序过流保护	Ⅰ段3时限 Ⅱ段3时限 Ⅲ段2时限	Ⅰ段、Ⅱ段方向可投退、方向指向可整定 Ⅲ段不带方向 Ⅰ段、Ⅱ段、Ⅲ段过流元件可选择自产或外接	
	间隙过流保护	Ⅰ段1时限		
	零序过压保护	Ⅰ段1时限	零序电压可选自产或外接	
	失灵联跳	Ⅰ段1时限		
	过负荷保护	Ⅰ段1时限	固定投入	
中压侧后备	相间阻抗保护	Ⅰ段3时限		选配D
	接地阻抗保护	Ⅰ段3时限		选配D
	复压过流保护	Ⅰ段3时限 Ⅱ段3时限 Ⅲ段2时限	Ⅰ段、Ⅱ段复压可投退、方向可投退、方向指向可整定 Ⅲ段不带方向，复压可投退	
	零序过流保护	Ⅰ段3时限 Ⅱ段3时限 Ⅲ段2时限	Ⅰ段、Ⅱ段方向可投退、方向指向可整定 Ⅲ段不带方向 Ⅰ段、Ⅱ段、Ⅲ段过流元件可选择自产或外接	
	间隙过流保护	Ⅰ段2时限		
	零序过压保护	Ⅰ段2时限	零序电压可选自产或外接	
	失灵联跳	Ⅰ段1时限		
	过负荷保护	Ⅰ段1时限	固定投入	
低压侧1后备	复压过流保护	Ⅰ段3时限 Ⅱ段3时限	Ⅰ段复压可投退、方向可投退、方向指向可整定 Ⅱ段不带方向，复压可投退	
	零序过流保护	Ⅰ段2时限	固定采用自产零序电流	选配J
	零序过压告警	Ⅰ段1时限	固定采用自产零序电压	
	过负荷保护	Ⅰ段1时限	固定投入 取低压1分支和低压2分支和电流	
低压侧2后备	复压过流保护	Ⅰ段3时限 Ⅱ段3时限	Ⅰ段复压可投退、方向可投退、方向指向可整定 Ⅱ段不带方向，复压可投退	
	零序过流保护	Ⅰ段2时限	固定采用自产零序电流	选配J
	零序过压告警	Ⅰ段1时限	固定采用自产零压	

续表

类别	功能描述	段数及时限	说明	备注
接地变压器	速断过流保护	Ⅰ段1时限		选配 J
	过流保护	Ⅰ段1时限		
	零序过流保护	Ⅰ段3时限 Ⅱ段1时限	固定采用外接零序电流	
低1电抗	复压过流保护	Ⅰ段2时限		选配 E
低2电抗	复压过流保护	Ⅰ段2时限		选配 E
公共绕组	零序过流	Ⅰ段1时限	自产零流和外接零流“或门”判别	选配 G
	过负荷保护	Ⅰ段1时限	固定投入	
类别	基础型号	代码	说明	备注
	220kV 变压器	T2		
类别	选配功能	代码	说明	备注
选配功能	高、中压侧阻抗保护	D		
	低压侧小电阻接地零序过流保护，接地变压器后备保护	J		
	低压侧限流电抗器后备保护	E		
	自耦变（公共绕组后备保护）	G		
	220kV 双绕组变压器	A	无中压侧后备保护	

21. 简述 220kV 变压器保护电气量保护和非电量保护的要求。

答：220kV 及以上电压等级变压器应配置双重化的主、后备保护一体化电气量保护和一套非电量保护。双套电气量保护的跳闸回路分别作用于断路器的两个跳闸线圈，单套配置的非电量保护应同时作用于断路器双线圈。电气量保护与非电量保护的出口回路分开。电气量保护动作后启失灵，并可解除失灵保护电压闭锁；非电量保护不启动失灵保护。

22. 简述 220kV 及以上电压等级变压器保护及辅助装置原则。

答：（1）220kV 及以上电压等级变压器应配置双重化的主、后备保护一体化电气量保护和一套非电量保护。

（2）常规变电站变压器按断路器单套配置分相或三相操作箱。双母线主接线应双重化配置电压切换装置。

23. 220kV 主变压器电气量主保护如何配置?

答：（1）配置纵差保护、差动速断保护。

（2）可配置不需整定的零序分量、负序分量或变化量等反应轻微故障的故障分量差动保护。

24. 220kV 主变压器电气量高压侧后备保护如何配置?

答：（1）复压过流保护，设置三段，如下：

1）Ⅰ段带方向，方向可投退，指向可整定，复压可投退，设 3 个时限。

2）Ⅱ段带方向，方向可投退，指向可整定，复压可投退，设3个时限。

3）Ⅲ段不带方向，复压可投退，设2个时限。

（2）零序过流保护，设置三段，如下：

1）Ⅰ段带方向，方向可投退，指向可整定，过流元件可选择自产或外接，设3个时限。

2）Ⅱ段带方向，方向可投退，指向可整定，过流元件可选择自产或外接，设3个时限。

3）Ⅲ段不带方向，过流元件可选择自产或外接，设2个时限。

（3）间隙过流保护，设置一段1时限，间隙过流和零序过压二者构成“或”逻辑，延时跳开变压器各侧断路器。

（4）零序过压保护，设置一段1时限，零序电压可选自产或外接。零序电压选外接时固定为180V、选自产时固定为120V，延时跳开变压器各侧断路器。

（5）失灵联跳功能，设置一段1时限。变压器高压侧断路器失灵保护动作后经变压器保护跳各侧断路器功能。变压器高压侧断路器失灵保护动作开入后，应经灵敏的、不需整定的电流元件并带50ms延时后跳开变压器各侧断路器。

（6）过负荷保护，设置一段1时限，定值固定为本侧额定电流的1.1倍，延时10s，动作于信号。

25. 220kV主变压器中压侧后备保护如何配置?

答：（1）复压过流保护，设置三段，如下：

1）Ⅰ段带方向，方向可投退，指向可整定，复压可投退，设3个时限。

2）Ⅱ段带方向，方向可投退，指向可整定，复压可投退，设3个时限。

3）Ⅲ段不带方向，复压可投退，设2个时限。

（2）零序过流保护，设置三段，如下：

1）Ⅰ段带方向，方向可投退，指向可整定，过流元件可选择自产或外接，设3个时限。

2）Ⅱ段带方向，方向可投退，指向可整定，过流元件可选择自产或外接，设3个时限。

3）Ⅲ段不带方向，过流元件可选择自产或外接，设2个时限。

（3）间隙过流保护，设置一段2时限，间隙过流和零序过压二者构成“或”逻辑。1时限跳开小电源，2时限跳开变压器各侧。

（4）零序过压保护，设置一段2时限，零序电压可选自产或外接。零序电压选外接时固定为180V、选自产时固定为120V，1时限跳开小电源，2时限跳开变压器各侧。

（5）失灵联跳功能，设置一段1时限。变压器中压侧断路器失灵保护动作后经变压器保护跳各侧断路器功能。变压器中压侧断路器失灵保护动作开入后，应经灵敏的、不需整定的电流元件并带50ms延时后跳开变压器各侧断路器。

（6）过负荷保护，设置一段1时限，定值固定为本侧额定电流的1.1倍，延时10s，动作于信号。

26. 220kV主变压器低1分支和低2分支后备保护如何配置?

答：（1）复压过流保护，设置两段，如下：

1）Ⅰ段带方向，方向可投退，指向可整定，复压可投退，设3个时限。

2）Ⅱ段不带方向，复压可投退，设3个时限。

（2）零序过压告警，设置一段1时限，固定取自产零序电压，定值固定70V，延时10s，动作于信号。

（3）过负荷保护，设置一段1时限，采用低压1、2分支和电流，定值固定为本侧额定电流的1.1倍，延时10s，动作于信号。

27. 220kV主变压器高、中压侧相间和接地阻抗保护如何配置?

答：（1）带偏移特性的阻抗保护，配置如下：

1）指向变压器的阻抗不伸出对侧母线，作为变压器部分绕组故障的后备保护。

2）指向母线的阻抗作为本侧母线故障的后备保护。

（2）阻抗保护按时限判别是否经振荡闭锁；大于1.5s时，则该时限不经振荡闭锁，否则经振荡闭锁。

（3）设置一段3时限。

28. 220kV主变压器低压侧小电阻接地零序过流保护，接地变压器后备保护（选配）如何配置?

答：（1）低压每分支分别设置零序过流保护一段2时限，固定取自产零序电流，第1时限跳开本分支分段，第2时限跳开本分支断路器。

（2）接地变压器后备保护配置如下：

1）速断过流一段1时限，时间固定为0s，跳开本分支断路器。

2）过流保护一段1时限，延时跳开本分支断路器。

3）零序过流保护两段，Ⅰ段3时限，第1时限跳开本分支分段，第2时限跳开本分支断路器，第3时限跳开变压器各侧断路器。Ⅱ段1时限，延时跳开本分支断路器。

29. 220kV主变压器低压侧电抗器后备保护（选配）如何配置?

答：（1）复压过流，设置一段2时限。

（2）当低压侧仅配置1台电抗器时，低压侧电抗器复压取低压两分支电压，第1时限跳开两分支断路器，第2时限跳开变压器各侧断路器。

（3）当低压侧按分支分别配置电抗器时，复压取本分支电压，第1时限跳开本分支断路器，第2时限跳开变压器各侧断路器。

30. 220kV主变压器公共绕组后备保护（选配）如何配置?

答：（1）零序过流保护，设置一段1时限，采用自产零序电流和外接零序电流“或门”判断，跳闸或告警可选；保护定值按照公共绕组TA变比整定，保护装置根据公共绕组零序TA变比自动折算。

（2）过负荷保护，设置一段1时限，定值固定为本侧额定电流的1.1倍，延时10s，动作于信号。

31. 简述220kV及以上变压器间隙保护中间隙电流和零序电压的选取原则。

答：间隙电流取中性点间隙专用TA。常规变电站保护零序电压宜取TV开口三角电压，

TV 开口三角电压不受本侧“电压压板”控制。由于电子式互感器无外接零序电压，因此智能变电站保护零序电压宜取自产电压。

32. 110kV 变压器保护如何配置?

答：110kV 变压器保护功能配置如图 5-4 所示。

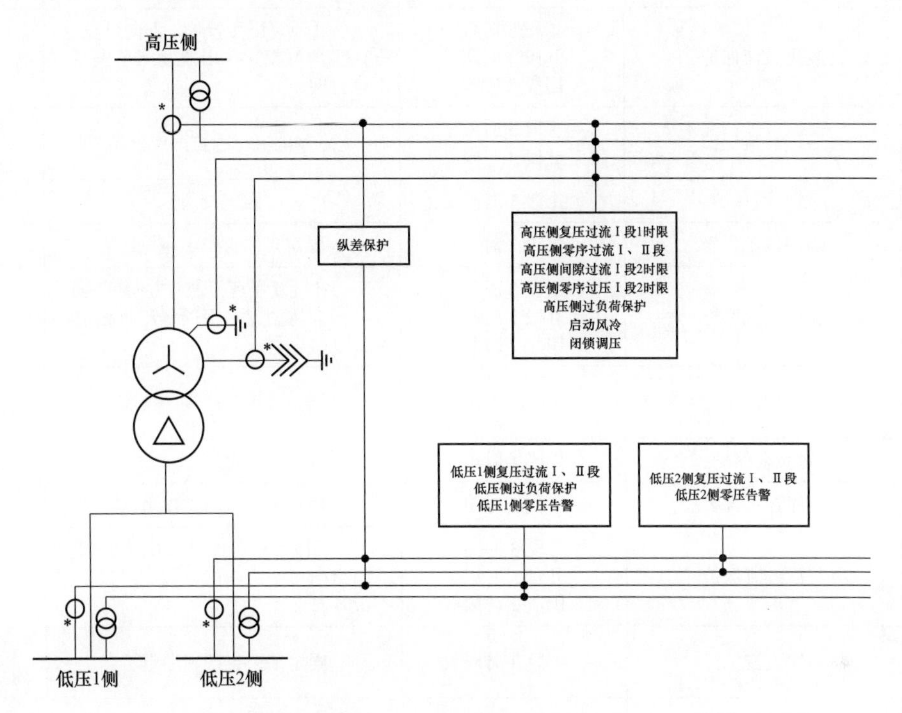

图 5-4　110kV 变压器保护配置图

110kV 变压器保护功能配置见表 5-4。

表 5-4　　110kV 变压器保护功能配置表

类别	功能描述	段数及时限	说明	备注
主保护	差动速断保护	—	—	—
	纵差差动保护	—	—	—
	故障分量差动保护	—	—	自定义
高压侧后备	复压过流保护	Ⅰ段 3 时限 Ⅱ段 3 时限 Ⅲ段 2 时限	Ⅰ、Ⅱ段复压可投退，方向可投退，方向指向可整定，Ⅲ段复压可投退，不带方向	—
	零序过流保护	Ⅰ段 3 时限 Ⅱ段 3 时限 Ⅲ段 2 时限	零序电流可选自产或外接；Ⅰ、Ⅱ段方向可投退，方向指向可整定，Ⅲ段不带方向	—
	间隙过流保护	Ⅰ段 2 时限	—	—
	零序过压保护	Ⅰ段 2 时限	零序电压可选自产或外接	—
	失灵联跳	Ⅰ段 1 时限	—	—

续表

类别	功能描述	段数及时限	说明	备注
高压侧后备	过负荷保护	Ⅰ段1时限	固定投入	—
	启动风冷	Ⅰ段1时限	—	—
	闭锁调压	Ⅰ段1时限	—	—
中压侧后备	复压过流保护	Ⅰ段3时限 Ⅱ段3时限 Ⅲ段2时限	Ⅰ、Ⅱ段复压可投退，方向可投退，方向指向可整定，Ⅲ段复压可投退，不带方向	—
	零序过流保护	Ⅰ段3时限 Ⅱ段3时限	零序电流可选自产或外接	—
	过负荷保护	Ⅰ段1时限	固定投入	—
	零序过压告警	Ⅰ段1时限	固定采用自产零序电压	—
低压侧1后备	复压过流保护	Ⅰ段3时限 Ⅱ段3时限 Ⅲ段2时限	Ⅰ、Ⅱ段复压可投退，方向可投退，方向指向可整定，Ⅲ段复压可投退，不带方向	—
	零序过流保护	Ⅰ段3时限	固定采用自产零序电流	适用于低电阻接地系统
	过负荷保护	Ⅰ段1时限	固定投入	—
	零序过压告警	Ⅰ段1时限	固定采用自产零序电压	—
低压侧2后备	复压过流保护	Ⅰ段3时限 Ⅱ段3时限 Ⅲ段2时限	Ⅰ、Ⅱ段复压可投退，方向可投退，方向指向可整定，Ⅲ段复压可投退，不带方向	—
	零序过流保护	Ⅰ段3时限	固定采用自产零序电流	适用于低电阻接地系统
	零序过压告警	Ⅰ段1时限	固定采用自产零序电压	—
低压侧中性点	零序过流保护	Ⅰ段3时限	固定采用外接零序电流	适用于低电阻接地系统
类别	基础型号	代码	说明	备注
	110kV变压器	T1		

33. 简述110kV变压器保护主保护功能配置要求。

答：（1）配置纵差差动保护、差动速断保护。

（2）可配置不需整定的零序分量、负序分量或变化量等反应轻微故障的故障分量差动保护。

34. 简述110kV主变压侧高压侧后备保护配置要求。

答：（1）复压过流保护，采用高压侧、高压桥和电流，设置三段，Ⅰ、Ⅱ段复压可投退，方向可投退，方向指向可整定，每段设3个时限；Ⅲ段复压可投退，不带方向，设2个时限。.

（2）零序过流保护，零序电流可选自产或外接，设置三段，Ⅰ、Ⅱ段方向可投退，方向指向可整定，每段设3个时限；Ⅲ段不带方向，设2个时限。

（3）间隙过流和零序过压二者构成“或”逻辑，设置一段2时限，1时限联跳地区电源并网线，2 时限跳变压器各侧断路器。

（4）零序过压保护，零序电压可选自产或外接，设置一段 2 时限，1 时限联跳地区电源并网线，2 时限跳变压器各侧断路器。

（5）失灵联跳功能，设置一段 1 时限。变压器高压侧断路器失灵保护动作后经变压器保护跳各侧断路器功能。变压器高压侧断路器失灵保护动作开入后，应经灵敏的、不需整定的电流元件并带 50ms 延时后跳开变压器各侧断路器。

（6）过负荷保护，设置一段 1 时限，定值固定为本侧额定电流的 1.1 倍，延时 10s，动作于信号。

（7）启动风冷，设置一段 1 时限，返回系数固定为 0.7。

（8）闭锁调压，设置一段 1 时限。

35. 简述 110kV 主变压器中压侧后备保护配置要求。

答：（1）复压过流保护，设置三段，Ⅰ、Ⅱ段复压可投退，方向可投退，方向指向可整定，每段设 3 个时限；Ⅲ段复压可投退，不带方向，设 2 个时限。

（2）零序过流保护，零序电流可选自产或外接，设置二段，每段设 3 个时限。

（3）过负荷保护，设置一段 1 时限，定值固定为本侧额定电流的 1.1 倍，延时 10s，动作于信号。

（4）零序过压告警，设置一段 1 时限，固定取自产零序电压，定值固定为 70V，延时 10s，动作于信号。

36. 简述 110kV 主变压侧低压 1 分支后备保护配置要求。

答：（1）复压过流保护，设置三段，Ⅰ、Ⅱ段复压可投退，方向可投退，方向指向可整定，每段设 3 个时限；Ⅲ段复压可投退，不带方向，设 2 个时限。

（2）零序过流保护，固定取自产零序电流，设置一段 3 时。

（3）过负荷保护，设置一段 1 时限，采用低压 1、2 分支和电流，定值固定为本侧额定电流的 1.1 倍，延时 10s，动作于信号。

（4）零序过压告警，固定取自产零序电压，设置一段 1 时限，定值固定 70V，延时 10s，动作于信号。

37. 简述 110kV 主变压器低压 2 分支后备保护配置要求。

答：（1）复压过流保护，设置三段，Ⅰ、Ⅱ段复压可投退，方向可投退，方向指向可整定，每段设 3 个时限；Ⅲ段复压可投退，不带方向，设 2 个时限。

（2）零序过流保护，固定取自产零序电流，设置一段 3 时限。

（3）零序过压告警，固定取自产零序电压，设置一段 1 时限，定值固定 70V，延时 10s，动作于信号。

38. 简述 110kV 主变压侧低压侧中性点零序过流保护配置要求。

答：低压侧中性点零序过流保护配置要求为：零序过流保护，固定取外接零序电流，设置一段 3 时限。

39. 简述66kV及以下电压等级接地变压器保护的配置原则。

答：（1）66kV及以下电压等级接地变压器保护采用保护、测控集成装置，可就地开关柜分散安装，也可组屏（柜）安装。

（2）常规装置、多合一装置三相操作插件应含在装置内，采用智能化装置时应配置一套合并单元及智能终端。

（3）接地变压器不经断路器直接接于变压器低压侧时，应配置独立的接地变压器保护装置。

接地变压器保护功能配置见表5-5。

表5-5　接地变压器保护功能配置表

序号	功能描述	段数及时限	说明	备注
1	速断过流保护	—	—	—
2	过流保护	Ⅰ段1时限 Ⅱ段1时限	—	—
3	零序过流保护	Ⅰ段3时限 Ⅱ段1时限	—	—
4	闭锁简易母线保护	—	—	仅适用于智能化装置和多合一装置
5	非电量保护	—	—	—

（4）保护功能配置要求为：

1）速断过流保护，当接地变压器接于低压侧母线时，保护动作跳开接地变压器断路器和变压器低压侧断路器；当接地变压器不经断路器直接接于变压器低压侧时，跳变压器各侧断路器。

2）过流保护，设置二段，每段1个时限。当接地变压器接于低压侧母线时，保护动作跳开接地变压器断路器和变压器低压侧断路器；当接地变压器不经断路器直接接于变压器低压侧时，跳变压器各侧断路器。

3）零序过流保护，设置二段，1段设3个时限，当接地变压器接于低压侧母线时，1时限跳开母联或分段并闭锁备自投，2时限跳开接地变压器断路器和变压器低压侧断路器；当接地变压器不经断路器直接接于变压器低压侧时，1时限跳开母联或分段并闭锁备自投，2时限跳开变压器低压侧断路器，3时限跳开变压器各侧断路器；2段设1个时限，动作于跳闸，另设一段与其共用定值的零序过流告警段。

4）闭锁简易母线保护。

5）非电量保护（2路）。

40. 简述智能变电站变压器保护配置原则。

答：（1）220kV及以上变压器电量保护按双重化配置，每套保护包含完整的主、后备保护功能；变压器各侧及公共绕组的MU均按双重化配置，中性点电流、间隙电流并入相应侧MU。

（2）110kV 变压器电量保护宜按双套配置，双套配置时应采用主、后备保护一体化配置；若主、后备保护分开配置，后备保护宜与测控装置一体化。变压器各侧 MU 按双套配置，中性点电流、间隙电流并入相应侧 MU。

（3）变压器保护直接采样，直接跳各侧断路器；变压器保护跳母联、分段断路器及闭锁备自投、启动失灵等可采用 GOOSE 网络传输。变压器保护可通过 GOOSE 网络接收失灵保护跳闸命令，并实现失灵跳变压器各侧断路。

（4）变压器非电量保护采用就地直接电缆跳闸，信息通过本体智能终端上送过程层 GOOSE 网。

（5）变压器保护可采用分布式保护。分布式保护由主单元和若干个子单元组成，子单元不应跨电压等级。

41. 简述 500kV 智能变电站变压器保护配置方案。

答：每台变压器配置两套含有完整主、后备保护功能的变压器电量保护装置。非电量保护就地布置采用直接电缆跳闸方式，动作信息通过本体智能终端上 GOOSE 网，用于测控及故障录波。

（1）按照断路器配置的电流 MU 点对点接入对应的保护装置，3/2 接线侧的电流由两个电流 MU 分别接入保护装置。

（2）3/2 接线侧配置的电压传感器对应双重化的变压器电压 MU，变压器电压 MU 单独接入保护装置。

（3）双母线接线侧的电压和电流按照双母线接线形式继电保护实施方案考虑。

（4）单母线接线侧的电压和电流合并接入 MU，点对点接入保护装置。

（5）变压器保护装置与变压器各侧智能终端之间采用点对点直接跳闸方式。

（6）断路器失灵启动、解复压闭锁、启动变压器保护联跳各侧及变压器保护跳母联（分段）信号采用 GOOSE 网络传输方式。

42. 简述 500kV 智能变电站高压并联电抗器保护配置方案。

答：高压并联电抗器的电流采样，采用独立的电流互感器和 MU，跳闸需要智能终端预留一个 GOOSE 接口。电抗器首、末端电流合并接入电流 MU，电流 MU 按照点对点方式接入保护装置；保护装置电压中线路高压并联电抗器保护采用线路电压 MU 点对点接入方式，母线高压并联电抗器保护采用母线电压 MU 点对点接入方式；高压并联电抗器保护装置与智能终端之间采用点对点直接跳闸方式。高压并联电抗器保护启动断路器失灵、启动远跳信号采用 GOOSE 网络传输方式。非电量保护就地布置，采用直接跳闸方式，动作信息通过本体智能终端上 GOOSE 网，用于测控及故障录波。非电量保护动作信号通过相应断路器的两套智能终端发送 GOOSE 报文，实现远跳。

43. 简述 220kV 智能变电站变压器保护的配置方案。

答：保护按双重化进行配置，各侧合并单元、智能终端均应采用双套配置。非电量保护应就地直接电缆跳闸，现场配置变压器本体智能终端上传非电量动作报文和调挡及接地开关控制信息，技术实施方案图如图 5-5 所示。

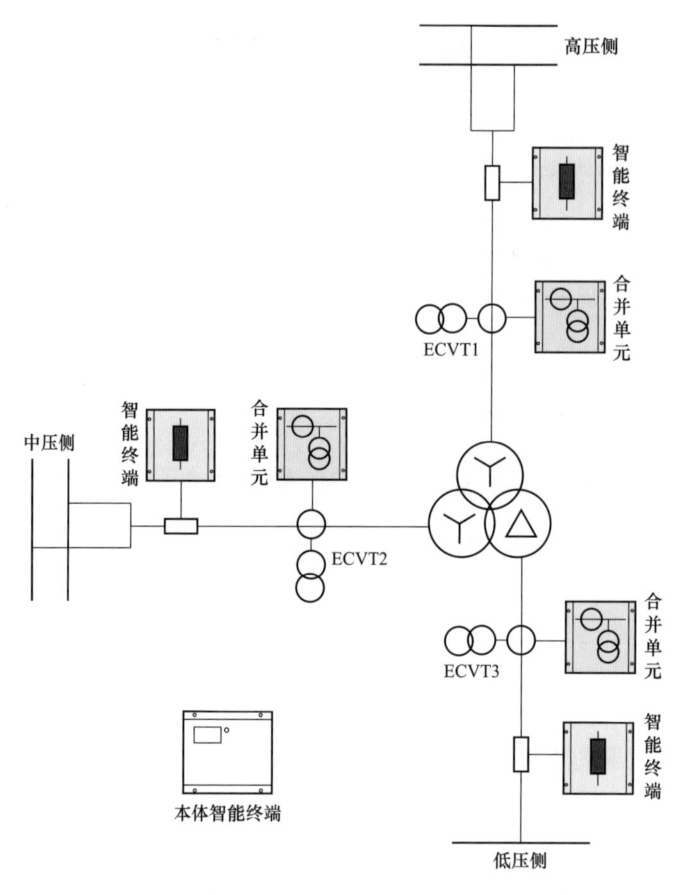

图 5-5　220kV 变压器保护合并单元、智能终端配置（单套）示意图

44. 简述 110kV 智能变电站变压器保护的配置方案。

答：变压器保护宜双套进行配置，双套配置时应采用主、后备保护一体化配置。若主、后备保护分开配置，后备保护宜与测控装置一体化。

当保护采用双套配置时，各侧合并单元、各侧智能终端者宜采用双套配置。变压器非电量保护应就地直接电缆跳闸，现场配置本体智能终端上传非电量动作报文和调挡及接地开关控制信息。

本方案中采用双套主、后一体化配置，技术实施方案图如图 5-6 所示。

45. 对于 110kV 内桥接线，中性点合并单元如何配置?

答：为避免进线断路器或内桥断路器检修时，变压器高压侧中性点间隙保护和零序过流保护被迫退出，应配置独立的中性点合并单元接入变压器保护，配置中性点间隙电流和零序电流接入合并单元。

46. 简述 220kV 及以上主变压器差动保护技术原则。

答：（1）具有防止励磁涌流引起保护误动的功能。

（2）具有防止区外故障保护误动的制动特性。

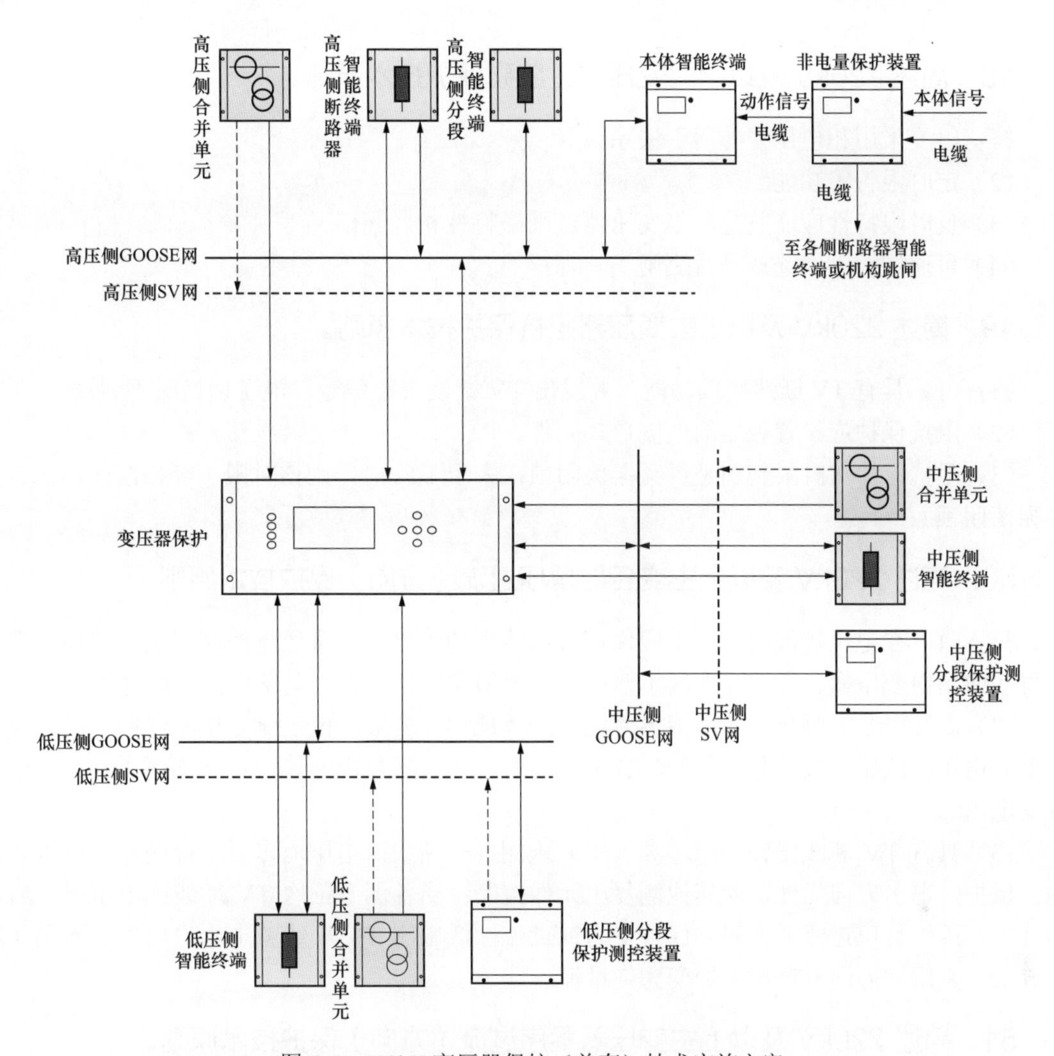

图 5-6　110kV 变压器保护（单套）技术实施方案

（3）具有差动速断功能。

（4）330kV 及以上电压等级变压器保护，应具有防止过励磁引起误动的功能。

（5）电流采用“Y”形接线接入保护装置，其相位和电流补偿应由保护装置软件实现。

（6）3/2 断路器接线或桥接线的两组 TA 应分别接入保护装置。

（7）具有 TA 断线告警功能，可通过控制字选择是否闭锁差动保护。

47. 简述为什么 330kV 及以上电压等级变压器差动保护需要具有防止过励磁引起误动的功能及其实现方法。

答：大型变压器铁芯额定工作磁通密度较高，短时过电压时将导致变压器的励磁电流激增。如过电压在 120%～140%U_N 时，励磁电流可达额定电流的 10%～50%，可能导致差动保护误动，所以需要具有防止过励磁引起误动的功能。过励磁电流中含有显著的 3、5 次谐波分量。5 次谐波分量在过电压为 120%U_N 以内有较高值，当电压继续升高时则迅速下降。因此可采用 5 次谐波分量闭锁措施。

48. 简述220kV及以上主变压器过励磁保护技术原则。

答：（1）采用相电压"与门"关系。

（2）定时限告警功能。

（3）反时限特性应能整定，与变压器过励磁特性相匹配。

（4）可通过控制字选择是否跳闸。

49. 简述220kV及以上主变压器阻抗保护技术原则。

答：（1）具有TV断线闭锁功能，并发出TV断线告警信号，电压切换时不误动。

（2）阻抗保护应设置独立的电流启动元件。

（3）阻抗保护按时限判别是否经振荡闭锁；大于1.5s时，则该时限不经振荡闭锁，否则经振荡闭锁。

50. 简述220kV及以上主变压器复压过流（方向）保护技术原则。

答：（1）在电压较低的情况下应保证方向元件的正确性，可通过控制字选择方向元件指向母线或指向变压器。方向元件取本侧电压，灵敏角固定不变，具备电压记忆功能。

（2）高（中）压侧复压元件由各侧电压经"或门"构成；低压侧复压元件取本侧（或本分支）电压；低压侧按照分支分别配置电抗器时，电抗器复压元件取本分支电压，否则取两分支电压。

（3）具有TV断线告警功能。高（中）压侧TV断线或电压退出后，该侧复压过流（方向）保护，退出方向元件，受其他侧复压元件控制；当各侧电压均TV断线或电压退出后，高（中）压侧复压过流（方向）保护变为纯过流；低压侧TV断线或电压退出后，本侧（或本分支）复压（方向）过流保护变为纯过流。

51. 简述220kV及以上主变压器零序过流（方向）保护技术原则。

答：（1）高、中压侧零序方向过流保护的方向元件采用本侧自产零序电压和自产零序电流，过流元件宜采用本侧自产零序电流。

（2）自耦变压器的高、中压侧零序过流保护的过流元件宜采用本侧自产零序电流，普通三绕组或双绕组变压器零序过流保护宜采用中性点零序电流。

（3）自耦变压器公共绕组零序电流保护宜采用自产零序电流，变压器不具备时，可采用外接中性点TA电流。

（4）具有TV断线告警功能，TV断线或电压退出后，本侧零序方向过流保护退出方向元件。

52. 简述220kV及以上主变压器间隙保护技术原则。

答：（1）常规变电站保护零序电压宜取TV开口三角电压，TV开口三角电压不受本侧"电压压板"控制。

（2）智能变电站保护零序电压宜取自产电压。

（3）间隙电流取中性点间隙专用TA。

53. 简述220kV及以上主变压器非电量保护技术原则。

答：（1）非电量保护动作应有动作报告。

（2）重瓦斯保护作用于跳闸，其余非电量保护宜作用于信号。

（3）用于非电量跳闸的直跳继电器，启动功率应大于 5W，动作电压在额定直流电源电压的55%～70%范围内，额定直流电源电压下动作时间为10～35ms，应具有抗220V工频干扰电压的能力。

（4）分相变压器 A、B、C 相非电量分相输入，作用于跳闸的非电量三相共用一个功能压板。

（5）用于分相变压器的非电量保护装置的输入量每相不少于14路，用于三相变压器的非电量保护装置的输入量不少于14路。

（6）智能变电站变压器非电量保护宜集成在变压器本体智能终端中，并采用常规电缆跳闸方式。

54. 110kV以下主变压器差动保护应满足哪些技术原则?

答：（1）具有防止励磁涌流引起保护误动的功能，无需用户选择整定，厂家宜采用自适应的原理、方法实现此项功能。

（2）具有防止区外故障保护误动的制动特性。

（3）具有差动速断功能。

（4）电流采用“Y”形接线接入保护装置，其相位和电流补偿由保护装置软件实现。

（5）内桥接线的各组TA分别接入保护装置。

（6）具有TA断线告警功能，并可通过控制字选择TA断线是否闭锁比率差动保护，当选择闭锁差动保护时，为有条件闭锁，即差动电流大于 $1.2I_e$ 时差动保护出口跳闸。

55. 110kV以下主变压器复压闭锁过流（方向）保护应满足哪些技术原则?

答：（1）在电压较低的情况下保证方向元件的正确性，可通过控制字选择方向元件指向母线或指向变压器。方向元件取本侧电压，灵敏角固定不变，具备电压记忆功能。

（2）复压元件可经控制字选择由各侧电压经“或门”构成，或者仅取本侧（或本分支）电压。

（3）具有TV断线告警功能。本侧TV断线或电压退出后，复压过流保护退出方向元件，同时取消本侧复压元件对其他侧复压过流保护的复压开放作用。当复压元件仅取本侧电压，本侧 TV 断线或电压退出后，复压过流保护变为纯过流；当复压元件由各侧电压经“或门”构成，本侧TV断线或电压退出后，复压过流保护受其他侧复压元件控制。当各侧电压均TV断线或电压退出后，各侧复压过流保护变为纯过流；本侧电压退出时，不发本侧 TV 断线告警信号。

56. 110kV以下主变压器零序过流保护应满足哪些技术原则?

答：（1）高压侧零序过流保护的方向元件采用本侧自产零序电压和自产零序电流，过流元件宜采用中性点TA的零序电流。

（2）高压侧 TV 断线或电压退出后，本侧零序过流保护退出方向元件。

57. 110kV 以下主变压器间隙保护应满足哪些技术原则？

答：（1）常规变电站保护零序电压宜取 TV 开口三角电压，TV 开口三角电压应不受本侧“电压压板”控制。

（2）智能变电站保护零序电压宜取自产电压。

（3）间隙电流宜取中性点间隙专用 TA。

58. 110kV 以下主变压器非电量保护应满足哪些原则？

答：（1）非电量保护动作有动作报告。

（2）本体重瓦斯、调压重瓦斯等非电量作用于跳闸，其余非电量宜作用于信号。

（3）用于非电量跳闸的直跳继电器，启动功率应大于 5W，动作电压在额定直流电源电压的 55%～70%范围内，额定直流电源电压下动作时间为 10～35ms，具有抗 220V 工频电压干扰的能力。

（4）作用于跳闸的非电量保护设置功能压板。

（5）变压器的非电量保护装置的输入量不少于 10 路。

59. 简述 220kV 及以上变压器保护各侧 TA 接入原则。

答：（1）纵差保护应取各侧外附 TA 电流。

（2）500kV 及以上电压等级变压器的分相差动保护低压侧应取三角内部套管（绕组）TA 电流。

（3）500kV 及以上电压等级变压器的低压侧分支后备保护取外附 TA 电流，低压绕组后备取三角内部套管（绕组）TA 电流。

（4）220kV 电压等级变压器低压侧后备保护取外附 TA 电流；当有限流电抗器时，宜增设低压侧电抗器后备保护，该保护取电抗器前 TA 电流。

60. 简述 110kV 以下变压器保护各侧 TA 接入技术原则。

答：（1）差动保护应取各侧外附 TA 电流。

（2）差动保护高压侧电流应取进线及桥断路器 TA 电流，中、低压侧电流宜取自开关柜内 TA 电流。

61. 简述变压器保护及合并单元采样回路要求。

答：保护装置、合并单元的保护采样回路应使用 A/D 冗余结构（共用一个电压或电流源），保护装置采样频率不应低于 1000Hz，合并单元采样频率为 4000Hz。

62. 简述变压器保护的录波功能要求。

答：（1）保护装置应能记录相关保护动作信息，保留 8 次以上最新动作报告。每个动作报告至少应包含故障前 2 个周波、故障后 6 个周波的数据。

（2）保护装置记录的所有数据应能转换为 GB/T 14598.24—2017《量度继电器和保护装置

第 24 部分：电力系统暂态数据交换（COMTRADE）通用格式》规定的电力系统暂态数据交换通用格式（COMTRADE）。

63. 简述变压器中、低压侧为 110kV 及以下电压等级且中、低压侧并列运行的变压器保护有何要求。

答： 中、低压侧后备保护应第一时限跳开母联或分段断路器，缩小故障范围。变压器中、低压侧后备保护通常反应的是变压器外部故障，一台变压器中、低压系统发生故障时，若中、低压后备保护不能在第一时限跳开母联或分段断路器，由于中、低压侧并联运行，则并列运行的多台变压器中、低压后备保护都可能同时动作，跳开中、低压侧断路器，造成故障影响范围扩大。

64. 简述变压器保护中差动保护的性能要求。

答：（1）配置纵差保护、差动速断保护，对于 500kV 以上变压器，配置纵差保护或分相差动保护；若仅配置分相差动保护，在低压侧有外附 TA 时，需配置不需整定的低压侧小区差动保护。

（2）对于 330kV 以上变压器，为提高切除自耦变压器内部单相接地短路故障的可靠性，可配置由高、中压侧和公共绕组 TA 构成的分侧差动保护。

（3）可配置不需整定的零序分量、负序分量或变化量等反应轻微故障的故障分量差动保护。

65. 简述变压器保护中分相差动保护的性能要求。

答： 取高中压侧外附 TA 和低压侧三角内部套管（绕组）TA，反应高中压侧引线及各侧绕组各种故障，无相位和幅值转换，含有全部故障分量，对相间故障、接地故障灵敏度都高，反应匝间故障、单相涌流。

66. 简述变压器保护中低压侧小区差动保护的性能要求。

答： 取低压侧三角内部套管（绕组）TA 和低压侧外附 TA，反应低压侧绕组和引线故障。当在低压侧有外附 TA 时配置，与分相差动保护一起形成完整的保护。

67. 简述变压器保护中分侧差动保护的性能要求。

答： 取高中压侧外附 TA 和公共绕组 TA，反应高中压侧相间、接地故障，不反应匝间故障，无涌流闭锁问题。

68. 简述变压器保护中零序差动保护的性能要求。

答： 取高中压侧外附 TA 和公共绕组 TA 的零序电流，反应轻微故障，灵敏度高，但容易受到干扰，需要辅助判据、延时来确保安全性。不宜配置采用中性点 TA 的零序差动保护，因为无法采取有效措施监视中性点 TA 断线，并且极性测试困难，容易导致误动，但可采用公共绕组的自产零序电流构成零序差动保护。

69. 简述变压器保护中定时限过励磁保护的性能要求。

答：过励磁基准电压采用高压侧额定相电压（铭牌电压），定时限段动作后固定告警。

70. 简述变压器保护中反时限过励磁保护的性能要求。

答：过励磁基准电压采用高压侧额定相电压（铭牌电压），反时限段可通过控制字选择告警还是跳闸。反时限曲线特性可整定，分成7段（实际为7个点），过励磁倍数的范围为1.0～1.5，其中第一段过励磁倍数定值可整定，后续各段定值按照级差为0.05依次递增。过励磁保护按热积累方式计算，只要超过起始倍数，保护就会保持，直至动作，所以返回系数要尽可能高，应不小于0.97。时间定值范围从0.1s起始。

71. 简述变压器保护中阻抗保护的性能要求。

答：带偏移特性的阻抗保护，配置如下：

（1）指向变压器的阻抗不伸出对侧（高后备对应中压侧、中后备对应高压侧）母线，作为变压器部分绕组故障的后备保护。

（2）指向母线的阻抗作为本侧母线故障的后备保护。

（3）阻抗保护按时限判别是否经振荡闭锁；大于1.5s时，则该时限不经振荡闭锁，否则经振荡闭锁。

（4）500kV变压器高压侧为3/2接线，其相间阻抗、接地阻抗保护均为两个时限，分别跳本侧断路器和各侧断路器；330kV变压器的相间阻抗、接地阻抗保护都是一段四个时限，比220kV变压器阻抗保护（一段三个时限）增加第1时限，用于双母双分段接线跳分段，其余三个时限依次跳本侧母联、本侧断路器、各侧断路器，与220kV变压器保护相同。

72. 简述变压器保护中复合电压闭锁（方向）过流保护的性能要求。

答：（1）220kV复压过流保护，设置三段（低后备设置两段，与Ⅱ段、Ⅲ段一致），如下：

1）Ⅰ段带方向，方向可投退，指向可整定，复压可投退，设3个时限。

2）Ⅱ段带方向，方向可投退，指向可整定，复压可投退，设3个时限。

3）Ⅲ段不带方向，复压可投退，设2个时限。

（2）330kV复压过流保护，设置一段2时限，第1时限跳开本侧断路器，第2时限跳开变压器各侧断路器。

（3）500kV及以上复压过流保护，设置一段1时限，延时跳开变压器各侧断路器。

73. 简述变压器保护中零序（方向）保护的性能要求。

答：（1）220kV零序过流保护，设置三段，如下：

1）Ⅰ段带方向，方向可投退，指向可整定，过流元件可选择自产或外接，设3个时限。

2）Ⅱ段带方向，方向可投退，指向可整定，过流元件可选择自产或外接，设3个时限。

3）Ⅲ段不带方向，过流元件可选择自产或外接，设2个时限。

（2）330kV零序电流保护，设置两段，如下：

1）Ⅰ段经方向闭锁，固定指向母线，过流元件固定取自产。设置4时限，当为双母双分段主接线时，第1时限跳开分段，第2时限跳开母联，第3时限跳开本侧断路器，第4时限跳开变压器各侧断路器。

2）Ⅱ段不经方向闭锁，过流元件可选择取自产或外接。高后备设置2时限，第1时限跳开本侧断路器，第2时限跳开变压器各侧断路器；中后备设4个时限，第1时限跳开分段，第2时限跳开母联，第3时限跳开本侧断路器。第4时限跳开变压器各侧断路器。

（3）500kV零序电流保护，设置三段，方向元件和过流元件均取自产零序电流，如下：

1）Ⅰ段带方向，方向可投退，指向可整定。高后备设置2时限，中后备设置3时限。

2）Ⅱ段带方向，方向可投退，指向可整定。高后备设置2时限，中后备设置3时限。

3）Ⅲ段不带方向，设置1时限，延时跳开变压器各侧断路器。

（4）750kV零序电流保护，设置两段，方向元件和过流元件取自产零序电流，如下：

1）Ⅰ段带方向，方向指向母线。高后备设置1时限，延时跳开变压器各侧断路器；中后备设置4时限，第1时限跳开分段，第2时限跳开母联，第3时限跳开本侧断路器，第4时限跳开变压器各侧断路器。

2）Ⅱ段不带方向。高后备设置1时限，延时跳开变压器各侧断路器；中后备设置4时限，第1时限跳开分段，第2时限跳开母联，第3时限跳开本侧断路器，第4时限跳开变压器各侧断路器。

74．简述变压器保护中对时间整定误差的要求。

答：装置时间整定值的准确度不应大于1%或40ms。反时限时间元件延时的固有准确度由产品标准或制造商产品文件规定。

75．简述变压器保护各回路对功率消耗的性能要求。

答：对装置的功率消耗要求如下：

（1）交流电流回路：当额定电流为5A，每相不大于1VA；当额定电流为1A，每相不大于0.5VA。

（2）交流电压回路：当额定电压时，每相不大于1VA。

（3）直流电源回路：由产品标准或制造商产品文件规定。

76．简述变压器保护装置过载能力的性能要求。

答：对变压器保护装置的过载能力要求如下：

（1）交流电流回路：2倍额定电流，长期连续工作；40倍额定电流，允许1s。

（2）交流电压回路：

1）对于中性点直接接地系统的装置：①1.4倍额定电压，长期连续工作；②2倍额定电压，允许10s。

2）对于中性点非直接接地系统的装置：①140V，长期连续工作；②200V，允许10s。

3）零序电压回路的过载能力由产品标准或制造商产品文件规定。

77．简述变压器保护绝缘电阻的试验部位。

答：绝缘电阻的试验部位如表5-6所示。

表 5-6　　变压器保护绝缘电阻的试验部位

序号	被试电路	额定绝缘电压（V）	试验电压（V）		泄漏电流[a]（mA）
			冲击电压	介质强度	
1	整机引出端子和背板线—地（外壳）	63～250	5000	2000	5
2	直流输入电路[b]—地（外壳）	63～250	5000	2000	10
3	交流输入电路[b]—地（外壳）	63～250	5000	2000	5
4	信号输出触点[b]—地（外壳）	63～250	5000	2000	5
5	无电气联系的各回路[b]之间	63～250	5000	2000	5～10
6	整机外引带电部分[b]—地（外壳）	≤63	1000	500	
7	通信接口电路[b]—地（外壳）	≤63	1000	500	5

a　泄漏电流为参考值，“整机外引带电部分—地（外壳）”的泄漏电流由产品标准规定。

b　引至装置端子的电路和接线。

78. 简述变压器保护绝缘电阻测量的性能要求。

答：如表 5-7 所列，对装置进行冲击电压试验、介质强度试验并测量绝缘电阻。

表 5-7　　变压器保护绝缘电阻测量的性能要求

序号	项目	冲击电压试验	介质强度试验	绝缘电阻测量
1	目的	（1）检验对过电压的耐受能力 （2）检验电气间隙 （3）也可用于固体绝缘（爬电距离）的验证	（1）检验对暂态过电压的能力 （2）检验绝缘的长期耐受能力 （3）检验电气间隙 （4）检验爬电距离	检验绝缘的耐受能力
2	环境条件	（1）环境温度：15 ～35℃； （2）相对湿度：45%～75%； （3）大气压力 86k～106kPa		
3	试验前准备	（1）不施加激励量和直流电源； （2）完整的装置，处于干燥和无自热状态； （3）经协商，预试过的插入式 PCB 和组件可以抽出、断开或由模拟品代替（屏、柜等成套产品）		不施加激励量和直流电源
4	试验值	1.2/50μs 标准雷电波	工频交流电压	直流电压 500（1±10%）V
5	重复	（1）如有必要，可以重复试验； （2）试验值为规定的 75%	（1）如有必要，可以重复试验； （2）试验值为规定的 75%	
6	合格评定	（1）试验期间无破坏性放电（火花、闪络或击穿）； （2）试验后满足所有相关的性能要求	（1）试验期间不出现击穿和闪络； （2）允许出现不超过制造商规定的最大试验电流的局部放电	≥100MΩ[a,b] ≥10MΩ（湿热试验恢复 1～2h）

a　用于安全目的和功能目的的最小绝缘电阻值可以不同。

b　在施加规定的直流电压并达到稳态值至少 5s 后测量绝缘电阻。

第二节　保　护　原　理

1. 简述变压器的工作原理。

答：变压器的主要部件是铁芯和套在铁芯上的两个绕组。两个绕组只有磁耦合没有电联系。在一次绕组中加上交变电压，产生交链。一、二次绕组的交变磁通在两个绕组中分别感应电动势。

$$e_1 = -N_1 \frac{\mathrm{d}\varphi}{\mathrm{d}t}$$

$$e_2 = -N_2 \frac{\mathrm{d}\varphi}{\mathrm{d}t}$$

只要一、二次绕组的匝数不同，就能达到改变电压目的，见图 5-7。

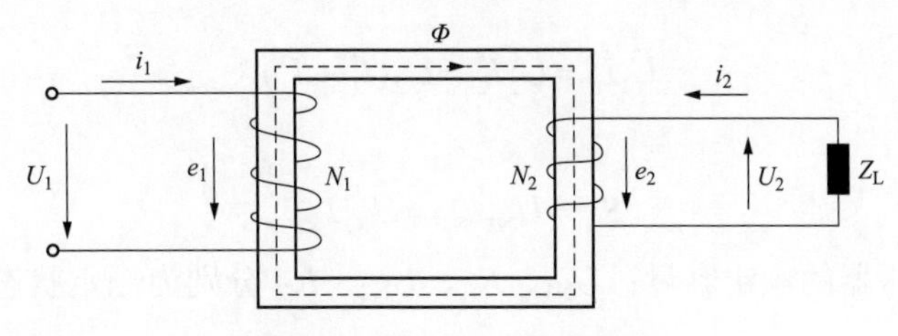

图 5-7 变压器工作原理图

2. 简述各电磁量参考方向的规定。

答：（1）磁通与产生它的电流之间符合右手螺旋定则；

（2）电动势与感应它的磁通之间符合右手螺旋定则。

3. 简述自耦变压器的工作原理。

答：自耦变压器是输出和输入共用一组线圈的特殊变压器，通过不同的抽头来实现升压和降压效果，如图 5-8 所示。当作为降压变压器使用时，从绕组中抽出一部分线匝作为二次绕组；当作为升压变压器使用时，外施电压只加在绕组的—部分线匝上。通常把同时属于一次和二次的那部分绕组称为公共绕组，其余部分称为串联绕组。

（1）电压与电流的关系：

$$\frac{U_1}{U_2} = \frac{N_1}{N_2} = k_{12} = \frac{I_2}{I_1}$$

$$\dot{I}_2 = \dot{I} + \dot{I}_1$$

式中：U_1、U_2、I_1、I_2、N_1、N_2 分别为一次绕组和二次绕组的电压、电流和线圈匝数；I 为励磁电流；k_{12} 为自耦变压器的电压比。

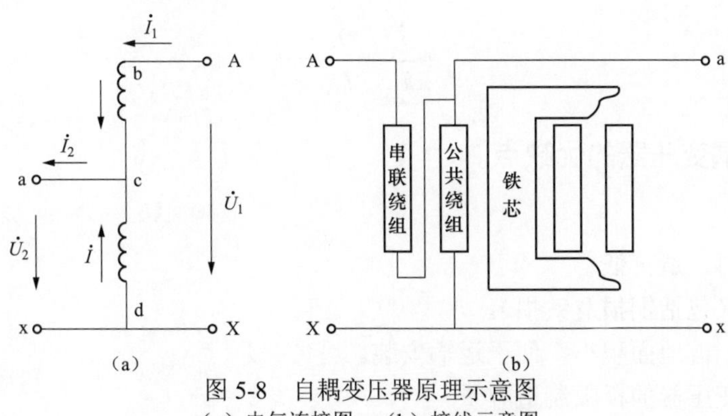

图 5-8 自耦变压器原理示意图

（a）电气连接图；（b）接线示意图

根据磁式平衡原理：

$$(N_1 - N_2)\dot{I}_1 = N_2\dot{I} = N_2(\dot{I}_2 - \dot{I}_1)$$

$$\frac{\dot{I}_1}{\dot{I}} = \frac{N_1 - N_2}{N_2} = k_{12} - 1$$

$$\frac{\dot{I}}{\dot{I}_2} = \frac{\dot{I}_2 - \dot{I}_1}{\dot{I}_2} = 1 - \frac{1}{k_{12}}$$

（2）功率关系

$$\dot{U}_1\dot{I}_1^* = \dot{U}_2\dot{I}_2^* = \dot{U}_2(\dot{I}_1^* + \dot{I}^*)$$

（3）额定容量

$$S_{\mathrm{N}} = U_{\mathrm{N1}}I_{\mathrm{N1}} = U_{\mathrm{N2}}I_{\mathrm{N2}}$$

式中：S_{N} 为自耦变压器的额定容量；U_{N1}、I_{N1}、U_{N2}、I_{N2} 分别为额定状态下的一次绕组和二次绕组的电压和电流。

4. 简述三绕组变压器的工作原理。

答： 三绕组变压器的每相有 3 个绕组，当 1 个绕组接到交流电源后，另外 2 个绕组感应出不同的电动势。每相的高、中、低压绕组均套于同一个铁芯柱上。一般工作情况下，三绕组的任意一个（或两个）绕组都可以作为一次绕组，而其他的两个（或一个）则为二次（或三次）绕组。为了绝缘使用合理，通常把高压绕组放在最外层，中压和低压绕组放在内层。通常以最大的绕组容量命名三绕组变压器的额定容量 S_{N}。这种变压器用于满足 2 种不同电压等级的负载。发电厂和变电站通常出现 3 种不同等级的电压，所以三绕组变压器在电力系统中应用比较广泛。三绕组变压器结构示意图如图 5-9 所示。

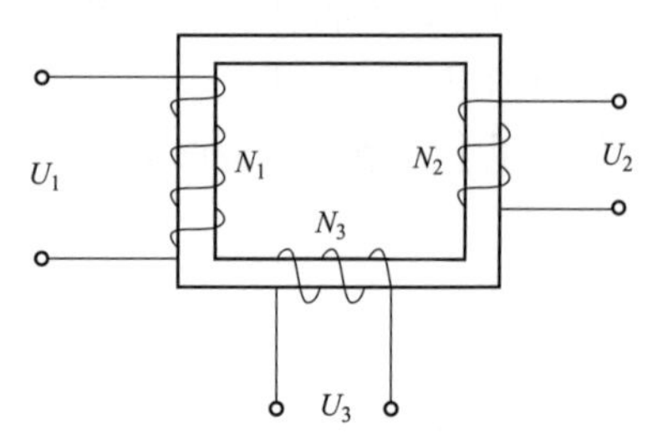

图 5-9　三绕组变压器结构示意图

假设一、二、三次绕组匝数分别为 N_1，N_2，N_3。则三个绕组之间的对应变比为：$k_{12} = N_1 / N_2$，$k_{13} = N_1 / N_3$，$k_{23} = N_2 / N_3$，磁动势为：$\dot{F}_1 = N_1\dot{I}_1$，$\dot{F}_2 = N_2\dot{I}_2$，$\dot{F}_3 = N_3\dot{I}_3$。负载运行时若不计空载电流 I_0，则变压器的磁动势平衡方程为

$$N_1\dot{I}_1 + N_2\dot{I}_2 + N_3\dot{I}_3 = \dot{F}_1 + \dot{F}_2 + \dot{F}_3 = 0$$

$$\dot{I}_1 + \frac{\dot{I}_2}{k_{12}} + \frac{\dot{I}_3}{k_{13}} = 0$$

5. 试述自耦变压器的优缺点。

答： 优点：

（1）节省材料，造价低。

（2）损耗小（包括铜损及铁损）。

（3）重量轻，占地面积小，便于运输安装。

（4）能扩大变压器的极限制造容量。

缺点：

（1）自耦变压器由于一次与二次之间除磁耦合外还有电气直接耦合，造成调压存在一定困难。

（2）中性点绝缘水平低，故中性点必须直接接地，增大了短路电流和系统单相短路容量。

（3）增加保护复杂性，如自耦变将不同电压的零序网络相连给零序保护的配合带来困难，高、中压绕组的自耦关系使得绕组过电压保护更为复杂等。

6. 简述接地变压器的工作原理。

答：接地变压器的工作原理是人为制造了一个中性点，用来连接接地电阻。当系统发生接地故障时，对正序、负序电流呈高阻抗，对零序电流呈低阻抗性使得接地保护可靠动作。

以常见的接地变压器的一种——Z 型变压器为例做磁通分析，接线图如图 5-10 所示。

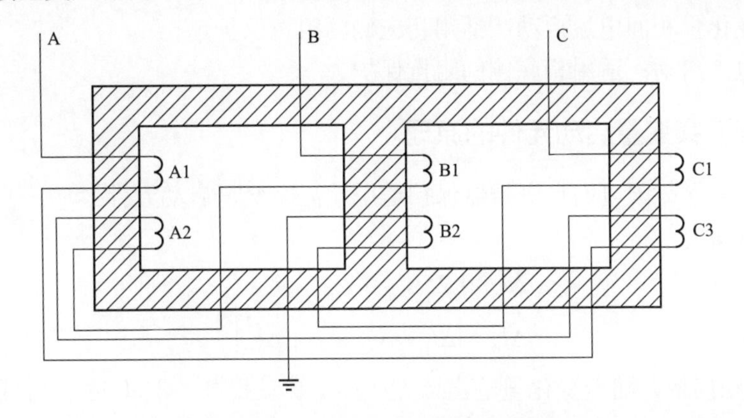

图 5-10 Z 型变压器的绕组接线图

假设系统运行过程中，A、B、C 三相中通过的正（负）序电流值为 I_a，I_b，I_c。以 A 相铁芯为例：绕组 A1、A2 中产生磁通分别为 $\Phi_{A1}=KI_a$、$\Phi_{A2}=KI_b$，总磁通为 $\Phi_A=K(I_a-I_b)=\sqrt{3}KI_c$，A 相铁芯中将产生与相电压大小相等的感应电压，阻碍电流通过，呈高阻抗；零序电流无相位，因此两个绕组 A1，A2 的极性相反，他们在铁芯中产生的磁通极性相反，会互相抵消，对应的零序阻抗变小。

Z 型接地变压器中三个铁芯柱上的绕组均被分成两个部分，当三相对称电流通过绕组时，由于每个铁芯柱上的绕组产生的磁动势相互对称形成回路，导致磁通量很大，相应的励磁阻抗也增大，造成正、负序阻抗较高；相应地，当三相零序电流通过绕组时，会导致同一铁芯上的不同绕组极性相反，产生相互抵消的磁通，使得磁通量降低，相应的零序阻抗也会变小。由此可见，系统正常工作时，Z 型接地变压器中的正、负序阻抗较大，所以通过绕组的电流很小；若系统发生故障时，因为零序阻抗低，会在 Z 型变压器的绕组中产生很大的零序电流，接地保护可靠动作。

7. 国电南自 SGT-765 变压器保护启动元件有哪些，并说明适用哪些保护？

答：（1）差流启动元件：适用纵差保护。

（2）差流突变量启动元件：适用纵差保护。

（3）相电流突变增量启动：适用阻抗保护、复压过流（方向）保护、过流保护、零序（方向）过流保护、公共绕组零序过流。

（4）自产零序电流启动：适用阻抗保护、复压过流（方向）保护、过流保护、零序（方向）过流保护、公共绕组零序过流。

8．南瑞继保 PCS-978 变压器保护启动元件有哪些，并说明适用哪些保护？

答：（1）稳态差流启动：适用稳态比率差动保护和差动速断保护。

（2）工频变化量差流启动：适用工频变化量比率差动保护。

（3）相电流启动：适用相应侧的过流保护。

（4）零序电流启动：适用相应侧的零序过流保护。

（5）零序电压启动：适用相应侧的零序过压保护。

（6）间隙零序电流启动：适用相应侧的间隙零序过流保护。

（7）工频变化量相间电流启动：适用相应侧的阻抗保护。

（8）负序电流启动：适用相应侧的阻抗保护。

9．简述差流突变量启动元件的原理。

答：仅南瑞继保与国电南自变压器保护适用差流突变量启动元件。

（1）南瑞继保：

$$\Delta I_{\mathrm{d}} > 1.25\Delta I_{\mathrm{dt}} + I_{\mathrm{dth}}$$

$$\Delta I_{\mathrm{d}} = \left|\Delta \dot{I}_1 + \Delta \dot{I}_2 + \cdots + \Delta \dot{I}_{\mathrm{m}}\right|$$

式中：ΔI_{dt}为浮动门槛，随着变化量输出增大而逐步自动提高，取 1.25 倍可保证门槛电流始终略高于不平衡输出；$\Delta \dot{I}_1$、$\Delta \dot{I}_2$、…、$\Delta \dot{I}_{\mathrm{m}}$分别为变压器各侧电流的工频变化量；$\Delta I_{\mathrm{d}}$为差流的半周积分值；$I_{\mathrm{dth}}$为固定门坎。工频变化量差流启动元件不受负荷电流影响，灵敏度很高，启动定值由装置内部设定，无需用户整定。

（2）国电南自：

$$\left|[i_{\mathrm{d(k)}} - i_{\mathrm{d(k-2n)}}]\right| \geqslant I_{\mathrm{QD}}$$

式中：$i_{\mathrm{d(k)}}$为当前差动瞬时值；$i_{\mathrm{d(k-2n)}}$为当前采样点前推二周波对应的差动采样瞬时值；I_{QD}为差流突变量启动门槛。连续三点满足条件时，保护启动。

10．变压器差动保护在外部短路暂态过程中产生不平衡电流（两侧二次电流的幅值和相位已完全补偿）的主要原因有哪些（至少写出 5 种原因）？

答：（1）如外部短路电流倍数太大，两侧电流互感器饱和程度不一致。

（2）外部短路非周期分量电流造成两侧电流互感器饱和程度不同。

（3）二次电缆截面选择不当，使两侧差动回路不对称。

（4）电流互感器设计类型不当，500kV 应用 TP 型，但中低压侧用 5P 或 10P 型。

（5）各侧均用 TP 型电流互感器，但电流互感器的短路电流最大倍数和容量不够大。

（6）各侧电流互感器二次回路的时间常数相差太大。

11．简述相位校正方法。

答：电力系统中变压器存在联结组别变化。如对于双绕组降压型变压器，常采用 Yd11

等联结组别，该变压器两侧同相的一次电流相位也存在角差。正常运行状态下，该相位角差将造成差动电流不为零。因此，必须采取“相位校正”措施，将差动保护的“天平”重新调平。校正方法有两种：①以 Y 侧为基准，将 d 侧电流进行移相，使 d 侧电流相位与 Y 侧电流相位一致；②以 d 侧为基准，使 Y 侧电流相位与 d 侧电流相位一致。

（1）以 d 侧为基准，用 Y 侧电流移相。如图 5-11 所示，Y 侧做差动计算的三相电流表达式为

$$\dot{I}_{AH}=(\dot{I}_{ah}-\dot{I}_{bh})/\sqrt{3}$$
$$\dot{I}_{BH}=(\dot{I}_{bh}-\dot{I}_{ch})/\sqrt{3}$$
$$\dot{I}_{CH}=(\dot{I}_{ch}-\dot{I}_{ah})/\sqrt{3}$$

式中：$\dot{I}_{AH}$、$\dot{I}_{BH}$、$\dot{I}_{CH}$ 为校正后电流，$\dot{I}_{ah}$、$\dot{I}_{bh}$、$\dot{I}_{ch}$ 为校正前电流。

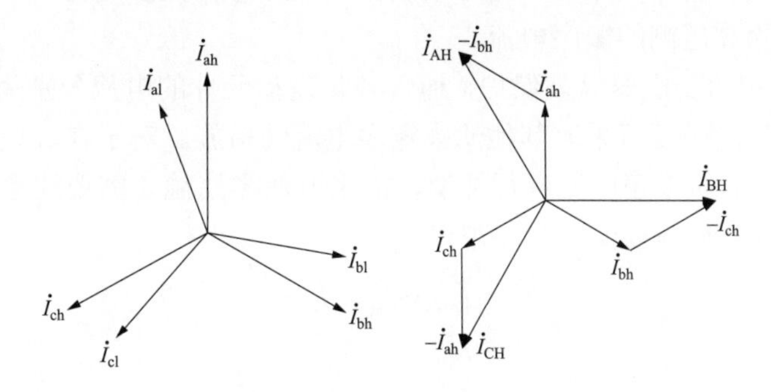

图 5-11　Y 侧电流移相示意图

（2）以 Y 侧为基准，用 d 侧电流移相。如图 5-12 所示，d 侧做差动计算的三相电流表达式为

$$\dot{I}_{AL}=(\dot{I}_{al}-\dot{I}_{cl})/\sqrt{3}$$
$$\dot{I}_{BL}=(\dot{I}_{bl}-\dot{I}_{al})/\sqrt{3}$$
$$\dot{I}_{CL}=(\dot{I}_{cl}-\dot{I}_{bl})/\sqrt{3}$$

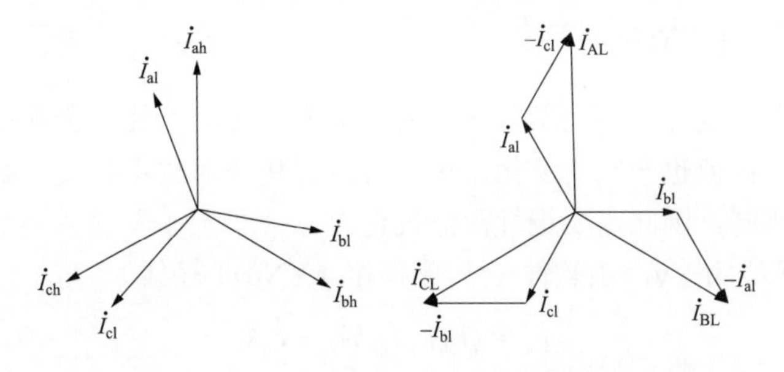

图 5-12　d 侧电流移相示意图

式中：$\dot{I}_{AL}$、$\dot{I}_{BL}$、$\dot{I}_{CL}$ 为校正后电流，$\dot{I}_{al}$、$\dot{I}_{bl}$、$\dot{I}_{cl}$ 为校正前电流。

12. 为什么在 Yd11 变压器中差动保护电流互感器二次接成 Y 形？

答：在继电器保护时代，由于变压器保护需要考虑消零、星角变换消除角差，且没有软

件算法来实现各侧电流的相位和幅值补偿，所以需要通过互感器二次接线方式的改变来实现，而微机型保护可以由软件实现补偿，且软件实现补偿相比通过调整二次接线实现更加可靠和准确。而Y形接线相比三角形接线，具有接线方便、更真实地反映一次电流、试验方便、允许的二次负载更大、误差相对较小、可采集零序电流、反映三次及其倍数次的谐波有助于保护判别等方面的优势，而三角形接线方式下，一次电流的三次谐波无法通过角形接线流入保护，所以变压器中差动保护电流互感器二次应接成Y形。

13. 简述消除零序电流进入差动元件的措施。

答：对于YNd接线形式、高压侧中性点接地的变压器，高压侧中性点接地，保护区外发生接地故障时，Y侧故障相电流将出现零序分量。由于三角形接线方式的特点，零序电流会在三角形绕组中形成环流，变压器三角形接线侧电流互感器无法测得该零序电流。所以应对装置采取措施，消除高压侧的零序电流。

对于在Y侧移相的变压器纵差保护，通入各相差动元件的电流分别为两相电流之差，已将零序电流滤去，故没必要再采取其他滤去零序电流的措施。对于在d侧移相的转角的变压器纵差保护，对Y侧的零序电流进行补偿，需采取滤零措施。需要注意的是，对于接线为YNy的变压器，YN侧也需要滤去零序电流。

$$\dot{I}_{AH}=\dot{I}_{ah}-\dot{I}_0$$
$$\dot{I}_{BH}=\dot{I}_{bh}-\dot{I}_0$$
$$\dot{I}_{CH}=\dot{I}_{ch}-\dot{I}_0$$

式中：$\dot{I}_{ah}$、$\dot{I}_{bh}$、$\dot{I}_{ch}$为Y侧未采取滤零措施的原始电流；$\dot{I}_0$为Y侧零序电流；$\dot{I}_{AH}$、$\dot{I}_{BH}$、$\dot{I}_{CH}$为Y侧经滤零后的电流。

14. YNd接线变压器的差动保护为什么对YN侧绕组单相短路不灵敏?

答：单相短路时的零序电流流经二次d接线时被滤掉，且单相短路时YNd变压器两侧电流的相位可能具有外部短路特征，因而对单相短路不灵敏。

15. 简述幅值校正方法。

答：由于变压器的变比、各侧实际使用的TA变比之间不能完全满足一定的关系，同时在进行相位校正时，幅值也会发生变化，在正常运行和外部故障时变压器两侧差动TA的二次电流幅值不完全相同，因此需要进行幅值校正。

（1）差动TA接线为Yy，由软件在Y侧移相（YNd11接线）

$$\dot{I}_{da}=(\dot{I}_{ah}-\dot{I}_{bh})k_h+\dot{I}_{al}k_l$$
$$\dot{I}_{db}=(\dot{I}_{bh}-\dot{I}_{ch})k_h+\dot{I}_{bl}k_l$$
$$\dot{I}_{dc}=(\dot{I}_{ch}-\dot{I}_{ah})k_h+\dot{I}_{cl}k_l$$

令$k_l=1$，则$k_h=\dfrac{CT_hU_{nh}}{CT_lU_{nl}\times\sqrt{3}}$。

（2）差动TA接线为Yy，由软件在d侧移相（YNd11接线）

$$\dot{I}_{da}=(\dot{I}_{ah}-\dot{I}_{0h})k_h+(\dot{I}_{al}-\dot{I}_{cl})k_l/\sqrt{3}$$
$$\dot{I}_{db}=(\dot{I}_{bh}-\dot{I}_{0h})k_h+(\dot{I}_{bl}-\dot{I}_{al})k_l/\sqrt{3}$$
$$\dot{I}_{dc}=(\dot{I}_{ch}-\dot{I}_{0h})k_h+(\dot{I}_{cl}-\dot{I}_{bl})k_l/\sqrt{3}$$

令 $k_h=1$，则 $k_l=\dfrac{CT_lU_{nl}}{CT_hU_{nh}}$。

式中：$\dot{I}_{da}$、$\dot{I}_{db}$、$\dot{I}_{dc}$ 为各相的差流值；$\dot{I}_{ah}$、$\dot{I}_{bh}$、$\dot{I}_{ch}$ 为高压侧电流；$\dot{I}_{0h}$ 为高压侧零序电流；$\dot{I}_{al}$、$\dot{I}_{bl}$、$\dot{I}_{cl}$ 为低压侧电流；k_h 为高压侧幅值校正系数；k_l 为低压侧幅值校正系数。

16. 主流厂家比例制动特性曲线有哪几种？

答：（1）比率制动特性两折线。如南瑞继保 PCS-978 高值比率制动特性及北京四方 CSC-326T 变化量比率纵差特性，如图 5-13 所示。

表达式为

$$\begin{cases}I_{dz}\geqslant I_{dz0} & I_{zd}\leqslant I_{zd0}\\ I_{dz}\geqslant K_z(I_{zd}-I_{dz0})+I_{dz0} & I_{zd}>I_{zd0}\end{cases}$$

（2）比率制动特性三折线 1。如南瑞科技 NSR-378T 比率制动特性、国电南自 SGT-756 比率制动特性及许继电气 WBH-801T 比率制动特性，如图 5-14 所示。

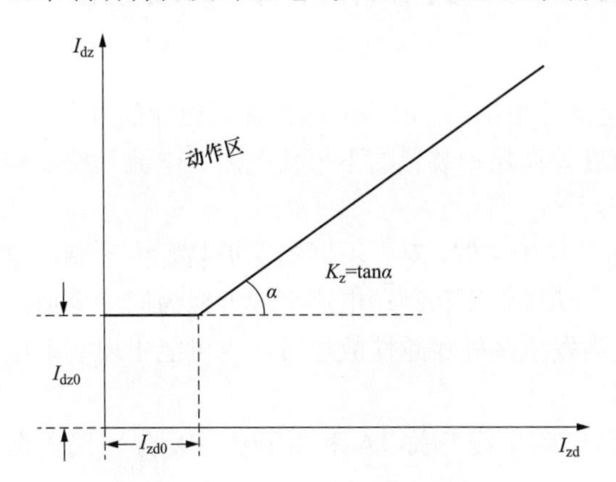

图 5-13 两折线式比率制动特性曲线

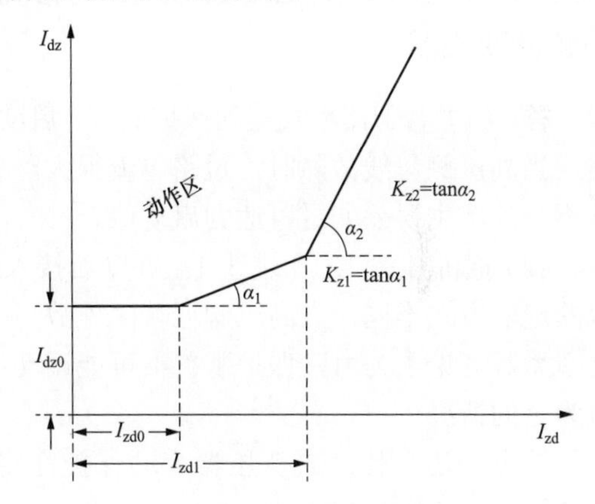

图 5-14 三折线式比率制动特性曲线 1

表达式为

$$\begin{cases}I_{dz}\geqslant I_{dz0} & I_{zd}\leqslant I_{zd0}\\ I_{dz}\geqslant K_{z1}(I_{zd}-I_{zd0})+I_{dz0} & I_{zd0}\leqslant I_{zd}\leqslant I_{dz1}\\ I_{dz}\geqslant K_{z1}(I_{zd1}-I_{zd0})+K_{z2}(I_{zd}-I_{zd1})+I_{dz0} & I_{zd}>I_{dz1}\end{cases}$$

（3）比率制动特性三折线 2，如南瑞继保 PCS-978 低值比率制动特性及四方 CSC-326T 稳态比率制动特性，如图 5-15 所示。

表达式为

$$\begin{cases}I_{dz}\geqslant K_{z1}I_{dz0}+I_{dz0} & I_{zd}\leqslant I_{zd0}\\ I_{dz}\geqslant K_{z1}(I_{zd}-I_{zd0})+I_{dz0} & I_{zd0}\leqslant I_{zd}\leqslant I_{dz1}\\ I_{dz}\geqslant K_{z1}(I_{zd1}-I_{zd0})+K_{z2}(I_{zd}-I_{zd1})+I_{dz0} & I_{zd}>I_{dz1}\end{cases}$$

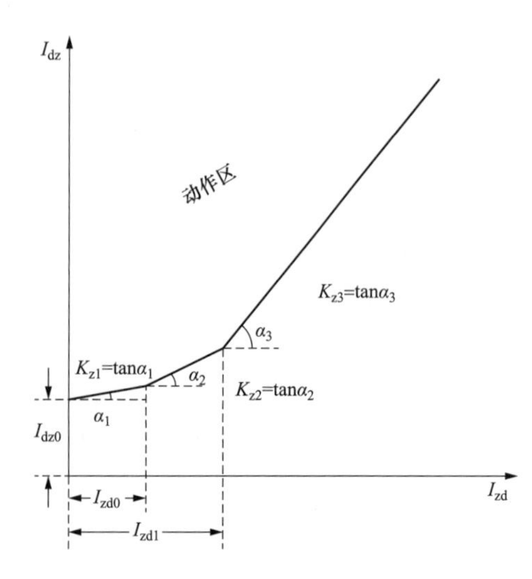

图 5-15　三折线式比率制动特性曲线二

17. 简述采用多段比例制动特性的原因。

答：（1）采用比例制动特性，利用了差动电流和制动电流的比值对外部故障和内部故障进行区分。外部发生故障时，差动保护自动提高了动作电流，不会误动；而内部故障时动作电流较小，从而提高了保护的灵敏度。

（2）对于一段比例制动特性，差动元件在外部故障电流引起的 TA 饱和可能会发生误动。多段比例制动特性通过提高后半部分的斜率躲过外部故障造成 TA 饱和而引起的较大差动电流，同时前半部分较低的斜率保证内部故障能有较高的动作灵敏度。

18. 当变电站高压侧接线为内桥接线时，为什么通常电磁型变压器差动保护装置是将高压侧进线 TA 和桥开关 TA 并联后接入差动回路，而比率式变压器差动保护需将高压侧进线开关 TA 和桥开关 TA 分别接入保护装置变流器？

答：（1）对于比率式差动保护而言，启动电流值很小，一般为变压器额定电流的 0.3～0.5 倍，当高压侧母线故障时，短路电流很大，流进差动保护装置的不平衡电流（电流互感器特性不一致产生误差）足以达到启动值。

（2）把桥开关 TA 和进线 TA 并联后接入差动保护装置，对于不同的保护装置由于制动电流的选取方式不同，当高压侧近端区外故障时，动作电流和制动电流可能近似为同一个值，比率系数理论上为 1，保护装置很可能误动；当发生区外穿越性故障时，也可能出现制动电流为零的情况。

综上所述，比率式变压器差动保护需将高压侧进线开关 TA 和桥开关 TA 分别接入保护装置。

19. 什么是变压器的励磁涌流，简述其产生原因。

答：对于变压器而言，为其提供工作磁场时所产生的电流叫励磁电流（Exciting Current）。励磁涌流是一种励磁电流，但是被称为“涌流”（Inrush Current）的原因是在变压器投入运行之初或在外部故障切除后电压回升过程中，由于绕组感受电压的突然变化而引起的励磁电流突然增加的现象。

在变压器空载合闸时，一次侧在 t=0 时合闸到电压为 u 的电网上，则

$$u = U_{\mathrm{m}} \sin(\omega t + \alpha) = N_1 \frac{\mathrm{d}\Phi}{\mathrm{d}t}$$

可得在合闸瞬间电压所产生的磁通

$$\Phi = \Phi_{\mathrm{m}}[\cos\alpha - \cos(\omega t + \alpha)]$$

式中：$\Phi_m = \dfrac{U_m}{\omega N_1}$ 为稳态磁通最大值。

因为铁芯中的磁通不能发生突变，由此可得

$$\Phi_0 = \Phi_m \cos(\alpha) + \Phi_r$$

式中：Φ_r 为铁芯中的剩磁。

如图 5-16 所示，变压器合闸时刻励磁电流的大小与合闸时刻的初相角和剩磁均有关，最极端的情况为在电压过零点时刻 ($\alpha = 0$) 合闸，并且电压产生的磁通方向与剩磁相同，该情况下合闸半个周期后磁通 Φ 将达到最大值 $2\Phi_m + \Phi_r$。

变压器铁芯磁化曲线如图 5-17 所示，当变压器进入磁通饱和状态后，变压器的励磁电流需要急剧增加，才能产生相应的磁通。励磁涌流可达额定电流的 6～8 倍，甚至更高。其涌流的大小与变压器内部故障时的短路电流相当。

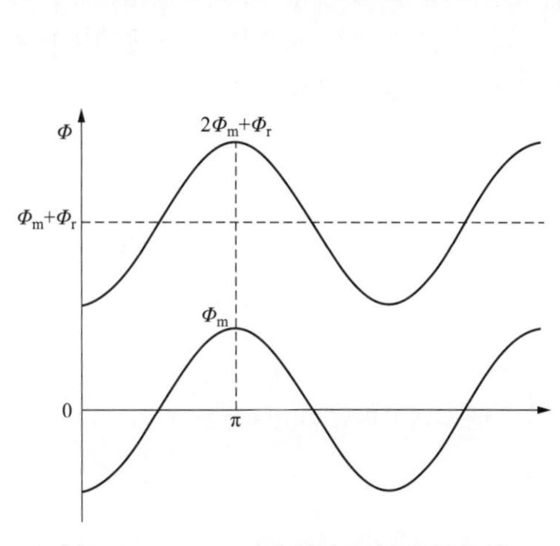

图 5-16 $\alpha = 0$ 时空载合闸的磁通曲线

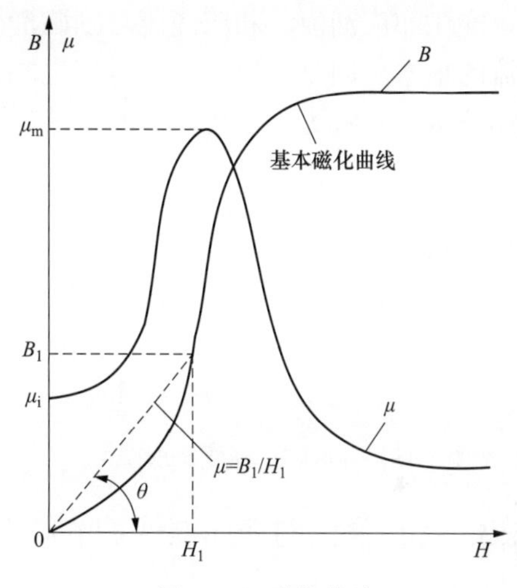

图 5-17 磁化曲线

20. 简要介绍变压器励磁涌流的特点，变压器差动保护该采取哪些措施才能避免励磁涌流造成误动。

答：（1）励磁涌流的特点有：

1）包含有很大成分的非周期分量，往往使涌流偏于时间轴的一侧。

2）包含有大量的高次谐波，而以二次谐波为主。

3）波形之间出现间断角。

（2）避免励磁涌流造成误动的措施有：

1）采用间断角原理的差动保护。

2）采用二次谐波制动。

3）采用波形对称原理的差动保护。

21. 简述三相变压器空载合闸时励磁涌流的大小及波形特征与哪些因素有关。

答：（1）系统电压大小和合闸初相角。

（2）系统等值电抗大小。

（3）铁芯剩磁、铁芯结构。

（4）铁芯材质（饱和特性、磁滞环）。

（5）合闸在高压或低压侧。

22. 简述和应涌流的原理。

答： 两台变压器并联或者级联运行，当其中一台变压器空投充电时，该变压器中会产生励磁涌流，即起始涌流。在另外一台串联或并联的变压器中会存在和应作用，使其也产生涌流，即和应涌流，其过程如图 5-18 和图 5-19 所示。当变压器 T2 空充时变压器铁芯饱和产生励磁涌流，较大的电流流过系统阻抗时会导致系统电压降低，因此正常运行的变压器 T1 的系统电压会发生突变，由于电压的突变会在变压器铁芯产生附加磁通，导致变压器 T1 铁芯饱和，产生和应涌流。和应涌流与励磁涌流是相伴产生的，并且互相作用直至稳态。产生和应涌流的根本原因是空投变压器时产生励磁涌流，引起串联或并联的变压器公共端电压产生非周期分量，导致另一台变压器的铁芯也出现饱和现象，产生和应涌流。

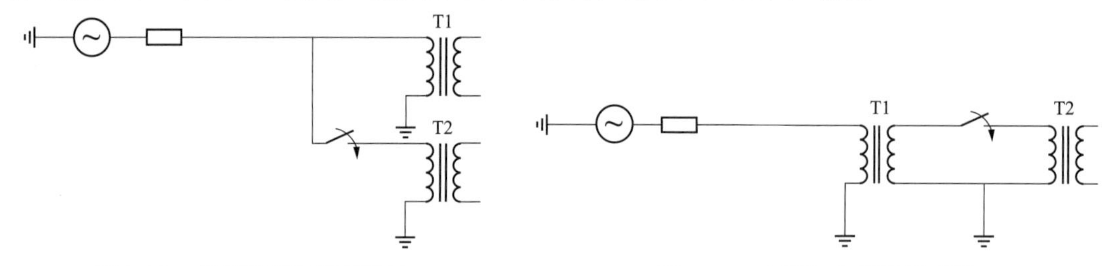

图 5-18　并联和应涌流原理图　　　图 5-19　串联和应涌流原理图

23. 和应涌流对变压器保护的影响有哪些?

答：（1）由于和应涌流方向相对于励磁涌流方向反向。当系统中某台变压器空载合闸时，零序电流通过两变压器中性点、大地进入运行变压器，可能引起运行变压器零序过流保护误动跳闸。当一台变压器空载合闸时，零序电流通过接地中性点回路流入另外一台变压器，可能会造成另外并联运行的变压器零序保护误动。

（2）由于大容量变压器空载合闸的暂态过程持续时间长，和应涌流增长也较缓慢. 运行变压器的差动保护有可能在变压器空载合闸一段时间后，由于和应涌流误动跳闸。

24. 常见的励磁涌流闭锁判据有什么?

答：（1）二次谐波原理：利用三相差电流中的二次谐波与基波的比值作为励磁涌流闭锁判据。

（2）波形分析制动判据：故障时，差流基本上是工频正弦波，而励磁涌流时，有大量的谐波分量存在，波形发生畸变、间断和不对称。利用算法识别出这种畸变，即可识别出励磁涌流。

25. 简述 PCS-978 系列变压器保护励磁涌流判别原理。

答：（1）利用谐波识别励磁涌流，采用三相差动电流中二次谐波、三次谐波的含量来识

别励磁涌流，判别方程如下

$$I_{2nd}>K_{2xb}I_{1st}$$

$$I_{3nd}>K_{3xb}I_{1st}$$

式中：I_{2nd}、I_{3nd}分别为每相差动电流中的二次谐波和三次谐波；I_{1st}为对应相的差流基波；K_{2xb}、K_{3xb}分别为二次谐波和三次谐波制动系数整定值。装置中K_{2xb}可整定，K_{3xb}固定为0.2。

当三相中某一相被判别为励磁涌流，只闭锁该相比率差动元件。

（2）利用波形畸变识别励磁涌流。故障时，差流基本上是工频正弦波。而励磁涌流时，有大量的谐波分量存在，波形发生畸变，间断，不对称。利用算法识别出这种畸变，即可识别出励磁涌流。故障时，有如下表达式成立

$$S>k_bS_+$$

$$S>S_t$$

$$S_t=\alpha I_d+0.1I_e$$

式中：S是差动电流的全周积分值；S_+是“差动电流的瞬时值+差动电流半周前的瞬时值”的全周积分值；k_b是某一固定常数；S_t是门槛定值；I_d是差电流的全周积分值；α是某一比例常数。

当三相中的某一相不满足以上方程，被判别为励磁涌流，只闭锁该相比率差动元件。

26. TA饱和会对变压器差动保护造成什么影响?

答：（1）区外故障时，出现一侧TA饱和，由于电流在传变过程中造成畸变，从而导致差动保护误动作。

（2）变压器区内故障TA饱和时，由于饱和产生的二次电流中的谐波成分会导致变压器差动保护延时动作。

27. 变压器保护中不同厂家常见的TA饱和判据分别有哪些?

答：（1）利用二次电流中的二次和三次谐波含量来判别TA是否饱和（南瑞继保、国电南自）。

（2）利用差动电流和制动电流是否同步出现来判断区内外故障。差动电流晚于制动电流出现，则判为区外故障TA饱和（南瑞科技、北京四方）。

（3）区外故障时，饱和TA在一次电流过零点附近TA会退出饱和，也存在一定时间能够正确传变一次电流。在TA能够正确传变期间，区外故障时保护是检测不到差流的，即检测到的差流是不连续的。检测的差流不连续点数来识别区内外饱和，即当连续检测到的无差流点数大于某固定门槛点数时，认为区外故障引起的TA饱和（国电南自）。

28. 为什么变压器差动TA饱和允许的正常传变区最小时间为5ms，发电机差动TA饱和允许的正常传变区最小时间为10ms?

答：（1）主变压器差动（发变组差动），各侧TA选型不一致，主变压器高压侧TA电缆很长（有时选用1A的TA），区外故障时TA传变差别很大，TA饱和现象严重，因此装置允许TA饱和的最小时间为5ms。

（2）对于发电机差动，两侧电流完全一样，TA型号相同，而区外故障时，最大短路电流

为 3～5 倍额定电流，考虑最严重非周期分量影响，TA 饱和时间不会小于 10ms，因此装置允许 TA 饱和最小时间为 10ms。

29. 在 PCS-978 变压器差动保护中，采取了哪些措施，防止区外故障伴随 TA 饱和时差动保护误动?

答：采用稳态低值差动和稳态高值差动相配合（低值差动有 TA 饱和判据，而高值差动没有 TA 饱和判据）。在下列几种故障情况下，区内故障保护灵敏动作，区外故障保护不误动：

（1）区内轻微故障，短路电流小，TA 不饱和：低值比率差动灵敏动作。

（2）区内严重故障，短路电流大，TA 饱和：低值闭锁，高值动作。

（3）区外轻微故障，短路电流小，TA 不饱和：差流很小，低值和高值都不动作。

（4）区外严重故障，短路电流大，TA 饱和：低值闭锁，高值差动由于定值比较高，差流进入不到动作区，也不会动作。

30. TA 断线判别元件有哪些?

答：（1）国电南自产品。

1）本侧 $3I_0$ 大于 0.15 倍本侧额定电流。

2）本侧异常相电压无突降。

3）本侧异常相无流并且电流突降。

4）断线相差流大于 $0.12I_e$（I_e 为差动保护基准电流）。

（2）南瑞继保产品。

1）当任一相差流大于差流越限定值的时间超过 10s 时发出差流越限报警信号，不闭锁差动保护。当检测到电流异常后，如果同时检测到参与本差动的电流三相不平衡，延时 10s 后报该分支 TA 断线。

2）差动保护启动后满足以下任一条件认为是故障情况，开放差动保护，否则认为是差回路 TA 异常造成的差动保护启动。

a）任一侧任一相间工频变化量电压元件启动。

b）任一侧负序相电压大于 6V。

c）启动后任一侧任一相电流比启动前增加。

d）启动后最大相电流大于 $1.1I_e$。

（3）南瑞科技产品。

1）当差动保护控制字投入，任一相差流大于差流越限门槛的时间超过 10s 时，发出“差流越限告警”信号，不闭锁差动保护。差流越限门槛默认取 $0.15I_e$。

2）当某侧负序电流大于 $0.06I_n$ 或零序电流大于 $0.08I_n$（I_n 为 TA 二次额定值）超过 10s 时，同时差流越限告警，则报该侧 TA 断线。某一侧发生 TA 断线引起差动动作时，经短延时报该侧 TA 断线。TA 断线靠以下条件解除闭锁：

a）高、中、低侧最大相电流大于 $1.2I_e$。

b）任一侧任一相间突变量电压元件启动。

c）任一侧负序电压大于门槛电压 6V。

d）序电流元件启动。

e）差电流大于 $1.2I_e$。

f）差动电流与制动电流同步增加。

（4）许继电气产品。

TA 断线判据分为高定值和低定值两种情况。

1）高定值判据：当差流大于 0.2 倍的额定电流时，启动 TA 断线判别程序，满足下列条件瞬时发 TA 断线信号并闭锁保护，展宽 10s：①本侧三相电流中至少一相电流不变；②任意一相电流为零。

2）低定值判据：满足下列条件延时 10s 发 TA 断线信号并闭锁保护，展宽 10s：①零序电流大于 $\max\{0.1I_e, 0.06I_n\}$；②任意一相电流为零。

I_e 为差动保护基准电流，I_n 为 TA 二次额定值。

（5）北京四方产品。

正常情况下（保护不启动）判断 TA 断线是通过检查构成差动的所有相别的电流中有一相或两相无流且差流大于差流越限门槛值，即判为 TA 断线。

在有电流突变时，判据如下：

1）发生突变后电流减小（而不是增大）。

2）本侧三相电流中有一相或两相电流变化至记忆电流的一半以下，且其他各侧三相电流无变化；其中记忆电流对应于差流大于差流越限门槛前的值。

3）差流大于差流越限门槛值。

4）至少有两侧有电流才判别 TA 断线。

满足以上条件时判为 TA 二次回路断线。TA 二次断线后，发出告警信号。

31. TA 断线时，变压器保护功能有哪些变化？

答：（1）当“TA 断线闭锁差动保护”整定为“1”时，TA 断线或短路闭锁比率差动保护（当差流小于 $1.2I_e$ 时闭锁差动保护，大于 $1.2I_e$ 时不闭锁差动保护。

（2）当“TA 断线闭锁差动保护”整定为“0”时，TA 断线或短路不闭锁纵差比率差动。

32. 纵差差动保护的原理及特点是什么？

答：纵差差动保护是基于变压器磁势平衡原理的差动保护，能反应变压器各侧 TA 之间的相间故障、接地故障及匝间故障。在变压器各侧电流经幅值和相位校正后，变压器在正常运行或外部故障时，流过变压器各侧电流的相量和为零，在内部故障时，两侧的相量和等于短路点的短路电流。从差电流构成来看，纵差差动保护采用了高、中、低压侧开关电流，保护范围较大，励磁涌流的特征明显。纵差差动保护是目前广泛使用的比率差动保护。

33. 分相差动保护的原理及特点是什么？

答：分相差动保护是基于磁势平衡原理的差动保护，能反应变压器内部的相间故障、匝间故障。从差电流构成来看，分相差动保护高、中、低压侧均采用相电流，差电流中保留了全部故障分量，同时，励磁涌流的特征也全部保留，所以，分相差动对各种故障的反应能力强，励磁涌流的特征明显，总体性能较好，但不能保护低压侧引线。

34. 低压侧小区差动保护的原理及特点是什么?

答：低压侧小区差动保护采用低压侧三角内部套管（绕组）TA 和低压侧外附 TA 计算差流。小区差动保护只反映电的联系，不存在励磁涌流形成的差电流，但要考虑 TA 传变的暂态误差，主要采用比率制动特性解决，差电流动作定值可以与分相差动保护相同。

35. 分侧差动保护的原理及特点是什么?

答：分侧差动保护基于基尔霍夫电流定律，采用高中压侧外附 TA 和公共绕组 TA 电流，差电流中保留了全部故障分量，接地故障的灵敏度高于纵差保护，但不能反应匝间故障。自耦变压器宜配置分侧差动保护。

36. 零序差动保护的原理及特点是什么?

答：零序差动保护基于基尔霍夫电流定律，采用高中压侧外附TA和公共绕组TA的零序电流，差电流中保留了全部故障分量，可用来保护变压器星形绕组侧的区内接地短路故障，接地故障的灵敏度高于纵差保护，但不能反应匝间故障。由于使用的是同一个电路中的电流，不存在电磁耦合关系，因此不需要经励磁涌流闭锁元件和过励磁闭锁元件闭锁。自耦变压器宜配置零序差动保护。

37. 简述故障分量差动保护的特点。

答：故障分量差动保护不受负荷电流的影响，反应三侧负序分量、变化量电流的负序分量、变化量差动保护，也能反应匝间故障，故障分量差动保护灵敏度高，但容易受到干扰，需要辅助判据、延时来确保安全性，其动作门槛和抗干扰措施宜由制造厂自行确定。不宜配置采用中性点 TA 的零序差动保护，因为无法采取有效措施监视中性点 TA 断线，并且极性测试困难，容易导致误动。但可采用公共绕组的自产零序电流构成零序差动保护，有条件时可配置零序差动保护。

38. 简述阻抗保护的特点。

答：330kV 及以上电压等级变压器在高中压侧配置阻抗保护用于变压器部分绕组故障及母线故障的后备保护，部分地区 220kV 变压器也配置阻抗保护，阻抗保护采用具有偏移圆特性的相间阻抗和接地阻抗元件。阻抗元件动作特性如图 5-20 所示，Z_p 为指向变压器相间阻抗定值，Z_n 为指向母线相间阻抗定值，Φ为阻抗角，固定为 80°。阻抗圆内为阻抗元件的动作区域，圆外为不动作区域。

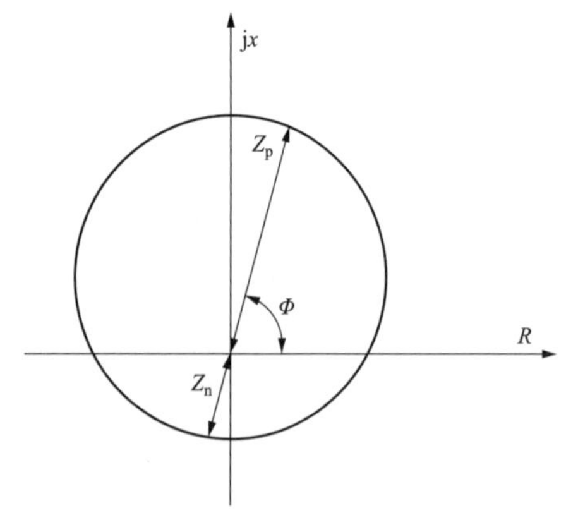

图 5-20　阻抗元件动作特性

39. 简述阻抗保护经振荡闭锁依据。

答：阻抗保护按时限判别是否经振荡闭锁；大于 1.5s 时，则该时限不经振荡闭锁，否则经振荡闭锁。

40. 阻抗元件灵敏角固定为多少?

答：固定为 80°

41. 简述带偏移特性的阻抗保护的保护范围。

答：带偏移特性的阻抗保护，指向变压器的阻抗不伸出对侧母线，作为变压器部分绕组故障的后备保护，指向母线的阻抗作为本侧母线故障的后备保护。

42. 相间阻抗保护动作的条件是什么?

答：（1）后备保护启动。

（2）相间阻抗 Z_{AB}、Z_{BC}、Z_{CA} 中任一阻抗值落在阻抗圆中。

（3）TV 未断线。

（4）压板及控制字投入。

（5）振荡闭锁开放。

43. 接地阻抗保护动作的条件是什么?

答：（1）后备保护启动。

（2）接地阻抗 Z_A、Z_B、Z_C 中任一阻抗值落在阻抗圆中。

（3）TV 未断线。

（4）压板控制字投入。

（5）振荡闭锁开放。

44. 振荡闭锁开放的条件是什么?

答：（1）不对称故障开放元件。

（2）对称故障开放元件。

（3）在启动元件动作的起始 160ms 内。

45. 简述变压器保护复压闭锁过流（方向）保护的方向性及变压器复压过流保护增加复压闭锁的原因。

答：（1）兼顾各地区用户使用习惯，高压侧复压闭锁过流保护按最大化配置。复压闭锁方向过流保护可通过控制字选择指向母线还是指向变压器，以满足对联络变压器的不同整定要求。当指向变压器时，作为变压器绕组及对侧母线故障的相间后备保护；当指向母线时，作为本侧母线和相邻线路的后备保护。为减少互相配合的级差，联络变压器电源侧的方向元件宜均指向本侧母线或均指向变压器。在变压器三侧均有电源的情况下，方向元件指向变压器的过流保护，保护对侧母线的灵敏度会降低。

（2）电源侧不带方向的复压过流保护，作为变压器的总后备保护。对于单侧电源的降压变压器，复压闭锁过流保护可以不带方向。

（3）按照 DL/T 572—2021《电力变压器运行规程》的要求，变压器具备短期急救负载运行的能力，对于大型强油循环风冷和强油循环水冷的变压器，事故前为 0.7 倍额定负荷时，

允许事故后带 1.5 倍额定负荷运行 30min。当并列运行的两台变压器中的一台变压器停运时，负荷全部转移至另外一台变压器，可能造成运行变压器过负荷。作为变压器总后备的过流保护此时不应动作，所以增加复压闭锁，以防止事故过负荷时过流保护误动。

46. 简述复压闭锁方向过流保护中采用 90°接线与 0°接线方式的不同及特点。

答：采用 90°接线。正常运行时，接入继电器的电流 I_g 与接入继电器的电压 U_g 有 90°相角差。方向元件一般采用正序电压并带有记忆，近处三相短路时方向元件无死区。方向元件判据为：当方向指向变压器时，I_a 与 U_{bc}、I_b 与 U_{ca}、I_c 与 U_{ab} 的夹角（电流落后电压时为正），其中任一夹角满足$-120°<\varphi<60°$。当方向指向变压器时，灵敏角为$-30°$，见图 5-21（a）；当方向指向母线（系统）时，灵敏角为 150°，见图 5-21（b）。

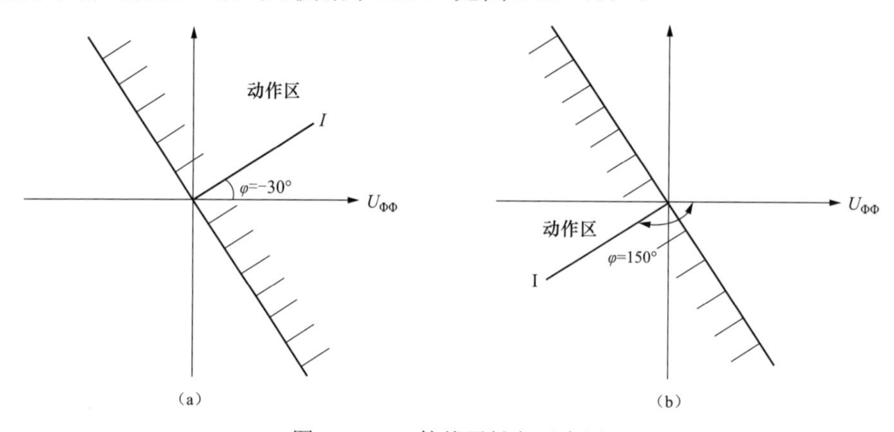

图 5-21　90°接线灵敏角示意图

（a）方向指向变压器；（b）方向指向母线（系统）

采用 0°接线。正常运行时，接入继电器的电流 I_g 与接入继电器的电压 U_g 没有相角差。方向元件一般采用正序电压并带有记忆，近处三相短路时方向元件无死区。方向元件判据为同名相的正序电压与相电流作相位比较。当方向指向变压器时，其中任一夹角满足$-145°<\varphi<45°$。当方向指向变压器时，灵敏角为 45°，见图 5-22（a）；指向母线（系统）时，灵敏角为 225°，见图 5-22（b）。

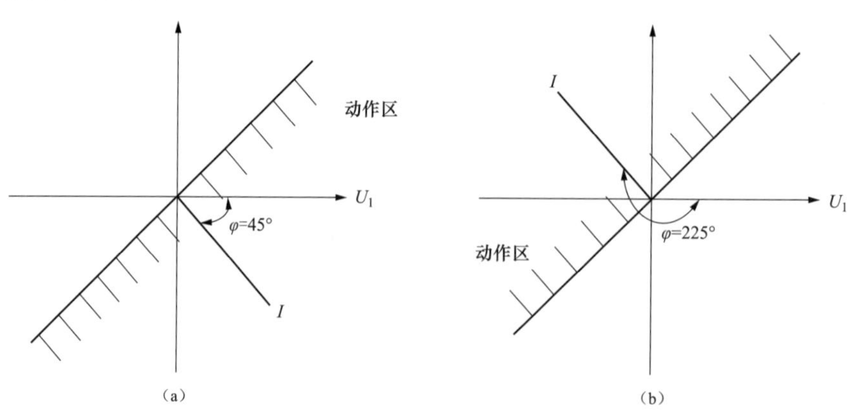

图 5-22　0°接线灵敏角示意图

（a）方向指向变压器；（b）方向指向母线（系统）

47. 简述变压器保护采用“各侧复合电压动作”触点解除电压闭锁存在的问题。

答：（1）大部分故障情况下，变压器断路器失灵时，失灵保护复压闭锁元件是能可靠开放的。因此，解除电压闭锁触点同启动失灵触点可靠性应同等重要，只有发生故障时，变压器保护动作才能解除电压闭锁。

（2）低压侧无总断路器的500kV变压器，变压器内部轻微匝间故障，差动保护动作，中压侧断路器失灵时（高压侧3/2接线），各侧复合电压元件均可能不动作。

（3）低压侧有总断路器的500kV变压器，当低压侧TV因故退出运行（TV检修或母线检修），低压侧故障，差动保护动作，中压侧断路器失灵时（高压侧3/2接线），各侧复合电压元件均可能不动作。

（4）中压侧并列运行或存在转供负荷，低压侧有并网小电源的220kV变压器，内部轻微匝间故障或低压侧故障，差动动作后，中低压侧电压可能立即恢复正常，而高压侧复压元件可能不动作。

（5）变压器后备保护一般作为线路和母线的远后备保护，区外故障时复压闭锁元件极容易开放，而变压器相对于线路故障的概率来说要低得多，因此大部分解除电压闭锁的开入都是无用的“误开入”。

（6）为了提高失灵保护的可靠性，要求双母线接线变压器保护启动失灵和解除失灵保护电压闭锁采用不同继电器的跳闸触点。

48. 为什么复合电压闭锁方向过流的方向元件采用记忆电压?

答：方向元件采用正序电压并带有记忆，近处三相短路时方向元件无死区。

49. 简述TV异常对复合电压元件、方向元件的影响。

答：高、中压侧TV断线后，该侧复压闭锁过流保护，受其他侧复压元件控制；低压侧TV断线后，本侧（或本分支）复压闭锁过流保护不经复压元件控制；对于低压侧总后备保护，当两分支电压均断线或退出时，复压闭锁过流保护不经复压元件控制。

方向元件始终满足。

50. 简述本侧电压退出对复合电压元件、方向元件的影响。

答：当本侧TV检修或旁路代路未切换TV时，为保证本侧复合电压闭锁方向过流正确动作，需退出本侧电压投入压板，此时它对复合电压元件、方向元件有如下影响：该侧复压闭锁过流保护，受其他侧复压元件控制；低压侧TV断线后，本侧（或本分支）复压闭锁过流保护不经复压元件控制；对于低压侧总后备保护，当两分支电压均断线或退出时，复压闭锁过流保护不经复压元件控制。

方向元件始终满足。

51. 大电流接地系统中对变压器接地后备保护的基本要求是什么?

答：较完善的变压器接地后备保护应符合以下基本要求：

（1）与线路保护配合在切除接地故障中做系统保护的可靠后备。

（2）保证任何一台变压器中性点不遭受过电压。

（3）尽可能有选择地切除故障，避免全站停电。

（4）尽可能采用独立保护方式，不要共用保护方式，以免因“三误”造成多台变压器同时跳闸。

52. 简述零序过流保护在变压器保护中的作用及特点。

答：零序过流保护，主要作为变压器中性点接地运行时接地故障的后备保护，对各侧零序方向过流保护的各时限及零序功率方向元件，可通过相应保护投退控制字进行投退。

（1）灵敏度高，受故障电阻的影响较小。经高电阻接地故障时，零序电流保护仍可动作。

（2）系统振荡时候不会误动。零序电流方向保护不怕系统振荡，因为振荡系统仍是对称系统，没有零序电流。

（3）在电网零序网络基本保持稳定的条件下，保护范围比较稳定。

（4）系统正常运行和发生相间短路时，不会出现零序电压和零序电流，因此零序保护的延时段动作电流可以整定得较小，这有利于提高其灵敏度。

（5）结构与工作原理简单。

53. 接地系统中的变压器中性点是否接地取决于什么因素?

答：变压器中性点是否接地一般考虑如下因素：

（1）保证零序保护有足够的灵敏度和很好的选择性，保证接地短路电流的稳定性。

（2）为防止过电压损坏设备，应保证在各种操作和自动跳闸使系统解列时，不致造成部分系统变为中性点不接地系统。

（3）变压器绝缘水平及结构决定的接地点（如自耦变压器一般为直接接地）。

54. 220kV 变压器高压侧零序过流后备保护可以反应哪些故障?

答：单相接地故障、两相接地故障、单相断线故障和两相断线故障。

55. 为什么变压器中性点零序过流保护要采用中性点外接零序电流?

答：变压器高压侧零序过流保护作为系统接地故障总后备保护，用中性点零序电流构成的零序电流保护，保护范围大，能反应绕组各部分的接地故障，宜采用中性点外接零序电流。

56. 为什么变压器保护中零序过流（方向）保护的方向元件需要采用自产零序电压?

答：由 TV 开口三角电压的 $3U_0$ 与外附 TA $3I_0$ 构成的零序方向元件，曾发生过多次误动和拒动，其原因是 $3U_0$ 的极性很难判定。为确保零序方向元件的正确性，微机保护零序方向元件应采用自产零序电压。

57. 简述零序方向过流保护方向元件灵敏角。

答：采用国电南自 PST-1200 系列变压器保护时，当方向指向变压器时，灵敏角为–90°；指向母线（系统）时，灵敏角为 90°。采用南瑞继保 PCS-978 系列、南瑞科技 NSR-378 系列和思源弘瑞 UDT-531 变压器保护时，当方向指向变压器时，方向灵敏角为 255°；当方向指向系统时，方向灵敏角为 75°。采用北京四方 CSC-326 系列变压器保护时，当方向指向变压器时，灵敏角为–100°；指向母线（系统）时，灵敏角为 80°。采用许继 WBH-801 系列变压器保护时，当方向指向变压器时，灵敏角为–110°；指向母线（系统）时，灵敏角为 70°。

58. 简述 TV 异常对零序方向元件的影响。

答：TV 异常时，退出方向元件满足条件，变成零序过流保护。

59. 简述本侧电压退出对零序方向过流的影响。

答：本侧电压退出时，退出方向元件满足条件，变成零序过流保护。

60. 简述间隙零序电流保护和零序电压保护的作用。

答：间隙零序电流保护和零序电压保护是防止半绝缘变压器中性点工频过电压损坏绝缘的保护，不反应暂态过电压和雷击过电压。系统发生接地故障时，所有中性点接地变压器均跳闸后，经间隙接地的变压器中性点工频电压升至相电压，危及变压器安全，如间隙击穿或间隙间断击穿，出现间隙电流或间隙电流和零序电压交替发生，由间隙电流保护动作跳闸；如间隙未击穿，会出现零序电压，由零序电压保护动作跳闸。

61. 为什么常规变电站变压器保护间隙保护中零序电压不能取自产零序电压?

答：（1）当零序电压保护取自产零序电压时，二次回路故障（如 TV 两相断线等）可能会导致零序过电压保护误动作。

（2）当零序过电压保护取 TV 开口三角电压时，TV 二次回路断线后，开口三角零序电压为零，不会造成零序电压保护误动，因此，零序电压宜取 TV 开口三角电压。但正常运行时，TV 开口三角零序电压仅为不平衡电压，其值很小，不易被监视，应采取有效措施防止开口三角电压回路断线。

62. 为什么变压器保护间隙保护中零序电压取外接电压时定值为 180V?

答：180V 为零序电压取外接零序情况下的间隙过压定值。单侧电源供电的 220kV 系统，负荷侧变压器中性点一般不接地运行，非全相运行的二次零序电压约为 150V，当零序过电压定值整定较低时，可能导致供电线路接地故障跳开单相的非全相期间，受端变压器零序过电压在电源侧断路器重合闸前误动跳闸。当系统存在中性点且发生单相接地故障时，零序过电压保护应可靠不动作，对于有效接地系统，一般按接地系数 $X_{0\Sigma} / X_{1\Sigma} \leqslant 3$（$X_{0\Sigma}$ 为零序电抗，$X_{1\Sigma}$ 为正序电抗）考虑，故障点零序电压不大于 $0.6U_{xg}$（最高运行相电压），一般为 150～180V。为提高保护的可靠性，考虑取 180V。

63. 为什么智能变电站变压器保护间隙保护中零序电压宜取自产电压?

答：由于智能变电站配置电子式互感器时无外接零序电压，因此智能变电站保护零序电压宜取自产电压。

64. 为什么变压器间隙保护中需要装设间隙专用TA来获取间隙电流?

答：如间隙电流和零序过流保护共用中性点零序TA，当变压器中性点直接接地运行时，如间隙电流保护未退出运行，当发生变压器区外接地故障时，间隙电流保护可能误动。

65. 变压器接地后备中零序过电流与间隙过流的TA是否应该共用一组，为什么?

答：不应该共用一组。该两种保护TA独立设置后则不须人为进行投退操作，自动实现中性点接地时投入零序过电流（退出间隙过流）、中性点不接地时投入间隙过电流（退出零序过电流）的要求，安全可靠。

反之，两者共用一组TA有如下弊端：

（1）当中性点接地运行时，一旦忘记退出间隙过电流保护，又遇有系统内接地故障，往往造成间隙过流误动将本变压器切除。

（2）间隙过电流元件定值很小，但每次接地故障都受到大电流冲击，易造成损坏。

66. 对于中性点全绝缘的变压器，是否需要配置间隙零序电流和零序电压保护?

答：对中性点全绝缘的变压器，配置零序电压保护，可不配置间隙零序电流保护。

67. 变压器间隙保护由间隙电流保护和间隙电压保护组成，那么间隙电流保护和间隙电压保护是启动同一个时间继电器吗？为什么?

答：是启动同一个时间继电器，因为当出现单相故障时，变压器中心点偏移当电压达到定值，间隙电压保护启动，当经过一段时间后，可能放电间隙击穿，间隙电流保护动作，而间隙电压返回，如果间隙电流与间隙电压采用不同的时间继电器，则间隙保护将重新开始计时，此时间将可能大于一次设备所能承受接地的时间，而使一次设备损坏。

68. 变压器零序后备保护中零序过流与放电间隙过流是否同时工作？各在什么条件下起作用?

答：两者不同时工作。当变压器中性点接地运行时零序过流保护起作用，间隙过流应退出；当变压器中性点不接地时，放电间隙过流起作用，零序过流保护应退出。

69. 高压并联电抗器有哪几种?

答：线路并联电抗器和母线并联电抗器。

70. 简述母线并联电抗器的作用。

答：在大机组与系统并网时，降低高压母线上工频稳态电压，便于发电机同期并网。

71. 简述线路并联电抗器的作用。

答：（1）超高压远距离输电线路的对地电容电流很大，线路并联电抗器可以吸收这种容性无功功率，限制系统的操作过电压；

（2）对于使用单相重合闸的线路，线路并联电抗器可以限制潜供电流，提高重合闸的成功率。

72. 线路并联电抗器和母线并联电抗器的作用有什么不同?

答：线路并联电抗器的作用是削弱空载或轻载长线路的电容效应引起的工频电压升高，减小潜供电流，提高重合闸的成功率。

母线并联电抗器的作用是在大机组与系统并网时，降低高压母线上工频稳态电压，便于发电机同期并网。

73. 简述并联电抗器保护的功能要求。

答：并联电抗器主保护要求配置主电抗差动速断保护、主电抗差动保护、主电抗零序差动保护、主电抗匝间保护。后备保护要求配置主电抗过电流保护、主电抗零序过流保护、主电抗过负荷保护、中性点电抗器过电流保护、中性点电抗器过负荷保护。对于母联电抗器，无中性点电抗器保护。

74. 简述南瑞继保 PCS-917 并联电抗器差动保护原理。

答：并联电抗器的差动保护由电抗器首端、末端的 TA 电流构成。

PCS-917 采用了如下的稳态比率差动动作方程

$$
\begin{cases}
I_d > I_{cdqd} & I_r \leqslant 0.75I_e \\
I_d > k_{bl}I_r & 0.75I_e \leqslant I_r \\
I_d = \left|\dot{I}_1 + \dot{I}_2\right| \\
I_r = I_2
\end{cases}
$$

$$
\begin{cases}
I_d > 0.6(I_r - 0.8I_e) + 1.2I_e \\
I_r > 0.8I_e
\end{cases}
$$

式中：I_e 为电抗器额定电流；I_1、I_2 分别为电抗器首端、末端电流；I_{cdqd} 为差动保护启动定值；I_d、I_r 分别为差动电流、制动电流；k_{bl} 为比率制动系数整定值（$0.2 \leqslant k_{bl} \leqslant 0.75$），装置中固定设 $k_{bl} = 0.4$。稳态比率差动保护的动作特性见图 5-23。

差动保护按相判别，满足以下条件时动作：

（1）低值比率差动保护经过 TA 饱和判别、TA 断线判别（可选择）、励磁涌流判别后出口。它可以保证灵敏度，同时由于 TA 饱和判据的引入，区外故障引起的 TA 饱和不会造成误动。

（2）高值比率差动保护利用其比率制动特性抗区外故障时 TA 的暂态和稳态饱和，而在区内故障 TA 饱和时能可靠正确动作。

（3）差动速断保护不经任何条件闭锁动作。

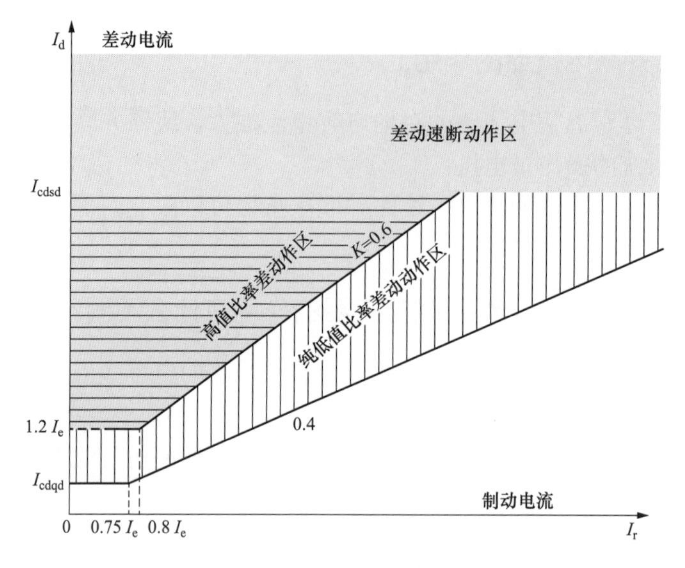

图 5-23 稳态比率差动保护的动作特性

75. 为什么线路并联电抗器一般不单独设断路器?

答：线路并联电抗器回路不宜装设断路器或负荷开关是因为线路并联电抗器主要是限制工频过电压和潜供电流，尤其在电网建设初期不允许退出运行，故线路并联电抗器回路不宜装设断路器或负荷开关。

76. 简述智能变电站变压器保护中插值同步的原理，如何保证各侧同步?

答：插值同步适用于点对点采样方式，由于点对点方式下采样值报文到达时间具有确定性（到达时间抖动在±10us 以内），因此可以根据报文额定延时、报文到达时间戳与插值点三者之间的时间对应关系，通过插值算法计算出插值点的采样值，实现采样值同步。

对于跨间隔的变压器保护装置采样值采用点对点接入方式，采样同步由保护装置实现。变压器各侧合并单元的额定延时不同，保护装置根据接收到的合并单元的时间戳，通过报文解析其第一路通道中合并单元的额定延时，将该合并单元的采样回退到绝对时间，每个合并单元都是同样的方式，再根据保护需要的采样间隔设定插值点，以线性插值计算出插值点的采样值，从而实现了采样同步。

77. 简述 500kV 智能变电站中变压器保护装置阻抗保护无效状态判别条件。

答：满足以下任意条件判无效：

（1）本侧后备保护功能压板退出。

（2）本侧阻抗保护控制字不投。

（3）本侧电压压板退出。

（4）本侧 TV 断线。

（5）本侧阻抗保护用任意电流检修不一致。

（6）本侧阻抗保护用任意电流采样无效。

（7）本侧阻抗保护用电压检修不一致。

（8）本侧阻抗保护用电压采样无效。

（9）装置故障。

（10）本侧阻抗保护相关电流 SV 接收压板退出。

（11）本侧阻抗保护电压 SV 接收软压板退出。

78. 智能变电站变压器保护当某一侧 MU 压板退出后，保护装置如何处理？

答：智能变电站变压器保护当某一侧 MU 压板退出后，该侧所有的电流、电压采样数据显示为 0，装置底层硬件平台接收处理采样数据，采样数据状态标志位为有效，采样数据不参与与该侧相关的差动保护和后备保护逻辑。当 MU 压板投入后（需确认），装置自动开放与该侧相关的差动保护，投入该侧后备保护。

79. 简述智能变电站变压器保护处理 TA 断线告警的总体原则。

答：主保护不考虑 TA、TV 断线同时出现，不考虑无流元件 TA 断线，不考虑三相电流对称情况下中性线断线，不考虑两相、三相断线，不考虑多个元件同时发生 TA 断线，不考虑 TA 断线和一次故障同时出现。仅 TA 至 MU 之间发生断线时报 TA 断线告警。

80. 智能变电站变压器保护如何实现低压侧分段断路器跳闸功能？

答：智能变电站变压器保护与各侧（分支）智能终端之间应采用点对点方式通信。变压器保护跳母联、分段断路器及闭锁备自投、启动失灵等可采用 GOOSE 网络传输；因此变压器保护跳低压侧分段可通过 GOOSE 网络跳闸。

81. 简述 110kV 变压器保护与备自投装置的配合要求。

答：（1）内桥接线方式的变压器保护动作、非电量保护动作跳桥断路器同时闭锁桥备自投。

（2）中、低压侧后备保护动作，跳本侧（或分支）断路器的同时闭锁本侧（或分支）备自投。

82. 为什么变压器保护本侧（分支）后备保护动作时，跳本侧（分支）断路器的同时闭锁本侧（分支）备自投？

答：（1）防止备用电源合于永久性故障。

（2）供电负荷已经脱离电网，备用电源合上后无法立即恢复供电。

83. 110kV 内桥接线方式下，变压器保护为何需从 110kV 母线电压合并单元直接接入高压侧电压，而不选择从进线合并单元级联。

答：若使用进线合并单元级联，当某一进线开关及线路检修时，进线合并单元为检修态，对应变压器保护将失去母线电压。若采用从母线合并单元接入电压，则不会出现这一问题。

84. 智能变电站变压器保护 GOOSE 出口软压板退出时，是否发送 GOOSE 跳闸命令？

答：智能变电站中“GOOSE 出口软压板”代替的是常规变电站保护屏柜上的跳合闸出

口硬压板，当“GOOSE 出口软压板”退出后，保护动作信号数据集相应数据位始终为 0。

85. 简述智能变电站中双重化配置的变压器保护与合并单元、智能终端的连接关系。

答：双重化配置的变压器保护直接采样，直接跳各侧断路器，与各侧合并单元、智能终端直接相连；变压器保护跳母联、分段断路器及闭锁备自投、启动失灵等可采用 GOOSE 网络传输。

86. 分析合并单元异常对 220kV 双绕组变压器保护有哪些影响？

答：（1）变压器差动、后备保护相关的电流通道异常，闭锁相应的差动保护和该侧的后备保护。

（2）变压器中性点外接零序电流、间隙电流异常时，闭锁该侧后备保护中对应使用该电流通道的零序保护、间隙保护。

（3）相电压异常时，保护逻辑按照该侧 TV 断线处理。

（4）零序电压异常时，闭锁该侧的零序过压保护。

87. 变压器保护检验复压闭锁方向过流保护的方向动作区时，为什么已经不在方向动作区了，过电流保护还在动作？

答：（1）校验非低压侧复压过流时，有可能误退出了本侧电压，且其他侧复压开放，导致方向元件始终满足；

（2）校验低压侧复压过流时，本侧 TV 断线或本侧电压退出，导致方向元件始终满足；

（3）还存在一种特殊情况：主变压器后备段保护范围内的母线上发生三相故障，方向元件进入记忆电压情况，此时方向过流在动作区，当电流发生转向时（母线侧主变压器开关未跳开且反方向发生故障），此时第一个故障并未切除，方向元件应当以电流方向变化前计算，达到延时后过流保护应动作。

88. CSC-326D 变压器保护纵差差动启动电流定值为 2A，验证定值时，仅在高压侧加入 2A 电流，差动保护不动作，当电流加到 2.1A 时，差动保护才动作，请问是什么原因？

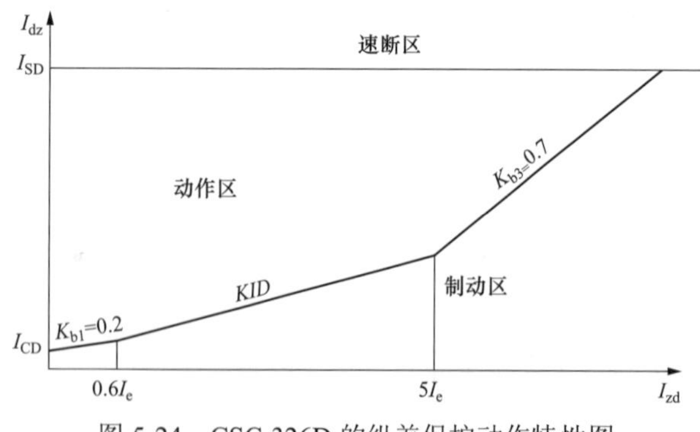

图 5-24　CSC-326D 的纵差保护动作特性图

答：CSC-326D 的纵差保护动作特性如图 5-24 所示，为 3 段折线式，由于在高压侧加入 2A 电流，则制动电流必定大于零，因此能够使差动保护动作的差动电流必定要大于 2A，因此不能动作。而电流加到 2.1A 时，能够达到其动作值，因此差动保护才能动作。

89. 变压器保护中高压侧复压方向过电流试验，投入高、中、低压侧电压压板，在高压侧加入正常电压及故障电流时，发现复压闭锁不住，过电流仍能动作，是什么原因？

答：高压侧复压开放逻辑：

（1）高中压侧复压取各侧电压经“或门”构成；

（2）当三侧电压均 TV 断线或电压退出时，自动退出复压元件，变为纯过流；

（3）高（中）压侧 TV 断线或电压退出后，该侧复压过流（方向）保护，退出方向元件，受其他侧复压元件控制。

由于高（中）压侧复压元件由各侧电压经“或门”构成，因此在三侧电压压板投入且仅在高压侧加入正常电压时，中、低压侧复压元件开放导致高压侧过流保护不经复压闭锁。

90. 容量较小，低压侧电压为 400/230V 的中性点直接接地的配电变压器，低压侧单相接地保护可采用什么进行保护？

答：根据 GB/T 14285—2006《继电保护和安全自动装置技术规程》规定，小容量变压器采用电流速断保护。

91. 变压器高压侧为断路器的，保护作用于何处跳闸？高压侧为负荷开关的，保护作用于何处跳闸？

答：高压侧为断路器的，保护作用于断路器跳闸。高压侧为负荷开关的，保护作用于熔断器跳闸，负荷开关本身消弧能力较小，主要用来切断或接通空载和负荷电流，由熔断器作短路保护。

92. 简述常规采样 GOOSE 跳闸、常规采样常规跳闸 220kV 变压器保护装置纵差差动速断无效判别条件和闭锁差动保护判别条件。

答：（1）纵差差动速断无效判别条件，以下任意条件满足判为无效：

1）主保护功能压板退出；

2）纵差差动保护控制字不投；

3）差动速断控制字不投；

4）装置故障。

（2）闭锁差动保护判别条件：在纵差差动速断无效时，且主保护功能压板、纵差差动保护和差动速断控制字均投入的情况下，才能报“闭锁差动保护”。

93. 简述 SV 采样 GOOSE 跳闸 220kV 变压器保护装置纵差保护无效判别条件和闭锁差动保护判别条件。

答：（1）纵差保护无效判别条件，以下任意条件满足判为无效：

1）主保护功能压板退出；

2）纵差差动保护控制字不投；

3）差动相关任意侧电流检修不一致；

4）差动相关任意侧电流采样无效；

5）装置故障；

6）差动相关所有的侧 SV 接收压板均退出；

（2）闭锁差动保护判别条件：在纵差保护无效且主保护功能压板和纵差保护控制字均投入的情况下，才能报"闭锁差动保护"。

94. 简述常规采样 GOOSE 跳闸、常规采样常规跳闸 220kV 变压器保护装置纵差保护无效判别条件和闭锁差动保护判别条件。

答：（1）纵差保护无效判别条件，以下任意条件满足判为无效：

1）主保护功能压板退出；

2）纵差差动保护控制字不投；

3）装置故障；

（2）闭锁差动保护判别条件：在纵差保护无效时，且主保护功能压板和纵差保护控制字均投入的情况下，才能报"闭锁差动保护"。

95. 简述 SV 采样 GOOSE 跳闸 220kV 变压器保护装置阻抗保护无效判别条件和闭锁后备保护判别条件。

答：（1）阻抗保护无效判别条件，满足以下任意条件判无效：

1）本侧后备保护功能压板退出；

2）本侧该段阻抗保护控制字均不投；

3）本侧电压压板退出；

4）本侧 TV 断线；

5）本侧阻抗保护用任意电流检修不一致；

6）本侧阻抗保护用任意电流采样无效；

7）本侧阻抗保护用电压检修不一致；

8）本侧阻抗保护用电压采样无效；

9）装置故障；

10）本侧阻抗保护相关电流 SV 接收压板均退出；

11）本侧阻抗保护电压 SV 接收软压板退出。

（2）闭锁后备保护判别条件：在本侧某一段阻抗保护无效时，且本侧后备保护功能压板投入，以及本侧该段阻抗保护任意一个时限控制字投入的情况下，才能报"闭锁后备保护"。

96. 简述常规采样 GOOSE 跳闸装置、常规采样常规跳闸 220kV 变压器保护装置阻抗保护无效判别条件和闭锁后备保护判别条件。

答：（1）阻抗保护无效判别条件，满足以上任意条件判无效：

1）本侧后备保护功能压板退出；

2）本侧该段阻抗保护控制字均不投；

3）本侧电压压板退出；

4）本侧 TV 断线；

5）装置故障。

（2）闭锁后备保护判别条件：在本侧某一段阻抗保护无效时，且本侧后备保护功能压板投入，以及本侧该段阻抗保护任意一个时限控制字投入的情况下，才能报“闭锁后备保护”。

97. 简述 SV 采样 GOOSE 跳闸 220kV 变压器保护装置复压过流保护无效判别条件和闭锁后备保护判别条件。

答：（1）复压过流保护无效判别条件，满足以下任意条件判无效：

1）本侧后备保护功能压板退出；

2）本侧该段复压过流保护控制字均不投；

3）本侧复压过流保护用任意电流检修不一致；

4）本侧复压过流保护用任意电流采样无效；

5）装置故障；

6）本侧复压过流保护相关所有的电流 SV 接收压板均退出。

（2）闭锁后备保护判别条件：在本侧某一段复压过流保护无效时，且本侧后备保护功能压板投入，以及本侧该段复压过流保护任意一个时限控制字投入的情况下，才能报“闭锁后备保护”。

98. 简述常规采样 GOOSE 跳闸装置、常规采样常规跳闸 220kV 变压器保护装置复压过流保护无效判别条件和闭锁后备保护判别条件。

答：（1）复压过流保护无效判别条件，满足以下任意条件判无效：

1）本侧后备保护功能压板退出；

2）本侧该段复压过流保护控制字均不投；

3）装置故障。

（2）闭锁后备保护判别条件：在本侧某一段复压过流保护无效时，且本侧后备保护功能压板投入，以及本侧该段复压过流保护任意一个时限控制字投入的情况下，才能报“闭锁后备保护”。

99. 简述 SV 采样 GOOSE 跳闸 220kV 变压器保护装置零序过流保护无效判别条件和闭锁后备保护判别条件。

答：（1）零序过流保护无效判别条件，满足以下任意条件判无效：

1）本侧后备保护功能压板退出。

2）本侧该段零序过流保护控制字均不投。

3）当零序电流采用自产时，本零序保护自产通道相关任意电流检修不一致；当零序电流采用外接时，本零序保护用外接零序电流检修不一致。

4）当零序电流采用自产时，本零序保护自产通道相关任意电流采样无效；当零序电流采用外接时，本零序保护用外接零序电流采样无效。

5）装置故障。

6）当零序电流采用自产时，本零序过流保护自产通道相关所有的SV接收压板均退出；当零序电流采用外接时，本零序过流保护外接零序通道相关SV接收压板退出。

（2）闭锁后备保护判别条件：在本侧某一段零序过流保护无效时，且本侧后备保护功能压板投入，以及本侧该段零序过流保护任意一个时限控制字投入的情况下，才能报“闭锁后备保护”。

100. 简述常规采样GOOSE跳闸装置、常规采样常规跳闸220kV变压器保护装置零序过流保护无效判别条件和闭锁后备保护判别条件。

答：（1）零序过流保护无效判别条件，满足以上任意条件判无效：

1）本侧后备保护功能压板退出；

2）本侧该段零序过流保护控制字均不投；

3）装置故障。

（2）闭锁后备保护判别条件：在本侧某一段零序过流保护无效时，且本侧后备保护功能压板投入，以及本侧该段零序过流保护任意一个时限控制字投入的情况下，才能报“闭锁后备保护”。

101. 简述SV采样GOOSE跳闸220kV变压器保护装置公共绕组零序过流保护无效判别条件和闭锁后备保护判别条件。

答：（1）公共绕组零序过流保护无效判别条件，满足以下任意条件判无效：

1）本侧后备保护功能压板退出；

2）本侧该段零序过流保护控制字均不投；

3）公共绕组自产零序电流检修不一致；

4）公共绕组自产零序电流采样无效；

5）公共绕组外接零序电流检修不一致；

6）公共绕组外接零序电流采样无效；

7）装置故障；

8）公共绕组零序过流保护相关所有的SV接收压板均退出。

（2）闭锁后备保护判别条件：在公共绕组零序过流保护无效时，且公共绕组后备保护功能压板投入，以及公共绕组该段零序过流保护任意一个时限控制字投入的情况下，才能报“闭锁后备保护”。

102. 简述常规采样GOOSE跳闸装置、常规采样常规跳闸220kV变压器保护装置公共绕组零序过流保护无效判别条件和闭锁后备保护判别条件。

答：（1）公共绕组零序过流保护无效判别条件，满足以下任意条件判无效：

1）本侧后备保护功能压板退出；

2）本侧该段零序过流保护控制字均不投；

3）装置故障。

（2）闭锁后备保护判别条件：在公共绕组零序过流保护无效时，且公共绕组后备保护功能压板投入，以及公共绕组该段零序过流保护任意一个时限控制字投入的情况下，才能报“闭锁后备保护”。

103. 简述SV采样GOOSE跳闸220kV变压器保护装置间隙过流保护无效判别条件和闭锁后备保护判别条件。

答：（1）间隙过流保护无效判别条件，满足以下任意条件判无效：

1）本侧后备保护功能压板退出。

2）该保护各时限控制字均退出。

3）本侧电压压板退出。

4）间隙电流检修不一致。

5）间隙电流采样无效。

6）当零序过压采用自产时，相电压采样检修不一致；当零序过压采用外接时，零序电压采样检修不一致。

7）当零序过压采用自产时，相电压采样无效；当零序过压采用外接时，零序电压采样无效。

8）装置故障。

9）电压SV接收软压板退出。

10）电流SV接收软压板退出。

（2）闭锁后备保护判别条件：在本侧间隙过流保护无效时，且本侧后备保护功能压板投入，以及本侧间隙过流保护任意一时限控制字投入的情况下，才能报“闭锁后备保护”。

104. 简述常规采样GOOSE跳闸装置、常规采样常规跳闸220kV变压器保护装置间隙过流保护无效判别条件和闭锁后备保护判别条件。

答：（1）间隙过流保护无效判别条件，满足以下任意条件判无效：

1）本侧后备保护功能压板退出；

2）该保护各时限控制字均退出；

3）当零序电压取自产且本侧电压压板退出；

4）装置故障。

（2）闭锁后备保护判别条件：在本侧间隙过流保护无效时，且本侧后备保护功能压板投入，以及本侧间隙过流保护任意一时限控制字投入的情况下，才能报“闭锁后备保护”。

105. 简述SV采样GOOSE跳闸220kV变压器保护装置零序过压保护无效判别条件和闭锁后备保护判别条件。

答：（1）零序过压保护无效判别条件，满足以下任意条件判无效：

1）本侧后备保护功能压板退出。

2）该保护各时限控制字均退出。

3）本侧电压压板退出。

4）当零序过压采用自产时，相电压采样检修不一致；当零序过压采用外接时，零序电压采样检修不一致。

5）当零序过压采用自产时，相电压采样无效；当零序过压采用外接时，零序电压采样无效。

6）装置故障。

7）电压 SV 接收软压板退出。

（2）闭锁后备保护判别条件：在本侧零序过压保护无效时，且本侧后备保护功能压板投入，以及本侧零序过压保护任意一时限控制字投入的情况下，才能报“闭锁后备保护”。

106. 简述常规采样 GOOSE 跳闸装置、常规采样常规跳闸 220kV 变压器保护装置零序过压保护无效判别条件和闭锁后备保护判别条件。

答：（1）零序过压保护无效判别条件，满足以下任意条件判无效：

1）本侧后备保护功能压板退出；

2）该保护各时限控制字均退出；

3）当零序电压取自产且本侧电压压板退出；

4）装置故障。

（2）闭锁后备保护判别条件：在本侧零序过压保护无效时，且本侧后备保护功能压板投入，以及本侧零序过压保护任意一时限控制字投入的情况下，才能报“闭锁后备保护”。

107. 简述 SV 采样 GOOSE 跳闸 220kV 变压器保护装置失灵联跳保护无效判别条件和闭锁后备保护判别条件。

答：（1）失灵联跳保护无效判别条件，满足以下任意条件判无效：

1）本侧后备保护功能压板退出；

2）本侧失灵联跳保护控制字不投；

3）本侧失灵联跳保护用任意电流检修不一致；

4）本侧失灵联跳保护用任意电流采样无效；

5）本侧失灵联跳保护用任意 GOOSE 检修不一致；

6）本次失灵联跳保护用任意 GOOSE 无效；

7）本侧失灵联跳保护用任意 GOOSE 失灵开入告警；

8）装置故障；

9）本侧失灵联跳保护相关所有的 SV 接收压板均退出；

10）本侧失灵联跳保护相关所有的 GOOSE 接收压板均退出。

（2）闭锁后备保护判别条件：在本侧失灵联跳保护无效时，且本侧后备保护功能压板投入和本侧失灵联跳保护控制字均投入的情况下，才能报“闭锁后备保护”。

108. 简述常规采样 GOOSE 跳闸装置 220kV 变压器保护装置失灵联跳保护无效判别条件和闭锁后备保护判别条件。

答：（1）失灵联跳保护无效判别条件，满足以下任意条件判无效：

1）本侧后备保护功能压板退出；
2）本侧失灵联跳保护控制字不投；
3）本侧失灵联跳保护用任意 GOOSE 检修不一致；
4）本次失灵联跳保护用任意 GOOSE 无效；
5）本侧失灵联跳保护用任意 GOOSE 失灵开入告警；
6）装置故障；
7）本侧失灵联跳保护相关所有的 GOOSE 接收压板均退出。

（2）闭锁后备保护判别条件：在本侧失灵联跳保护无效时，且本侧后备保护功能压板投入和本侧失灵联跳保护控制字均投入的情况下，才能报“闭锁后备保护”。

109．简述常规采样常规跳闸装置 220kV 变压器保护装置失灵联跳保护无效判别条件和闭锁后备保护判别条件。

答：（1）失灵联跳保护无效判别条件，满足以下任意条件判无效：
1）本侧后备保护功能压板退出；
2）本侧失灵联跳保护控制字不投；
3）本侧失灵联跳保护用任意失灵开入告警；
4）装置故障。

（2）闭锁后备保护判别条件：在本侧失灵联跳保护无效时，且本侧后备保护功能压板投入和本侧失灵联跳保护控制字均投入的情况下，才能报“闭锁后备保护”。

第三节 模型及信息规范

1．变压器保护装置面板显示灯的类型和含义分别是什么？

答：变压器保护装置面板显示灯的类型和含义见表 5-8。

表 5-8 变压器保护装置面板显示灯的类型和含义

面板显示灯	颜色	状态	含 义
运行	绿	非自保持	亮：装置运行； 灭：装置故障导致失去所有保护
异常	红	非自保持	亮：任意告警信号动作； 灭：运行正常
检修	红	非自保持	亮：检修状态； 灭：运行状态
差动保护闭锁	红	非自保持	亮：差动保护被闭锁； 灭：所有差动保护正常
保护跳闸	红	自保持	本信号只是保护装置跳闸出口。 亮：保护跳闸； 灭：保护没有跳闸

2. 描述变压器保护装置界面的一级菜单有哪些？

答：信息查看、运行操作、报告查询、定值整定、调试菜单、打印（可选）、装置设定。

3. 描述变压器保护装置界面的二级菜单有哪些？

答：（1）信息查看：包括保护状态、查看定值、压板状态、版本信息、装置设置。
（2）运行操作：包括压板投退、切换定值区。
（3）报告查询：包括动作报告、告警报告、变位报告、操作报告。
（4）定值整定：包括设备参数定值、保护定值、分区复制。
（5）调试菜单：包括开出传动、通信对点、厂家调试（可选）。
（6）打印（可选）：包括保护定值、软压板、保护状态、报告、装置设定。
（7）装置设定：包括修改时钟、对时方式、通信参数、其他设置。

4. 变压器保护装置动作报告如何分类显示？

答：（1）供运行、检修人员直接在装置液晶屏调阅和打印，便于值班人员尽快了解保护动作情况和事故处理的保护动作信息。

（2）供继电保护专业人员分析事故和保护动作行为的记录。

5. 简述变压器选配保护代码释义。

答：变压器选配保护功能，以如下220kV变压器主接线方式为例：基础型号对应220kV变压器高压侧双母线接线（兼容双断路器）、中压侧双母线接线、低压侧双分支单母分段接线的三绕组变压器（高2—中1—低2）。可选配高中压侧阻抗保护、自耦变压器、接地变压器及小电阻接地、低压侧电抗器、双绕组变压器等相关功能。

“故障分量差动保护”为自定义项，当保护装置具备此功能时，相关数值型定值免整定。

当选配代码“D”配置“高、中压侧阻抗保护”时，高后备、中后备保护均增加“相间和接地阻抗保护”。当选配代码“J”配置“低压侧小电阻接地零序过流保护、接地变后备保护”时，低压1、2侧后备保护增加“零序过流保护”和接地变压器保护。

当选配代码“E”配置“低压侧限流电抗器后备保护”时，增加低压1、2电抗器保护。

当选配代码“G”配置“自耦变（公共绕组后备保护）”时，仅适用于自耦变压器。

当选配代码为“A”时，仅适用于220kV双绕组变压器。

6. 变压器保护记录的动作报告有什么要求？

答：变压器保护的动作报告应包含差动保护动作时的差动电流、制动电流（可选）、阻抗保护动作时的阻抗值（可选）、复压过流保护动作电流、间隙过流保护动作电流信息、零序过电压保护动作电压等信息；制动电流规定为可选主要考虑不同型号装置的制动电流选取方式可能不同，且对于故障分析的参考意义并不大，所以设置为可选。

7. 变压器保护装置保护动作信息有什么要求？

答：保护装置的动作报告应为中文简述，包括保护启动及动作过程中各相关元件动作行为、动作时序、故障相电压和电流幅值、功能压板投退状态、开关量变位状态、保护全部定值等信息。

8. 变压器保护装置动作事件生成的COMTRADE录波的文件有哪些?

答：继电保护动作应生成5个不同类型的文件，分别为：.hdr（头文件）、.dat（数据文件）、.cfg（配置文件）、.mid（中间文件）和.des（自描述文件）。

9. 变压器保护装置的保护动作信息数据集有?

答：保护事件（dsTripInfo）、保护录波（dsRelayRec）。

10. 110kV变压器保护动作数据集内包含哪些强制选择的动作信息?

答：保护启动、纵差差动速断、纵差保护、高复流Ⅰ段1时限、高复流Ⅰ段2时限、高复流Ⅰ段3时限、高复流Ⅱ段1时限、高复流Ⅱ段2时限、高复流Ⅱ段3时限、高复流Ⅲ段1时限、高复流Ⅲ段2时限、高零流Ⅰ段1时限、高零流Ⅰ段2时限、高零流Ⅰ段3时限、高零流Ⅱ段1时限、高零流Ⅱ段2时限、高零流Ⅱ段3时限、高零流Ⅲ段1时限、高零流Ⅲ段2时限、高断路器失灵联跳、高间隙过流1时限、高间隙过流2时限、高零序过压1时限、高零序过压2时限、中复流Ⅰ段1时限、中复流Ⅰ段2时限、中复流Ⅰ段3时限、中复流Ⅱ段1时限、中复流Ⅱ段2时限、中复流Ⅱ段3时限、中复流Ⅲ段1时限、中复流Ⅲ段2时限、中零流Ⅰ段1时限、中零流Ⅰ段2时限、中零流Ⅰ段3时限、中零流Ⅱ段1时限、中零流Ⅱ段2时限、中零流Ⅱ段3时限、低1（2）复流Ⅰ段1时限、低1（2）复流Ⅰ段2时限、低1（2）复流Ⅰ段3时限、低1（2）复流Ⅱ段1时限、低1（2）复流Ⅱ段2时限、低1（2）复流Ⅱ段3时限、低1（2）复流Ⅲ段1时限、低1（2）复流Ⅲ段2时限、低1（2）零流1时限、低1（2）零流2时限、低1（2）零流3时限、低中性点零流1时限、低中性点零流2时限、低中性点零流3时限。

11. 变压器告警信息包含在哪些数据集内?

答：故障信号（dsAlarm）、告警信号（dsWarning）、通信工况（dsCommstrate）、保护功能闭锁（dsRelayBlk）。

12. 变压器保护装置的状态变位信息数据集有?

答：保护遥信（dsRelayDin）、保护压板（dsRelayEna）、保护功能状态（dsRelayState）、装置运行状态（dsDeviceState）、远方操作保护功能投退（dsRelayFunEn）。

13. 变压器保护装置的在线监测信息数据集有?

答：交流采样（dsRelayAin）、定值区号（dsSetGrpNum）、装置参数（dsParameter）、保护定值（dsSetting）、内部状态监视（dsAin）。

14. 110kV变压器保护装置的状态变位信息是如何要求的?

答：110kV变压器保护装置的状态变位信息规范要求如表5-9所示。

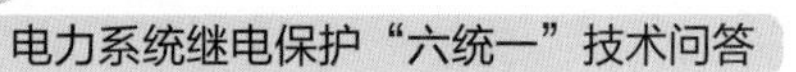

表 5-9　　110kV 变压器保护装置的状态变位信息

序号	数据集	信息名称	是否强制（M/O）	说明	是否记入日志（Y/N）	是否产生报告（Y/N）
1	dsRelayEna	主保护软压板	M	保护功能软压板	Y	Y
2		高压侧后备保护软压板	M		Y	Y
3		高压侧电压软压板	M		Y	Y
4		中压侧后备保护软压板	M		Y	Y
5		中压侧电压软压板	M		Y	Y
6		低压 1 分支后备保护软压板	M		Y	Y
7		低压 1 分支电压软压板	M		Y	Y
8		低压 2 分支后备保护软压板	M		Y	Y
9		低压 2 分支电压软压板	M		Y	Y
10		低压侧中性点保护软压板	M		Y	Y
11		远方投退压板软压板	M	远方功能软压板，远方不可投退	Y	Y
12		远方切换定值区软压板	M		Y	Y
13		远方修改定值软压板	M		Y	Y
14		高压侧电压 SV 接收软压板	M	SV 接收软压板	Y	Y
15		高压侧电流 SV 接收软压板	M		Y	Y
16		高压桥电流 SV 接收软压板	M		Y	Y
17		高压桥 2 电流 SV 接收软压板	O		Y	Y
18		高压侧中性点 SV 接收软压板	M		Y	Y
19		中压侧 SV 接收软压板	M		Y	Y
20		低压 1 分支 SV 接收软压板	M		Y	Y
21		低压 2 分支 SV 接收软压板	M		Y	Y
22		低压侧中性点 SV 接收软压板	M		Y	Y
23		跳高压侧断路器软压板	M	GOOSE 跳闸发送软压板	Y	Y
24		启动高压侧失灵软压板	M		Y	Y
25		跳高压桥断路器软压板	M		Y	Y
26		跳中压侧断路器软压板	M		Y	Y
27		跳中压侧分段软压板	M		Y	Y
28		跳低压 1 分支断路器软压板	M		Y	Y
29		跳低压 1 分支分段软压板	M		Y	Y
30		跳低压 2 分支断路器软压板	M		Y	Y
31		跳低压 2 分支分段软压板	M		Y	Y
32		联跳地区电源并网线 1 软压板	M		Y	Y
33		联跳地区电源并网线 2 软压板	M		Y	Y
34		联跳地区电源并网线 3 软压板	M		Y	Y

续表

序号	数据集	信息名称	是否强制（M/O）	说明	是否记入日志（Y/N）	是否产生报告（Y/N）
35	dsRelayEna	联跳地区电源并网线 4 软压板	M	GOOSE 跳闸发送软压板	Y	Y
36		闭锁高压侧备自投软压板	M		Y	Y
37		闭锁中压侧备自投软压板	M		Y	Y
38		闭锁低压 1 分支备自投软压板	M		Y	Y
39		闭锁低压 2 分支备自投软压板	M		Y	Y
40		跳闸备用 1 软压板	M		Y	Y
41		跳闸备用 2 软压板	M		Y	Y
42		跳闸备用 3 软压板	M		Y	Y
43		跳闸备用 4 软压板	M		Y	Y
44	dsRelayDin	高压侧失灵联跳开入	M	保护开入	Y	Y
45		远方操作硬压板	M	保护硬压板	Y	Y
46		保护检修状态硬压板	M		Y	Y
47		GOOSE 检修不一致	O	GOOSE 检修不一致	Y	Y
48	dsRelaySCTte	纵差差动速断有效	M	—	Y	Y
49		纵差保护有效	M	—	Y	Y
50		高复流 I 段有效	M	—	Y	Y
51		高复流 II 段有效	M	—	Y	Y
52		高复流III段有效	M	—	Y	Y
53		高零流 I 段有效	M	—	Y	Y
54		高零流 II 段有效	M	—	Y	Y
55		高零流III段有效	M	—	Y	Y
56		高失灵联跳有效	M	—	Y	Y
57		高间隙过流有效	M	—	Y	Y
58		高零序过压有效	M	—	Y	Y
59		中复流 I 段有效	M	—	Y	Y
60		中复流 II 段有效	M	—	Y	Y
61		中复流III段有效	M	—	Y	Y
62		中零流 I 段有效	M	—	Y	Y
63		中零流 II 段有效	M	—	Y	Y
64		低 1 复流 I 段有效	M	—	Y	Y
65		低 1 复流 II 段有效	M	—	Y	Y
66		低 1 复流III段有效	M	—	Y	Y
67		低 1 零流有效	M	—	Y	Y

续表

序号	数据集	信息名称	是否强制（M/O）	说明	是否记入日志（Y/N）	是否产生报告（Y/N）
68	dsRelaySCTte	低2复流Ⅰ段有效	M	—	Y	Y
69		低2复流Ⅱ段有效	M	—	Y	Y
70		低2复流Ⅲ段有效	M	—	Y	Y
71		低2零流有效	M	—	Y	Y
72		低中性点零流有效	M	—	Y	Y
73	dsDeviceState	运行	M	—	Y	Y
74		异常	M	—	Y	Y
75		保护跳闸	M	—	Y	Y
76		差动保护闭锁	M	—	Y	Y
77		检修	M	—	Y	Y
78	dsRelayFunEn	主保护投入	M	—	Y	Y
79		高压侧后备保护投入	M	—	Y	Y
80		中压侧后备保护投入	M	—	Y	Y
81		低压1分支后备保护投入	M	—	Y	Y
82		低压2分支后备保护投入	M	—	Y	Y
83		低压侧中性点保护投入	M	—	Y	Y

注　保护装置应提供详细的信息，表格中的信息为最小集。表格中用“M”表示该功能存在时为必选项，“O”表示可选项。对于不能完整显示标准名称的装置，厂家应在说明书中提供与标准名称相应的对照表。

15. 变压器装置告警触点信息包含哪些强制功能?

答：装置故障、运行异常。

16. 变压器装置数据集 dsAlarm 包含哪些强制功能?

答：模拟量采集错（适用于常规采样装置）、保护 CPU 插件异常、开出异常（适用于常规跳闸装置）。

17. 110kV 变压器装置数据集 dsWarning 包含哪些强制功能?

答：高压侧 TV 断线、中压侧 TV 断线、低压 1 分支 TV 断线、低压 2 分支 TV 断线、高压侧 TA 断线、高压桥 TA 断线、中压侧 TA 断线、低压 1 分支 TA 断线、低压 2 分支 TA 断线、差流越限、开入异常、高压侧过负荷、中压侧过负荷、低压侧过负荷、中压侧零压告警、低压 1 分支零压告警、低压 2 分支零压告警、启动风冷、闭锁调压、对时异常。另外，智能变电站装置还包括 SV 总告警、GOOSE 总告警、SV 检修不一致。

18. 220kV 变压器装置数据集 dsWarning 包含哪些强制功能?

答：高压侧 TV 断线、中压侧 TV 断线、低压 1 分支 TV 断线、低压 2 分支 TV 断线、高压1侧TA断线、高压2侧TA断线、中压侧TA断线、低压1分支TA断线、低压2分支TA断线、差流越限、失灵开入异常、高压侧过负荷、中压侧过负荷、低压侧过负荷、公共绕组过负荷、对时异常。另外，智能变电站装置还包括SV总告警、GOOSE总告警、SV检修不一致。

19. 变压器装置保护功能闭锁数据集 dsRelayBlk 包含哪些强制功能?

答：闭锁主保护、闭锁后备保护。

20. 110kV 变压器装置保护压板数据集 dsRelayEna 包含哪些强制功能?

答：主保护软压板、高压侧后备保护软压板、中压侧后备保护软压板、低压1分支后备保护软压板、低压2分支后备保护软压板、低压侧中性点保护软压板、远方投退压板软压板、远方切换定值区软压板、远方修改定值软压板。另外，智能变电站装置还包括各分支电压软压板、SV接收软压板、GOOSE跳闸发送软压板。

21. 220kV 变压器装置保护压板数据集 dsRelayEna 包含哪些强制功能?

答：主保护软压板、高压侧后备保护软压板、中压侧后备保护软压板、低压1分支后备保护软压板、低压2分支后备保护软压板、低压1电抗器后备保护软压板、低压2电抗器后备保护软压板、公共绕组后备保护软压板、接地变后备保护软压板、远方投退压板软压板、远方切换定值区软压板、远方修改定值软压板。另外，智能变电站装置还包括各分支电压软压板、SV接收软压板、GOOSE跳闸发送软压板。

22. 110kV 常规变电站变压器装置保护遥信数据集 dsRealyDin 包含哪些强制功能?

答：主保护硬压板、高压侧后备保护硬压板、高压侧电压硬压板、中压侧后备保护硬压板、中压侧电压硬压板、低压1分支后备保护硬压板、低压1分支电压硬压板、低压2分支后备保护硬压板、低压2分支电压硬压板、低压侧中性点保护硬压板、高压侧失灵联跳开入、远方操作硬压板、保护检修状态硬压板。

23. 110kV 智能变电站变压器装置保护遥信数据集 dsRealyDin 包含哪些强制功能?

答：高压侧失灵联跳开入、远方操作硬压板、保护检修状态硬压板、GOOSE检修不一致。

24. 220kV 常规变电站变压器装置保护遥信数据集 dsRealyDin 包含哪些强制功能?

答：主保护硬压板、高压侧后备保护硬压板、高压侧电压硬压板、中压侧后备保护硬压板、中压侧电压硬压板、低压1分支后备保护硬压板、低压1分支电压硬压板、低压2分支后备保护硬压板、低压2分支电压硬压板、低1电抗器后备硬压板、低2电抗器后备保护硬压板、公共绕组后备保护硬压板、接地变后备保护硬压板、高压侧失灵联跳开入、中压侧失灵联跳开入、远方操作硬压板、保护检修状态硬压板。

25. 220kV 智能变电站变压器装置保护遥信数据集 dsRealyDin 包含哪些强制功能?

答：高压 1 侧失灵联跳开入、高压 2 侧失灵联跳开入、中压侧失灵联跳开入、远方操作硬压板、保护检修状态硬压板、GOOSE 检修不一致。

26. 110kV 变压器装置保护功能状态数据集 dsRealyState 包含哪些强制功能?

答：纵差差动速断有效、纵差保护有效、高复流Ⅰ段有效、高复流Ⅱ段有效、高复流Ⅲ段有效、高零流Ⅰ段有效、高零流Ⅱ段有效、高零流Ⅲ段有效、高失灵联跳有效、高间隙过流有效、高零序过压有效、中复流Ⅰ段有效、中复流Ⅱ段有效、中复流Ⅲ段有效、中零流Ⅰ段有效、中零流Ⅱ段有效、低 1 复流Ⅰ段有效、低 1 复流Ⅱ段有效、低 1 复流Ⅲ段有效、低 1 零流有效、低 2 复流Ⅰ段有效、低 2 复流Ⅱ段有效、低 2 复流Ⅲ段有效、低 2 零流有效、低中性点零流有效。

27. 220kV 变压器装置保护功能状态数据集 dsRealyState 包含哪些强制功能?

答：纵差差动速断有效、纵差保护有效、高相间阻抗有效、高接地阻抗有效、高复流Ⅰ段有效、高复流Ⅱ段有效、高复流Ⅲ段有效、高零流Ⅰ段有效、高零流Ⅱ段有效、高零流Ⅲ段有效、高失灵联跳有效、高零序过压有效、中相间阻抗有效、中接地阻抗有效、中复流Ⅰ段有效、中复流Ⅱ段有效、中复流Ⅲ段有效、中零流Ⅰ段有效、中零流Ⅱ段有效、中零流Ⅲ段有效、中失灵联跳有效、中间隙过流有效、中零序过压有效、低 1 复流Ⅰ段有效、低 1 复流Ⅱ段有效、低 1 零流有效、低 2 复流Ⅰ段有效、低 2 复流Ⅱ段有效、低 2 零流有效、接地变速断过流有效、接地变过流有效、接地变零流Ⅰ段有效、接地变零流Ⅱ段有效、低 1 电抗器复流有效、低 2 电抗器复流有效、公共绕组零流有效。

28. 变压器装置运行状态数据集 dsDeviceState 包含哪些强制功能?

答：运行、异常、保护跳闸、差动保护闭锁、检修。

29. 110kV 变压器装置远方操作保护功能投退数据集 dsRelayFunEn 包含哪些强制功能?

答：主保护投入、高压侧后备保护投入、中压侧后备保护投入、低压 1 分支后备保护投入、低压 2 分支后备保护投入、低压侧中性点保护投入。

30. 220kV 变压器装置远方操作保护功能投退数据集 dsRelayFunEn 包含哪些强制功能?

答：主保护投入、高压侧后备保护投入、中压侧后备保护投入、低压 1 分支后备保护投入、低压 2 分支后备保护投入、低 1 电抗器后备保护投入、低 2 电抗器后备保护投入、公共绕组后备保护投入、接地变后备保护投入。

31. 220kV变压器保护包含哪几类GOOSE输入和输出信号，分别要如何建模?

答：(1) 保护模型中对应要跳闸的每个断路器各使用一个PTRC实例，应含跳闸、启动失灵（如有）、闭锁重合闸（如有）等信号及其相关软压板。

(2) 失灵联跳开出采用RBRF建模。

(3) 智能终端：断路器采用XCBR建模，隔离开关采用XSWI建模，分相断路器应按相建实例。

(4) GOOSE输出软压板应在相关输出信号LN中建模。

(5) GOOSE接收软压板采用GGIO.SPCSO建模。

32. 220kV及以上变压器保护记录的信息有哪几类?

答：保护记录的信息分为三类：

(1) 故障信息，包括跳闸、电气量启动而未跳闸等，各种情况下均应有符合要求的动作报告。

(2) 导致开关量输入发生变化的操作信息（如跳闸位置开入、压板投退），作为一个事件，也应有事件记录。

(3) 异常告警信息，应有相应记录。

33. 变压器保护应采用GOOSE网络传输的信息有哪些?

答：变压器保护跳母联、分段断路器及闭锁备自投、启动失灵；变压器保护接收失灵保护跳闸命令。

34. 简述220kV变压器保护虚端子的文件格式。

答：宜采用Excel（*.csv）、CAD（*.dwg）格式文件。

35. 在智能变电站中虚端子是否允许存在重复信号名称，若有重复如何处理?

答：虚端子中不应有重复的信号名称，必要时应在末端增加数字区分，如备用1、备用2。

36. 对220kV及以上变压器保护装置的定值提出了哪些基本要求?

答：(1) 保护装置的定值应简化，宜多设置自动的辅助定值和内部固定定值。

(2) 保护装置定值应采用二次值、变压器额定电流（I_e）倍数，并输入变压器额定容量、电流互感器（TA）和电压互感器（TV）的变比等必要的参数。

(3) 保护装置总体功能投/退，可由运行人员就地投/退硬压板或远方操作投/退软压板实现，如变压器保护的“高压侧后备保护”。

(4) 运行中基本不变的保护分项功能，如变压器保护的“复压过流I段1时限”采用“控制字”投/退。

(5) 保护装置的定值清单应按以下顺序排列：①设备参数定值部分；②保护装置数值型定值部分；③保护装置控制字定值部分。

37. 220kV 及以上变压器保护装置的定值清单如何排序?

答：①设备参数定值部分；②保护装置数值型定值部分；③保护装置控制字定值部分。

38. 220kV 及以上变压器保护装置切换定值区时，哪些定值内容随区号改变?

答：(1) 220kV 变压器保护：差动保护定值和控制字，高压侧后备保护定值和控制字，中压侧后备保护定值和控制字，低压 1 分支后备保护定值和控制字，低压 2 分支后备保护定值和控制字，低 1 电抗后备保护定值和控制字，低 2 电抗后备保护定值和控制字，接地变后备保护定值和控制字。

(2) 330kV 变压器保护：差动保护定值和控制字，高压侧后备保护定值和控制字，中压侧后备保护定值和控制字，低压侧后备保护定值和控制字、公共绕组后备保护定值和控制字。

(3) 500kV 变压器保护：差动保护定值和控制字，高压侧后备保护定值和控制字，中压侧后备保护定值和控制字，低压侧绕组后备保护定值和控制字，低压侧后备保护定值和控制字、公共绕组后备保护定值和控制字。

39. 110kV 以下变压器保护装置的定值应满足哪些要求（写出 6 条以上）?

答：(1) 装置的定值简化。

(2) 保护测控集成装置中，测控相关参数本规范不做规定。

(3) 装置定值采用二次值、变压器额定电流（I_e）倍数，并输入变压器额定容量、电流互感器（TA）和电压互感器（TV）的变比等必要的参数。

(4) 装置总体功能投/退，可由运行人员就地投/退硬压板或远方操作投/退软压板实现，如变压器保护的“高压侧后备保护”。

(5) 运行中基本不变的保护分项功能，如变压器保护的“复压过流 I 段”，采用“控制字”投/退。

(6) 保护装置软压板与保护定值相对独立，软压板的投退不影响定值。

(7) 保护装置至少设 5 个定值区。

(8) 保护装置具有实时上送定值区号的功能。

40. 110kV 变压器保护装置的定值清单按什么顺序排列（与 220kV 相同）?

答：①设备参数定值；②保护装置数值型定值部分；③保护装置控制字定值部分。

41. 变压器保护在正常运行时显示差流、电流、电压等必要的参数及运行信息，请问电压和电流之间相位显示如何规定?

答：第一种方式为以电流相位为基准显示对应相电压相位；第二种方式为以电压相位为基准显示相电流相位。

42. 变压器保护模型包含哪些逻辑节点?

答：变压器保护包含的逻辑节点如表 5-10 所示，其中标注 M 的为必选、标注 O 的为根据保护实现可选。

表 5-10　　变压器保护逻辑节点列表

功能类	逻辑节点	逻辑节点类	M/O	备注	LD
基本逻辑节点	管理逻辑节点	LLN0	M		PROT
	物理设备逻辑节点	LPHD	M		
差动保护	比率差动动作	PDIF	M		
	差动速断动作	PDIF	M		
	工频变化量差动	PDIF	O		
	零序差动保护	PDIF	O		
	分侧差动保护	PDIF	O		
	小区差动	PDIF	O		
	分相差动	PDIF	O		
高压侧后备保护	相间阻抗 1 时限动作	PDIS	M	500kV 变压器	
	相间阻抗 2 时限动作	PDIS	M		
高压侧后备保护	接地阻抗 1 时限动作	PDIS	M	500kV 变压器	
	接地阻抗 2 时限动作	PDIS	M		
	复压闭锁过流Ⅰ段 1 时限	PVOC	M	220kV 变压器	
	复压闭锁过流Ⅰ段 2 时限	PVOC	M		
	高压侧复压闭锁过流Ⅱ段	PVOC	M		
	零序过流Ⅰ段 1 时限	PTOC	M		
	零序过流Ⅰ段 2 时限	PTOC	M		
	零序过流Ⅱ段	PTOC	M		
	间隙零序过压保护	PTOV	O		
	间隙零序过流保护	PTOC	O		
	失灵联跳	RBRF	O		
	过负荷告警	PTOC	O		
中压侧后备保护	相间阻抗 1 时限动作	PDIS	M	500kV 变压器	PROT
	相间阻抗 2 时限动作	PDIS	M		
	接地阻抗 1 时限动作	PDIS	M		
	接地阻抗 2 时限动作	PDIS	M		
	复压闭锁过流Ⅰ段 1 时限	PVOC	M	220kV 变压器	
	复压闭锁过流Ⅰ段 2 时限	PVOC	M		
	复压闭锁过流Ⅱ段	PVOC	M		
	零序过流Ⅰ段 1 时限	PTOC	M		
	零序过流Ⅰ段 2 时限	PTOC	M		
	零序过流Ⅱ段	PTOC	M		

续表

功能类	逻辑节点	逻辑节点类	M/O	备注	LD
中压侧后备保护	间隙零序过压保护	PTOV	O	220kV 变压器	PROT
	间隙零序过流保护	PTOC	O		
	失灵联跳	RBRF	O		
	过负荷告警	PTOC	O		
低压侧后备保护	过流 1 时限	PTOC	M	500kV 变压器 220kV 变压器， 可多个分支	
	过流 2 时限	PTOC	M		
	过流 3 时限	PTOC	O		
	复压闭锁过流 1 时限	PVOC	M		
	复压闭锁过流 2 时限	PVOC	M		
低压侧后备保护	复压闭锁过流 3 时限	PVOC	O		
	过负荷告警	PTOC	O		
公共绕组模块	中性点零流保护动作	PTOC	O		
	公共绕组过负荷告警	PTOC	O		
过励磁保护	定时限过励磁告警	PVPH	M	500kV 变压器	
	反时限过励磁保护	PVPH	M		
辅助功能	跳闸逻辑	PTRC	M	可多个	
	故障录波	RDRE	M		
保护输入接口	电压互感器	TVTR	M	可多个	
	电流互感器	TCTR	M	可多个	
保护输入接口	保护开入	GGIO	M	可多个	
保护自检	保护自检告警	GGIO	M	可多个	
保护测量	保护测量	MMXU	M	可多个	
保护 GOOSE 过程层接口	管理逻辑节点	LLN0	M		PIGO
	物理设备逻辑节点	LPHD	M		
	失灵联跳输入	GGIO	O		
	断路器跳闸及起失灵出口及解除失灵电压闭锁	PTRC	M	可多个	
	风冷或闭锁调压出口	GGIO	O		
保护 SV 过程层接口	管理逻辑节点	LLN0	M	通道延时配置在 LLN0 下，也可配置 GGIO 接收	PISV
	物理设备逻辑节点	LPHD	M		
	各侧保护电流、电压输入	GGIO	O		

43. 差动保护逻辑节点 PDIF 类型如何定义?

答：差动保护逻辑节点 PDIF 类型定义如表 5-11 所示。

表 5-11　差动保护 PDIF 类型定义

属性名	属性类型	全　称	M/O	中文语义
公用逻辑节点信息				
Mod	INC	Mode	M	模式
Beh	INS	Behaviour	M	行为
Health	INS	Health	M	健康状态
NamPlt	LPL	Name	M	逻辑节点铭牌
状态信息				
Str	ACD	Start	M	启动
Op	ACT	Operate	M	动作
测量信息				
DifAClc	WYE	Differential Current	O	差动电流
RstA	WYE	Restraint Mode	O	制动电流
定值信息				
LinCapac	ASG	Line capacitance （for load currents）	O	线路正序容抗
线路差动保护扩充				
LinCapac0	ASG	Zero Sequence Line Capacitance	ESG	线路零序容抗
LocShRX	ASG	X value of Local Shunt Reactor	ESG	电抗器阻抗定值
LocNRX	ASG	X value of Local Reactor of Neutral Point	ESG	中性点电抗器阻抗定值
CTFact	ASG	CT Factor	ESG	TA 变比系数
StrValSG	ASG	PDIF operate value	ESG	差动动作电流定值
CTBrkVal	ASG	PDIF operate value when CT broken	ESG	TA 断线差流定值
Enable	SPG	Enable	ESG	投入
CTBlkEna	SPG	CT broken Block PDIF Enable	ESG	TA 断线闭锁差动
RemShRX	ASG	X value of Local Shunt Reactor	EO	对侧电抗器阻抗
RemNRX	ASG	X value of Local Reactor of Neutral Point	EO	对侧中性点电抗器阻抗
CCCEna	SPG	Capacitive Current Compensate Enable	EO	电容电流补偿
BrkDifEna	SPG	Break value PDIF Enable	EO	突变量差动保护投入
Dif0BlkRec	SPG	Zero sequence PDIF blocking recloser	EO	零序差动动作永跳
元件差动保护扩充				
StrValSG	ASG	PDIF operate value	ESG	差动动作电流定值
Ha2RstFact	ASG	2nd harmonic restraint factor	ESG	二次谐波制动系数
CTWrnSet	ASG	Different value to warning for CT abnormal	ESG	TA 断线告警定值

续表

属性名	属性类型	全　　称	M/O	中文语义
CTBlkSet	ASG	Different value to block for CT broken	ESG	TA 断线闭锁定值
Enable	SPG	Enable	ESG	投入
Ha2RstMod	SPG	2nd harmonica restraint mode	ESG	二次谐波制动
CTBlkEna	SPG	CT loop broken Block PDIF Enable	ESG	TA 断线闭锁差动（变压器保护用）
InfVal	ASG	PDIF inflexion value	EO	差动拐点电流

44. 复压闭锁过流保护逻辑节点 PVOC 类型如何定义？

答： 复压闭锁过流保护逻辑节点 PVOC 类型定义如表 5-12 所示。

表 5-12　　复压闭锁过流保护 PVOC 类型定义

属性名	属性类型	全　　称	M/O	中文语义
公用逻辑节点信息				
Mod	INC	Mode	M	模式
Beh	INS	Behaviour	M	行为
Health	INS	Health	M	健康状态
NamPlt	LPL	Name	M	逻辑节点铭牌
状态信息				
Str	ACD	Start	M	启动
Op	ACT	Operate	M	动作
定值信息				
OpDlTmms	ING	Operate Delay Time	O	时间定值
BlkValVpp	ASG	Block value Vpp	ESG	低电压闭锁定值（线电压，用于复压闭锁）
BlkValV2	ASG	Block value V2	ESG	负序电压闭锁定值（相电压，用于复压闭锁）
StrValSG	ASG	Start Value	ESG	电流定值
DirToBus	ING	Current Directional To Bus	ESG	方向指向母线
Enable	SPG	Enable	ESG	投入

第四节　装置及回路设计

1. 画出 220kV 变压器保护跳闸及启失灵虚回路。

答： 220kV 变压器保护跳闸及启失灵虚回路如图 5-25 所示。

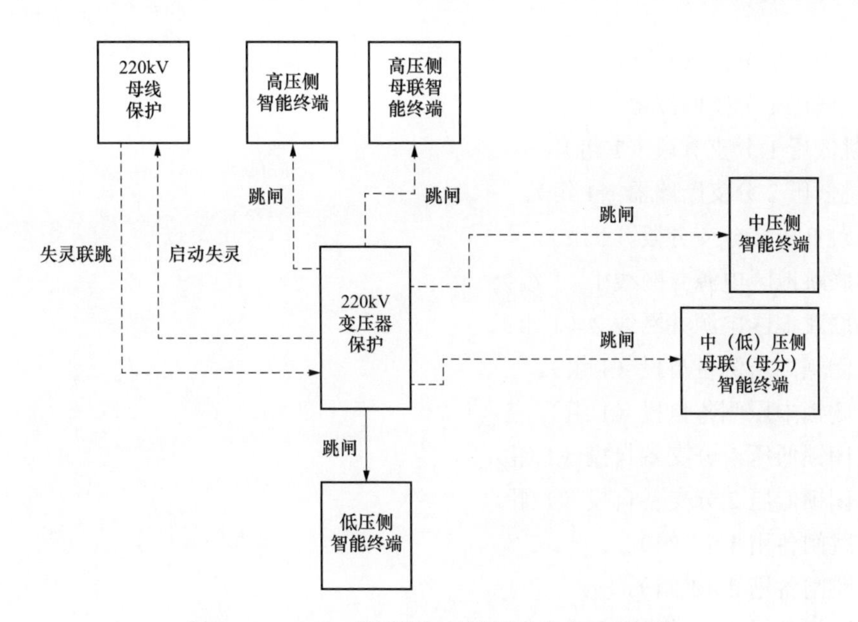

图 5-25 220kV 变压器保护跳闸及启失灵虚回路

2. 常规变电站 110kV 变压器保护装置有哪些开关量输入？

答：（1）主保护（含差动速断、纵差、故障分量差动）硬压板。
（2）高压侧后备保护硬压板。
（3）高压侧电压硬压板。
（4）中压侧后备保护硬压板。
（5）中压侧电压硬压板。
（6）低压 1 分支后备保护硬压板。
（7）低压 1 分支电压硬压板。
（8）低压 2 分支后备保护硬压板。
（9）低压 2 分支电压硬压板。
（10）低压侧中性点保护硬压板。
（11）高压侧失灵联跳开入。
（12）远方操作硬压板。
（13）保护检修状态硬压板。
（14）信号复归。
（15）启动打印（可选）。

3. 常规变电站 110kV 变压器保护装置保护出口有哪些？

答：（1）跳高压侧断路器（1 组）。
（2）启动高压侧失灵（1 组）。
（3）解除高压侧失灵电压闭锁（1 组）。
（4）跳高压桥断路器（1 组）。
（5）跳中压侧断路器（1 组）。

（6）跳中压侧分段（1 组）。
（7）跳低压 1 分支断路器（1 组）。
（8）跳低压 1 分支分段（1 组）。
（9）跳低压 2 分支断路器（1 组）。
（10）跳低压 2 分支分段（1 组）。
（11）联跳地区电源并网线 1（1 组）。
（12）联跳地区电源并网线 2（1 组）。
（13）闭锁高压侧备自投（1 组）。
（14）闭锁中压侧备自投（1 组）。
（15）闭锁低压 1 分支备自投（1 组）。
（16）闭锁低压 2 分支备自投（1 组）。
（17）跳闸备用 1（1 组）。
（18）跳闸备用 2（1 组）。
（19）跳闸备用 3（1 组）。
（20）跳闸备用 4（1 组）。
（21）启动风冷（1 组）。
（22）闭锁调压（动合、动断可选，1 组）。

4. 常规变电站 110kV 变压器保护装置信号触点输出有哪些?

答：（1）保护动作 [2 组不保持、1 组保持（可选）]。
（2）过负荷（至少 1 组不保持）。
（3）运行异常（至少 1 组不保持）。
（4）装置故障告警（至少 1 组不保持）。

5. 110（66）kV 变压器保护操作箱（插件）开关量接口有哪些?

答：（1）手（遥）合、手（遥）跳。
（2）至合闸线圈。
（3）至跳闸线圈。
（4）保护跳闸。
（5）与保护配合的断路器位置等。
（6）与测控相关的断路器位置、其他信号等。
（7）与备自投配合的断路器位置触点　合后触点、手跳触点。
（8）防跳回路。
（9）压力闭锁回路。
（10）跳闸及合闸位置监视回路。
（11）控制回路断线信号（含直流电源监视功能）。
（12）事故总信号。

6. 220kV以上常规变电站变压器保护开关量输入有哪些?

答:(1)主保护(含差动速断、纵差、故障分量差动)投/退。
(2)高压侧后备保护投/退。
(3)高压侧电压投/退。
(4)中压侧后备保护投/退。
(5)中压侧电压投/退。
(6)低压1分支后备保护投/退。
(7)低压1分支电压投/退。
(8)低压2分支后备保护投/退。
(9)低压2分支电压投/退。
(10)低1电抗器后备保护投/退(可选)。
(11)低2电抗器后备保护投/退(可选)。
(12)公共绕组后备保护投/退(可选)。
(13)接地变后备保护投/退(可选)。
(14)高压侧失灵联跳开入。
(15)中压侧失灵联跳开入。
(16)远方操作投/退。
(17)保护检修状态投/退。
(18)信号复归。
(19)启动打印(可选)。

7. 220kV以上常规变电站变压器保护跳闸出口有哪些?

答:(1)跳高压侧断路器(2组)。
(2)启动高压侧失灵保护(2组)。
(3)解除高压侧失灵保护电压闭锁(1组)。
(4)跳高压侧母联(分段)(3组)。
(5)跳中压侧断路器(1组)。
(6)启动中压侧失灵保护(1组)。
(7)解除中压侧失灵保护电压闭锁(1组)。
(8)跳中压侧母联(分段)(3组)。
(9)闭锁中压侧备自投(1组)。
(10)跳低压1分支(1组)。
(11)跳低压1分支分段(1组)。
(12)闭锁低压1分支备自投(1组)。
(13)跳低压2分支(1组)。
(14)跳低压2分支分段(1组)。
(15)闭锁低压2分支备自投(1组)。
(16)跳闸备用1(1组)。

（17）跳闸备用 2（1 组）。

（18）跳闸备用 3（1 组）。

（19）跳闸备用 4（1 组）。

注：当低压侧每个分支均有两个分段时，需增加“跳低压 1 分支分段 2”“闭锁低压 1 分支备自投 2”“跳低压 2 分支分段 2”“闭锁低压 2 分支备自投 2”的触点。

8. 220kV 以上常规变电站变压器保护信号触点输出有哪些?

答：（1）保护动作（3 组：1 组保持，2 组不保持）。

（2）过负荷（至少 1 组不保持）。

（3）运行异常（含 TA 断线、TV 断线等，至少 1 组不保持）。

（4）装置故障告警（至少 1 组不保持）。

9. 智能化 110kV 变压器保护装置常规开关量输入有哪些?

答：（1）远方操作硬压板。

（2）保护检修状态硬压板。

（3）信号复归。

（4）启动打印（可选）。

10. 智能化 110kV 变压器保护装置 GOOSE 出口有哪些?

答：（1）跳高压侧断路器（1 组）。

（2）启动高压侧失灵（1 组）。

（3）跳高压桥断路器（1 组）。

（4）跳中压侧断路器（1 组）。

（5）跳中压侧分段（1 组）。

（6）跳低压 1 分支断路器（1 组）。

（7）跳低压 1 分支分段（1 组）。

（8）跳低压 2 分支断路器（1 组）。

（9）跳低压 2 分支分段（1 组）。

（10）联跳地区电源并网线 1（1 组）。

（11）联跳地区电源并网线 2（1 组）。

（12）联跳地区电源并网线 3（1 组）。

（13）联跳地区电源并网线 4（1 组）。

（14）闭锁高压侧备自投（1 组）。

（15）闭锁中压侧备自投（1 组）。

（16）闭锁低压 1 分支备自投（1 组）。

（17）闭锁低压 2 分支备自投（1 组）。

（18）跳闸备用 1（1 组）。

（19）跳闸备用 2（1 组）。

（20）跳闸备用 3（1 组）。

（21）跳闸备用4（1组）。
（22）启动风冷（1组）。
（23）闭锁调压（1组）。

11. 智能化110kV变压器保护装置GOOSE信号输出有哪些？

答：（1）保护动作（1组）。
（2）过负荷（1组）。

12. 智能化110kV变压器保护装置常规信号触点输出有哪些？

答：（1）运行异常（至少1组不保持）。
（2）装置故障告警（至少1组不保持）。

13. 智能变电站哪些开关量采样双点开关量输入？

答：断路器位置状态、隔离开关位置状态采用双点信号，其余信号采用单点信号。

14. 220kV以上智能变电站变压器保护GOOSE输入有哪些？

答：（1）高压1侧失灵联跳开入。
（2）高压2侧失灵联跳开入。
（3）中压侧失灵联跳开入。

15. 220kV以上智能变电站变压器保护硬接点开关量输入有哪些？

答：（1）远方操作投/退。
（2）保护检修状态投/退。
（3）信号复归。
（4）启动打印（可选）。

16. 220kV以上智能变电站变压器保护GOOSE出口有哪些？

答：（1）跳高压1侧断路器（1组）。
（2）启动高压1侧断路器失灵保护（1组）。
（3）跳高压2侧断路器（1组）。
（4）启动高压2侧断路器失灵保护（1组）。
（5）跳高压侧母联1（1组）。
（6）跳高压侧母联2（1组）。
（7）跳高压侧分段1（1组）。
（8）跳高压侧分段2（1组）。
（9）跳中压侧断路器（1组）。
（10）启动中压侧失灵保护（1组）。
（11）跳中压侧母联1（1组）。
（12）跳中压侧母联2（1组）。

（13）跳中压侧分段 1（1 组）。
（14）跳中压侧分段 2（1 组）。
（15）闭锁中压侧备自投（1 组）。
（16）跳低压 1 分支（1 组）。
（17）跳低压 1 分支分段（1 组）。
（18）闭锁低压 1 分支备自投（1 组）。
（19）跳低压 2 分支（1 组）。
（20）跳低压 2 分支分段（1 组）。
（21）闭锁低压 2 分支备自投（1 组）。
（22）跳闸备用 1（1 组）。
（23）跳闸备用 2（1 组）。
（24）跳闸备用 3（1 组）。
（25）跳闸备用 4（1 组）。

17. 220kV 以上智能变电站变压器保护 GOOSE 信号输出有哪些?

答：（1）保护动作（1 组）。
（2）过负荷（1 组）。

18. 220kV 以上智能变电站变压器保护信号触点输出有哪些?

答：（1）运行异常（含 TA 断线、TV 断线等，至少 1 组不保持）。
（2）装置故障告警（至少 1 组不保持）。

19. 简述变压器保护装置信号触点的要求。

答：（1）常规变电站变压器保护装置的跳闸信号：2 组不保持触点，1 组保持触点（可选）。

（2）常规变电站变压器保护装置的过负荷、运行异常、装置故障等告警信号：各至少 1 组不保持触点。

（3）智能变电站变压器保护装置的运行异常和装置故障告警信号：各至少 1 组不保持触点。

20. 智能变电站保护装置双点开关量输入如何统一定义?

答：“01”为分位，“10”为合位，“00 或 11”为无效。

21. 智能变电站处理开关量无效状态如何规定?

答：不做统一规定，但应以防止保护误动为基本原则。例如：对于双点开关量输入，按照保持无效之前状态处理，如断路器和隔离开关位置。对于单点开关量输入，置“0”处理，如启动失灵、失灵联跳信号。

22. 简述变压器保护配置组屏的要求。

答：（1）遵循“强化主保护，简化后备保护和二次回路”的原则进行保护配置、选型与整定。

（2）优先采用主、后备保护一体化的微机型保护装置，保护装置应能反应被保护设备的各种故障及异常状态。

（3）常规变电站双重化配置的保护装置应分别组在各自的保护屏（柜）内，保护装置退出、消缺或试验时，宜整屏（柜）退出。

（4）智能变电站双重化配置的保护装置宜分别组在各自的保护屏（柜）内，保护装置退出、消缺或试验时，宜整屏（柜）退出。当双重化配置的保护装置组在一面保护屏（柜）内，保护装置退出、消缺或试验时，应做好防护措施。

（5）两套完整、独立的电气量保护和一套非电量保护应使用各自独立的电源回路（包括直流空气小开关及其直流电源监视回路），在保护屏（柜）上的安装位置应相对独立。

（6）双重化配置的保护装置，两套保护的跳闸回路应与断路器的两个跳闸线圈分别一一对应。非电量保护应同时作用于断路器的两个跳闸线圈。

23. 简述常规变电站220kV变压器保护采用组屏柜数目及原因。

答：（1）变压器保护1屏（柜）：变压器保护1+高压侧电压切换箱1+中压侧电压切换箱1。

（2）变压器保护2屏（柜）：变压器保护2+高压侧电压切换箱2+中压侧电压切换箱2。

（3）变压器辅助屏（柜）：非电量保护+高压侧操作箱+中压侧操作箱+低压1分支操作箱（+低压2分支操作箱）。

（4）保护组屏（柜）及二次回路设计时，强调每一套保护装置的完整性和独立性，尽量减少柜间连线，为整屏退出运行创造有利条件，以提高运行、检修的安全性。在保护装置双重化配置的条件下，为提高检修的安全性，在消缺或试验时，宜整屏（柜）退出。因此，变压器保护应采用三面柜方案，两套电气量保护分别独立组柜，单套配置的非电量保护应和操作箱共同组柜。

24. 220kV智能变电站变压器保护如何组屏？

答：220kV智能变电站变压器保护设置三台保护柜：

（1）保护A柜包括主变压器第一套保护、A网交换机、C网交换机。

（2）保护B柜包括主变压器第二套保护、B网交换机、D网交换机。

（3）本体智能柜包括本体智能终端、第一套中性点合并单元、第二套中性点合并单元

25. 330kV常规变电站变压器保护如何组屏？

答：（1）变压器保护1屏（柜）：变压器保护1+中压侧电压切换箱1。

（2）变压器保护2屏（柜）：变压器保护2+中压侧电压切换箱2。

（3）变压器辅助屏（柜）：非电量保护+中压侧操作箱+低压侧操作箱。

26. 330kV智能变电站变压器保护如何组屏？

答：（1）变压器保护1屏（柜）：变压器保护1。

（2）变压器保护2屏（柜）：变压器保护2。

（3）本体智能柜包括本体智能终端、第一套中性点合并单元、第二套中性点合并单元。

（4）本体智能柜包括本体 A 相智能终端、本体 B 相智能终端、本体 C 相智能终端、第一套中性点合并单元、第二套中性点合并单元。（3/2 接线）

27. 500kV 常规变电站变压器保护如何组屏?

答：（1）变压器保护 1 屏（柜）：变压器保护 1+中压侧电压切换箱 1。

（2）变压器保护 2 屏（柜）：变压器保护 2+中压侧电压切换箱 2。

（3）变压器辅助屏（柜）：非电量保护+中压侧操作箱+低压侧操作箱。

28. 500kV 智能变电站变压器保护如何组屏?

答：（1）变压器保护 1 屏（柜）：变压器保护 1。

（2）变压器保护 2 屏（柜）：变压器保护 2。

（3）本体智能柜包括本体 A 相智能终端、本体 B 相智能终端、本体 C 相智能终端、第一套中性点合并单元、第二套中性点合并单元。

29. 220kV 变压器保护屏（柜）左侧端子排自上而下依次怎么排列?

答：左侧端子排自上而下依次排列如下：

（1）直流电源段（ZD）：本屏（柜）所有装置直流电源均取自该段。

（2）强电开入段（1～7QD）：用于高压侧电压切换。

（3）强电开入段（2～7QD）：用于中压侧电压切换。

（4）强电开入段（1QD）：变压器高压侧断路器失灵保护开入、中压侧断路器失灵保护开入。

（5）对时段（OD）：接受 GPS 硬触点对时。

（6）弱电开入段（1RD）：用于保护。

（7）出口正段（1CD）：保护出口回路正端。

（8）出口负段（1KD）：保护出口回路负端。

（9）信号段（1-7XD）：高压侧电压切换信号。

（10）信号段（2-7XD）：中压侧电压切换信号。

（11）信号段（1XD）：保护动作、过负荷、运行异常、装置故障告警等信号。

（12）遥信段（1YD）：保护动作、过负荷、运行异常、装置故障告警等信号。

（13）录波段（1LD）：保护动作信号。

（14）网络通信段（TD）：网络通信、打印接线和 IRIG-B（DC）时码对时。

（15）集中备用段（1BD）。

30. 220kV 变压器保护屏（柜）右侧端子排自上而下依次怎么排列?

答：右侧端子排自上而下依次排列如下：

（1）交流电压段（1～7UD）：高压侧外部输入电压及切换后电压。

（2）交流电压段（2～7UD）：中压侧外部输入电压及切换后电压。

（3）交流电压段（U3D）：低压 1 分支外部输入电压。

（4）交流电压段（U4D）：低压 2 分支外部输入电压。

（5）交流电压段（1U1D）：保护装置高压侧输入电压。

（6）交流电压段（1U2D）：保护装置中压侧输入电压。

（7）交流电压段（1U3D）：保护装置低压 1 分支输入电压。

（8）交流电压段（1U4D）：保护装置低压 2 分支输入电压。

（9）交流电流段（1I1D）：按高压 1 侧 I_{h1a}、I_{h1b}、I_{h1c}、I_{h1n}，高压 2 侧 I_{h2a}、I_{h2b}、I_{h2c}、I_{h2n}（可选），高压侧零序 I_{h0}，高压侧间隙 I_{hj} 排列。

（10）交流电流段（1I2D）：按中压侧 I_{ma}、I_{mb}、I_{mc}、I_{mn}，中压侧零序 I_{m0}，中压侧间隙 I_{mj} 排列。

（11）交流电流段（1I3D）：按低压 1 分支电流 I_{la1}、I_{lb1}、I_{lc1}、I_{ln1}，低压 1 电抗器前 TA 电流 I_{k1a}、I_{k1b}、I_{k1c}（可选）排列。

（12）交流电流段（1I4D）：按低压 2 分支电流 I_{la2}、I_{lb2}、I_{lc2}、I_{ln2}，低压 2 电抗器前 TA 电流 I_{k2a}、I_{k2b}、I_{k2c}（可选）排列。

（13）交流电流段（1I5D）：按公共绕组 I_{ga}、I_{gb}、I_{gc}、I_{gn}、I_{g0} 排列（可选）。

（14）交流电流段（1I6D）：按接地变压器电流 I_{za}、I_{zb}、I_{zc}，接地变压器零序电流 I_{z0} 排列（可选）。

（15）交流电源段（JD）。

（16）集中备用段（2BD）。

31. 220kV 电压等级变压器保护辅助屏（柜）左侧端子排自上而下依次怎么排列?

答：左侧端子排自上而下依次排列如下：

（1）直流电源段（ZD）：本屏（柜）所有装置直流电源均取自该段。

（2）强电开入段（4-4QD）：低压 2 分支接收保护跳闸，合闸等开入信号。

（3）出口段（4-4CD）：至低压 2 分支断路器跳、合闸线圈。

（4）保护配合段（4-4PD）：与低压 2 分支备自投配合。

（5）信号段（4-4XD）：低压 2 分支控制回路断线、保护跳闸、事故音响等。

（6）强电开入段（2-4QD）：中压侧接收保护跳闸、合闸等开入信号。

（7）出口段（2-4CD）：至中压侧断路器跳、合闸线圈。

（8）保护配合段（2-4PD）：与中压侧备自投配合。

（9）信号段（2-4XD）：中压侧控制回路断线、保护跳闸、事故音响等。

（10）强电开入段（1-4Q1D）：高压侧接收第一套保护跳闸、非电量保护跳闸，合闸等开入信号（高压双断路器时无此段）。

（11）强电开入段（1-4Q2D）：高压侧接收第二套保护跳闸、非电量保护跳闸等开入信号（高压双断路器时无此段）。

（12）出口段（1-4C1D）：至高压侧断路器第一组跳、合闸线圈（高压双断路器时无此段）。

（13）出口段（1-4C2D）：至高压侧断路器第二组跳闸线圈（高压双断路器时无此段）。

（14）信号段（1-4XD）：含控制回路断线、电源消失、保护跳闸、事故音响等（高压双断路器时无此段）。

（15）录波段（1-4LD）：分相跳闸和三相跳闸触点（高压双断路器时无此段）。

（16）集中备用段（1BD）。

32. 220kV 变压器保护辅助屏（柜）右侧端子排自上而下依次怎么排列？

答：右侧端子排自上而下依次排列如下：

（1）强电开入段（3-4QD）：低压 1 分支接收保护跳闸，合闸等开入信号。

（2）出口段（3-4CD）：至低压 1 分支断路器跳、合闸线圈。

（3）保护配合段（3-4PD）：与低压 1 分支备自投配合。

（4）信号段（3-4XD）：低压 1 分支控制回路断线、保护跳闸、事故音响等。

（5）强电开入段（5QD）：非电量保护装置直流电源。

（6）强电开入段（5FD）：外部非电量开入。

（7）对时段（OD）：接受 GPS 硬触点对时。

（8）弱电开入段（5RD）：用于非电量保护。

（9）出口正段（5CD）：非电量保护出口回路正端。

（10）出口负段（5KD）：非电量保护出口回路负端。

（11）信号段（5XD）：非电量保护动作、非电量运行异常、非电量装置故障告警等信号。

（12）遥信段（5YD）：非电量保护动作、非电量运行异常、非电量装置故障告警等信号。

（13）录波段（5LD）：作用于跳闸的非电量保护信号。

（14）网络通信段（TD）：网络通信、打印接线和 IRIG-B（DC）时码对时。

（15）交流电源段（JD）。

（16）集中备用段（2BD）。

33. 220kV 常规变电站变压器保护压板如何设置？

答：（1）保护 1（2）屏（柜）压板：

1）保护出口压板：跳高压侧断路器；启动高压侧失灵保护；解除高压侧失灵保护电压闭锁；跳高压侧母联（分段）；跳中压侧断路器；启动中压侧失灵保护；解除中压侧失灵保护电压闭锁（1 组）；跳中压侧母联（分段）；闭锁中压侧备自投；跳低压 1 分支；跳低压 1 分支分段；闭锁低压 1 分支备自投；跳低压 2 分支；跳低压 2 分支分段；闭锁低压 2 分支备自投。

2）保护功能压板：主保护投/退；高压侧后备保护投/退、高压侧电压投/退；中压侧后备保护投/退、中压侧电压投/退；低压 1 分支后备保护投/退、低压 1 分支电压投/退、低 1 电抗器后备保护投/退（可选）；低压 2 分支后备保护投/退、低压 2 分支电压投/退、低 2 电抗器后备保护投/退（可选）；公共绕组后备保护投/退（可选）、接地变后备保护投/退（可选）远方操作投/退、检修状态投/退。备用压板。

（2）辅助屏（柜）压板：

1）非电量保护出口压板：跳高压侧断路器、跳中压侧断路器、跳低压侧断路器。

2）非电量保护各功能压板：根据有关规程要求设置作用于跳闸的各非电量保护跳闸投/退功能压板；远方操作投/退、检修状态投/退、备用压板。

34. 220kV 智能变电站变压器保护压板如何设置？

答：（1）保护功能投退压板：主保护、高压侧后备保护、高压侧电压、中压侧后备保护、中压侧电压、低压 1 分支后备保护、低压 1 分支电压、低压 2 分支后备保护、低压 2 分支电压、接地变后备保护（选配）、低 1 电抗器后备保护（选配）、低 2 电抗器后备保护（选配）、公共绕组后备保护（选配）、远方投退压板、远方切换定值区、远方修改定值。

（2）GOOSE 跳闸出口压板：跳高压 1 侧断路器（1 组）；启动高压 1 侧断路器失灵保护（1 组）；跳高压 2 侧断路器（1 组）；启动高压 2 侧断路器失灵保护（1 组）；跳高压侧母联 1（1 组）；跳高压侧母联 2（1 组）；跳高压侧分段 1（1 组）；跳高压侧分段 2（1 组）；跳中压侧断路器（1 组）；启动中压侧断路器失灵保护（1 组）；跳中压侧母联 1（1 组）；跳中压侧母联 2（1 组）；跳中压侧分段 1（1 组）跳中压侧分段 2（1 组）；闭锁中压侧备自投（1 组）；跳低压 1 分支（1 组）；跳低压 1 分支分段（1 组）；闭锁低压 1 分支备自投（1 组）；跳低压 2 分支（1 组）；跳低压 2 分支分段（1 组）；闭锁低压 2 分支备自投（1 组）。

（3）间隔 MU 投入压板：高压侧 MU 投入、中压侧 MU 投入、低压侧 MU 投入、公共绕组侧 MU 投入。

35. 330kV 常规变电站变压器保护压板如何设置?

答：（1）保护 1（2）屏（柜）压板：

1）保护出口压板：跳高压侧断路器、启动高压侧失灵保护、解除高压侧失灵电压闭锁、跳高压侧母联、跳高压侧分段 1、跳高压侧分段 2；跳中压侧断路器、启动中压侧失灵保护、解除中压侧失灵电压闭锁、跳中压侧母联、跳中压侧分段 1、跳中压侧分段 2；跳低压侧断路器。

2）保护功能压板：主保护投/退；高压侧后备保护投/退、高压侧电压投/退；中压侧后备保护投/退、中压侧电压投/退；低压侧后备保护投/退、低压侧电压投/退；公共绕组后备保护投/退；远方操作投/退、检修状态投/退。

（2）辅助屏（柜）压板：

1）非电量保护出口压板：跳高压侧断路器、跳中压侧断路器、跳低压侧断路器；

2）非电量保护各功能压板：根据有关规程要求设置作用于跳闸的各非电量保护跳闸投/退功能压板。

36. 330kV 智能变电站变压器保护压板如何设置?

答：（1）保护功能投退压板：主保护、高压侧后备保护、高压侧电压、中压侧后备保护、中压侧电压、低压侧后备保护、低压侧电压、公共绕组后备保护、远方投退压板、远方切换定值区、远方修改定值。

（2）GOOSE 跳闸出口压板：跳高压 1 侧断路器（1 组）；启动高压 1 侧断路器失灵保护（1 组）；跳高压 2 侧断路器（1 组）；启动高压 2 侧断路器失灵保护（1 组）；跳高压侧母联 1（1 组）；跳高压侧母联 2（1 组）；跳高压侧分段 1（1 组）；跳高压侧分段 2（1 组）；跳中压侧断路器（1 组）；启动中压侧失灵保护（1 组）；跳中压侧母联 1（1 组）；跳中压侧母联 2（1 组）；跳中压侧分段 1（1 组）；跳中压侧分段 2（1 组）；跳低压侧断路器（1 组）。

（3）间隔 MU 投入压板：高压侧 MU 投入、中压侧 MU 投入、低压侧 MU 投入、公共绕组侧 MU 投入。

37. 500kV 常规变电站变压器保护压板如何设置?

答:(1)保护 1(2)屏(柜)压板:

1)保护出口压板:跳高压侧断路器、启动高压侧失灵保护;跳中压侧断路器、启动中压侧失灵保护、解除中压侧失灵电压闭锁、跳中压侧母联、跳中压侧分段 1、跳中压侧分段 2;跳低压侧断路器。

2)保护功能压板:主保护投/退;高压侧后备保护投/退、高压侧电压投/退;中压侧后备保护投/退、中压侧电压投/退;低压绕组后备保护投/退、低压侧后备保护投/退、低压侧电压投/退;公共绕组后备保护投/退;远方操作投/退、检修状态投/退。

(2)辅助屏(柜)压板:

1)非电量保护出口压板:跳高压侧断路器、跳中压侧断路器、跳低压侧断路器。

2)非电量保护各功能压板:根据有关规程要求设置作用于跳闸的各非电量保护跳闸投/退功能压板。

38. 500kV 智能变电站变压器保护压板如何设置?

答:(1)保护功能投退压板:主保护、高压侧后备保护、高压侧电压、中压侧后备保护、中压侧电压、低压侧后备保护、低压侧电压、公共绕组后备保护、远方投退压板、远方切换定值区、远方修改定值。

(2)GOOSE 跳闸出口压板:跳高压 1 侧断路器(1 组);启动高压 1 侧断路器失灵保护(1 组);跳高压 2 侧断路器(1 组);启动高压 2 侧断路器失灵保护(1 组);跳中压侧断路器(1 组);启动中压侧失灵保护(1 组);跳中压侧母联 1(1 组);跳中压侧母联 2(1 组);跳中压侧分段 1(1 组);跳中压侧分段 2(1 组);跳低压侧断路器(1 组)。

(3)间隔 MU 投入压板:高压侧 MU 投入、中压侧 MU 投入、低压侧 MU 投入、公共绕组侧 MU 投入。

39. 常规变电站变压器保护各侧“电压压板”如何设置软、硬压板?

答:变压器保护的各侧“电压压板”只设硬压板。

40. 简述变压器保护的“远方操作”“远方投退压板”“远方切换定值区”和“远方修改定值”软、硬压板设置情况以及逻辑关系。

答:“远方操作”只设硬压板。“远方投退压板”“远方切换定值区”和“远方修改定值”只设软压板,只能在装置本地操作,三者功能相互独立,分别与“远方操作”硬压板采用“与门”逻辑。当“远方操作”硬压板投入后,上述三个软压板远方功能才有效。

41. 智能站变压器保护各侧“电压压板”如何设置软、硬压板?

答:变压器保护的各侧“电压压板”,智能变电站保护只设软压板,投入表示本侧/分支电压投入,退出表示本侧/分支电压退出。

42. 智能变电站变压器保护有哪些类型的硬压板?

答：智能变电站保护装置只设“远方操作”和“保护检修状态”硬压板，保护功能投退不设硬压板。

43. 常规和多合一变压器保护装置的保护功能投退的软、硬压板应一一对应，采用“与”逻辑，哪些压板除外?

答：变压器保护的各侧“电压压板”只设硬压板；“远方操作”只设硬压板；“保护检修状态”只设硬压板。

44. 智能化变压器保护装置压板有哪些要求?

答：智能变电站保护装置只设“远方操作”和“保护检修状态”硬压板，保护功能投退不设硬压板。

45. 智能化变压器保护装置退保护 SV 接收压板或间隔接收软压板时的装置采样值有什么要求?

答：退保护 SV 接收压板时，装置应给出明确的提示确认信息，经确认后可退出压板；保护 SV 接收压板退出后，电流/电压显示为 0，不参与逻辑运算。

46. 简述对变压器保护压板颜色的要求。

答：保护跳闸出口及与失灵回路相关出口压板采用红色，功能压板采用黄色，压板底座及其他压板采用浅驼色。

47. 常规变电站变压器保护压板有哪些?

答：主要有保护各功能压板，包括主保护、各侧后备保护及各侧电压投入压板；保护出口压板，包括出口至各操作箱的跳闸压板、闭锁备自投压板、启失灵和解除电压闭锁压板。

48. 变压器保护电压压板如何统一?

答：电压压板统一为“电压投入压板”，且常规变电站只设电压投入硬压板，智能变电站只设电压投入软压板。

49. 常规变电站变压器保护的各侧“电压压板”为何只设硬压板?

答：变压器各侧的“电压压板”用于变压器各侧母线 TV 检修，属于运行操作压板，因此只设硬压板。

50. 智能变电站变压器保护 SV 接收压板退出之后，保护装置如何处理?

答：SV 接收压板退出之后，对应的电流/电压显示为 0 而不显示接收到的值，以示相关 SV 压板已退出。这时并不闭锁保护，只是对应的电流电压不参与保护逻辑运算，对应通道

SV 中断或至检修均不影响保护装置运行。SV 接收压板退出与常规站保护在 TA 端子箱短接 TA 二次回路的功能相同。

51. 智能变电站变压器保护是否有 GOOSE 接收软压板?

答：变压器保护的失灵联跳开入设置 GOOSE 接收软压板。

52. 220kV 及以上变压器保护具备哪些接口?

答：(1) 对时接口：应支持接受对时系统发出的 IRIG-B 对时码；条件成熟时也可采用 GB/T 25931—2010《网络测量和控制系统的精确时钟同步协议》进行网络对时，对时精度应满足要求。

(2) MMS 通信接口：装置应支持 MMS 网通信，3 组 MMS 通信接口（包括以太网或 RS-485 通信接口），MMS 至少需 2 路 RJ45 电口。

(3) SV 和 GOOSE 通信接口：GOOSE 组网和点对点通信、SV 组网和点对点通信；SV 和 GOOSE 光口数量应满足需求。

(4) 其他接口：调试接口、打印机接口。

53. 为什么要求变压器保护提供 3 组 MMS 通信接口?

答：为了满足部分老旧变电站监控系统和继电保护及故障信息管理系统分开组网的要求，保护装置应具备 3 组通信接口（一般监控系统 2 组，保护及故障信息管理系统 1 组）。

54. 110kV 以下变压器保护装置应具备哪些接口?

答：(1) 过程层接口。

(2) 对时接口。

(3) 间隔层通信接口。

(4) 调试接口。

(5) 打印机接口。

55. 变压器保护在正常运行时显示差流、电流、电压等必要的参数及运行信息，请问液晶屏显示的是一次值还是二次值，为什么?

答：装置在正常运行时应能显示电流、电压等必要的参数及运行信息，默认状态下，相关的数值显示为二次值。装置应能选择显示系统的一次值。

56. 简述智能变电站变压器保护与各侧合并单元、智能终端、保护装置二次回路的设计原则。

答：智能变电站变压器保护与各侧（分支）合并单元之间应采用点对点方式通信，与各侧（分支）智能终端之间应采用点对点方式通信。变压器保护跳母联、分段断路器及闭锁备自投、启动失灵等可采用 GOOSE 网络传输；变压器保护可通过 GOOSE 网络接收失灵保护跳闸命令，并实现失灵跳变压器各侧断路器。

57. 简述220kV及以上变压器保护GOOSE、SV输入虚端子采用何种逻辑节点。

答：GOOSE、SV输入虚端子采用GGIO逻辑节点，GOOSE输入GGIO应加“GOIN”前缀，SV输入GGIO应加“SVIN”前缀。

58. 简述220kV及以上变压器保护中GOOSE输入虚端子、SV输入虚端子及其余信号输入虚端子逻辑节点之间的区别。

答：GOOSE、SV输入虚端子都采用GGIO逻辑节点，系统配置中明确前缀为“GOIN”的信号表示GOOSE输入虚端子，前缀为“SVIN”的信号表示SV输入虚端子，其余信号逻辑节点的前缀不能为“GOIN“和“SVIN”。

59. 简述变压器电缆直跳回路的要求。

答：对电缆直跳回路的要求如下：

（1）对于可能导致多个断路器同时跳闸的直跳开入，应采取措施防止直跳开入的保护误动。例如，在开入回路中装设大功率抗干扰继电器或者采取软件防误措施。

（2）大功率抗干扰继电器的启动功率应大于5W，动作电压在额定直流电源电压的55%～70%范围内，额定直流电源电压下动作时间为10～35ms，应具有抗220V工频电压干扰的能力。

（3）当传输距离较远时，可采用光纤传输跳闸信号。

60. 220kV及以上电压等级变压器非电量保护动作开入采用何种防误措施?

答：对于变压器的非电量保护的动作开入，不能采用软件防误措施，应采用硬件防误措施，如对直跳回路加装抗交流的、启动功率较大的重动继电器。

61. 简述常规变电站中，双母线接线变压器保护启动失灵和解除电压闭锁对跳闸触点的要求。

答：为防止单一继电器损坏导致失灵保护误动，变压器保护启动失灵和解除电压闭锁应采用不同继电器的跳闸触点。

62. 怎样理解变压器非电气量保护和电气量保护的出口继电器要分开设置?

答：变压器保护差动等保护动作后应启动失灵保护。由于非电量保护（如瓦斯）动作切除故障后不能快速返回，可能造成失灵保护的误启动。非电量保护启动失灵后，没有适当的电气量作为断路器拒动的判据，并且规程要求启动失灵的出口继电器返回时间不大于30ms，所以非电量保护不应该启动失灵。为了保证变压器的差动等电气量保护可靠启动失灵，而非电量保护可靠不启动失灵，应该将变压器非电气量保护和电气量保护的出口继电器分开设置。

63. 变压器保护装置电流测量范围的下限是 $0.05I_n$ 还是 $0.1I_n$，为什么？

答：$0.05I_n$。对于 500kV 及以上系统，当输送功率较大时，宜选用变比较大的 TA，如 4000/1，而作为系统接地短路故障最末段保护的变压器零序过流III段保护，为了能可靠切除高阻接地故障，要求定值整定为 300A（一次值），因此部分设备制造商早期保护装置 $0.1I_n$ 下限定值不能满足整定要求。

第五节 非电量保护

1. 什么是变压器非电量保护？

答：非电量保护是指由非电气量反应的故障动作或发信的保护，一般是指保护的判据不是电量（电流、电压、频率、阻抗等），而是非电量，如瓦斯保护（通过油速整定）、温度保护（通过温度高低整定）、压力保护（通过压力大小整定）、防火保护（通过火灾探头探测等）、超速保护（通过速度整定）等。

2. 简述瓦斯保护的原理。

答：反应变压器内部气体或油气流而动作的保护装置称为瓦斯保护，又称气体保护。气体继电器是构成瓦斯保护的主要元件，它安装在油箱与储油柜之间的连接管道上。变压器内部有故障时，油箱内的气体（或油气流）通过气体继电器流向储油柜。为了不妨碍气体的流通，变压器安装时应使顶盖沿气体继电器的水平面有 1%～1.5%的升高坡度，通往继电器的一侧具有 2%～4%的升高坡度。

变压器发生内部轻微故障或是故障初期，油箱内的油被分解、汽化，产生少量气体积聚在气体继电器的顶部，当气体量超过整定值时，轻气体继电器动作，该信号接入到非电量保护装置，通过非电量保护装置发轻瓦斯告警信号，提示运行维护人员检查变压器的运行状态是否正常。

当变压器油箱内部故障继续发展，油箱内的气体持续增多，油箱内压力急剧升高，气体或油气流迅速向储油柜流动，流速超过重瓦斯的整定值时，重气体继电器动作，发出重瓦斯动作信号，该信号接入到非电量保护装置，通过非电量保护装置动作跳开变压器各侧断路器。

3. 简述压力保护的原理。

答：压力保护反应特定故障下油箱内部压力的瞬时升高。当变压器内部发生故障时，油箱内压力突然上升，当上升速度超过一定数值，压力达到动作值时，压力继电器动作，其动作接点接入非电量保护装置，通过非电量保护装置动作跳开变压器各侧断路器或者发告警信号，其过程与瓦斯保护类似。

4. 简述温度保护的原理。

答：油面温控器主要由弹性元件、毛细管和温包组成。当被测温度变化时，由于液体的热胀冷缩效应，温包内感温液体的体积也随之线性变化，这一体积变化量通过毛细管远传至油面温控器的弹性元件，使之发生相应位移，该位移可指示被测温度，同时触发微动开关，输出电信号驱动冷却系统，达到控制变压器温升的目的。

5. 智能变电站对非电量保护有何要求?

答：（1）采用就地直接电缆跳闸。

（2）信息通过本体智能终端上送过程层 GOOSE 网。

（3）非电量保护动作应有动作报告。

（4）重瓦斯保护作用于跳闸，其余非电量保护宜作用于信号。

（5）作用于跳闸的非电量保护，启动功率应大于 5W，动作电压在额定直流电源电压的 55%～70%范围内，额定直流电源电压下动作时间为 10～35ms，应具有抗 220V 工频干扰电压的能力。

（6）分相变压器 A、B、C 相非电量分相输入，作用于跳闸的非电量三相共用一个功能压板。

（7）用于分相变压器的非电量保护装置的输入量每相不少于 14 路，用于三相变压器的非电量保护装置（属于智能组件的扩展功能）的输入量不少于 14 路。

6. 简述智能变电站变压器非电量保护的跳闸模式。

答：智能变电站变压器非电量保护宜集成在变压器本体智能终端中，并采用常规电缆跳闸方式。

7. 简述变压器非电量保护设备的防护要求。

答：非电量保护装置应采用密封壳体，当安装在户外控制柜内时，装置壳体防护等级应达到 IP42；安装在户内柜时防护等级 IP40。

8. 变压器非电量保护的可靠性有什么性能指标?

答：用于非电量跳闸的直跳继电器，启动功率应大于 5W，动作电压在额定直流电源电压的 55%～70%范围内，额定直流电源电压下动作时间为 10～35ms，具有抗 220V 工频电压干扰的能力。

9. 非电量保护是否采用就地跳闸方式对监控系统有何区别?

答：（1）非电量保护装置应是微机型的，即非电量保护装置应有 CPU，并能通过通信接口与后台监控系统通信，但 CPU 仅实现动作信息的记录。对于直接启动跳闸的非电量保护，应不依赖 CPU 实现跳闸功能。

（2）各类非电量保护，例如重瓦斯保护，经抗干扰重动继电器转接后直接跳闸，同时微机型非电量保护装置应具备跳闸记录功能。

10. 变压器非电量保护 IED 设备对直流电源及回路有何要求?

答：（1）智能组件各 IED 应采用直流电源，额定电压为 110V 或 220V，并能适应下列通用条件：

1）允许幅值偏差：–20%～10%。

2）允许波纹系数：5%。

3）短时中断：中断时间 0.01s。

（2）非电量保护 IED 设备还应满足以下其他要求：

1）拉合直流电源及插拔熔丝发生重复击穿火花时，非电量保护 IED 不应误动；直流电源回路出现各种异常情况（如短路、断线、接地等）时，非电量保护 IED 不应误输出。

2）按 GB/T 7261—2016《继电保护和安全自动装置基本试验方法》第 10.4.2 条的规定进行直流电源中断 20ms 影响试验，非电量保护 IED 不应出现误动。

3）将输入直流工作电源的正、负极性颠倒，非电量保护 IED 无损坏。

4）非电量保护 IED 接通电源、断电、电源电压缓慢上升或缓慢下降时，均不应误动或误发信号；当电源恢复正常后，非电量保护 IED 应自动恢复正常运行，参见 DL/T 527—2013《继电保护及控制装置电源模块（模件）技术条件》。

5）当保护未动作时，非电量保护 IED 功耗不大于 30W；当保护动作时，非电量保护 IED 功耗不大于 60W。

11. 简述变压器非电量保护 IED 设计结构。

答：智能站变压器非电量保护宜集成在变压器本体智能终端中，并采用常规电缆跳闸方式，通过电缆之间作用于变压器保护各侧智能终端“其他保护动作三相跳闸”开入，并将保护动作信号通过 GOOSE 网络上传给测控与主变故障录波器。

12. 简述非电量保护 IED 内插件散热方式。

答：应采用自然方式。

13. 变电站非电量保护 IED 插件损坏，电源未断开，能否插拔?

答：能。Q/GDW 736.9—2012《智能电力变压器技术条件 第 9 部分：非电量保护 IED 技术条件》要求非电量保护 IED 插件宜支持带电插拔。

14. 简述非电量保护 IED 外部开关量输入的要求。

答：非电量保护 IED 外部开关量输入宜选用 DC220/110V 电压驱动，应与非电量保护 IED 内部的电路电气隔离，其隔离电压水平应不低于 2000V。非电量保护 IED 各开关量输入均应设有开入防抖和抗容性耦合干扰的防误变位措施。

15. 简述非电量保护 IED 跳闸触点的最低容量。

答：在电压不大于 250V、电流不大于 1A、时间常数 L/R 为（5±0.75）ms 的直流有感负荷回路中，触点断开容量为 50W，允许长期通过电流不小于 5A。

16. 简述非电量保护 IED 除跳闸触点外其他触点的最低容量。

答：在电压不大于 250V、电流不大于 0.5A、时间常数 L/R 为（5±0.75）ms 的直流有感负荷回路中，触点断开容量为30W，允许长期通过电流不小于3A。

17. 简述220kV电压等级变压器非电量保护开关量输入。

答：（1）非电量：

1）本体重瓦斯。

2）本体压力释放。

3）冷却器全停。

4）本体轻瓦斯。

5）本体油位异常。

6）本体油面温度1。

7）本体油面温度2。

8）本体绕组温度1。

9）本体绕组温度2。

10）调压重瓦斯（可选）。

11）调压压力释放（可选）。

12）调压轻瓦斯（可选）。

13）调压油位异常（可选）。

14）调压油面温度1（可选）。

15）调压油面温度2（可选）。

16）调压绕组温度1（可选）。

17）调压绕组温度2（可选）。

（2）其他开关量：

1）保护检修状态投/退。

2）信号复归。

18. 简述典型330kV及以上电压等级变压器（无励磁调压功能）非电量保护开关量输入。

答：（1）非电量：

1）本体重瓦斯。

2）本体压力释放。

3）冷却器全停。

4）本体轻瓦斯。

5）本体油位异常。

6）本体油面温度1。

7）本体油面温度2。

8）本体绕组温度1。

9）本体绕组温度2。

10）调压重瓦斯（可选）。

11）调压压力释放（可选）。
12）调压轻瓦斯（可选）。
13）调压油位异常（可选）。
14）调压油面温度 1（可选）。
15）调压油面温度 2（可选）。
16）调压绕组温度 1（可选）。
17）调压绕组温度 2（可选）。
（2）其他开关量：
1）远方操作投/退。
2）保护检修状态投/退。
3）信号复归。
4）启动打印（可选）。

19. 简述 220kV 电压等级变压器非电量保护开关量输出。

答：（1）保护跳闸出口如下：
1）跳高压侧断路器（4 组）。
2）跳中压侧断路器（2 组）。
3）跳低压侧断路器（4 组）。
（2）备用出口：跳闸备用（2 组）。
（3）信号触点输出如下：
1）非电量保护动作（3 组：1 组保持，2 组不保持）。
2）运行异常（至少 1 组不保持）。
3）装置故障告警（至少 1 组不保持）。

20. 简述 330kV 及以上电压等级变压器非电量保护开关量输出。

答：（1）保护跳闸出口如下：
1）跳高压侧断路器（4 组）。
2）跳中压侧断路器（4 组）。
3）跳低压侧断路器（4 组）。
（2）备用出口。跳闸备用（4 组）。
（3）信号触点输出如下：
1）非电量保护动作（3 组：1 组保持，2 组不保持）。
2）运行异常（至少 1 组不保持）。
3）装置故障告警（至少 1 组不保持）。

21. 220kV 电压等级变压器非电量保护压板有哪些?

答：（1）非电量保护出口压板：跳高压侧断路器、跳中压侧断路器、跳低压 1 分支、跳低压 2 分支。

（2）非电量保护各功能压板：根据有关规程要求设置作用于跳闸的各非电量保护跳闸投/

退功能压板、远方操作投/退、检修状态投/退。

（3）备用压板。

22. 在变压器保护中，哪些非电量保护动作于跳闸，哪些非电量保护动作于信号？

答：（1）重瓦斯保护作用于跳闸，其余非电量保护宜作用于信号。重瓦斯作为变压器内部故障的主保护和铁芯故障的唯一保护，能够反应电流差动保护不能反应的轻微故障，必须投跳闸。

（2）其余非电量保护，各运行单位对跳闸和发信的处理方式不同，非电量保护原则上不允许增加电气量的防误措施，尤其是重瓦斯保护，所以总的原则是侧重防止误动。在采取了多种安全措施以后，从保变压器安全的角度出发，结合电网的实际管理要求，冷却电源全停、变压器油温过高也可考虑跳闸。

23. 为什么作用于直跳的非电量继电器，在额定直流电源电压下动作时间需要大于 10ms?

答：非电量保护的动作时规定为 10～35ms，主要原因是 50Hz 交流系统半个周波的时间是 10ms，而直流继电器一般仅单向动作（即交流正半周波动作，负半周波不动作），在 1 个周波内承受的正向有效启动电压小于 10ms，继电器的启动时间大于 10ms，可以防止交流分量的误启动。

第六节 运 行 检 修

1. 简述变压器保护装置的告警信息及其处理方法。

答：变压器保护装置的告警信息及其处理方法见表 5-13。

表 5-13 变压器保护装置的告警信息及其处理方法

序号	自检报文	指示灯状态	处 理 意 见
1	装置故障告警	运行灯灭	通知厂家维护
2	保护 CPU 插件异常	运行灯灭	通知厂家维护
3	模拟量采集错	运行灯灭	通知厂家维护
4	开出异常	运行灯灭	通知厂家维护
5	AD 基准电压自检异常	运行灯灭	通知厂家维护
6	定值越界	运行灯灭	通知厂家维护
7	智能 IO 插件闭锁	运行灯灭	通知厂家维护
8	DSP 内存检测出错	运行灯灭	通知厂家维护
9	过程层插件通信异常	异常灯亮	通知厂家维护
10	CID 文件解析错误	运行灯灭	检查 CID 文件，重新下装正确的 CCD 文件
11	CCD 文件 CRC 校验错误	运行灯灭	检查 CCD 文件，重新下装正确的 CCD 文件

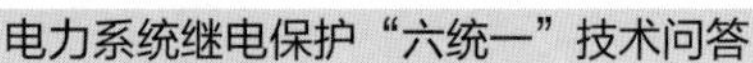

续表

序号	自检报文	指示灯状态	处 理 意 见
12	CCD 文件参数缺失	运行灯灭	检查 CCD 文件，重新下装正确的 CCD 文件
13	CCD 文件参数错误	运行灯灭	检查 CCD 文件，重新下装正确的 CCD 文件
14	CCD 文件解析错误	运行灯灭	检查 CCD 文件，重新下装正确的 CCD 文件
15	保护检修状态告警	检修灯亮	检查保护装置检修硬压板
16	保护采样异常	运行灯灭	通知厂家维护
17	装置采样异常	运行灯灭	通知厂家维护
18	定值校验出错	运行灯灭	检查定值
19	装置长期启动	异常灯亮	检查定值和二次回路
20	出口传动测试	异常灯亮	调试参数中［出口传动使能］整定为“1”
21	TV 断线	异常灯亮	检查电压二次回路
22	TA 断线	异常灯亮	检查电流二次回路
23	××××差流越限	异常灯亮	检查定值和二次回路
24	过负荷告警	异常灯亮	系统过负荷
25	GOOSE 总告警	异常灯亮	所有 GOOSE 告警信号，结合具体的 GOOSE 报警信号处理
26	“GOOSE 控制块 01”A（B）网断链	异常灯亮	“GOOSE 控制块 01”A（B）网长时间收不到 GOOSE 报文，检查 GOOSE 交换网络与对端装置，查看“GOOSE 控制块 01”链路情况
27	“GOOSE 控制块 01”配置错	异常灯亮	“GOOSE 控制块 01”收发双方的配置版本、数据集数目、数据类型不匹配，检查“GOOSE 控制块 01”收发双方配置
28	“SV 接收”配置错	异常灯亮	SV 接收配置文件的内容有错误，检查相关配置
29	MU 采样响应延时变化	异常灯亮	点对点接入时，MU 的通道延迟时间发生变化，检查与装置相连的 MU 运行是否正确
30	保护电流采样无效 保护电压采样无效 启动电流采样无效 启动电压采样无效	异常灯亮	在没有接收异常和检修状态时，检查 MU 发送的数据品质
31	保护电流接收异常 保护电压接收异常 启动电流接收异常 启动电压接收异常	异常灯亮	检查 SV 接收链路和配置，MU 是否正常发送数据
32	保护电流检修状态 保护电压检修状态 启动电流检修状态 启动电压检修状态	异常灯亮	检查装置与 MU 的检修状态是否不一致
33	保护电流 MU 失步 保护电压 MU 失步 启动电流 MU 失步 启动电压 MU 失步	异常灯亮	组网方式下，表明 MU 对时失步；点对点方式下，表明 MU 的通道延迟时间发生变化，检查与装置相连的 MU 运行是否正确，如确实是接入的 MU 发生了变化，重启装置确认

2. 对新安装的变压器差动保护在投入运行前应做哪些试验?

答:(1)必须进行带负荷测相位和差电压(或差电流),以检查电流回路接线的正确性。

(2)在变压器充电时,将差动保护投入。

(3)带负荷前将差动保护停用,测量各侧各相电流的有效值和相位。

(4)测量各相差电压(差电流)。

(5)变压器充电合闸5次,以检查差动保护躲励磁涌流的性能。

3. 简述220kV变压器保护装置校验(一次设备检修)时的安全措施。

答:(1)对于智能变电站,应做以下安全措施:

1)退出220kV母差保护该主变压器间隔SV接收软压板、GOOSE跳闸出口软压板、GOOSE失灵接收软压板、主变压器失灵联跳GOOSE出口软压板。

2)退出110kV母差保护该主变压器间隔SV接收软压板、GOOSE跳闸出口软压板。

3)检查35kV母差该主变压器间隔大电流试验端子是否在短接状态,检查该主变压器间隔跳闸出口硬压板是否在退出状态。

4)退出220kV变压器保护220kV侧GOOSE启失灵软压板。

5)退出变压器保护跳中压侧分段、低压侧分段及相关闭锁备自投的GOOSE出口软压板。

6)投入变压器保护、各侧合并单元、智能终端检修压板。

(2)对于常规站变电,应做以下安全措施:

1)退出220kV变压器保护220kV侧启失灵出口硬压板。

2)退出变压器保护跳中压侧分段、低压侧分段及相关闭锁备自投的出口硬压板。

3)检查220kV母差保护、110kV母差保护、35kV母差保护该主变压器间隔大电流试验端子是否在短接状态,退出220kV母差保护、110kV母差保护、35kV母差保护该主变压器间隔跳闸出口硬压板,退出220kV母差保护至该主变压器间隔失灵联跳压板。

4)在变压器保护处将TV回路断开。

4. 简述220kV变压器保护装置消缺时的安全措施。

答:(1)智能变电站:

1)退出变压器保护跳各侧开关、中压侧分段、低压侧分段的GOOSE出口软压板。

2)退出变压器保护启动失灵GOOSE出口软压板。

3)投入变压器保护检修压板。

4)必要时可取下变压器保护至各运行开关智能终端光纤。

(2)常规变电站:

1)退出变压器保护跳各侧开关、中压侧分段、低压侧分段的出口硬压板。

2)退出变压器保护启动失灵及解除电压闭锁出口硬压板。

3)拆除变压器保护跳各侧开关、中压侧分段、低压侧分段的出口内部线。

4)拆除变压器保护启动失灵回路及解除电压闭锁回路端子排二次线。

5)如有在电压、电流回路上进行工作的,电流回路应先短接后划开连接片,防止开路,电压回路应隔离清楚,防止短路。

5. 简述500kV变压器保护装置校验时的安全措施。

答：（1）对于智能变电站，应做以下安全措施：

1）退出500kV母差保护该间隔SV接收软压板、GOOSE失灵跳闸接收软压板。

2）退出220kV母差保护该间隔SV接收软压板、GOOSE失灵接收软压板。

3）退出500kV变压器保护500kV侧、220kV侧GOOSE启失灵软压板。

4）退出边断路器保护至500kV母线保护GOOSE失灵跳闸软压板。

5）退出中断路器保护至相邻运行间隔GOOSE失灵跳闸软压板。

6）退出变压器保护跳中压侧分段、低压侧分段的GOOSE出口软压板。

7）投入变压器保护、边断路器保护、中断路器保护、各侧合并单元、智能终端检修压板。

（2）对于常规变电站，应做以下安全措施：

1）退出500kV变压器保护500kV侧、220kV侧启失灵出口硬压板。

2）退出变压器保护跳中压侧分段、低压侧分段的出口硬压板。

3）退出边断路器保护至500kV母差保护的失灵跳闸出口硬压板。

4）退出中断路器保护至相邻运行间隔失灵跳闸出口硬压板。

5）在变压器保护处将TV回路断开。

6. 简述常见的变压器保护装置异常信号。

答：常见的变压器保护装置异常信号有保护死机、保护异常、SV总告警、TA断线、TV断线、链路中断、同步异常等。

7. 简述变压器保护死机的可能原因。

答：可能原因：①CPU插件故障；②电源插件故障；③其他插件故障。

8. 简述变压器保护死机的处理方法。

答：（1）检查分析：

1）电源问题导致装置不能运行，可观察电源板上5、24V灯是否正常；异常则更换电源插件处理；CPU板故障会较小概率导致装置不能正常运行。

2）其他插件原因导致的死机问题，如国电南自的MMI插件故障，首先检查网口是否能ping通，不能ping通的需更换硬件；能ping通的，可读取MMI日志文件，查看异常原因。

（2）消缺及验证：

1）电源插件故障，更换后做电源模块试验。

2）CPU插件故障，更换板件，进行完整的保护功能测试。

3）其他插件故障，更换板件，需进行完整的后台通信测试。

9. 简述变压器保护装置故障运行灯熄灭的可能原因。

答：CPU及其他插件软件原因或硬件原因。

10. 简述变压器保护装置故障运行灯熄灭的处理方法。

答：（1）检查分析：故障运行灯熄灭一般是保护装置自身硬件故障，条件允许可读取日志文件，通常即可判断是哪一块硬件发生故障。

（2）消缺及验证：

1）CPU 插件故障，更换板件，进行完整的保护功能测试。

2）其他插件故障，则升级程序或更换板件，需进行对应的插件功能测试。

11. 简述变压器保护对时异常的可能原因。

答：保护装置的对时板件故障、GPS 对时装置故障、接线错误。

12. 简述变压器保护对时异常的处理方法。

答：（1）检查分析：

1）检查后台，若有多台装置同时报对时异常信号，则可能是 GPS 装置出现故障。

2）如果只有本装置报对时异常信号，则检查直流 B 码电压是否正常。

3）如果更换直流 B 码接线后仍不能对时正常，需要更换保护对时模件。

（2）消缺及验证：

1）若 GPS 对时装置故障，则更换 GPS 装置，更换后查看全站装置对时信号。

2）若保护装置对时板件故障，则更换对时板件。

13. 简述变压器保护 GOOSE 链路中断的可能原因。

答：可能原因：

（1）变压器保护故障：软件运行异常、CPU 板故障。

（2）母线保护故障：软件运行异常、CPU 板故障。

（3）交换机故障：软件故障、硬件故障。

（4）连接光纤损坏。

14. 简述变压器保护 GOOSE 链路中断的处理方法。

答：（1）检查分析：

1）检查后台信号，确定该 GOOSE 的其他接收方（测控、终端等）通信是否正常，如正常则判断变压器保护接收 GOOSE 异常；若其他接收方均出现异常，则判断交换机或母线保护故障。

2）若变压器保护侧异常，首先检查光纤是否完好，光纤衰耗、光功率是否正常，若异常则判断光纤或熔接口故障。

3）若光纤各参数正常，在交换机发送端光纤处抓包，若报文异常则判断交换机故障或母线保护故障；若数据正常，则判断变压器保护本身出现故障。

（2）消缺及验证：

1）变压器保护故障，若判断为硬件故障，更换 CPU 后进行完整保护试验验证；若判断为软件缺陷，进行软件升级处理，升级完成后进行完整保护试验；若为光纤故障，更换光纤后检查各装置链路是否正常。

2）母线保护故障，若判断为硬件故障，更换 CPU 后进行完整保护试验验证；若判断为软件缺陷，进行软件升级处理，升级完成后进行完整保护试验；若为光纤故障，更换光纤后检查各装置链路是否正常。

3）交换机故障，若判断为电源模块故障，更换电源后做电源模块试验，并检查所有通过交换机的链路通信是否正常；若判断为整机故障，更换交换机，需验证 VLAN 功能，确认保护装置 SV、GOOSE 通信链路是否正常。

15. 简述变压器保护 SV 总告警的可能原因。

答：可能原因：

（1）合并单元：软件原因、CPU 板件故障、电源板件故障、SV 插件故障。

（2）保护装置：软件原因、CPU 板件故障、SV 插件故障。

（3）光纤或熔接口故障。

16. 简述变压器保护 SV 总告警的处理方法。

答：（1）检查分析：

1）检查后台，若合并单元有异常信号或多套与该合并单元相关的保护装置有 SV 断链信号，则初步判断为合并单元故障，检查合并单元。

2）若仅有本间隔保护 SV 链路中断信号，则检查光纤是否完好，光纤衰耗、光功率是否正常，若异常，则判断光纤或熔接口故障。

3）在合并单元 SV 发送端抓包，若抓包报文异常，则判断为合并单元故障。

4）在保护装置 SV 接收端光纤处抓包，若报文正常，则判断为保护装置故障。

（2）消缺及验证：

1）合并单元故障，则升级程序或更换板件，若电源板故障，更换电源板后做电源模块试验，并检查所有与合并单元相关的链路通信是否正常及相关保护的采样值是否正常。若升级程序或更换 CPU 板、SV 插件，完成后进行完整的合并单元测试。

2）保护装置故障，则升级程序或更换板件，若电源板故障，更换电源板后做电源模块试验，并检查所有与保护装置相关的链路通信是否正常及保护的采样值是否正常。若升级程序或更换 CPU 板、SV 插件，完成后进行完整的保护功能测试。

3）光纤或熔接口故障，则更换备芯或重新熔接光纤，更换后测试光功率是否正常，链路中断是否恢复。

17. 简述变压器保护 TA/TV 断线的可能原因。

答：可能原因：

（1）合并单元：交流插件问题、采样硬件问题。

（2）电缆回路：二次电缆回路松动脱落，智能站母线合并单元电压重动回路中串接的压变闸刀辅助触点异常。

18. 简述变压器保护 TA/TV 断线的处理方法。

答：（1）检查分析：

1）先观察后台报文，查看哪一侧 TA 或者 TV 断线，然后检查相应的合并单元至 TA 或者 TV 之间的电缆，是否有松动脱落现象。

2）如果无松动脱落现象，检查合并单元交流模件是否正常；如果是采样硬件问题，一般都会有多路采样不准；如果交流插件问题，一般很少会有多路采样问题。

（2）消缺及验证：

1）合并单元故障，更换交流插件或者采样硬件，在合并单元上加模拟量查看采样是否正常。

2）电缆回路问题，压紧电缆回路或者更换电缆。

19. 受一次设备的限制，双重化配置的部分变压器保护功能共用同一回路，如两套主变压器零序过电压保护共用一个 TV 三次绕组，此种情况不需要改造。该说法是否正确，简述原因？

答：不正确，反措规定：对原设计中电压互感器仅有一组二次绕组且已经投运的变电站，应积极安排电压互感器的更新改造工作，改造完成前，应在开关场的电压互感器端子箱处，利用具有短路跳闸功能的两组分相空气开关将按双重化配置的两套保护装置交流电压回路分开。

20. 某变电站的联络变压器采用了三个单相式的自耦变压器，其高压侧、中压侧及公共绕组均装有 TA，工作人员在做 TA 的“点极性”试验时，为节约时间，欲将中压侧 TA 以外的接地开关合上，以便当由变压器的高压侧对地之间通入或断开直流电压时，可同时检查高压侧、中压侧及公共绕组的 TA 极性。请问此种方法是否可行？如认为可行，说明试验的方法及如何判断 TA 极性；如认为不行，说明理由（不考虑点极性所用电池的容量问题）。

答：（1）方法可行，但必须注意如果中压侧接地，当从自耦变压器的高压侧对地加正向直流电压时，公共绕组中的电流不是由线圈流向大地，而是由大地流向线圈；在断开直流电源瞬间，公共绕组中的电流由线圈流向大地。

（2）此点极性应注意：如果 TA 接线及试验接线正确，公共绕组 TA 的极性与高压侧相同，与中压侧 TA 的极性相反。

（3）此方法为非传统做法，分析较复杂，容易给试验人员的判断造成混乱，并且要求点极性时使用的电池容量较大、电压较高，不利于安全，因此不宜推广使用。

21. 某自耦变压器的分侧电流差动保护的二次电流按星形分别接于变压器的高压侧、中压侧及中性点的分相 TA，TA 变比均为 1200/1（若分侧电流差动保护无电流平衡系数）。试问做该保护的平衡试验时如何加电流才使差动继电器无差流？

答：由于自耦变压器高、中压侧分侧差动仅取高、中压侧和公共绕组单相 TA 电流，无需考虑转角，因此分侧差动保护平衡试验时，应在高压侧、中压侧加入幅值相等、相位相反的电流值。

22. 现场系统联调时，变压器保护装置（以 PST-1200U 为例）和高压侧合并单元、中压侧合并单元、低压侧合并单元连接，还与高压侧智能终端、中压侧智能终端、低压侧智能终端连接。将所用 IED 设备的 ICD 文件提供给系统集成商做好 SCD 文件后，各设备依据 SCD 文件导出配置下装开始进行互联互操作联调。根据下列情况回答问题。

（1）通过传统继电保护测试仪在高压侧合并单元侧加三相正序 5A 电流，保护装置面板显示采样值为 2.5A。试具体分析问题产生的可能原因。

（2）变压器保护外接高压侧零序电压。当通过合并单元加额定 57.74V 的电压时，发现保护装置的显示值为 100V。此合并单元所加 A、B、C 三相电压时保护装置显示二次值正确。通过报文分析软件分析合并单元发送的 SV 报文数据中零序电压通道准确无误。试分析问题产生的原因和解决方法。

（3）变压器保护高压侧、低压侧同时加量比较两侧差流。高、低侧加三相平衡电流。在装置液晶上显示保护有较大差流，进一步分析发现保护装置高压侧所加幅值和相角正确，低压侧幅值正确，相角比实际所加角度大 9°。试分析问题的原因。

答：（1）合并单元配置内 TA 变比设置错误导致输出的 SV 一次采样值偏小；保护装置 TA 变比设错，错设为实际变比的 2 倍，如 TA 实际为 1200/1，错设为 2400/1。

（2）合并单元内零序 TV 变比设置错误，应设置为 127/0.1。

（3）低压侧传输的 SV 数据集中合并单元额定延时错，比实际额定延时小 500μs。

23. 简述变压器保护 GOOSE 通信中断时的处理步骤。

答：智能站变压器保护接收的 GOOSE 开入仅有母差失灵联跳开入，当变压器保护报 GOOSE 通信中断时，一般为母差开入异常导致。重启保护装置，若通信恢复则为装置运行不稳定引起，咨询厂家确认是否需更换相应板件，若未恢复，则进行后续排查，检查母差保护组网光纤链路是否正常，根据检查结果制订后续方案。

24. 110kV 某变电站现场后台报 1 号变压器第二套变压器保护 SV 总告警，1 号变压器 10kV 测控 GOOSE 总告警。1 号变压器第二套变压器保护装置“装置告警”灯亮、“TV 断线”灯亮。简述检修处理流程。

答：110kV 变电站 10kV 侧配置两套合并单元、单套智能终端。根据异常现象，推测可能发生故障的装置极有可能为 1 号主变压器 10kV 第二套合并单元。

检修处理时，申请 1 号主变压器第二套保护装置改信号，投入 1 号主变压器第二套保护装置、1 号主变压器 10kV 第二套合并单元检修压板。排查时，应先检查 1 号主变压器 10kV 第二套合并单元的 GOOSE、SV 报文输出情况，再沿着报文传送方向排查各段物理光纤链路及接收装置的情况。

25. 变压器新安装或大修后投入运行，发现轻气体继电器动作频繁，试分析动作原因和处理方法。

答：可能是气体继电器顶部留有气体尚未全部排出就投入运行，导致轻瓦斯频繁告警。新安装或大修主变压器投运前，应仔细检查其他继电器内气体是否排净，并且新主变压器投运或主变压器注油后，主变压器非电量保护应先停用 24h，待主变压器油箱内气体排干净后再投入运行。

26. 220/110/35kV 变压器绕组为 YNynd11 接线，35kV 侧没有负荷，也没有引线，变压器实际当做双绕组变压器使用，采用的保护为微机双侧差动。请问这台变压器差动的二次电流需不需要转角（内部转角或外部转角），为什么？

答：对高中侧二次电流必须进行转角。一次变压器内部有一个内三角绕组，在电气特性上相当于把三次谐波和零序电流接地，使之不能传变。二次接线电气特性必须和一次特性一致，所以必须进行转角，无论是采用内部软件转角方式还是外部回路转角方式。若不转角，当外部发生不对称接地故障时，差动保护会误动。

27. 运行中的变压器瓦斯保护，当现场进行什么工作时，重瓦斯保护应由“跳闸”位置改为“信号”位置运行？

答：（1）进行注油和滤油时。

（2）进行呼吸器畅通工作或更换硅胶时。

（3）除采油样和气体继电器上部放气阀放气外，在其他地方打开放气、放油和进油阀门时。

（4）开、闭气体继电器连接管上的阀门时。

（5）在瓦斯保护及其二次回路上进行工作时。

（6）对于充氮变压器，对储油柜抽真空或补充氮气时或对变压器注油、滤油、更换硅胶及处理呼吸器时。在上述工作完毕并经 1h 试运行后，方可将重瓦斯投入跳闸。

28. 某 220kV 变电站 110kV Ⅰ段母线由运行转检修操作，110kV Ⅰ段母线处于空载状态，当运行人员断开 1 号变压器 110kV 侧开关，此时 1 号变压器 PCS-978 中压侧零序过压第一时限保护动作，1 号变压器三侧开关跳闸。试分析该变压器跳闸原因和防范措施（其中该 110kV 侧开关为 LW6A-110 Ⅱ W 型 SF_6 开关，其断口带均压电容；110kV Ⅰ段母线 TV 为 JCC6-110 型电磁型电压互感器）。

答：跳闸原因分析：经查，在 110kV 母线处于空载状态且断开 110kV 开关时，断路器断口电容和电磁式母线电压互感器非线性电感构成串联谐振而引发谐振过电压（母线 TV 开口三角电压 3U0 有效值达 223.88V，时间达 617ms），故引起 1 号变压器间隙过压动作，1 号变压器三侧开关跳闸。

采取的防范措施：对采用带有均压电容器的断路器开断连接电磁式电压互感器的空载母线进行验算，对有可能产生铁磁谐振过电压的，统一制定将电磁式电压互感器制定更换为带容性电磁式电压互感器或电容电压互感器的整改计划，整改实施前，在互感器的辅助二次回路上安装多功能消谐装置以消除谐振。制定带有均压电容器的断路器开断连接电磁式电压互感器的空载母线倒闸操作防范措施，明确停电时先停母线 TV 后停母线，送电先送母线后送母线 TV 的办法，以回避谐振条件。

29. 某 220kV 变电站两台变压器并联运行，1 号变压器 220、110kV 中性点接地，110kV 某线路发生了故障，线路保护正确动作，开关跳闸，当开关重合时，线路保护又动作，同时 1 号变压器差动速断保护动作，试分析原因。如何采取防范措施?

答：（1）差动速动的原因为变压器用的电流互感器在两次故障情况下，由于铁芯具有剩磁的影响，过度饱和，造成变压器差流过大，达到差流速断定值，造成保护动作。

（2）采取措施：提高变压器用的电流互感器差动组级别，采用暂态型电流互感器，延长重合闸的时间，提高变压器差动速断的定值，保护装置软件改进，增强保护抗 TA 饱和能力。

30. 双绕组变压器保护通入电流，且产生的差流超过保护动作定值，各侧 MU 及装置检修压板分别见表 5-11，变压器保护中各侧 MU 接收软压板按正常运行摆放，试分析变压器差动保护动作情况。

答：变压器差动保护动作情况如表 5-14 所示。

表 5-14 变压器差动保护动作情况

高压合并单元（检修位）	低压合并单元（检修位）	保护装置（检修位）	保护动作情况
0	0	0	动作
0	0	1	不动作
0	1	1	不动作
1	1	0	不动作
1	0	0	不动作
1	1	1	动作，但出口报文置检修

31. MU 输出数据极性应与互感器一次极性一致，间隔层装置如需要反极性输入采样值时，如何对负极性 SV 输入虚端子进行调整?

答：完全通过虚端子连接进行调整，合并单元只输出正极性 SV，但是保护装置有正反两种极性的 SV 输入，通过修改合并单元与保护装置的虚端子连接可以实现保护装置正负极性 SV 的订阅。

32. 如何进行差动速断保护定值校验?

答：（1）[差动保护] 硬压板投入，[差动保护] 软压板置“1”，控制字 [纵差差动速断]

［纵差差动保护］置“1”，其他压板、控制字退出。整定［纵差差动速断电流定值］［纵差保护启动电流定值］。

（2）在高压侧 A 相加入 $0.95\times\sqrt{3}\times I_{He}\times$［纵差差动速断电流定值］有名值电流；低压侧 C 相加入 $0.95\times I_{He}\times$［纵差差动速断电流定值］有名值电流，相位与高压侧同相位，仅有 A 相有差流，保护不动作，仅报“保护启动”；将上面两式中的 0.95 改为 1.05，再做试验，纵差速断 A 相动作，装置面板上“保护跳闸”指示灯亮，液晶上显示“纵差差动速断”。

（3）在高压侧突然加入 A 相 $2\times\sqrt{3}\times$［差动速断电流定值］$\times I_{He}$ 的电流，纵差速断动作，动作时间需满足规范要求。

（4）类似的检测纵差速断 B、C 相动作情况。

33．如何进行比率差动保护逻辑校验？

答：（1）保护压板、控制字逻辑及启动电流定值测试［投主保护］硬压板投入，［主保护］软压板置“1”，控制字［分相差动保护］置“1”，其他硬压板退出。整定［差动保护启动电流定值］。

（2）在高压侧 A、B、C 三相分别按正序加入 $0.95\times$［差动保护启动电流定值］$\times I_{He}$ 的电流，保护不动作，仅报“整组启动”；将电流加大到 $1.05\times$［差动保护启动电流定值］$\times I_{He}$，分相差动动作，装置面板上“保护跳闸”指示灯亮，液晶上显示“分相差动保护动作”。

（3）在高压侧突然加入 A、B、C 三相正序 $2\times$［差动保护启动电流定值］$\times I_{He}$ 的电流，分相差动动作，动作时间需满足规范要求。

34．如何进行比率制动曲线测试？

答：（1）［投主保护］硬压板投入，［主保护］软压板置“1”，控制字［分相差动保护］置“1”，其他硬压板退出。整定［纵差差动速断电流定值］［差动保护启动电流定值］。

（2）在高压侧 A、B、C 三相分别按加入 $I_{He}\angle 0°$、$I_{He}\angle 240°$ 和 $I_{He}\angle 120°$，低压侧绕组 A、B、C 三相加入电流 $I_{Re}\angle 180°$、$I_{Re}\angle 60°$ 和 $I_{Re}\angle 300°$。以 0.001A 步长减小低压侧三相电流大小使装置产生纵差差流直到保护动作，记录下保护动作时的制动电流和差流大小；改变高压侧三相电流幅值为 $2I_{He}$，低压侧绕组三相幅值电流为 $2I_{Re}$（三相角度不变）。以 0.001A 步长减小低压侧三相电流大小使装置产生纵差差流直到保护动作，记录下保护动作时的制动电流和差流大小。由两次试验记录下来的点得到差动门槛段制动曲线。

（3）增大初始加入电流大小，用同样的方法可得到差动各段制动曲线。

（4）同上所述依次在高低压套管侧、高中压侧、中低压套管侧加量，得到各侧各相的差动制动曲线。

（5）由于针对区内小故障情况下保护灵敏度的差动保护元件会影响常规比率差动保护比率制动系数的测试精度，需要测试常规比率差动保护比率制动系数精度时可将［纵差保护启动电流定值］整定为 $0.2\sim0.25I_e$。

35．如何进行 TA 断线闭锁差动保护测试？

答：（1）［投主保护］硬压板投入，［主保护］软压板置“1”，控制字［分相差动保护］置“1”，控制字［TA 断线闭锁差动保护］置“1”，其他硬压板退出。整定［差动保护启动电流定值]。

（2）高压侧加三相电流 $I_{He}\angle 0°$、$I_{He}\angle 240°$、$I_{He}\angle 120°$，中压侧加三相电流 $I_{Me}\angle 180°$、$I_{Me}\angle 60°$、$I_{Me}\angle 300°$，断开高压侧任一相电流，保护不动作，装置报“整组启动”“高压侧 TA 断线告警”；断开中压侧任意一相电流，保护不动作，装置报“整组启动”“中压侧 TA 断线告警”。

（3）高压侧加三相电流 1.2 $I_{He}\angle 0°$、1.2 $I_{He}\angle 240°$、1.2 $I_{He}\angle 120°$，中压侧加三相电流 1.2$I_{Me}\angle 180°$、1.2$I_{Me}\angle 60°$、1.2$I_{Me}\angle 300°$，断开高压侧任一相电流，保护动作；断开中压侧任意一相电流，保护动作。

（4）类似地，做各侧 TA 断线时差动保护测试。

36. 如何进行相间阻抗保护定值校验？

答：（1）[高压侧后备保护] 硬压板投入，[高压侧电压] 硬压板投入，[高压侧后备保护] 软压板置“1”，控制字 [高相间阻抗 1 时限] 置“1”，其他压板、控制字退出。整定 [高指向主变相间阻抗定值] [高指向母线相间阻抗定值] [高相间阻抗 1 时限]。

（2）高压侧加入合成 0.95× [高指向主变相间阻抗定值] 的电流和电压值，经 [高相间阻抗 1 时限] 延时后，相间阻抗保护动作，装置面板上“保护跳闸”指示灯亮，液晶上显示“高压侧相间阻抗 1 时限动作”；保护返回后，液晶自动显示整组报告，按装置面板复归按钮，“保护跳闸”指示灯熄灭，液晶恢复到主画面。

（3）高压侧加入与前相同的电压值，C 相电流加入 0.10I_n，1.25s 后装置报“高压侧 TV 断线”，再加入与前相同的电流值，保护应不动作。

（4）退出 [高压侧电压] 硬压板，高压侧加入与之前相同的电流电压值，保护应不动作。

（5）高压侧加入合成 0.8× [高指向主变相间阻抗定值] 的电流和电压值，保护动作时间误差需满足规范要求。

（6）类似的方法测试各侧各时限相间阻抗保护，保护应正确动作。

37. 如何进行接地阻抗保护定值校验？

答：（1）[投高压侧后备保护] 硬压板投入，[投高压侧 TV] 硬压板投入，[高压侧后备保护] 软压板置“1”，[高压侧电压] 软压板置“1”，控制字 [高接地阻抗保护] 置“1”，其他压板、控制字退出。整定 [高指向主变接地阻抗定值] [高接地阻抗时间]。

（2）高压侧加入合成 0.95× [高指向主变接地阻抗定值] 的电流和电压值，经 [高接地阻抗时间] 延时后，接地阻抗保护动作，装置面板上“保护跳闸”指示灯亮，液晶上显示“高接地阻抗”；保护返回后，液晶自动显示整组报告，按装置面板复归按钮，“保护跳闸”指示灯熄灭，液晶恢复到主画面。

（3）高压侧加入与前相同的电压值，C 相电流加入 0.10I_n，1.25s 后装置报“高压侧 TV 断线”，再加入与前相同的电流值，保护应不动作。

（4）退出“投高压侧 TV”硬压板，高压侧加入与前相同的电流电压值，保护应不动作。

（5）高压侧加入合成 0.8× [高指向主变接地阻抗定值] 的电流和电压值，保护动作时间误差需满足规范要求。

（6）类似的方法测试各侧各时限接地阻抗保护，保护应正确动作。

38. 如何进行复压闭锁过流保护测试?

答:(1)过流保护动作特性测试。

1)[投高压侧后备保护]硬压板投入,[高压侧后备保护]软压板置“1”,控制字[高复压过流Ⅰ段]置“1”,其他压板、控制字退出。整定[高复压过流Ⅰ段定值][高复压过流Ⅰ段时间]。

2)高压侧任意相加入0.95×[高复压过流Ⅰ段定值]的电流,保护不动作,加大电流到1.05×[高复压过流Ⅰ段定值],经[高复压过流Ⅰ段时间]延时保护动作,装置面板上“保护跳闸”指示灯亮,液晶上显示“高复流Ⅰ段”;保护返回后,液晶自动显示整组报告,按装置面板复归按钮,“保护跳闸”指示灯熄灭,液晶恢复到主画面。

3)加1.2×[高复压过流Ⅰ段定值]的电流,保护动作时间误差需满足规范要求。

4)类似的方法测试各时限复压过流保护,保护应正确动作。

(2)方向元件动作特性测试。

1)[投高压侧后备保护]硬压板投入,[投高压侧TV]硬压板投入,[高压侧后备保护]软压板置“1”,[高压侧电压]软压板置“1”,控制字[高复压过流Ⅰ段][高复压过流Ⅰ段带方向]置“1”,其他压板、控制字退出。整定[高复压过流Ⅰ段定值][高复压过流Ⅰ段时间]。

2)高压侧A相加入1.05×[高复压过流Ⅰ段定值]的电流,A相电压20V∠0°,电流角度从0°~360°改变,测试保护动作范围,误差不大于3°。控制字[方向元件指向母线]置“1”,重复以上步骤。

3)类似的方法测试各相方向元件动作特性。

(3)复压元件动作特性测试

1)[投高压侧后备保护]硬压板投入,[投高压侧TV]硬压板投入,[高压侧后备保护]软压板置“1”,[高压侧电压]软压板置“1”,控制字[高复压过流Ⅰ段][高复压过流Ⅰ段经复压闭锁]置“1”,其他压板、控制字退出。整定[高低电压闭锁定值][负序电压闭锁定值][高复压过流Ⅰ段定值][高复压过流Ⅰ段时间]。

2)高压侧任意相加入1.2×[高复压过流Ⅰ段定值]的电流,电压三相正序57.74V∠0°、57.74V∠240°、57.74V∠120°,缓慢降低三相电压直到保护动作,记录下动作时相间电压大小;恢复初始电压、电流,缓慢降低单相电压直到保护动作,记录下动作时负序电压大小。

3)类似的方法测试各侧复压元件动作特性。

(4)经其他侧开放复压元件测试

[投高压侧TV][投中压侧TV[投低压侧TV]硬压板、相应电压软压板均投入。对于高、中压侧复压元件,任一侧电压满足低电压或负序电压条件,复压元件开放;对于低压侧复压元件,仅本侧电压满足低电压或负序电压条件,复压元件开放。三侧均TV断线或三侧TV压板都退出,复压元件退出只保留纯过流保护。

39. 如何进行零序过流(方向)保护测试?

答:(1)过流保护动作特性测试。

1)[投高压侧后备保护]硬压板投入,[高压侧后备保护]软压板置“1”,控制字[高零序过流Ⅰ段1时限］置“1”，其他压板、控制字退出。整定［高零序过流Ⅰ段定值］［高零序过流Ⅰ段1时限］。

2）高压侧单相加入0.95×［高零序过流Ⅰ段定值］的电流，保护不动作，加大电流到1.05×［高零序过流Ⅰ段定值］，经［高零序过流Ⅰ段1时限］延时保护动作，装置面板上“保护跳闸”指示灯亮，液晶上显示“高零流Ⅰ段1时限”；保护返回后，液晶自动显示整组报告，按装置面板复归按钮，“保护跳闸”指示灯熄灭，液晶恢复到主画面。

3）单相加入1.2×［高零序过流Ⅰ段定值］的电流，保护动作时间误差需满足规范要求。

4）类似的方法测试各侧各时限零序过流保护，保护应正确动作。

（2）方向元件动作特性测试。

1）［投高压侧后备保护］硬压板投入，［投高压侧TV］硬压板投入，［高压侧后备保护］软压板置“1”，［高压侧电压］软压板置“1”，控制字［高零序过流Ⅰ段1时限］［高零序过流Ⅰ段带方向］置“1”，其他压板、控制字退出。整定［高零序过流Ⅰ段定值］、［高零序过流Ⅰ段1时限］。

2）高压侧单相加入1.2×［高零序过流Ⅰ段定值］的电流，同相电压20V∠0°，电流角度从0°～360°改变，测试保护动作范围，误差不大于3°。控制字［高零序过流Ⅰ段指向母线］置“1”，重复上述步骤。

3）TV退出或断线时，方向元件退出。

4）类似的方法测试各侧方向元件动作特性。

40. 如何进行断路器失灵保护测试？

答：（1）［高压侧后备保护］硬压板投入，［高压侧后备保护］软压板置“1”，控制字［高压侧失灵经主变跳闸］置“1”，其他压板、控制字退出。

（2）高压侧A、B、C三相分别按正序加入0.95×1.1I_e电流，再开入“高压侧失灵保护1”“高压侧失灵保护2”，保护不动作，加大A、B、C电流到1.05×1.1I_e，再开入“高压侧失灵保护1”“高压侧失灵保护2”，保护动作，装置面板上”保护跳闸”指示灯亮，液晶上显示“高压侧失灵动作”；保护返回后，液晶自动显示整组报告，按装置面板复归按钮，”保护跳闸”指示灯熄灭，液晶恢复到主画面。高压侧A、B、C三相分别按正序加入1.2×1.1I_e电流，保护动作时间误差需满足规范要求。

（3）先开入“高压侧失灵保护1”“高压侧失灵保护2”，经延时后装置报“高压侧失灵联跳开入异常告警”，再高压侧A、B、C三相分别按正序加入1.2×1.1I_e电流，保护不动作。

（4）类似方法测试各侧断路器失灵保护。

41. 如何进行高三相不一致保护测试？

答：（1）［高压侧后备保护］软压板置“1”，控制字［高三相不一致保护］置“1”，其他压板、控制字退出。

（2）高压侧A、B、C三相分别按负序加入0.95×［高三相不一致负序过流定值］，再模拟GOOSE开入“三相不一致开入”，经整定的延时［高三相不一致保护时间］，保护不动作。加大高压侧A、B、C三相负序电流至1.05×［高三相不一致负序过流定值］，再模拟GOOSE开入“三相不一致开入”，经整定的延时［高三相不一致保护时间］，保护动作，装置面板上

“保护跳闸”指示灯亮，液晶上显示“高三相不一致保护”；保护返回后，液晶自动显示整组报告，按装置面板复归按钮，“保护跳闸”指示灯熄灭，液晶恢复到主画面。

（3）加入 1.2×［高三相不一致负序过流定值］的电流，保护动作时间误差需满足规范要求。

（4）同样的方式对零序电流进行测试。

42. 如何进行间隙零序过流保护测试?

答：（1）［投高后备保护］硬压板投入，［高后备保护］软压板置“1”，控制字［间隙保护］置“1”，其他压板、控制字退出。间隙零序电流定值固定为 100A（一次值），整定［间隙电流时限］0.5s。

（2）高压侧加入电流中性点间隙 $0.95\times100/I_{nI}$A，保护不动作，加大电流到 $1.05\times100/I_{nI}$A，经 0.5s 延时保护动作，装置面板上”保护跳闸”指示灯亮，液晶上显示“高压侧间隙过流动作”；保护返回后，液晶自动显示整组报告，按装置面板复归按钮，“保护跳闸”指示灯熄灭，液晶恢复到主画面。

（3）加 $1.2\times100/I_{nI}$A 电流，保护动作时间误差需满足规范要求。

（4）零序过压保持间隙过流：高压侧加入间隙电流 $1.2\times100/I_{nI}$A，持续 300ms；再加入自产零序电压 1.2×120V（选择自产零序电压）或外接零序电压 1.2×180V（选择外接零序电压），持续 300ms。经 0.5s 保护动作，液晶上显示“高压侧间隙过流动作”；保护返回后，液晶自动显示整组报告，按装置面板复归按钮，“保护跳闸”指示灯熄灭，液晶恢复到主画面。

（5）类似的方法测试各侧间隙过流保护。

43. 如何进行零序过压保护测试?

答：（1）［投高后备保护］硬压板投入，［高压侧间隙保护］软压板置“1”，［高压侧电压］软压板置“1”，控制字［高零序过压］置“1”，其他压板、控制字退出。［高零序过压定值］自产固定 120V，外接零序电压固定 180V，整定［高零序过压时间］为 0.5s。

（2）高压侧零序电压加入 0.95×［高零序过压定值］，保护不动作，加大电压到 1.05×［高零序过压定值］，经 0.5s 延时保护动作，装置面板上“保护跳闸”指示灯亮，液晶上显示“高零序过压”；保护返回后，液晶自动显示整组报告，按装置面板复归按钮，“保护跳闸”指示灯熄灭，液晶恢复到主画面。

（3）加 1.2×［高零序过压定值］电压，保护动作时间误差需满足规范要求。

（4）类似的方法测试各侧零序过压保护。

44. 如何进行低压侧零序过压告警测试?

答：（1）控制字［低压侧零序过压告警］置“1”，时限固定为 10s，［低压侧零序过压告警定值］内部固定为 70V。

（2）低压侧加入 0.95×［低压侧零序过压告警定值］的零序电压，装置无告警，加大电压到 1.05×［低压侧零序过压告警定值］，经 10s 延时装置报“低压侧零序过压告警”，面板告警指示灯亮。

45. 如何进行过负荷保护测试?

答:(1)过负荷告警固定投入,保护定值固定为本侧额定电流的1.1倍,时间固定为10s。

(2)高压侧任意相加入0.95×[高过负荷定值]的电流,经10s延时,装置无告警,加大电流到1.05×[高过负荷定值],经10s延时装置报“高压侧过负荷告警”,面板异常指示灯亮。

(3)类似的方法测试各侧过负荷告警。

第七节 整 定 计 算

1. 简述变压器保护中纵差差动速断电流定值的整定原则。

答:纵差差动速断电流定值,应躲过变压器可能产生的最大励磁涌流及外部短路最大不平衡电流,按变压器额定电流倍数取值,容量越大,系统阻抗越大,则倍数越小,可根据变压器容量适当调整倍数。校核高压侧母线金属性故障时有不小于1.2的灵敏度。220kV主变压器保护可取6~8倍主变压器额定电流。

2. 简述变压器保护中纵差保护启动电流定值的整定原则。

答:纵差保护启动电流定值,应躲过变压器正常运行时的最大不平衡电流,并保证变压器低压侧发生金属性短路故障时,灵敏系数不小于2.0。在工程实用整定计算中,可取0.4~0.6倍主变压器额定电流。

3. 简述“TA断线闭锁差动保护”控制字的意义。

答:“TA断线闭锁差动保护”控制字当置“1”时,TA断线后,差动电流大于1.2I_e时纵差保护仍应出口跳闸;当置“0”时,TA断线后,不闭锁差动。

4. 在加强主保护简化后备保护的原则下,如何简化变压器的后备保护?

答:优先采用“主后装置合一、主后TA合一”的保护装置(同一装置含有主保护和后备保护,两者共用TA和TV的二次绕组,体积较小且接线简单,功能集成度高,可靠性高),并简化后备保护整定配合,如后备保护做相邻线路远后备时,可降低灵敏度要求。

5. 简述主电网联络变压器的短路故障后备保护整定原则。

答:主电网联络变压器的短路故障后备保护整定,应考虑如下原则:

(1)高(中)压侧(主电源侧)相间短路后备保护动作方向可指向变压器,作为变压器高(中)压侧绕组及对侧母线相间短路故障的后备保护,并对中(高)压侧母线故障有足够的灵敏度,灵敏系数不小于1.3;也可仅作为变压器高—中压侧部分绕组的后备保护。如采用阻抗保护作为后备保护,且不装设振荡闭锁回路,则其动作时间应躲过系统振荡周期,其反向偏移阻抗部分作为本侧母线故障的后备保护。

(2)对中性点直接接地运行的变压器,高、中压侧接地故障后备保护动作方向宜指向变压器。如考虑整定配合和需要作为本侧母线的后备保护时,高、中压侧接地故障后备保护动作方向可分别指向本侧母线。

（3）以较短时限动作于缩小故障影响范围，以较长时限动作于断开变压器各侧断路器。

6. 简述降压变压器的短路故障后备保护整定原则。

答：降压变压器的短路故障后备保护整定，应考虑如下原则：

（1）高压侧（主电源侧）相间短路后备保护动作方向指向变压器；对中压侧母线故障有足够的灵敏度，灵敏系数不小于1.3；若采用阻抗保护作为后备保护，反向偏移阻抗部分作为本侧母线故障的后备保护。

（2）中压侧相间短路后备保护动作方向指向本侧母线，对中压侧母线故障有足够的灵敏度，灵敏系数大于1.5。若采用阻抗保护作为后备保护，则反向偏移阻抗部分起变压器内部故障的后备作用。

（3）对中性点直接接地运行的变压器，高压侧接地故障后备保护动作方向宜指向变压器。中压侧接地故障后备保护动作方向指向本侧母线。如有具体应用要求，高压侧接地故障后备保护动作方向也可指向本侧母线。

（4）以较短时限动作于缩小故障影响范围，以较长时限动作于断开变压器各侧断路器。

7. 简述发电厂升压变压器的短路故障后备保护整定原则。

答：发电厂升压变压器的短路故障后备保护整定，应考虑如下原则：

（1）高、中压侧相间短路后备保护动作方向指向本侧母线，本侧母线故障有足够灵敏度，灵敏系数大于1.5。若采用阻抗保护，则反向偏移阻抗部分作为变压器内部故障的后备作用。

（2）对中性点直接接地运行的变压器，高、中压侧接地故障后备保护动作方向指向本侧母线，本侧母线故障有足够灵敏度。

（3）以较短时限动作于缩小故障影响范围，以较长时限动作于断开变压器各侧断路器。

8. 简述变压器高压侧的过电流保护整定原则。

答：（1）对于220kV主变压器，高压侧复压过流Ⅰ段，即复压方向过流保护，经方向（方向指向变压器）和各侧复压闭锁，整定原则如下：

1）按躲过变压器本侧额定电流整定，并与中压侧复压过流Ⅱ段配合，校核中压侧母线金属性故障时，灵敏系数不低于1.5。

2）动作时间与中压侧复压过流Ⅱ段和低压侧复压过流Ⅰ段时间配合，一时限退出，二时限跳中压侧断路器，三时限跳各侧断路器，跳各侧断路器时限应不大于4s。

（2）高压侧复压过流Ⅲ段，即复压闭锁过流保护，不带方向，经各侧复压闭锁，整定原则如下：

1）按躲过变压器本侧额定电流整定，校核中压侧母线金属性故障时，灵敏系数不低于1.5。

2）动作时间与中、低压侧复压过流最长时间配合，与本侧220kV出线距离Ⅲ段及零序过流末段最长时间配合，一时限退出，二时限跳各侧断路器（宜不小于5s）。

9. 简述变压器中压侧的过电流保护整定原则。

答：（1）中压侧复压过流Ⅰ段，即限时速断保护，经方向（方向指向母线），经各侧复压闭锁，整定原则如下：

1）按本侧母线金属性相间短路故障的灵敏系数不小于1.3整定，并躲过事故最大过负荷电流。

2）与本侧110kV出线相间距离Ⅱ段完全配合（躲过相间距离Ⅱ段保护范围末端故障）。不满足要求时应使用阻抗保护。

3）动作时间与本侧110kV出线相间距离Ⅱ段最长时间配合，一时限跳本侧母联（母分）断路器，二时限跳本侧断路器（应不大于2s），三时限跳各侧断路器。

（2）中压侧复压过流Ⅱ段，即复压方向过流保护，经方向（方向指向母线），经各侧复压闭锁，整定原则如下：

1）按躲过变压器本侧额定电流整定，校核本侧母线发生金属性短路故障时的灵敏系数，应不小于1.5，本侧110kV出线末端发生金属性短路故障时的灵敏系数不小于1.2。

2）动作时间与本侧110kV出线相间距离Ⅲ段最长时间配合，一时限跳本侧母联（母分）断路器，二时限跳本侧断路器，三时限跳各侧断路器。

10. 简述变压器低压侧的过电流保护整定原则。

答：（1）低压侧复压过流Ⅰ段，即低压侧出线远后备段，宜不经方向，经本侧复压闭锁，若低压侧有地区电源并网，经计算反方向故障可能动作时应经方向元件控制（方向指向母线）。整定原则如下：

1）按躲过变压器本侧额定电流，并与本侧出线过流保护最末段配合整定，校核本侧出线末端发生金属性短路故障的灵敏系数，宜不小于1.2。

2）动作时间与本侧出线被配合段最长时间配合，一时限跳本侧母分（母联）断路器，二时限跳本侧断路器并闭锁本侧母分（母联）备自投，三时限跳各侧断路器。

（2）低压侧复压过流Ⅱ段，即限时速断保护，不带方向，宜不经复压闭锁，整定原则如下：

1）按躲过变压器最大事故过负荷电流，并与本侧出线过流保护灵敏段配合整定，校核本侧母线发生金属性短路故障时的灵敏系数，应不小于1.3。

2）动作时间与本侧出线被配合段最长时间配合，一时限跳本侧母分（母联）断路器，二时限跳本侧断路器并闭锁本侧母分（母联）备自投，三时限跳各侧断路器。低压侧为10（20）kV系统时，二时限应不大于1.2s；低压侧为35kV系统时，二时限宜不大于1.2s，确因配合原因无法满足时，可设置专用定值区，在低压侧母差保护退出时切换使用。

11. 简述在220kV变压器保护中复压闭锁的意义。

答：增加复压闭锁以降低电流定值，提高过流保护的灵敏度。

12. 220kV变压器保护中复压闭锁按照什么原则整定的?

答：复压闭锁过流保护的低电压（线电压）闭锁定值应躲过正常运行时系统可能出现的最低电压，可取70V；负序电压（相电压）闭锁定值应躲过正常运行时出现的不平衡电压，可取4V。低电压及负序电压元件远后备灵敏系数应不小于1.2。

13. 对于220kV单侧电源的降压变压器，复压闭锁过流保护是否一定要带方向元件?

答： 对于单侧电源的降压变压器，复压闭锁过流保护可以不带方向元件。

14. 简述220kV变压器高压侧的零序过流保护整定原则。

答：（1）高压侧零序过流保护按两段式整定（采用零序过流Ⅰ段和零序过流Ⅲ段）：一段带方向（方向指向变压器），做变压器内部及中压侧母线接地故障的后备；二段不带方向，做变压器、中压侧母线及本侧出线接地故障的总后备。

（2）零序过流Ⅰ段，即零序方向过流保护，经方向（方向指向变压器），整定原则如下：

1）与中压侧零序过流Ⅱ段配合整定，校核中压侧母线金属性接地故障时有不小于2的灵敏度，一次值不大于300A。

2）动作时间与中压侧零序过流Ⅱ段时间配合，一时限退出，二时限跳中压侧断路器，三时限跳各侧断路器。跳各侧断路器时限应不大于3s。

（3）零序过流Ⅲ段，即零序过流保护，不带方向，整定原则如下：

1）与本侧220kV出线零序过流最末段配合整定。

2）动作时间与本侧220kV出线零序过流末段最长时间配合，并与高压侧零序过流Ⅰ段时间配合，一时限退出，二时限跳各侧断路器（宜不小于5s）。

15. 简述220kV变压器中压侧的零序过流保护整定原则。

答：（1）中压侧零序过流保护按两段式整定，一段带方向（方向指向母线），做中压侧母线接地故障的后备保护，并满足变压器短路耐热能力要求（跳本侧断路器时间不大于2s）；二段带方向（方向指向母线），做本侧110kV出线的远后备保护。

（2）零序过流Ⅰ段，即零序方向过流Ⅰ段，经方向（方向指向母线），整定原则如下：

1）与本侧110kV出线零序过流灵敏段配合整定，校核本侧母线发生金属性接地故障时，灵敏系数不小于1.5。

2）动作时间与本侧110kV出线零序过流灵敏段最长时间配合，一时限跳本侧母联（母分）断路器，二时限跳本侧断路器，三时限跳各侧断路器。

（3）零序过流Ⅱ段，即零序方向过流Ⅱ段，经方向（方向指向母线），整定原则如下：

1）与本侧110kV出线零序过流最末段配合整定，校核本侧母线发生金属性接地故障时，灵敏系数不小于1.5，本侧出线末端发生金属性接地故障时，灵敏系数不小于1.2。

2）动作时间与本侧110kV出线零序过流最末段最长时间配合，一时限跳本侧母联（母分）断路器，二时限跳本侧断路器，三时限跳各侧断路器。

16. 220kV变压器零序电流保护的方向元件宜指向本侧母线吗?

答： 220kV系统双重化配置原则，母线故障有较为完善的保护保证可靠跳闸，因此主变压器220kV侧后备保护方向宜指向主变压器。

17. 简述 220kV 变电站（双母线接线），变压器高压侧后备保护零序电流的时限设置及对应断路器跳闸情况。

答：带方向的零序过流保护设置 3 个时限，分别动作于跳母联以缩小故障范围、跳本侧断路器、跳各侧断路器；不带方向的零序电流保护带 2 个时限，分别作用于跳本侧断路器和各侧断路器。

18. 简述 220kV 变压器保护中零序Ⅱ段保护动作时限和非全相动作时限的时间长短情况。

答：相邻线路非全相运行时，阻抗保护不反应非全相运行状态，由于相邻线路非全相运行的零序电流较小，可能只导致零序Ⅱ段保护动作，故零序Ⅱ段的动作时限要大于变压器、相邻线路断路器非全相的动作时间。

19. 在哪种情况下，零序电流Ⅲ段保护灵敏度优于变压器差动保护灵敏度？

答：在变压器绕组靠近中性点附近发生接地故障时，差动保护灵敏度很低，可能拒动，而接于中性点 TA 的零序电流Ⅲ段保护的灵敏度高，能可靠动作。

20. 零序电流保护的灵敏系数，按照什么来进行校验？

答：220～750kV 零序电流保护在常见运行方式下，本线路末端金属性接地故障时的灵敏系数应满足下列要求：

（1）50km 以下线路，不小于 1.5。

（2）50～200km 线路，不小于 1.4。

（3）200km 以上线路，不小于 1.3。

21. 220kV 变压器保护中零序过电压定值设定较低，会有什么后果？

答：单侧电源供电的 220kV 系统，负荷侧变压器中性点不接地，非全相运行的二次零序电压约为 150V。当零序过电压定值设定较低时，可能导致供电线路接地故障跳开单相的非全相期间，受端主变压器零序过电压在电源侧断路器重合闸前误动跳闸。

22. 220kV 及以上变压器的零序过压保护，何种情况采用外接零序电压，定值多少？

答：常规电压互感器配置剩余电压绕组，因此采用常规互感器时，变压器保护装置的零序过压保护应采用外接零序电压，内部固化定值为 180V。

23. 220kV 及以上变压器的零序过压保护，何种情况采用自产零序电压，定值多少？

答：电子式电压互感器无剩余电压绕组，因此当采用电子式电压互感器时，变压器保护装置的零序过压保护采用自产零序电压，内部固化定值为 120V。

24．为何 110kV 变压器保护低压 1 分支后备保护Ⅲ段只设 2 个时限?

答：过流保护主要作为本侧母线故障的主保护和出线的后备保护，在变压器低压侧近区故障时，应有跳变压器各侧的时限，即 1 时限跳本侧断路器，2 时限跳各侧断路器。

25．简述 220kV 变压器保护中过负荷保护的整定原则、动作时间及动作结果。

答：过负荷保护，设置一段 1 时限，定值固定为本侧额定电流的 1.1 倍，延时 10s，动作于信号。

26．画出变压器不同接线形式零序等值电路。

答：YNd 接线零序等值电路如图 5-26 所示。

YNyn 接线（负载 Y 接）零序等值电路如图 5-27 所示。

YNyn 接线（负载 YN 接）零序等值电路如图 5-28 所示。

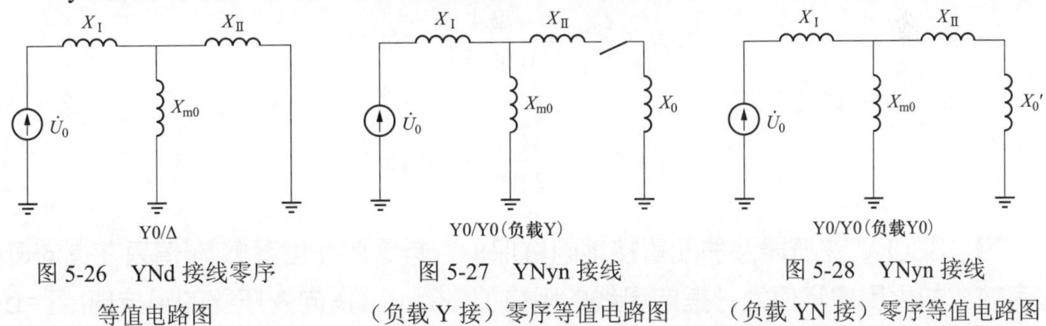

图 5-26 YNd 接线零序等值电路图

图 5-27 YNyn 接线（负载 Y 接）零序等值电路图

图 5-28 YNyn 接线（负载 YN 接）零序等值电路图

27．求在 Yd11 接线降压变压器三角形侧发生两相短路时星形侧的三相电流。用同一点发生三相短路的电流表示，并假设变压器的变比为 1。

答：假设为 VW 两相短路，在三角形侧：序分量电流有 $I_{\mathrm{u}}=0$，$I_{\mathrm{v}}+I_{\mathrm{w}}=0$，序分量电流有 $I_{\mathrm{u1}}+I_{\mathrm{u2}}=0$，$I_{\mathrm{u1}}=\dfrac{1}{2}I_{\mathrm{u}}^{(3)}$，$I_{\mathrm{u}}^{(3)}$ 为三相短路电流，星形侧电流为 $I_{\mathrm{U1}}=\dfrac{1}{2}I_{\mathrm{u}}^{(3)}\mathrm{e}^{-j30}$，$I_{\mathrm{V1}}=\dfrac{1}{2}I_{\mathrm{u}}^{(3)}\mathrm{e}^{-j150}$，$I_{\mathrm{W1}}=\dfrac{1}{2}I_{\mathrm{u}}^{(3)}\mathrm{e}^{j90}$；负序电流为 $I_{\mathrm{U2}}=-\dfrac{1}{2}I_{\mathrm{u}}^{(3)}\mathrm{e}^{j30}$，$I_{\mathrm{V2}}=-\dfrac{1}{2}I_{\mathrm{u}}^{(3)}\mathrm{e}^{j150}$，$I_{\mathrm{W2}}=-\dfrac{1}{2}I_{\mathrm{u}}^{(3)}\mathrm{e}^{-j90}$。

于是得星形侧三相电流为

$$I_{\mathrm{U}}=I_{\mathrm{U1}}+I_{\mathrm{U2}}=-j\frac{1}{2}I_{\mathrm{u}}^{(3)}$$

$$I_{\mathrm{V}}=I_{\mathrm{V1}}+I_{\mathrm{V2}}=-j\frac{1}{2}I_{\mathrm{u}}^{(3)}$$

$$I_{\mathrm{W}}=I_{\mathrm{W1}}+I_{\mathrm{W2}}=jI_{\mathrm{u}}^{(3)}$$

28．一台容量为 31.5/20/31.5MVA 的三绕组变压器，额定电压为 110/38.5/11kV，接线为 YNyd11，三侧 TA 的变比分别为 300/5、1000/5 和 2000/5，请问变压器差动保护三侧的二次额定电流各是多少?

答：高压侧一次额定电流为

$$I_{SH}=\frac{S_B}{\sqrt{3}U_B}=\frac{31.5\times1000}{\sqrt{3}\times110}=165.3(A)$$

中压侧一次额定电流为

$$I_{BM}=\frac{S_B}{\sqrt{3}U_B}=\frac{31.5\times1000}{\sqrt{3}\times38.5}=472.4(A)$$

低压侧一次额定电流为

$$I_{BL}=\frac{S_B}{\sqrt{3}U_B}=\frac{31.5\times1000}{\sqrt{3}\times11}=1653.4(A)$$

变压器差动保护三侧的二次额定电流为

高压侧二次额定电流为

$$I_{BH2}=\frac{I_{BH}}{n_{CTH}}=\frac{165.3}{300/5}=2.75(A)$$

中压侧二次额定电流为

$$I_{BM2}=\frac{I_{BM}}{n_{CTM}}=\frac{472.4}{1000/5}=2.36(A)$$

低压侧二次额定电流为

$$I_{BL2}=\frac{I_{BL}}{n_{CTL}}=\frac{1653.4}{2000/5}=4.13(A)$$

29. 330kV 变压器保护配置接地阻抗保护，其零序补偿系数 K 值只在指向母线时有效，如果用户定值为：指向母线的阻抗值 Z_1=a，指向变压器的阻抗值 Z_2=b，试写出比相式的动作圆方程。

答： 如果以 $Z_k=U_{\varphi K}/(I_{\varphi K}+K\times3I_0)$ 的方法计算，则动作圆方程为

$$90°\leqslant\arg(Z_K-a)/[Z_K-\left|I_{\varphi K}/(I_{\varphi K}+K\times3I_0)\right|\times b]\leqslant270°$$

30. 对发电厂 Yd11 升压变压器，Y 侧区外 V、W 两相短路时，请问高、低压侧电流相量图如何？

答： 变压器高压侧（即 Y 侧）V、W 两相短路电流相量图如图 5-29（a）所示。

对于 Yd11 接线组别，正序电流应向超前方向转 30°，负序电流应向滞后方向转 30°即可得到低压侧（即 d 侧）电流相量图如图 5-29（b）所示。

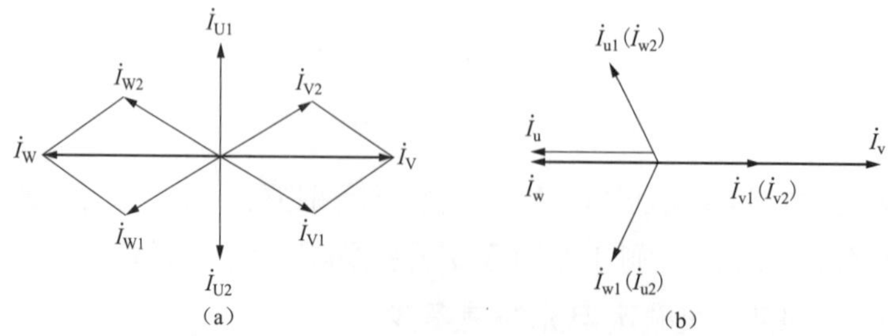

图 5-29　变压器高压侧（即 Y 侧）V、W 两相短路电流相量图

（a）高压侧；（b）低压侧

两侧电流数量关系可求得：设变比 n=1，高压侧正序电流标幺值为 1，则有：

高压侧

$$I_{\mathrm{V}} = I_{\mathrm{W}} = \sqrt{3}, I_{\mathrm{U}} = 0$$

低压侧

$$I_{\mathrm{U}} = I_{\mathrm{V}} = 1, I_{\mathrm{V}} = 2$$

31. 已知变压器额定容量 240/240/72MVA，额定电压 220/117/37kV，零序阻抗试验数据为：高压加电、中压开路 54.3Ω；高压加电、中压短路 29.97Ω；中压加电、高压开路 4.94Ω；中压加电、高压短路 2.75Ω；求出各侧零序阻抗标幺值（基准容量 100MVA，基准电压近似取变压器额定电压）。

答：$Z_{\mathrm{ol}} = \left[\sqrt{\dfrac{(54.3-29.97)\times 4.94}{484\times 136.89}} + \sqrt{\dfrac{(4.94-2.75)\times 54.3}{484\times 136.89}}\right]/2 = 0.0425$（0.0424、0.0426 也对）

$$Z_{\mathrm{oh}} = \frac{54.3}{484} - 0.0425 = 0.0697$$

$$Z_{\mathrm{om}} = \frac{4.94}{136.89} - 0.0425 = -0.0064$$

第六章　安全自动装置

第一节　配　置　要　求

1. 备自投装置一般应用于哪些场合?

答：备自投装置主要用在110kV及以下高、中压配电系统中，为了提高电力系统的供电可靠性，分段、内桥、扩大桥、进线、变压器可配置备自投装置。

2. 变电站站用电、进线电源为什么需要设置备用电源?

答：电力系统对变电站站用变压器和变电站进线电源的供电可靠性要求很高，因为变电站站用电、变电站电源一旦供电中断，可能造成整个变电站无法正常运行、变电站全站失压，后果非常严重。因此变电站站用电、进线电源均设置有备用电源。

3. 哪些情况应装设备用电源自动投入装置?

答：(1) 装有备用电源的发电厂厂用电源和变电站站用电源；

(2) 由双电源供电，其中一个电源经常断开作为备用电源；

(3) 降压变电站内有备用变压器或有互为备用的电源；

(4) 有备用机组的某些重要辅机。

4. 装设备自投装置的基本条件是什么?

答：装设备自投装置的基本条件是在供电网、配电网中，有两个及以上的电源供电，工作方式为一个是主供电源，另一个是备用电源，或两个电源各自带部分负荷，互为备用。

5. 为什么分段备自投配置分段后加速保护功能?

答：分段备自投配置分段后加速保护功能，当分段自投于故障母线时加速跳开，不会影响另一段母线的运行。如果不配置备自投分段后加速功能，备自投合于故障后，备用电源线路对侧保护动作，会导致全站失压。

6. 为什么进线备自投不配置进线后加速保护功能?

答：进线备自投不配置进线后加速保护功能，当备自投合进线断路器于故障时，由进线对侧保护跳闸，无论备自投是否配置进线后加速保护，都会导致全站失压。

7. 为什么变压器分段备自投配置分段后加速保护功能？

答：变压器分段备自投配置分段后加速保护功能，当分段自投于故障母线时加速跳开，不会影响另一段母线的运行。从另一方面来说，当发生变压器低压侧故障时，变压器低后备保护动作会闭锁备自投，不会发生备自投合于故障的情况。因此在工程应用中可以不使用此功能。

8. 为什么变压器冷（热）备自投不配置变压器低压侧断路器后加速保护功能？

答：变压器冷（热）备自投不配置变压器低压侧断路器后加速保护功能，当发生变压器低压侧故障时，变压器低后备保护动作会闭锁备自投。即使闭锁失败，备自投动作可能会合备用变压器于故障，此时变压器后备保护会动作，无论备自投是否配置变压器低压侧断路器后加速保护，都会导致低压侧失压。

9. 为什么扩大内桥备自投不配置进线及桥断路器后加速保护功能？

答：扩大内桥备自投不配置进线及桥断路器后加速保护功能，是因为变压器保护范围已经覆盖进线断路器及桥断路器。

10. 备用电源自动投入装置保护功能配置要求是什么？

答：备用电源自动投入装置保护功能配置要求如表 6-1 所示。

表 6-1　　备用电源自动投入装置保护功能配置要求

序号	功能描述	段数及时限	说明	备注
1	备自投功能	—	—	—
2	联跳地区电源并网线	—	—	—
3	过负荷减载	两轮	—	—
4	分段过流加速保护	Ⅰ段1时限	—	—
5	分段零流加速保护	Ⅰ段1时限	—	—
序号	基础型号	功能代码	说明	备注
1	进线、变压器、分段（内桥）备自投	A	—	—
2	扩大桥备自投	B	—	—

11. 简述故障解列装置的配置原则。

答：变电站有地区电源联网线时，根据需要配置独立的故障解列装置。故障解列装置动作跳地区电源联网线。

12. 故障解列装置一般应用于哪些场合？

答：故障解列装置一般应用于接入地区电源的 110kV 及以下电压等级的终端变电站，当终端变电站因元件跳闸与主网失去电气联系时，装置根据故障电气量（低频、过频、低电压、过电压等）为判据，解列地区电源。

13. 故障解列装置保护功能配置要求是什么?

答：故障解列装置保护功能配置要求见表6-2。

表6-2　　故障解列装置保护功能配置要求

序号	功能描述	段数及时限	备注
1	低频解列	Ⅰ段1时限 Ⅱ段1时限	—
2	低压解列	Ⅰ段1时限 Ⅱ段1时限	—
3	零序过压解列	Ⅰ段1时限 Ⅱ段1时限	—
4	母线过压解列	Ⅰ段1时限 Ⅱ段1时限	—
5	过频解列	Ⅰ段1时限 Ⅱ段1时限	—

14. 在系统中什么地点可考虑设置低频率解列装置?

答：在系统中的如下地点，可考虑设置低频率解列装置。

（1）系统间联络线上的适当地点；

（2）地区系统中由主系统受电的终端变电站母线联络断路器；

（3）地区电厂的高压侧母线联络断路器；

（4）专门作为系统事故紧急启动电源专带厂用电的发电机组母线联络断路器。

15. 简述集中式低频低压减载装置的配置原则。

答：变电站母线解列后可能成为两个或多个独立系统的情况，宜按母线独立配置。

第二节　保　护　原　理

1. 充电条件中母线有压和动作逻辑中备用电源有压的条件分别是什么?

答：充电条件中母线有压必须是母线三个线电压均大于有压定值；而动作逻辑中备用电源母线任一线电压有压即备用电源有压，是为了提高备自投动作成功率。

2. 为什么备自投逻辑中所用的断路器位置一般采用断路器本体辅助接点?

答：合闸控制回路中一般串入弹簧储能状态接点，起闭锁合闸操作的作用。如果采用操作箱（操作插件）跳位继电器TWJ，当工作电源重合闸后加速动作后，操动机构储能未完成时，此时短时会造成跳位监视回路不通，影响备自投动作逻辑。

3. 为什么备自投装置中断路器位置信号采用动断辅助接点?

答：若采用动合辅助接点，因为开入回路接触不良导致装置误判工作电源断路器跳开，备自投可能会将备用电源合于故障上，所以备自投装置须接入断路器动断接点。

4. 简述进线备自投运行于方式1（见图6-1）时的充电条件。

答：两段母线线电压均大于有压定值，备用进线电压大于有压定值，分段（内桥）断路器在合闸位置，工作线路断路器在合闸位置，备用进线断路器在分闸位置，且无其他闭锁条件。

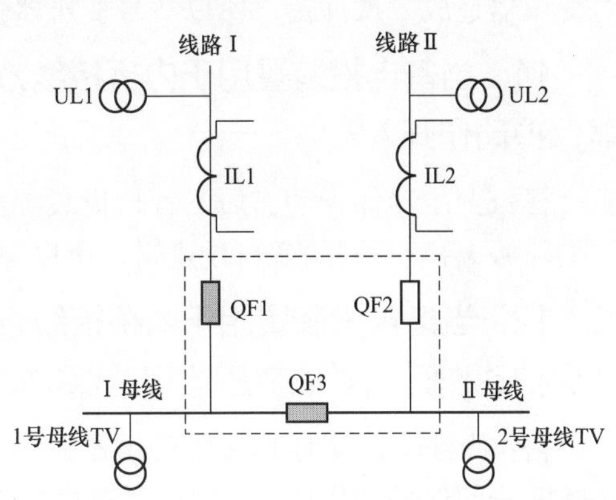

图6-1 备自投方式1

5. 简述进线备自投运行于方式1（见图6-1）时的放电条件。

答：断路器位置异常、手跳/遥跳闭锁、备用进线电压低于有压定值延时15s、闭锁备自投开入、备自投合上备用进线断路器等。

6. 简述进线备自投运行于方式1（见图6-1）时的动作逻辑。

答：两段母线电压均低于无压定值，工作进线无流，备用进线有压，延时跳工作进线断路器及失压母线联切出口，确认工作进线断路器跳开后，延时合备用进线断路器。若分段（内桥）断路器偷跳，经跳闸延时补跳分段断路器及失压母线联切出口，确认分段（内桥）断路器跳开后，延时合备用进线断路器。

7. 为什么备自投运行于方式1（见图6-1）时，动作逻辑中不检测联切断路器是否跳开?

答：（1）合备用电源需满足失电母线电压低于无压定值，即使联切断路器拒跳，合备用电源时对联切对象的影响也较小。

（2）为了简化现场接线，同时考虑到断路器拒跳的概率较小，所以不接入联切断路器的跳闸位置。

8. 当备自投装置用于内桥接线方式，运行于方式1（见图6-1）时，1号变压器保护动作和2号变压器保护动作时分别是什么动作行为?

答：1号变压器保护动作跳进线1和桥断路器时，经跳闸延时补跳桥断路器及失压母线联切出口，确认桥断路器跳开后，延时合进线2断路器，2号变压器保护动作闭锁备自投动作。

9. 当备自投装置用于内桥接线方式，运行于方式1（见图6-1）时，1号变压器保护动作为什么要补跳桥断路器?

答：当内桥接线时，1号变压器保护动作跳线路1断路器和桥断路器，为防止桥断路器拒动时，备用电源投入后再次对故障设备造成冲击，备自投收到1号变保护动作开入后，应补跳桥断路器，确认桥断路器跳开后才允许合备用电源。桥断路器跳开后，已将故障点隔离，不需要再判线路1断路器是否在跳闸位置。

10. 当备自投装置用于内桥接线方式，运行于方式1（见图6-1）时，2号变压器保护动作为什么要闭锁备自投？

答： 2号变压器故障时一般为永久性故障，若备自投动作会合线路2断路器于故障点，对变压器造成二次冲击，所以2号变压器保护动作应闭锁备自投。

11. 当备自投装置用于内桥接线方式1（见图6-1），为什么要引入1、2号变压器保护动作开入？

答： 变压器保护动作后，备自投装置需要区分哪一台是故障变压器（不考虑桥断路器死区故障），启动不同的备自投逻辑，所以引入了1、2号变压器保护动作开入。

12. 当备自投装置用于内桥接线方式1（见图6-1），备自投装置的1、2号变压器保护动作开入对应变压器哪些保护动作？

答： 备自投装置的1、2号变压器保护动作开入对应变压器保护动作跳高压侧断路器和高桥断路器的保护动作信号（闭锁备自投接点或者跳闸备用接点），如差动保护、非电量保护和高后备保护动作信号等。

13. 简述分段（内桥）备自投方式3（见图6-2）的充电条件。

答： 两段母线线电压均大于有压定值，分段（内桥）断路器在分闸位置，两进线断路器在合闸位置，且无其他闭锁条件。

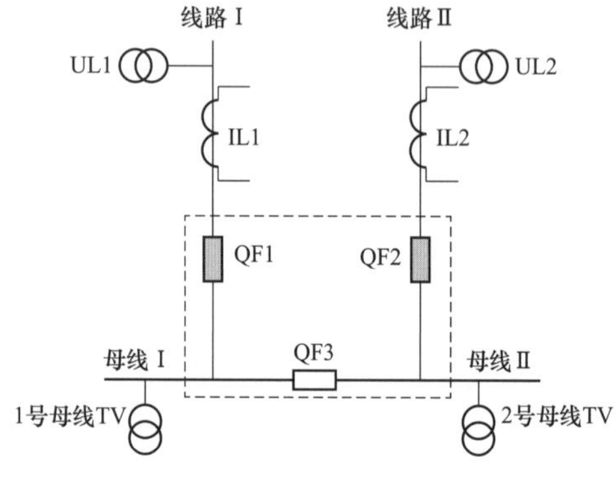

图6-2　备自投方式3

14. 简述分段（内桥）备自投方式3（见图6-2）的放电条件。

答： 断路器位置异常、手跳/遥跳闭锁、两段母线电压均低于有压定值延时15s、闭锁备自投开入、备自投合上分段（内桥）断路器等。

15. 简述分段（内桥）备自投方式3（见图6-2）的动作逻辑。

答： Ⅰ母或Ⅱ母电压低于无压定值，且对应进线电流小于无流定值，当另一段母线任一线电压有压时，延时跳失压母线进线断路器及失压母线联切出口；确认失压进线断路器跳开后，延时合分段（内桥）断路器。

16. 备自投装置用于分段（内桥）备自投方式3（见图6-2），为什么任一主变压器保护动作闭锁备自投动作逻辑？

答： 内桥接线时，任一变压器保护动作跳进线后，若变压器高压侧备自投装置合桥断路器，备用电源会合于故障，所以任一变压器保护动作应闭锁备自投。

17. 简述变压器冷（热）备自投方式。

答： 变压器的备用方式可分为冷备用（见图6-3）和热备用（见图6-4）。冷备用方式下备自投装置投入备用变压器时要合高低压侧断路器，热备用方式下投入备用变压器时仅需合变压器低压侧断路器。为简化定值整定，提高装置的适用性，在变压器冷备用和热备用不同运行方式下，备自投装置的动作逻辑相同，跳失压工作变压器时高低压侧断路器出口接点同时动作，合备用变压器时高压侧断路器出口接点经短延时动作、低压侧断路器出口接点经长延时动作。在工程实施中通过二次接线或投退出口硬压板适应变压器的不同运行方式。

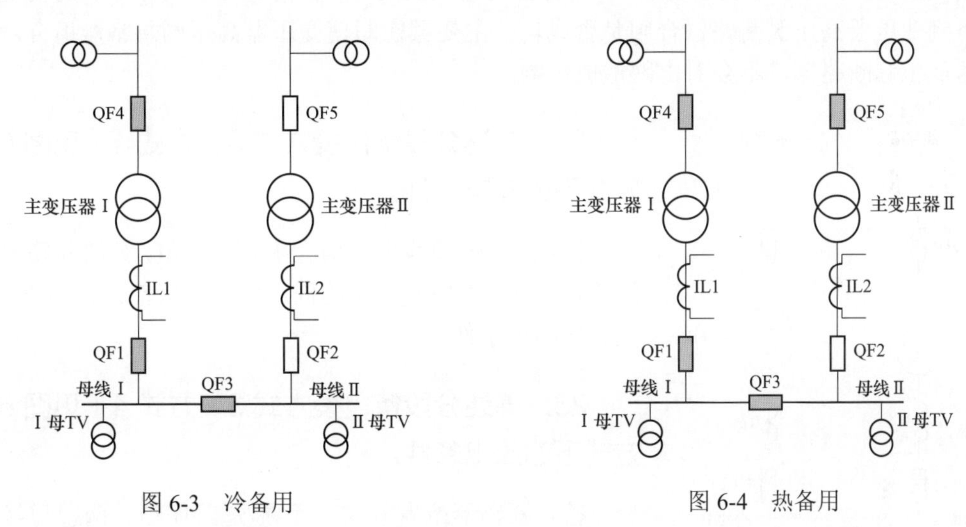

图6-3 冷备用　　图6-4 热备用

18. 简述变压器备自投冷备用（见图6-3）、热备用（见图6-4）方式下的充电条件。

答： 两段母线线电压均大于有压定值，备用变压器高压侧电压大于有压定值，分段断路器在合闸位置，工作变压器低压侧断路器在合闸位置，备用变压器低压侧断路器在分闸位置，且无其他闭锁条件。

19. 简述变压器备自投冷备用（见图6-3）、热备用（见图6-4）方式下的放电条件。

答： 断路器位置异常、手跳/遥跳闭锁、备用变压器高压侧电压低于有压定值延时15s、闭锁备自投开入、备自投合上备用变压器断路器等。

20. 简述变压器备自投冷备用（见图6-3）、热备用（见图6-4）方式下的动作逻辑。

答： 两段母线电压均低于无压定值，工作变压器无流，备用变压器高压侧有压，延时跳工作变压器断路器及失压母线联切出口，确认低压侧断路器跳开后，延时合备用变压器断路器。若分段断路器偷跳，经跳闸延时补跳分段断路器及失压母线联切出口，确认分段断路器跳开后，延时合备用变压器断路器。变压器低压侧后备保护动作闭锁备自投。

21. 简述变压器备自投冷备用（见图 6-3）、热备用（见图 6-4）方式下投入备用变压器时，先合变高断路器，后合变低断路器为什么不判变压器高压侧断路器合闸是否成功?

答：备自投投入备用变压器时，经“合备用电源短延时”合变压器高压侧断路器，经“合备用电源长延时”合变压器低压侧断路器，通过时间定值的配合实现变压器两侧断路器合闸的先后顺序，“合备用电源短延时”和“合备用电源长延时”同时开始计时。为了简化现场接线，不判变压器高压侧断路器合闸是否成功，主要考虑即使变压器高压侧断路器拒合，再合变压器低压侧断路器，不会对电网造成影响。

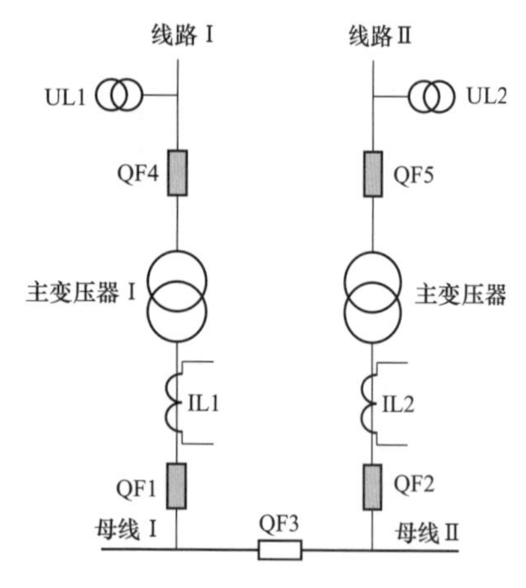

图 6-5　备自投方式 3 及方式 4

22. 简述分段备自投方式 3、方式 4（见图 6-5）方式下的充电条件。

答：两段母线线电压均大于有压定值，分段断路器在分闸位置，两台工作变压器的低压侧断路器都在合闸位置，且无其他闭锁条件。

23. 简述分段备自投方式 3、方式 4（见图 6-5）方式下的放电条件。

答：断路器位置异常、手跳/遥跳闭锁、两段母线电压均低于有压定值延时 15s、闭锁备自投开入、备自投合上分段断路器等。

24. 简述分段备自投方式 3、方式 4（见图 6-5）方式下的动作逻辑。

答：Ⅰ母或Ⅱ母电压低于无压定值，且对应电源进线电流小于无流定值，当另一段母线任一线电压有压时，延时跳失压母线变压器断路器及失压母线联切出口，确认失压变压器的低压侧断路器跳开后，延时合母联（分段）断路器。变压器低压侧后备保护动作闭锁备自投。

25. 变压器冷（热）备自投和分段断路器备自投方式下，如果是两台三绕组变压器，该如何处理?

答：如果是两台三绕组变压器，则可在中、低压侧分别配置一台备自投装置，以中压侧的备自投为例，可将高压侧和中压侧当作是双绕组变压器的两侧即可。

26. 简述扩大内桥进线备自投方式 1（见图 6-6）、方式 2（见图 6-7）下的充电条件。

答：两段母线线电压均大于有压定值，一进线断路器在合闸位置，另一进线断路器在分闸位置，两个桥断路器均在合闸位置，且无其他闭锁条件。

27. 简述扩大内桥进线备自投方式 1（见图 6-6）、方式 2（见图 6-7）下的放电条件。

答： 断路器位置异常、手跳/遥跳闭锁、备用进线电压低于有压定值延时 15s、闭锁备自投开入、备自投合上备用进线断路器等。

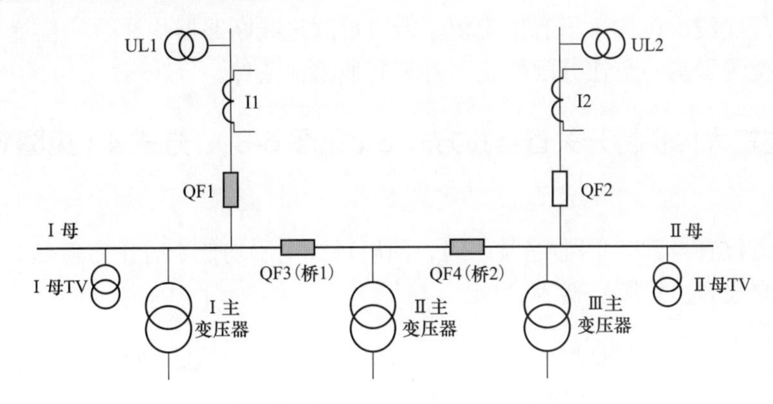

图 6-6 备自投方式 1

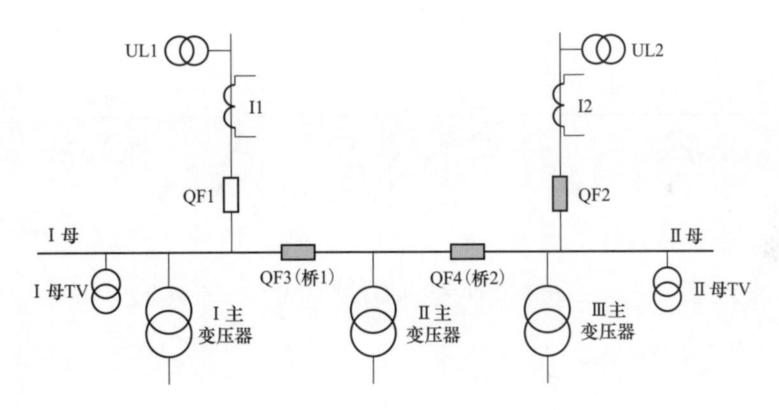

图 6-7 备自投方式 2

28. 简述扩大内桥进线备自投方式 1（见图 6-6）、方式 2（见图 6-7）下的动作逻辑。

答： 两段母线电压均低于无压定值，工作进线无流且备用进线有压，延时跳工作进线断路器及失压母线联切出口，确认工作进线断路器跳开后，延时合备用进线断路器。任一桥断路器偷跳，经跳闸延时补跳对应桥断路器及失压母线联切出口，确认对应桥断路器跳开后，延时合备用进线断路器。运行于方式 1（见图 6-6）时，1 号变压器保护动作跳进线及桥断路器时，经跳闸延时补跳桥断路器及失压母线联切出口，确认桥 1 断路器跳开后，延时合进线 2 断路器。2 号变压器保护动作跳桥断路器时，经跳闸延时补跳桥 2 断路器及失压母线联切出口，确认桥 2 断路器跳开后，延时合进线 2 断路器。3 号变压器保护动作闭锁备自投动作逻辑。运行于方式 2（见图 6-7）时，1 号变压器保护动作闭锁备自投动作逻辑。2 号变压器保护动作跳桥断路器时，经跳闸延时补跳桥 1 断路器及失压母线联切出口，确认桥 1 断路器跳开后，延时合进线 1 断路器。3 号变压器保护动作跳进线及桥断路器时，经跳闸延时补跳桥断路器及失压母线联切出口，确认桥 2 断路器跳开后，延时合进线 1 断路器。

29. 简述扩大内桥桥开关备自投方式 3（见图 6-8）、方式 4（见图 6-9）下的充电条件。

答：两段母线线电压均大于有压定值，两段母线进线断路器均在合闸位置，两个桥断路器一个在合闸位置，另一个在分闸位置，且无其他闭锁条件。

30. 简述扩大内桥桥开关备自投方式 3（见图 6-8）、方式 4（见图 6-9）下的放电条件。

答：断路器位置异常、手跳/遥跳闭锁、两段母线电压均低于有压定值延时 15s、闭锁备自投开入、备自投合上桥断路器等。

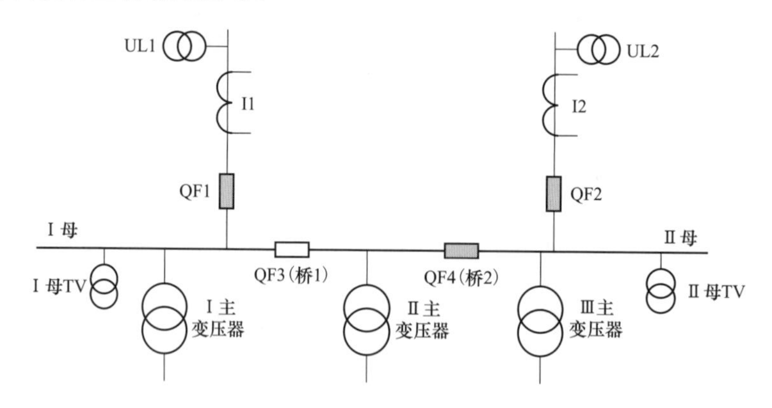

图 6-8　备自投方式 3

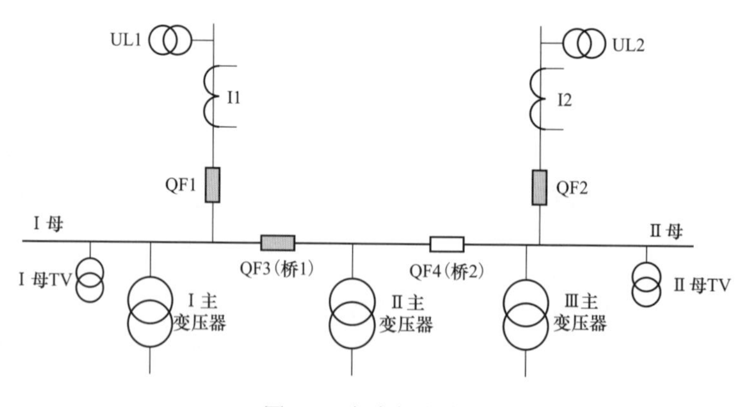

图 6-9　备自投方式 4

31. 简述扩大内桥桥开关备自投方式 3（见图 6-8）、方式 4（见图 6-9）下的动作逻辑。

答：Ⅰ母或Ⅱ母电压低于无压定值，且失压母线进线无流，另一段母线任一线电压有压，延时跳失压母线进线断路器及失压母线联切出口，确认进线断路器跳开后，延时合备用桥断路器。工作桥断路器偷跳，经跳闸延时补跳工作桥断路器及失压母线联切出口，确认工作桥断路器跳开后，延时合备用桥断路器。运行于方式3（见图 6-8）时，1、2 号变压器保护动作闭锁备自投动作逻辑。3 号变压器保护动作跳进线断路器和桥断路器时，经跳闸延时补跳桥断路器及失压母线联切出口，确认桥 2 断路器跳开后，延时合桥 1 断路器。运行于方式 4（图 6-9）时，1 号变压器保护动作跳进线断路器和桥断路器时，经跳闸延时补跳桥断路器及失压母线联切出口，确认桥 1 断路器跳开后，延时合桥 2 断路器。2、3 号变压器保护动作闭锁备自投动作逻辑。

32. 简述扩大内桥桥开关备自投方式 3（见图 6-8）、方式 4（见图 6-9）下，选择“禁止一线带三变”时的动作逻辑。

答：选择“禁止一线带三变”运行于方式 3（见图 6-8）时，Ⅰ母失压闭锁备自投动作逻辑。Ⅱ母电压低于无压定值，进线 2 无流且Ⅰ母有压，延时跳进线 2 和桥 2 断路器及失压母线联切出口，确认桥 2 断路器跳开后，延时合桥 1 断路器。运行于方式 4（见图 6-9）时，Ⅰ母电压低于无压定值，进线 1 无流且Ⅱ母任一线电压有压，延时跳进线 1 和桥 1 断路器及失压母线联切出口，确认桥 1 断路器跳开后，延时合桥 2 断路器。Ⅱ母失压闭锁备自投逻辑。

33. 当人工切除工作电源时，备自投装置是否会动作?

答：当人工切除工作电源时，备自投装置不应动作。人为计划停电，无需备自投动作，可采用手跳或合后位置信号对备自投放电。

34. 为什么扩大内桥备自投装置不考虑 TA 断线告警功能?

答：扩大内桥的备自投装置只接入桥断路器的单相电流，作为无流判据，其接线方式及作用既无需考虑 TA 断线，也无法判断 TA 断线。

35. 为提高备用电源或设备投入成功率，备自投装置应采取什么措施?

答：为提高备用电源或设备投入的成功率，备自投装置跳工作电源断路器时应联跳地区电源并网线和次要负荷，需要时还可联跳并联补偿电容器。

（1）联跳地区电源是为了在合备用电源时减小对地区电源的影响。

（2）联跳次要负荷是为了解决备用电源容量不足以给所有负荷供电的问题，所以在投入备用电源之前先切除次要负荷。

（3）在母线失压时，电容器保护装置低电压保护动作跳闸，可避免母线恢复供电时发生电容器过电压。部分地区反馈变电站的备自投跳合闸动作整定时间之和可能小于并联补偿电容器的低电压保护动作时间，备自投合备用电源后，会对电容器造成过电压冲击，所以要求备自投具备联跳并联补偿电容器的功能。

36. 备自投分段后加速为什么在手合分段断路器于故障时不会起作用?

答：备自投分段后加速在备自投合分段断路器时起作用，手合分段断路器于故障时不会起作用。手合分段断路器于故障时由分段保护装置的充电保护动作跳闸。

37. 为什么备自投过流加速保护的复压元件，需要两段母线复压条件均满足？

答：当分段断路器合闸后，两段母线并列运行，如果发生故障，两段母线电压故障特征相同，为了提高可靠性，所以复压元件取两段母线电压复压条件的“与”逻辑。任一段母线TV断线时，对应母线的复压条件满足。

38. 什么是备自投过负荷减载功能？

答：备自投过负荷减载功能是指由于备自投动作引起的过负荷减载，正常运行时的过负荷不在考虑范围之内。过负荷减载功能在备自投合闸动作后自动投入并开放10min，开放时间内过负荷减载启动后经延时动作。分段断路器位置不影响过负荷减载逻辑，在备自投合分段断路器完成后，如果接入备自投的分段位置信号与实际不一致时，备自投会判断合闸失败，此时如果发生过负荷情况，装置应可靠启动过负荷减载逻辑。

39. 简述备自投装置跳闸计时原则。

答：备自投装置在母线失压启动跳闸计时后，在延时未到动作定值时，不再满足跳闸的启动条件，则程序的跳闸计时清零。当再次满足备自投启动条件后程序重新开始计时。当线路重合闸与备自投均投入的情况下，线路保护重合闸时间应与备自投跳闸时间相配合，工作电源线路瞬时性故障由重合闸恢复供电，永久性故障则重合闸先动作，重合不成功后由备自投动作，合上备用电源恢复供电。这是考虑电源线路发生永久性故障，线路保护跳闸，备自投启动失压跳工作电源的计时，线路重合闸动作后，母线有压，备自投跳闸计时清零。线路重合后加速动作跳开工作电源断路器，母线再次失压，备自投重新开始计时。

40. 备自投采用手分接点放电与合后位置放电各有何优缺点？推荐哪种？

答：当备自投装置采用合后位置判断时，保证合后位置接入正确即可。当备自投装置采用独立手分（遥分）信号开入闭锁时，该闭锁量接入备自投装置专用的手分闭锁输入或接入总闭锁。备自投优先采用手分接点放电的模式。

41. 内桥接线110kV智能变电站110kV备自投如何实现手分放电？

答：备自投闭锁开入设置“总闭锁”，“总闭锁”可作为手分开关闭锁备自投的接入点。

42. 内桥接线110kV变电站110kV备自投主变压器保护闭锁备自投应采用何种策略？

答：1号主变压器跳两侧（差动保护、非电量保护、后备保护的跳两侧的时限）的保护动作后应闭锁110kV备自投方式Ⅱ、Ⅲ、Ⅳ。2号主变压器跳两侧（差动保护、非电量保护、后备保护的跳两侧的时限）的保护动作后应闭锁110kV备自投方式Ⅰ、Ⅲ、Ⅳ。

43. 内桥接线110kV智能变电站110kV备自投主变非电量保护闭锁备自投有几种模式？各有何优缺点？推荐哪种？

答：有3种模式：

（1）利用非电量保护备用跳闸出口，经出口硬压板后作为本体智能终端的一个普通开入，转换为 GOOSE 信号，通过直连光纤接入 110kV 备自投装置。

（2）利用非电量保护备用跳闸出口，经出口硬压板后直接用电缆拉至 110kV 备自投装置，作为硬接点开入备自投装置。

（3）利用非电量保护备用跳闸出口，经出口硬压板后直接用电缆拉至对应 110kV 进线智能终端，作为进线智能终端的一个普通开入，转换为 GOOSE 信号，借用进线智能终端与备自投装置之间的直连光纤接入 110kV 备自投装置。有部分厂家的进线智能终端，非电量跳闸接入后会自行生成“非电量跳闸”GOOSE 信号，则可直接用此信号接入备自投装置，不需要单独从非电量保护拉电缆。

推荐第三种。

44. 内桥接线 110kV 变电站 10kV 母分备自投，主变压器保护闭锁备自投应采用何种策略？

答：主变压器保护低后备动作闭锁 10kV 母分备自投。

45. 10kV 母分备自投除全光纤模式外，还有哪些实现模式？

答：①全电缆跳合闸模式；②合母分开关采用电缆，跳主变压器开关采用光纤模式。

46. 内桥接线 110kV 智能变电站 110kV 备自投母分偷跳启动备自投功能有何作用？逻辑上应注意什么？

答：防止因母分偷跳造成所带母线失压。在线备模式下，如检测到母分开关分位，同时备用进线侧母线失压，备自投启动跳母分开关，合备用进线开关。

47. 备用电源自动投入装置应满足哪几种基本要求？

答：（1）当工作母线上的电压低于预定数值，并且持续时间大于预定时间，备自投方可动作投入备用电源。

（2）备用电源的电压应运行于正常允许范围，或备用设备应处于正常的准备状态下，备自投方可动作投入备用电源。

（3）备用电源必须尽快投入，即要求装置动作时间尽量缩短。

（4）备用电源必须在断开工作电源断路器之后才能投入，否则有可能将备用电源投入到故障网络而引起故障的扩大。

（5）备用电源断路器上需装设相应的继电保护装置，并应与上、下相邻的断路器保护相配合。

（6）备自投动作投于永久性故障设备上，应加速跳闸并只动作一次。以防备用电源多次投入到故障元件上，扩大事故，对系统造成再次冲击。

（7）当电压互感器二次侧断线时，应闭锁备自投装置不使它动作。

（8）正常操作使工作母线停电时，应闭锁备自投装置不使它动作。

（9）备用电源容量不足时，在投入备用电源前应先切除预先规定的负荷容量，使备用电源不至于过负荷。如果母线有较大容量的并联电容时，在工作电源的断路器断开的同时也应连同断开所对应的电力电容器。

（10）根据需要，备自投装置可以做成双方向互为备用方式。

48. 简述故障解列装置的作用。

答：（1）提高主网线路的重合闸成功率，在主网线路发生故障跳闸之后、重合闸之前，由故障解列装置切除地区电源联网线断路器，避免线路两侧电压因为不同期而造成重合闸失败。增加故障解列装置可以提高主网线路重合闸的成功率。

（2）提高备自投动作成功率。在主网线路发生故障跳闸后，由于存在小电源并网，失电变电站母线电压不会立即失去，备自投不满足无压条件故一般不会启动，导致备自投动作失败，不能可靠恢复变电站供电。若此时由故障解列装置动作切除小电源并网线路，母线失压，使备自投可靠动作，从而提高恢复供电的效率。

49. 故障解列装置接入母线三相电压及开口三角电压，其中接入母线 TV 开口三角电压的用途是什么？

答：（1）为了实现零序电压解列。

（2）用于 TV 单相或两相断线快速判别。

（3）为防止 TV 二次回路断线引起故障解列装置误动作，当外接 $3U_0$ 与装置自产 $3U_0$ 不对应变化时，瞬间闭锁低电压保护。

50. 故障解列装置的低电压解列的技术原则有哪些？

答：（1）设两段相间低电压解列保护，三个线电压中任意一个小于低电压定值允许跳闸出口；

（2）TV 断线瞬时闭锁低电压解列保护，延时 10s 报装置运行异常告警信号。

51. 简述故障解列装置的零序过压解列的技术原则。

答：零序过压解列设两段零序过压解列保护，外接 $3U_0$ 和自产 $3U_0$ 同时大于整定值允许出口跳闸。TV 断线固定闭锁零序过压解列。

52. 故障解列装置如何判别 TV 断线？

答：采用与 TV 二次自动空气开关辅助接点（自动空气开关闭合时，辅助触点闭合），作为三相 TV 断线的辅助判据。

（1）TV 三相断线判别：装置没有接入进线电流，为了区分母线失压和 TV 三相断线，要求接入 TV 空气开关合位辅助触点。当检测此开入为 0 时，判断为 TV 三相断线，闭锁低压解列；当检测此开入为 1 时，母线电压低于低压解列定值，低压解列保护动作。装置需接入保护屏（柜）内的 TV 二次空气开关辅助触点，此空气开关通常采用三相联动开关。

（2）TV 单相或两相断线判别：装置接入 TV 开口三角电压，同时通过三相电压计算自产 $3U_0$，当自产 $3U_0$ 和外接 $3U_0$ 变化不对应时，判断 TV 断线，同时闭锁低电压解列保护。

53. 故障解列装置有哪些启动元件?

答：低频解列启动元件、过频解列启动元件、低压解列启动元件、母线过压解列启动元件、零序过压解列启动元件、逆功率解列启动元件。

54. 为什么要求低频减载保护闭锁重合闸功能?

答：低频减载保护用于切除负荷来避免系统频率崩溃，切除的负荷不应被重合闸重新投入，因此需要闭锁重合闸功能。

55. 为什么要求低压减载保护闭锁重合闸功能?

答：低压减载保护用于切除负荷来避免系统电压崩溃，切除的负荷不应被重合闸重新投入，因此需要闭锁重合闸功能。

56. 为什么低频减载经低电压和频率滑差等条件闭锁?

答：低电压闭锁可以防止系统短路故障或电压互感器断线及电压回路接触不良等电压异常情况下的误动作；频率滑差闭锁可以避免负荷反馈引起的误动作。

57. 为什么低压减载经电压变化率等条件闭锁?

答：电力系统发生无功功率突然缺额时电压下降速率较慢。当发生短路故障时，电压下降速率较快。通过电压变化率可区分电压降低的原因，避免低压减载误动作。

58. 低频减载装置设置短延时的基本轮和长延时的特殊轮的作用是什么?

答：低频减负荷装置应设置短延时的基本轮和长延时的特殊轮，基本轮用于快速抑制频率的下降，特殊轮用于防止系统频率长时间悬浮于某一较低值（如 49.2Hz 以下），使频率恢复到长期允许范围（49.5Hz 以上）。

59. 主变压器过载联切装置的作用是什么?

答：在 N–1 的情况下要防止主变压器过载，每台主变压器的运行负载必须限制在主变压器最大允许负载的一半以下。为充分挖掘主变压器的负载能力，同时要防止 N–1 的情况下主变压器过载，需要装设主变压器过负载联切装置。正常运行时，两台主变压器都可以运行至最大允许负载，当一台主变压器故障跳闸后，过载联切装置切除部分负载，使另外一台继续运行的主变压器负载在最大允许范围内，是提高主变压器供电能力的一种重要手段。

60. 主变压器过载联切负荷装置的基本工作原理是什么?

答：（1）装置针对 2 台主变压器分别设计了 2 套独立的启动元件，每台主变压器的启动元件均有功率突变量和过电流启动两种方式，同时满足条件装置启动；

（2）装置启动后判断运行主变压器过载（大于设定的过负荷功率定值），另一台主变压器的功率低于低功率定值，经整定延时按设定的轮次依次切除负荷开关并闭锁重合闸。

第三节 模型及信息规范

1. 备自投装置面板显示灯的类型和含义分别是什么?

答：备自投装置面板显示灯的类型和含义如表 6-3 所示。

表 6-3 备自投装置面板显示灯的类型和含义

序号	面板显示灯	颜色	状态	含义
1	运行	绿	非自保持	亮：装置运行 灭：装置故障导致失去所有保护
2	异常	红	非自保持	亮：任意告警信号动作 灭：运行正常
3	检修	红	非自保持	亮：检修状态 灭：非检修状态
4	跳闸	红	自保持	亮：保护及备自投跳闸 灭：保护及备自投没有跳闸
5	合闸	红	自保持	亮：备自投合闸 灭：备自投没有合闸
6	充电完成	绿	非自保持	亮：备自投充电完成 灭：备自投充电未完成

2. 故障解列装置面板显示灯的类型和含义分别是什么?

答：故障解列装置面板显示灯如表 6-4 所示。

表 6-4 故障解列装置面板显示灯的类型和含义

序号	面板显示灯	颜色	状态	含义
1	运行	绿	非自保持	亮：装置运行 灭：装置故障导致失去所有保护
2	异常	红	非自保持	亮：任意告警信号动作 灭：运行正常
3	检修	红	非自保持	亮：检修状态 灭：非检修状态
4	跳闸	红	自保持	亮：故障解列动作 灭：故障解列没有跳闸

3. 集中式低频低压减载装置的面板显示灯的类型和含义分别是什么?

答：集中式低频低压减载装置面板显示灯如表 6-5 所示。

表 6-5 集中式低频低压减载装置面板显示灯的类型和含义

序号	面板显示灯	颜色	状态	含义
1	运行	绿	非自保持	亮：装置运行 灭：装置故障导致装置失去所有功能

续表

序号	面板显示灯	颜色	状态	含义
2	异常	红	非自保持	亮：任意告警信号动作 灭：运行正常
3	检修	红	非自保持	亮：装置处于检修状态 灭：装置处于非检修状态
4	策略闭锁	红	非自保持	亮：策略功能被闭锁 灭：策略功能正常
5	动作	红	自保持	亮：装置策略动作 灭：装置无相关策略动作

4. 备自投装置对保护动作信息报告的要求有哪些?

答：为了使运行人员尽快了解事故状况，以便及时、有效地处理事故，保护动作信息报告应为中文简述，包含以下内容：

（1）装置型号、版本；

（2）××××年××月××日××时：××分：××秒.×××毫秒；

（3）××装置动作。

5. 供继电保护专业人员分析事故的保护动作行为报告的要求有哪些?

答：供继电保护专业人员分析事故的保护动作行为报告的内容应包括：

（1）保护启动及动作过程中各相关元件动作行为、动作时序和开关量输入、开关量输出的变位情况的记录等。

（2）装置在故障过程中的交流相电压、相电流录波记录。

（3）定值清单。

6. 故障解列装置对保护动作信息报告的要求有哪些?

答：为了使运行人员尽快了解事故状况以便及时、有效地处理事故，保护动作信息报告应为中文简述，包含以下内容：

（1）装置型号、版本。

（2）××××年××月××日××时：××分：××秒.×××毫秒。

（3）××××保护启动。

（4）××××保护动作。

7. 供继电保护专业人员分析事故的保护动作行为报告的要求有哪些?

答：供继电保护专业人员分析事故的保护动作行为报告的内容应包括：

（1）保护启动及动作过程中各相关元件动作行为、动作时序和开关量输入、开关量输出的变位情况的记录等；

（2）保护在故障过程中的交流相电压幅值、相位录波记录；

（3）定值清单。

8. 备自投及故障解列装置的一级菜单包括哪些信息?

答: 备自投及故障解列装置的一级菜单包括信息查看、运行操作、定值整定、调试菜单、打印（可选）、装置设定。

9. 备自投及故障解列装置的二级菜单包括哪些信息?

答: 备自投及故障解列装置的二级菜单包括：保护状态、查看定值、压板状态、版本信息、装置设置、压板投退、切换定值区、设备参数定值、保护定值、分区复制、开出传动、通信对点、厂家调试（可选）、保护定值、软压板、保护状态、报告、装置设定、修改时钟、对时方式、通信参数、液晶设置（可选）、其他设置。

10. 常规备自投装置 dsAlarm 数据集包含信息及其含义分别是什么?

答: dsAlarm 数据集包含的信息有 CPU 插件异常、模拟量采集错、开出异常。

CPU 插件异常表示 CPU 插件出现异常，主要包括程序、定值、数据存储器出错等。模拟量采集错表示模拟量采集系统出错。开出异常表示开出回路发生异常。

11. 常规备自投装置动作信息 dsTripInfo 数据集包含的信息有哪些?

答: 常规备自投装置的动作信息有备自投启动、跳电源 1 断路器、合电源 1 高断路器、合电源 1 断路器、跳电源 2 断路器、合电源 2 高断路器、合电源 2 断路器、跳分段断路器、合分段断路器、跳内桥 1 断路器、合内桥 1 断路器、跳内桥 2 断路器、合内桥 2 断路器、过流加速动作、零流加速动作、第一轮过负荷减载、第二轮过负荷减载、联切 I 母、联切 II 母、联切 1、联切 2、联切 3 和备自投动作。

12. 常规故障解列装置 dsTripInfo 数据集包含的信息有哪些?

答: 常规故障解列装置 dsTripInfo 数据集包含的信息有保护启动、低频解列 I 段动作、低频解列 II 段动作、低压解列 I 段动作、低压解列 II 段动作、零序过压解列 I 段动作、零序过压解列 II 段动作、母线过压解列 I 段动作、母线过压解列 II 段动作、过频解列 I 段动作、过频解列 II 段动作。

13. 常规故障解列装置 dsWarning 数据集包含的信息有哪些?

答: 常规故障解列装置 dsWarning 数据集包含的信息有 TV 断线、开入异常和对时异常。

14. 常规低频低压减载装置 dsTripInfo 数据集包含的信息有哪些?

答: 常规低频低压减载装置 dsTripInfo 数据集包含的信息有低频启动、低频第 1～6 轮动作、低频特殊第 1～3 轮动、低频加速切 2 轮动作、低频加速切 2、3 轮动作、低压启动、低压第 1～6 轮动作、低压特殊第 1～3 轮动、低压加速切 2 轮动作、低压加速切 2、3 轮动作、装置策略动作、装置动作。

15. 常规低频低压减载装置 dsWarning 数据集包含的信息有哪些?

答: 常规低频低压减载装置 dsWarning 数据集包含的信息有 TV 断线、频率越限、df/dt 闭锁、dU/dt 闭锁和对时异常。

16. 备用电源自投逻辑节点(RBZT)如何建模?

答: 备用电源自投逻辑节点(RBZT)建模如表 6-6 所示,其中统一扩充的数据用 E 表示,为可选项,ESG 为国网标准化中定义的定值,EO 为各厂家统一规范的自定义定值。

表 6-6　备用电源自投逻辑节点(RBZT)建模

属性名	属性类型	全　称	M/O	中文语义
公用逻辑节点信息				
Mod	INC	Mode	M	模式
Beh	INS	Behaviour	M	行为
Health	INS	Health	M	健康状态
NamPlt	LPL	Name	M	逻辑节点铭牌
状态信息				
Str	ACD	Start	M	启动
Op	ACT	Operate	M	动作
Alm	ACT	Alarm	EO	备自投告警
Bus1Cls	ACT	Bus link Close	EO	分段合闸
Bus1Trp	ACT	Bus link Trip	EO	分段跳闸
Pwr1HCls	ACT	Power 1 High Sise Close	EO	电源 1 高压侧合闸
Pwr1LCls	ACT	Power 1 Low Sise Close	EO	电源 1 低压侧合闸
Pwr1HTrp	ACT	Power 1 High Sise Trip	EO	电源 1 高压侧跳闸
Pwr1LTrp	ACT	Power 1 Low Sise Trip	EO	电源 1 低压侧跳闸
Pwr1OTrp	ACT	Power 1 Other Trip	EO	电源 1 联跳
Pwr2HCls	ACT	Power 2 High Sise Close	EO	电源 2 高压侧合闸
Pwr2LCls	ACT	Power 2 Low Sise Close	EO	电源 2 低压侧合闸
Pwr2HTrp	ACT	Power 2 High Sise Trip	EO	电源 2 高压侧跳闸
Pwr2OTrp	ACT	Power 2 Other Trip	EO	电源 2 联跳
定值信息				
StrVal	ASG	Start Value	O	启动值
DeaBusVal	ASG	Dead Bus Value	EO	母线无压定值
LivBusVal	ASG	Live Bus Value	EO	母线有压定值
LivLinVal	ASG	Live Line Value	EO	线路有压定值
DeaLinAVal	ASG	Dead Line Current Value	EO	线路无流定值

续表

属性名	属性类型	全　　称	M/O	中文语义
ChTmms	ING	Charge Time	EO	备自投充电时间
DschTmms	ING	Discharge Time	EO	备自投放电时间
Trp1Tmms	ING	Line Trip Time	EO	跳闸时间 1
Trp2Tmms	ING	Line Trip Time	EO	跳闸时间 2
Trp3Tmms	ING	Line Trip Time	EO	跳闸时间 3
Trp4Tmms	ING	Line Trip Time	EO	跳闸时间 4
Cls1Tmms	ING	Line Close Time	EO	合闸时间 1
Cls2Tmms	ING	Line Close Time	EO	合闸时间 2
Cls3Tmms	ING	Line Close Time	EO	合闸时间 3
MOpBlkEna	SPG	Manual Operation Block Enable	EO	手跳操作闭锁备自投
Lin1Vena	SPG	Line 1 voltage Check Enable	EO	线路电压 1 检查
Lin2Vena	SPG	Line 2 voltage Check Enable	EO	线路电压 2 检查
AutoMod	SPG	Automatic Work mode	EO	备自投模式
Bus1ReTrp	SPG	Retrip Bus I	EO	联跳 I 母
Bus2ReTrp	SPG	Retrip Bus II	EO	联跳 II 母
Spd1Ena	SPG	Speed Automatic Ena	EO	加速自投 1
Spd2Ena	SPG	Speed Automatic Ena	EO	加速自投 2

第四节　装置及回路设计

1. 简述内桥接线 110kV 智能变电站 110kV 备自投装置整组回路。

答： 110kV 备自投单套配置，经直采光纤从 110kV 第一套进线合智装置引入母线电压与进线电流；经直跳光纤从 110kV 三个开关的第一套合智装置接收开关位置等相关信号并实现跳合闸功能；经直连光纤从各相关装置引入闭锁信号。110kV 备自投整组回路信息流如图 6-10 所示。

2. 简述内桥接线 110kV 智能变电站 110kV 备自投装置相关合智装置 SV 信息流。

答： 110kV 备自投经点对点直采光纤至 110kV 进线 1 第一套合智装置，接收 110kV Ⅰ段母线电压与进线 1 电流；经点对点直采光纤至 110kV 进线 2 第一套合智装置，接收 110kVⅡ段母线电压与进线 2 电流；进线合智装置母线电压由 110kV 第一套母线合并单元级联获得。110kV 备自投与相关第一套合智装置 SV 信息流如表 6-7 所示。

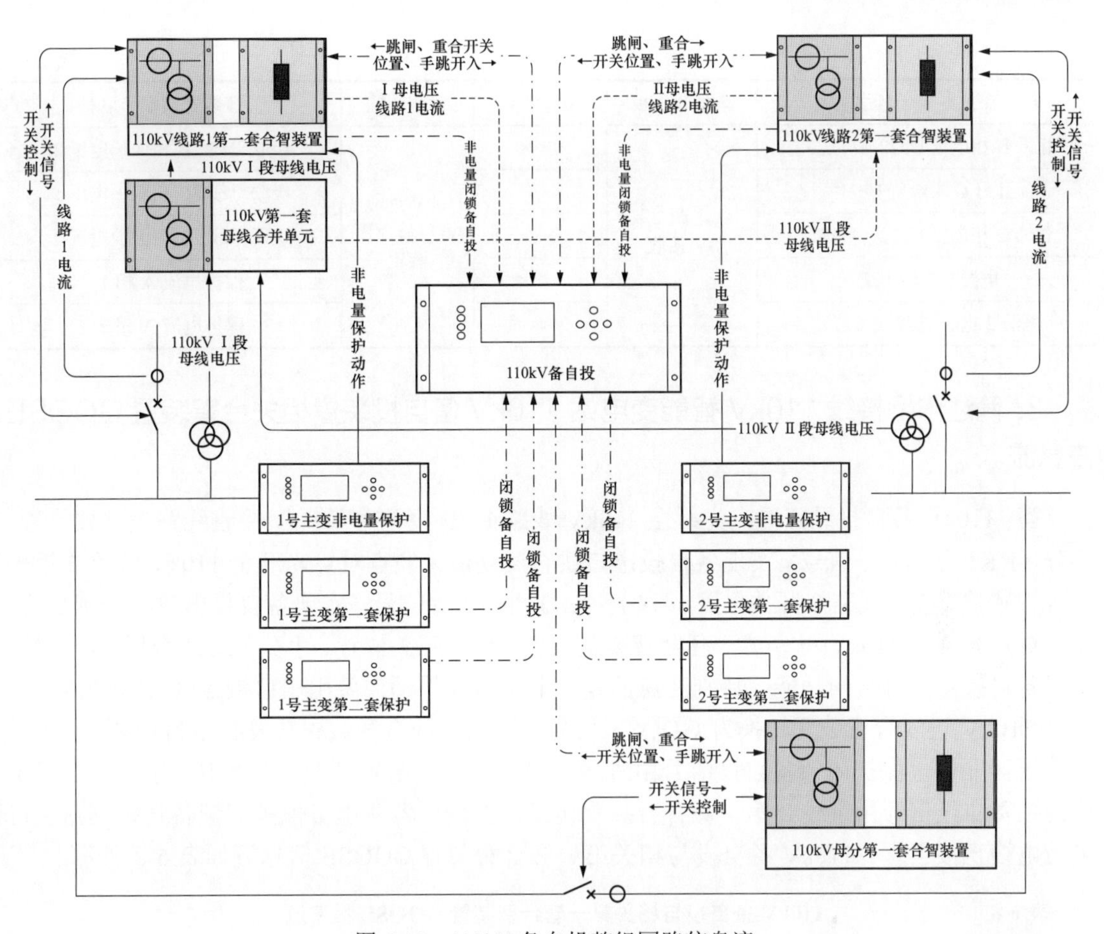

图 6-10 110kV 备自投整组回路信息流

表 6-7　　110kV 备自投与相关第一套合智装置 SV 信息流

保护虚端子名称	典型软压板	信息流向	对侧装置	合智装置虚端子名称
电源 1 MU1 额定延时	电源 1 SV 接收	<<<<	110kV 进线 1 第一套合智装置	额定延迟时间
Ⅰ母 A 相电压 Ua11		<<<<		级联母线 1A 相保护电压 1
Ⅰ母 A 相电压 Ua12（可选）		<<<<		级联母线 1A 相保护电压 2
Ⅰ母 B 相电压 Ub11		<<<<		级联母线 1B 相保护电压 1
Ⅰ母 B 相电压 Ub12（可选）		<<<<		级联母线 1B 相保护电压 2
Ⅰ母 C 相电压 Uc11		<<<<		级联母线 1C 相保护电压 1
Ⅰ母 C 相电压 Uc12（可选）		<<<<		级联母线 1C 相保护电压 2
电源 1 电流 IL11		<<<<		保护电流 A 相 1
电源 1 电流 IL12（可选）		<<<<		保护电流 A 相 2
电源 2MU 额定延时	电源 2 SV 接收	<<<<	110kV 进线 2 第一套合智装置	额定延迟时间
Ⅱ母 A 相电压 Ua21		<<<<		级联母线 2A 相保护电压 1
Ⅱ母 A 相电压 Ua22（可选）		<<<<		级联母线 2A 相保护电压 2
Ⅱ母 B 相电压 Ub21		<<<<		级联母线 2B 相保护电压 1

续表

保护虚端子名称	典型软压板	信息流向	对侧装置	合智装置虚端子名称
Ⅱ母 B 相电压 Ub22（可选）	电源 2 SV 接收	<<<<	110kV 进线 2 第一套合智装置	级联母线 2B 相保护电压 2
Ⅱ母 C 相电压 Uc21		<<<<		级联母线 2C 相保护电压 1
Ⅱ母 C 相电压 Uc22（可选）		<<<<		级联母线 2C 相保护电压 2
电源 2 电流 IL21		<<<<		保护电流 A 相 1
电源 2 电流 IL22（可选）		<<<<		保护电流 A 相 2

3. 简述内桥接线 110kV 智能变电站 110kV 备自投装置相关合智装置 GOOSE 信息流。

答：110kV 备自投经点对点光纤至 110kV 线路 1 第一套合智装置，接收线路 1 开关位置、手分（KKJ 合后）等信号，实现备自投出口跳合闸功能；经点对点光纤至 110kV 线路 2 第一套合智装置，接收线路 2 开关位置、手分（KKJ 合后）等信号，实现备自投出口跳合闸功能；经点对点光纤至 110kV 母分第一套合智装置，接收母分开关位置、手分（KKJ 合后）等信号，实现备自投出口跳合闸功能，特别注意的是，非电量保护动作备用出口接点（经过硬压板）通过 110kV 进线合智装置转换为 GOOSE 信号后，由进线合智装置转发到备自投装置；1 号主变压器非电量保护闭锁备自投信号由进线 1 第一套合智装置转发，2 号主变压器非电量保护闭锁备自投信号由进线 2 第一套合智装置转发。主变压器非电量保护闭锁备自投回路也可采用电缆直接引入。110kV 备自投与相关第一套合智装置 GOOSE 信息流如表 6-8 所示。

表 6-8　　110kV 备自投与相关第一套合智装置 GOOSE 信息流

保护虚端子名称	典型软压板	信息流向	对侧装置	合智装置虚端子名称
电源 1 跳位（双点）	—	<<<<	110kV 进线 1 第一套合智装置	断路器总位置
电源 1 合后位置（可选）	—	<<<<		KKJ 合后
备自投总闭锁 1	—	<<<<		手跳开入
跳电源 1 断路器	跳电源 1 断路器	>>>>		保护永跳
合电源 1 断路器	合电源 1 断路器	>>>>		保护重合闸 1
1 号主变保护动作 3	—	<<<<		1 号主变非电量保护动作
电源 2 跳位（双点）	—	<<<<	110kV 进线 2 第一套合智装置	断路器总位置
电源 2 合后位置（可选）	—	<<<<		KKJ 合后
备自投总闭锁 2	—	<<<<		手跳开入
跳电源 2 断路器	跳电源 2 断路器	>>>>		保护永跳
合电源 2 断路器	合电源 2 断路器	>>>>		保护重合闸 1
2 号主变保护动作 3	—	<<<<		1 号主变非电量保护动作
分段跳位（双点）	—	<<<<	110kV 母分第一套合智装置	断路器总位置
分段合后位置（可选）	—	<<<<		KKJ 合后
备自投总闭锁 3	—	<<<<		手跳开入

续表

保护虚端子名称	典型软压板	信息流向	对侧装置	合智装置虚端子名称
跳分段断路器	跳分段断路器	>>>>	110kV 母分第一套合智装置	保护永跳
合分段断路器	合分段断路器	>>>>		保护重合闸 1

4. 简述内桥接线 110kV 智能变电站 110kV 备自投装置和其他保护装置 GOOSE 信息流。

答：110kV 备自投经点对点光纤至 1 号主变压器第一套保护、第二套保护，2 号主变压器第一套保护、第二套保护，实现主变压器电气量保护动作闭锁备自投。110kV 备自投与其他保护装置 GOOSE 信息流如表 6-9 所示。

表 6-9　　110kV 备自投与其他保护装置 GOOSE 信息流

保护虚端子名称	典型软压板	信息流向	对侧装置	保护装置虚端子名称
1 号主变保护动作 1	—	<<<<	1 号主变第一套保护	闭锁高压侧备自投
1 号主变保护动作 2	—	<<<<	1 号主变第二套保护	闭锁高压侧备自投
2 号主变保护动作 1	—	<<<<	2 号主变第一套保护	闭锁高压侧备自投
2 号主变保护动作 2	—	<<<<	2 号主变第二套保护	闭锁高压侧备自投

5. 简述内桥接线 110kV 智能变电站 10kV 母分备自投整组回路。

答：10kV 母分备自投采用全光纤模式下，备自投装置通过主变 10kV 第一套合智装置实现电流与电压 SV 采样，GOOSE 跳合闸信号发送至主变压器 10kV 第一套合智装置及 10kV 母分保护测控集成多合一装置，从而实现对断路器的控制，以及备投功能。主变压器保护输出 GOOSE 报文至备自投，当低后备保护动作后闭锁 10kV 母分备自投。10kV 备自投整组回路信息流如图 6-11 所示。

6. 简述内桥接线 110kV 智能变电站 10kV 母分备自投与相关合智装置 SV 信息流。

答：10kV 母分备自投经点对点直采光纤至 1 号主变压器 10kV 合智装置，实现 10kV 侧Ⅰ段母线电压和 1 号主变压器 10kV 侧电流采样；经点对点直采光纤至 2 号主变压器 10kV 合智装置，实现 10kV 侧Ⅱ段母线电压和 2 号主变压器 10kV 侧电流采样。10kV 母分备自投与相关第一套合智装置 SV 信息流如表 6-10 所示。

表 6-10　　10kV 母分备自投与相关第一套合智装置 SV 信息流

保护虚端子名称	典型软压板	信息流向	对侧装置	合智装置虚端子名称
电源 1MU1 额定延时	电源 1SV 接收	<<<<	1 号主变 10kV 第一套合智装置	额定延迟时间
电源 1 电流 I_{L11}		<<<<		保护电流 A 相 1
电源 1 电流 I_{L12}（可选）		<<<<		保护电流 A 相 2
Ⅰ母 A 相电压 U_{a11}		<<<<		母线 1A 相保护电压 1
Ⅰ母 A 相电压 U_{a12}（可选）		<<<<		母线 1A 相保护电压 2

续表

保护虚端子名称	典型软压板	信息流向	对侧装置	合智装置虚端子名称
Ⅰ母 B 相电压 U_{b11}	电源 1SV 接收	<<<<	1 号主变 10kV 第一套合智装置	母线 1B 相保护电压 1
Ⅰ母 B 相电压 U_{b12}（可选）		<<<<		母线 1B 相保护电压 2
Ⅰ母 C 相电压 U_{c11}		<<<<		母线 1C 相保护电压 1
Ⅰ母 C 相电压 U_{c12}（可选）		<<<<		母线 1C 相保护电压 2
电源 2MU 额定延时	电源 2SV 接收	<<<<	2 号主变 10kV 第一套合智装置	额定延迟时间
电源 2 电流 I_{L21}		<<<<		保护电流 A 相 1
电源 2 电流 I_{L22}（可选）		<<<<		保护电流 A 相 2
Ⅱ母 A 相电压 U_{a21}		<<<<		母线 2A 相保护电压 1
Ⅱ母 A 相电压 U_{a22}（可选）		<<<<		母线 2A 相保护电压 2
Ⅱ母 B 相电压 U_{b21}		<<<<		母线 2B 相保护电压 1
Ⅱ母 B 相电压 U_{b22}（可选）		<<<<		母线 2B 相保护电压 2
Ⅱ母 C 相电压 U_{c21}		<<<<		母线 2C 相保护电压 1
Ⅱ母 C 相电压 U_{c22}（可选）		<<<<		母线 2C 相保护电压 2

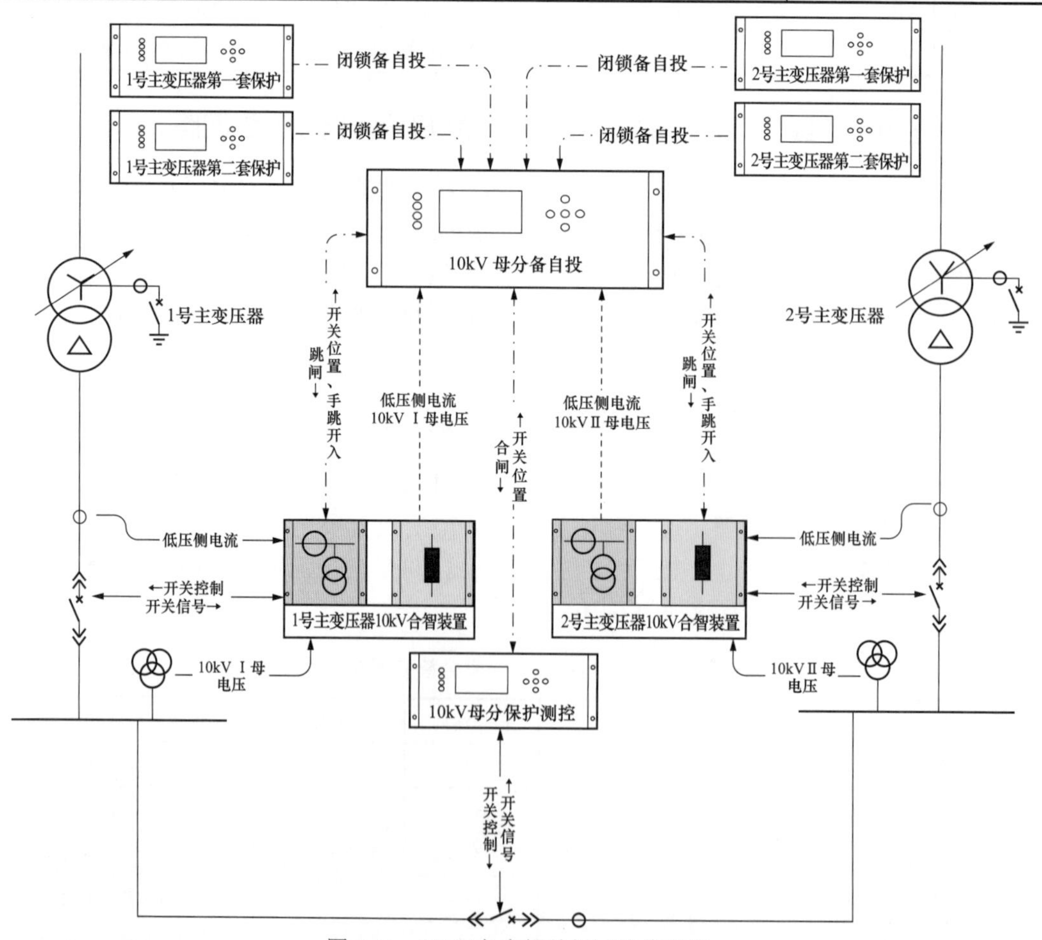

图 6-11　10kV 备自投整组回路信息流

7. 简述内桥接线110kV智能变电站10kV母分备自投与相关合智装置GOOSE信息流。

答：10kV母分备自投与相关第一套合智装置GOOSE信息流如表6-11所示。

表6-11　　10kV母分备自投与相关第一套合智装置GOOSE信息流

保护虚端子名称	典型软压板	信息流向	对侧装置	合智装置虚端子名称
电源1跳位（双点）	—	<<<<	1号主变压器10kV第一套合智装置	断路器总位置
电源1合后位置（可选）	—	<<<<		KKJ合后
备自投总闭锁1	—	<<<<		手跳开入
跳电源1断路器	跳电源1断路器	>>>>		保护永跳
电源2跳位（双点）	—	<<<<	2号主变压器10kV第一套合智装置	断路器总位置
电源2合后位置（可选）	—	<<<<		KKJ合后
备自投总闭锁1	—	<<<<		手跳开入
跳电源2断路器	跳电源2断路器	>>>>		保护永跳
分段跳位（双点）	—	<<<<	10kV母分多合一装置	断路器总位置
分段合后位置（可选）	—	<<<<		KKJ合后
合分段断路器	合分段断路器	>>>>		合闸开入1

8. 内桥接线110kV智能变电站10kV母分备自投与其他保护装置GOOSE信息流?

答：10kV母分备自投与主变压器保护装置GOOSE信息流如表6-12所示。

表6-12　　10kV母分备自投与主变压器保护装置GOOSE信息流

保护虚端子名称	典型软压板	信息流向	对侧装置	保护装置虚端子名称
1号主变压器保护动作1	—	<<<<	1号主变压器第一套保护	闭锁低压1分支备自投
1号主变压器保护动作2	—	<<<<	1号主变压器第二套保护	闭锁低压1分支备自投
2号主变压器保护动作1	—	<<<<	2号主变压器第一套保护	闭锁低压1分支备自投
2号主变压器保护动作2	—	<<<<	2号主变压器第二套保护	闭锁低压1分支备自投

9. 进线、变压器、分段（内桥）备自投常规装置模拟量输入有哪些?

答：常规备自投装置模拟量输入如下：

（1）电源1电流I_{L1}；

（2）电源2电流I_{L2}；

（3）分段（内桥）断路器电流I_a、I_b、I_c；

（4）Ⅰ段母线电压U_{a1}、U_{b1}、U_{c1}；

（5）Ⅱ段母线电压U_{a2}、U_{b2}、U_{c2}；

（6）电源1电压U_{L1}；

（7）电源2电压U_{L2}；

（8）电源 1 高电流 I_{H1}（可选）（1 号变压器高压侧电流）；

（9）电源 2 高电流 I_{H2}（可选）（2 号变压器高压侧电流）。

注：描述中电源 1 代表进线 1 或 1 号变压器，电源 2 代表进线 2 或 2 号变压器，电源 1 高代表 1 号变压器高压侧，电源 2 高代表 2 号变压器高压侧。

10. 进线、变压器、分段（内桥）备自投常规装置中电源 1、2 高压侧电流作为可选，主要用于什么情况下？

答：电源 1、2 高压侧电流考虑用于三绕组变压器中、低压侧备自投装置的过负荷减载功能。对于双绕组变压器，过负荷减载的电流直接使用电源 1、2 电流。

11. 进线、变压器、分段（内桥）备自投智能化装置 SV 输入有哪些？

答：智能化备自投装置 SV 输入如下：

（1）电源 1 电流 I_{L11}、I_{L12}（可选）；

（2）电源 2 电流 I_{L21}、I_{L22}（可选）；

（3）分段（内桥）电流 I_{a1}、I_{b1}、I_{c1}、I_{a2}（可选）、I_{b2}（可选）、I_{c2}（可选）；

（4）Ⅰ段母线电压 U_{a11}、U_{b11}、U_{c11}、U_{a12}（可选）、U_{b12}（可选）、U_{c12}（可选）；

（5）Ⅱ段母线电压 U_{a21}、U_{b21}、U_{c21}、U_{a22}（可选）、U_{b22}（可选）、U_{c22}（可选）；

（6）电源 1 电压 U_{L11}、U_{L12}（可选）；

（7）电源 2 电压 U_{L21}、U_{L22}（可选）；

（8）电源 1 高电流 I_{H11}（可选）、I_{H12}（可选）（1 号变压器高压侧电流）；

（9）电源 2 高电流 I_{H21}（可选）、I_{H22}（可选）（2 号变压器高压侧电流）。

12. 为什么进线、变压器、分段（内桥）备自投智能化装置 SV 双重化输入是可选而不是必需的？

答：备自投动作逻辑是双判据，即无压无流（或者跳位无流）是备自投动作的必要条件，防误动的性能好，所以 SV 双重化输入是可选而不是必需的。

13. 进线、变压器、分段（内桥）备自投常规装置开关量输入有哪些？

答：常规备自投装置开关量输入如下：

（1）分段跳位；

（2）分段合后位置（可选）；

（3）电源 1 跳位；

（4）电源 1 合后位置（可选）；

（5）电源 2 跳位；

（6）电源 2 合后位置（可选）；

（7）备自投总闭锁；

（8）1 号变保护动作（内桥接线时 1 号变保护动作接此开入）；

（9）2 号变保护动作（内桥接线时 2 号变保护动作接此开入）；

（10）远方操作硬压板；
（11）检修状态硬压板；
（12）信号复归。

14．1号变压器保护动作、2号变压器保护动作开入，此开入是针对什么主接线设计的？

答：1号变压器保护动作、2号变压器保护动作开入是专门针对内桥主接线设计，主要用来区分哪台变压器保护动作（包括差动保护、非电量保护、高后备保护等）。安装于变压器中、低压侧的备自投装置，此开入不接线，变压器后备保护动作接点接到备自投总闭锁开入。

15．备自投总闭锁开入应用于哪些场合？

答：接入母差保护动作接点；对于变压器低压侧的备自投，接入本侧的变压器后备保护动作接点；接入接地变压器的零序保护动作接点等。

16．进线、变压器、分段（内桥）备自投智能化装置常规开关量输入有哪些？

答：智能化备自投装置常规开关量输入如下：
（1）备自投总闭锁；
（2）远方操作硬压板；
（3）检修状态硬压板；
（4）信号复归。

17．进线、变压器、分段（内桥）备自投智能化装置 GOOSE 输入有哪些？

答：智能化备自投装置 GOOSE 输入如下：
（1）分段位置；
（2）分段合后位置（可选）；
（3）电源1位置；
（4）电源1合后位置（可选）；
（5）电源2位置；
（6）电源2合后位置（可选）；
（7）备自投总闭锁（8个）；
（8）1号变保护动作（8个）（内桥接线时1号变压器保护动作接此开入）；
（9）2号变保护动作（8个）（内桥接线时2号变压器保护动作接此开入）。

18．进线、变压器、分段（内桥）备自投常规装置开关量输出有哪些？

答：常规备自投开关量输出如下：
（1）跳分段（内桥）断路器（1组）；
（2）合分段（内桥）断路器（1组）；
（3）跳电源1断路器（1组）；
（4）合电源1断路器（1组）；

（5）跳电源 2 断路器（1 组）；
（6）合电源 2 断路器（1 组）；
（7）跳电源 1 高断路器（1 组）（跳 1 号变压器高压侧断路器）；
（8）合电源 1 高断路器（1 组）（合 1 号变压器高压侧断路器）；
（9）跳电源 2 高断路器（1 组）（跳 2 号变压器高压侧断路器）；
（10）合电源 2 高断路器（1 组）（合 2 号变压器高压侧断路器）；
（11）跳闸出口（4 组）。

19. 进线、变压器、分段（内桥）备自投常规装置开关量输出中哪些开出可作为闭锁相应的线路重合闸使用？

答： 对于需要备自投跳线路断路器时闭锁线路重合闸的场合，跳电源 1 高断路器、跳电源 2 高断路器输出可作为闭锁相应的线路重合闸使用。

20. 进线、变压器、分段（内桥）备自投智能化装置 GOOSE 输出有哪些？

答： 智能化备自投 GOOSE 输出如下：
（1）跳分段（内桥）断路器（1 组）；
（2）合分段（内桥）断路器（1 组）；
（3）跳电源 1 断路器（1 组）；
（4）合电源 1 断路器（1 组）；
（5）跳电源 2 断路器（1 组）；
（6）合电源 2 断路器（1 组）；
（7）跳电源 1 高断路器（1 组）；
（8）合电源 1 高断路器（1 组）；
（9）跳电源 2 高断路器（1 组）；
（10）合电源 2 高断路器（1 组）；
（11）跳闸出口（16 组）。

21. 进线、变压器、分段（内桥）备自投常规装置信号触点输出有哪些？

答： 常规备自投装置信号触点输出如下：
（1）备自投动作信号（备自投、加速保护和过负荷信号，1 组不保持）；
（2）运行异常（1 组不保持）；
（3）装置故障告警（1 组不保持）。

22. 扩大桥备自投常规装置模拟量输入有哪些？

答： 常规备自投装置模拟量输入如下：
（1）电源 1 电流 I_{L1}；
（2）电源 2 电流 I_{L2}；
（3）内桥 1 电流 I_{q1}；
（4）内桥 2 电流 I_{q2}；

（5）Ⅰ段母线电压 U_{a1}、U_{b1}、U_{c1}；
（6）Ⅱ段母线电压 U_{a2}、U_{b2}、U_{c2}；
（7）电源 1 电压 U_{L1}；
（8）电源 2 电压 U_{L2}。

23. 扩大桥备自投智能化装置 SV 输入有哪些?

答：智能化备自投装置 SV 输入如下：
（1）电源 1 电流 I_{L11}、I_{L12}（可选）；
（2）电源 2 电流 I_{L21}、I_{L22}（可选）；
（3）内桥 1 电流 I_{q11}、I_{q12}（可选）；
（4）内桥 2 电流 I_{q21}、I_{q22}（可选）；
（5）Ⅰ段母线电压 U_{a11}、U_{b11}、U_{c11}、U_{a12}（可选）、U_{b12}（可选）、U_{c12}（可选）；
（6）Ⅱ段母线电压 U_{a21}、U_{b21}、U_{c21}、U_{a22}（可选）、U_{b22}（可选）、U_{c22}（可选）；
（7）电源 1 电压 U_{L11}、U_{L12}（可选）；
（8）电源 2 电压 U_{L21}、U_{L22}（可选）。

24. 扩大桥备自投常规装置开关量输入有哪些?

答：常规备自投装置开关量输入如下：
（1）内桥 1 跳位；
（2）内桥 1 合后位置（可选）；
（3）内桥 2 跳位；
（4）内桥 2 合后位置（可选）；
（5）电源 1 跳位；
（6）电源 1 合后位置（可选）；
（7）电源 2 跳位；
（8）电源 2 合后位置（可选）；
（9）1 号变压器保护动作；
（10）2 号变压器保护动作；
（11）3 号变压器保护动作；
（12）备自投总闭锁；
（13）远方操作硬压板；
（14）检修状态硬压板；
（15）信号复归。

25. 扩大桥备自投智能化装置常规开关量输入有哪些?

答：智能化备自投装置常规开关量输入如下：
（1）备自投总闭锁；
（2）远方操作硬压板；
（3）检修状态硬压板；

（4）信号复归。

26. 扩大桥备自投智能化装置 GOOSE 输入有哪些?

答：智能化备自投装置 GOOSE 输入如下：
（1）内桥 1 位置；
（2）内桥 1 合后位置（可选）；
（3）内桥 2 位置；
（4）内桥 2 合后位置（可选）；
（5）电源 1 位置；
（6）电源 1 合后位置（可选）；
（7）电源 2 位置；
（8）电源 2 合后位置（可选）；
（9）1 号变压器保护动作（8 个）；
（10）2 号变压器保护动作（8 个）；
（11）3 号变压器保护动作（8 个）；
（12）备自投总闭锁（8 个）。

27. 扩大桥备自投常规装置开关量输出有哪些?

答：常规备自投开关量输出如下：
（1）跳内桥 1 断路器（1 组）；
（2）合内桥 1 断路器（1 组）；
（3）跳内桥 2 断路器（1 组）；
（4）合内桥 2 断路器（1 组）；
（5）跳电源 1 断路器（1 组）；
（6）合电源 1 断路器（1 组）；
（7）跳电源 2 断路器（1 组）；
（8）合电源 2 断路器（1 组）；
（9）跳闸出口（6 组）。

28. 扩大桥备自投智能化装置 GOOSE 输出有哪些?

答：智能化备自投 GOOSE 输出如下：
（1）跳内桥 1 断路器（1 组）；
（2）合内桥 1 断路器（1 组）；
（3）跳内桥 2 断路器（1 组）；
（4）合内桥 2 断路器（1 组）；
（5）跳电源 1 断路器（1 组）；
（6）合电源 1 断路器（1 组）；
（7）跳电源 2 断路器（1 组）；
（8）合电源 2 断路器（1 组）；

（9）跳闸（16组）。

29. 扩大桥备自投常规装置信号触点输出有哪些？

答：常规备自投装置信号触点输出如下：

（1）备自投动作信号（备自投、加速保护和过负荷信号，1组不保持）；

（2）运行异常（1组不保持）；

（3）装置故障告警（1组不保持）。

30. 简述备用电源自动投入装置组屏（柜）原则？

答：组屏（柜）原则如下：

（1）备自投单独组一面屏（柜）；

（2）备自投与分段（内桥）保护同组一面屏（柜）。

31. 简述备用电源自动投入装置组屏（柜）方案？

答：组屏（柜）方案如下：

（1）备自投单独组一面屏（柜）：备自投。

（2）备自投与分段（内桥）保护同组一面屏（柜）：备自投+分段（内桥）保护+分段（内桥）操作箱（插件），也可采用备自投+分段（内桥）保护、操作一体化的保护装置。

32. 简述备用电源自动投入装置保护屏（柜）端子排自上而下依次怎么排列？

答：备自投单独组一面屏（柜）端子排设计，端子排布置在右侧，自上而下依次排列如下，备自投与其他保护组屏时参考执行，如下：

（1）交流电压段（31UD）：按Ⅰ段母线电压 U_{a1}、U_{b1}、U_{c1}，Ⅱ段母线电压 U_{a2}、U_{b2}、U_{c2}，电源1电压 U_{L1}、电源2电压 U_{L2} 排列；

（2）交流电流段（31ID）：按分段（内桥）I_a、I_b、I_c，电源1电流 I_{L1}，电源2电流 I_{L2} 排列；

（3）直流电源段（31ZD）：备自投装置电源取自该段；

（4）强电开入段（31QD）：用于开关量输入；

（5）弱电开入段（31RD）：用于备自投；

（6）出口正段（31CD）：装置出口回路正端；

（7）出口负段（31KD）：装置出口回路负端；

（8）遥信段（31YD）：备自投动作、装置告警等信号；

（9）网络通信段（TD）：网络通信、打印接线和IRIG-B（DC）时码对时；

（10）集中备用段（1BD）。

33. 简述备用电源自动投入装置屏（柜）压板设置情况。

答：屏（柜）压板设置如下：

（1）出口压板：备自投跳分段（内桥）断路器、备自投合分段（内桥）断路器、备自投跳电源1断路器、备自投合电源1断路器、备自投跳电源2断路器、备自投合电源2断路器、

合 1 号主变高压侧断路器（变压器备自投）、跳 1 号变高压侧断路器（变压器备自投）、合 2 号主变高压侧断路器（变压器备自投）、跳 2 号变高压侧断路器（变压器备自投）、联跳Ⅰ母地区电源并网线、联跳Ⅱ母地区电源并网线、第一轮过负荷联切、第二轮过负荷联切；

（2）功能压板：备自投总闭锁、远方操作、检修状态；

（3）备用压板。

34. 简述备自投装置过程层接口数量基本要求。

答：备自投装置过程层接口数量基本要求如表 6-13 所示。

表 6-13　　备自投装置过程层接口数量基本要求

设备名称	MMS 接口	SV 接口	GOOSE 接口	备注
进线及分段备自投装置	2 个	3 个	5 个	—
主变压器及分段备自投装置	2 个	5 个	7 个	—
扩大内桥备自投装置	2 个	4 个	6 个	—

35. 常规故障解列装置模拟量输入有哪些?

答：常规故障解列装置模拟量输入：母线电压 U_a、U_b、U_c、$3U_0$。

36. 智能化故障解列装置 SV 输入有哪些?

答：智能化故障解列装置 SV 输入：母线电压 U_{a1}、U_{b1}、U_{c1}、$3U_{01}$、U_{a2}、U_{b2}、U_{c2}、$3U_{02}$。

37. 常规故障解列装置开关量输入有哪些?

答：常规故障解列装置开关量输入如下：

（1）低频解列硬压板；

（2）低压解列硬压板；

（3）零序过压解列硬压板；

（4）母线过压解列硬压板；

（5）过频解列硬压板；

（6）远方操作硬压板；

（7）检修状态硬压板；

（8）TV 空气开关合位

（9）信号复归；

（10）启动打印（可选）。

38. 智能化故障解列装置开关量输入有哪些?

答：智能化故障解列装置开关量输入如下：

（1）远方操作硬压板；

（2）检修状态硬压板；

（3）信号复归；

（4）启动打印（可选）。

39. 常规故障解列装置开关量输出有哪些？

答：常规故障解列装置开关量输出：跳闸出口（10 路）。

40. 常规故障解列装置信号触点输出有哪些？

答：常规故障解列装置信号触点输出如下：

（1）保护动作信号（至少 1 组不保持）；

（2）保护运行异常（至少 1 组不保持）；

（3）装置故障告警（至少 1 组不保持）。

41. 简述常规站故障解列装置组屏（柜）原则及方案。

答：组屏（柜）原则：全站故障解列装置单独组一面屏（柜）。

组屏（柜）方案：故障解列装置 1+故障解列装置 2。

42. 故障解列屏（柜）端子排设计方案以两台装置为例，简述端子排自上而下依次怎么排列？

答：（1）背面右侧端子排，自上而下依次排列如下：

1）交流电压段（1-32UD）：母线电压 U_a、U_b、U_c、$3U_0$；

2）直流电源段（1-ZD）：左侧直流电源均取自该段；

3）强电开入段（1-32QD）：用于强电开入；

4）弱电开入段（1-32RD）：用于弱电开入；

5）出口正段（1-32CD）：装置出口回路正端；

6）出口负段（1-32KD）：装置出口回路负端；

7）遥信段（1-32YD）：保护动作、运行异常信号、装置告警等信号；

8）录波段（1-32LD）：保护动作信号；

9）集中备用段（1BD）。

（2）背面左侧端子排，自上而下依次排列如下：

1）交流电压段（2-32UD）：母线电压 U_a、U_b、U_c、$3U_0$；

2）直流电源段（2-ZD）：右侧直流电源均取自该段；

3）强电开入段（2-32QD）：用于强电开入；

4）弱电开入段（2-32RD）：用于弱电开入；

5）出口正段（2-32CD）：装置出口回路正端；

6）出口负段（2-32KD）：装置出口回路负端；

7）遥信段（2-32YD）：保护动作、运行异常信号、装置告警等信号；

8）录波段（2-32LD）：保护动作信号；

9）网络通信段（TD）：网络通信、打印接线和 IRIG-B（DC）时码对时；

10）集中备用段（2BD）。

43. 简述故障解列装置屏（柜）压板设置情况。

答：故障解列装置屏（柜）压板设置如下：

（1）出口压板：跳闸出口 1～10。

（2）功能压板：低频解列、低压解列、零序过压解列、母线过压解列、过频解列、远方操作、检修状态。

（3）备用压板。

第五节　运　行　检　修

1. 简述 110kV 内桥接线变电站中，110kV 备自投间隔校验的安全措施。

答：备自投校验时的运行方式一般为一台主变压器运行，一台主变压器停运检修。此时一套主变压器开关运行，另一台主变压器开关和母分开关检修。

（1）对于智能变电站：

1）退出 110kV 备自投跳运行主变压器开关的 GOOSE 出口软压板。

2）必要时取下 110kV 备自投至运行主变压器开关智能终端的光纤。

3）投入 110kV 备自投检修压板。

（2）对于常规变电站：

1）退出 110kV 备自投跳运行主变压器开关的出口硬压板。

2）用短接片或短接线短接运行主变压器电流端子外侧，确认短接可靠后划开端子中间连接片并用红胶布封住电流端子外侧。

3）断开检修主变压器侧母线电压空气开关，打开对应电压端子中间连接片，用红胶布封住端子外侧。

2. 备自投装置如何进行过电流保护定值校验?

答：（1）投入过电流保护控制字，退出经复压控制字。

（2）分段断路器跳闸位置不接入，合闸位置接入，合后位置接入。

（3）加故障电流 I_a=1.05I_{a1ZD}（I_{a1ZD} 为过流Ⅰ段定值），装置面板上相应灯亮，液晶上显示“过流Ⅰ段”。

（4）加故障电流 I_a=0.95I_{a1ZD}，“过流Ⅰ段”不动。

（5）类似方法校验过电流保护Ⅱ段。

3. 备自投装置如何进行零序过流保护定值校验?

答：（1）投零序过流保护控制字。

（2）分段断路器跳闸位置不接入，合闸位置接入，合后位置接入。

（3）加故障电流 3I_0=1.05I_{01ZD}（I_{01ZD} 为零序过流Ⅰ段定值），装置面板上相应灯亮，液晶上显示“零序过流Ⅰ段”。

（4）加故障电流 3I_0=0.95I_{01ZD}，零序过流Ⅰ段保护不动。

（5）类似方法校验零序过流保护Ⅱ段。

4. 备自投装置如何进行加速过电流定值校验?

答：（1）投入加速过电流控制字，退出加速过电流经复压控制字。

（2）母联断路器跳位，并且分段电流无流。

（3）手合母联断路器，使得母联断路器由跳位变合位，同时加故障电流 $I_a=1.05I_{a1ZD}$（中 I_{a1ZD} 为加速过电流Ⅰ段定值），装置面板上相应灯亮，液晶上显示“加速过电流动作”。

（4）手合母联断路器，使得母联断路器由跳位变合位，同时加故障电流 $I_a=0.95I_{a1ZD}$，加速过电流不动作。

（5）类似方法校验加速零序过流保护。

5. 备自投装置如何进行充电方式校验?

答：（1）备投方式 1 测试，投入“备自投功能软压板”“方式 1 软压板”“方式 1”控制字，并且无备投总闭锁、闭锁备投方式 1 硬压板开入。

（2）满足方式 1 的其他充电条件，且无放电条件，等待 15s 后，方式 1 充电完成，点亮装置面板上相应的灯，装置液晶上显示变位报告“备投方式 1 充电”由 0 变 1，同时开入状态中“备投方式 1 充电”状态为“1”，方式 1 充电指示灯点亮。

（3）类似方法校验方式 2～方式 4 充电过程。

6. 备自投装置如何进行放电校验?

答：（1）满足方式 1 的充电条件，且无放电条件，等待 15s 后，方式 1 充电完成。

（2）模拟方式 1 的各放电条件，测试是否能对方式 1 放电，放电后装置面板上相应的灯熄灭，装置液晶上显示变位报告“备投方式 1 充电”由 1 变 0，同时开入状态中“备投方式 1 充电”状态为“0”。

（3）类似方法校验方式 2～方式 4 放电过程。

7. 故障解列装置如何进行低频解列定值校验?

答：（1）投低频解列控制字、软压板、硬压板。

（2）加额定电压，频率 f 小于低频Ⅰ段定值，装置面板上相应灯亮，液晶上显示“低频解列Ⅰ段动作”。

（3）加额定电压，频率 f 大于低频Ⅰ段定值，低频Ⅰ段解列不动。

（4）类似方法校验Ⅱ段低频解列。

8. 故障解列装置如何进行过频解列定值校验?

答：（1）投过频解列控制字、软压板、硬压板。

（2）加额定电压，频率 f 大于过频定值，装置面板上相应灯亮，液晶上显示“过频解列Ⅰ段动作”。

（3）加额定电压，频率 f 小于过频定值，过频Ⅰ段解列不动。

（4）类似方法校验Ⅱ段过频解列。

9. 故障解列装置如何进行低压解列定值校验?

答：（1）投低压解列控制字、软压板、硬压板。

（2）加额定电压，使判曾有压，然后使任一线电压 $U=0.95U_{01ZD}$（U_{01ZD} 为低压解列Ⅰ段定值)，装置面板上相应灯亮，液晶上显示“低压解列Ⅰ段动作”。

（3）类似方法校验Ⅱ段低压解列。

10. 故障解列装置如何进行母线过压解列定值校验?

答：（1）投母线过压解列控制字、软压板、硬压板。

（2）加电压使得任一线电压 $U=1.05U_{01ZD}$（U_{01ZD} 为母线过压解列Ⅰ段定值)，装置面板上相应灯亮，液晶上显示“母线过压解列Ⅰ段动作”。

（3）加电压使三线电压小于 $0.95U_{01ZD}$，母线过压解列Ⅰ段不动。

（4）类似方法校验Ⅱ段母线过压解列。

11. 故障解列装置如何进行零序过压解列定值校验?

答：（1）投零序过压解列控制字、软压板、硬压板。

（2）加电压使得自产零序 $3U_0=1.05U_{01ZD}$（其中 U_{01ZD} 为零序过压Ⅰ段定值)，加外接零序 $U_{\_sgl}=1.05U_{01ZD}$，装置面板上相应灯亮，液晶上显示“零序过压解列Ⅰ段动作”。

（3）加电压自产零序和外接零序为 $0.95U_{01ZD}$，零序过压解列Ⅰ段不动。

（4）类似方法校验Ⅱ段零序过压解列。

12. 故障解列装置如何进行逆功率解列定值校验?

答：（1）投逆功率解列控制字、软压板、硬压板。

（2）加额定电压，电流与电压相角差为180°，调节电流使得功率大于逆功率解列Ⅰ段定值，装置面板上相应灯亮，液晶上显示“逆功率解列Ⅰ段动作”。

（3）加额定电压，电流与电压相角差为180°，调节电流使得功率小于逆功率解列Ⅰ段定值，逆功率解列Ⅰ段不动。

（4）类似方法校验Ⅱ段逆功率解列。

第六节　整　定　计　算

1. 备用电源自动投入装置的整定原则是什么?

答：（1）自动投入装置的电压鉴定元件按下述原则整定：

1）低电压元件应能在所接母线失压后可靠动作，在电网故障切除后可靠返回，为缩小低电压元件动作范围，低电压定值宜整定得较低，一般整定为（0.15～0.3）U_N；

2）有压检测元件应能在所接母线（或线路）电压正常时可靠动作，而在母线电压低到不允许自投装置动作时可靠返回，电压定值一般整定为（0.6～0.7）U_N；

3）电压鉴定元件动作后延时跳开工作电源，其动作时间宜大于本级线路电源侧后备保护动作时间与线路重合闸时间之和。

（2）备用电源投入时间一般不带延时，如跳开工作电源时需联切部分负荷，则投入时间可整定为0.1～0.5s。

（3）后加速过电流保护：

1）安装在变压器电源侧的自动投入装置，若投入在故障设备上，则后加速保护应快速切除故障，本级线路电源侧速动段保护的非选择性动作由重合闸来补救，电流定值应对故障设备有足够的灵敏系数，同时还应可靠躲过包括自启动电流在内的最大负荷电流；

2）安装在变压器负荷侧的自动投入装置，若投入在故障设备上，则为提高投入成功率，后加速保护宜带0.2～0.3s的延时，电流整定值应对故障设备有足够的灵敏系数，同时还应可靠躲过包括自启动电流在内的最大负荷电流。

2. 简述备自投装置分段（内桥）断路器备自投和进线断路器备自投方式。

答：备自投方式通过控制字实现，如表6-14所示。

表6-14　分段（内桥）断路器备自投和进线断路器备自投方式

序号	备自投方式	整定方式	备　注
1	方式1	0，1	进线1运行，进线2备用
2	方式2	0，1	进线2运行，进线1备用
3	方式3	0，1	Ⅰ、Ⅱ母均运行，Ⅰ母失压，合分段（内桥）
4	方式4	0，1	Ⅰ、Ⅱ母均运行，Ⅱ母失压，合分段（内桥）

注　方式1～方式4均置“1”时，为进线和分段（内桥）备自投自适应方式；方式1～方式4均置“0”时，按退出备自投功能处理。

3. 简述备自投装置变压器冷（热）备自投和分段断路器备自投方式。

答：备自投方式通过控制字实现，如表6-15所示。

表6-15　变压器冷（热）备自投和分段断路器备自投方式

序号	备自投方式	整定方式	备　注
1	方式1	0，1	变压器1运行，变压器2备用
2	方式2	0，1	变压器2运行，变压器1备用
3	方式3	0，1	Ⅰ、Ⅱ母均运行，Ⅰ母失压，合分段
4	方式4	0，1	Ⅰ、Ⅱ母均运行，Ⅱ母失压，合分段

注　方式1～方式4均置“1”时，为变压器冷（热）备自投和分段断路器备自投自适应方式；方式1～方式4均置“0”时，按退出备自投功能处理。

4. 简述备自投装置桥断路器备自投和进线备自投方式。

答：备自投方式通过控制字实现，如表6-16所示。

表 6-16　　桥断路器备自投和进线备自投方式

序号	备自投方式	整定方式	备　注
1	方式 1	0，1	1 号进线运行，2 号进线备用
2	方式 2	0，1	2 号进线运行，1 号进线备用
3	方式 3	0，1	1、2 号进线均运行，内桥 1 断路器分位，内桥 2 断路器合位
4	方式 4	0，1	1、2 号进线均运行，内桥 1 断路器合位，内桥 2 断路器分位

注　方式 1～方式 4 均置“1”时，为桥断路器备自投和进线备自投自适应方式；方式 1～方式 4 均置“0”时，按退出备自投功能处理。

5. 当备自投装置未接入线路 TV 电压时，该如何整定定值?

答：可通过控制字选择退出检线路侧电压，进线及变压器高压侧 TV 告警功能由控制字“检电源 1 电压”“检电源 2 电压”投退。因为现场有不配置线路 TV 的情况，所以提供控制字选择是否检测线路侧电压，提高备自投逻辑的适用性。控制字选择退出检线路侧电压时，不再检测备用电源线路是否有压并退出线路 TV 断线检测。

6. 若现场断路器的操作箱或操作插件无合后位置输出时，该如何整定定值?

答：若现场断路器的操作箱或操作插件无合后位置输出，断路器合后位置开入可不接线（控制字“合后位置接入”需整定为 0)，为了实现手跳闭锁备自投，需把断路器的手跳接点接到备自投总闭锁开入。

7. 进线/变压器备自投设备参数定值中，为什么电源 TV 额定值需要单独整定?

答：当用于变压器备自投时，电源 1、电源 2 电压可能会接入变压器高压侧电压，电压等级同母线电压不同，所以将电源 TV 额定值单独整定。

8. 进线/变压器备自投设备参数定值中，为什么电源 1、电源 2 的 TA 额定值需要分开整定?

答：实际工程中，电源 1、电源 2 的 TA 参数有不一致的情况，所以将电源 1、电源 2 的 TA 额定值分开整定。

9. 进线/变压器备自投设备参数定值在什么情况下需要整定电源 1 高 TA 和电源 1 高 TA 参数?

答：当备自投装置过负荷采用变压器高压侧电流时，需要整定电源 1 高 TA 和电源 1 高 TA 参数。

10. 简述进线/变压器备自投设备参数定值中“合备用电源短延时”和“合备用电源长延时”的区别。

答：“合备用电源短延时”作为主变压器备自投合变压器高压侧断路器时间定值，“合备用电源长延时”作为进线备自投合备用电源及主变压器备自投合备用变压器低压侧断路器时间定值。两个时间定值同时开始计时。

11. 进线/变压器备自投装置的进线及变压器高压侧 TV 告警功能由什么控制字投退?

答：进线及变压器高压侧 TV 告警功能由控制字“检电源 1 电压”“检电源 2 电压”投退。

12. 简述进线/变压器备自投装置中“电源 1 过负荷取变高”和“电源 2 过负荷取变高”控制字的作用。

答：“电源 1 过负荷取变高”代表电源 1 过负荷电流取自变压器高压侧、“电源 2 过负荷取变高”代表电源 2 过负荷电流取自变压器高压侧。

13. 简述进线/变压器备自投装置中“合后位置接入”控制字的作用。

答：“合后位置接入”控制字置“1”时，手跳及遥跳断路器通过合后位置信号闭锁备自投；“合后位置接入”控制字置“0”时，手跳及遥跳断路器通过手跳信号闭锁备自投。

14. 简述进线/变压器常规备自投装置跳闸矩阵定值中联切Ⅰ母、联切Ⅱ母的作用。

答：联切Ⅰ母、Ⅱ母出口用在进线、主变压器和分段备自投方式联切Ⅰ母、Ⅱ母所带并网线和电容器等间隔。

15. 简述进线/变压器常规备自投装置跳闸矩阵控制位定义。

答：跳闸矩阵控制位定义如表 6-17 所示。

表 6-17 进线/变压器常规备自投装置跳闸矩阵控制位定义

序号	控制位	置“0”时的含义	置“1”时的含义
1	B4～B15	备用	备用
2	B3	跳闸出口 4 不动作	跳闸出口 4 动作
3	B2	跳闸出口 3 不动作	跳闸出口 3 动作
4	B1	跳闸出口 2 不动作	跳闸出口 2 动作
5	B0	跳闸出口 1 不动作	跳闸出口 1 动作

注　自定义定值，厂家根据出口数量配置。

16. 低频减载装置设置短延时的基本轮和长延时的特殊轮一般如何取值?

答：基本轮频率级差宜选用 0.2Hz、动作延时 0.2～0.3s（不宜超过 0.3s），推荐按频率设置不大于 6 轮。装置的频率整定值应根据系统的具体条件、大型火电机组的安全运行要求及装置本身的特性等因素决定。提高最高轮的动作频率值，有利于抑制频率下降幅度，一般不宜超过 49.2Hz。考虑大电网、大机组对电网频率的要求较为严格，最低轮的动作频率值不宜低于 48.0Hz。

延时较长的特殊轮，一般宜选用一个频率定值，按延时长短划分若干个轮次，一般不大于 3 轮，特殊轮起动频率不宜低于基本轮的最高动作频率，最小动作时间可为 10～20s，级差不宜小于 5s。